WALTER ROBERTO HERNÁNDEZ VERGARA

MÉTODOS NUMÉRICOS COMPUTACIONAIS EM ENGENHARIA

EDITORA CIÊNCIA MODERNA

Métodos Numéricos Computacionais em Engenharia

Editor: Paulo André P. Marques
Produção Editorial: Dilene Sandes Pessanha
Capa: Daniel Jara
Diagramação: Daniel Jara
Copidesque: Nara Christina Fonseca

FICHA CATALOGRAFICA

VERGARA, Walter Roberto Hernández.

Métodos Numéricos Computacionais em Engenharia

Rio de Janeiro: Editora Ciência Moderna Ltda., 2017.

1. Matemática 2. Engenharia
I — Título

ISBN: 978-85-399-0882-0 CDD 510
620

Editora Ciência Moderna Ltda.
R. Alice Figueiredo, 46 – Riachuelo
Rio de Janeiro, RJ – Brasil CEP: 20.950-150
Tel: (21) 2201-6662/ Fax: (21) 2201-6896
E-MAIL: LCM@LCM.COM.BR
WWW.LCM.COM.BR **06/17**

WALTER ROBERTO HERNÁNDEZ VERGARA

MÉTODOS NUMÉRICOS COMPUTACIONAIS EM ENGENHARIA

APRESENTAÇÃO

A análise numérica é uma parte das matemáticas que trata do estudo dos métodos para resolver problemas complexos na ciência e na engenharia, de forma aproximada, em vista que não podem ser resolvidos de forma analítica ou por causa da complexa natureza das soluções ou porque tais soluções não podem ser expressas em termos de combinações de funções matemáticas conhecidas. Esses métodos usam o processamento aritmético para obter uma solução e são uma alternativa para resolver problemas que não apresentam uma solução exata e precisam ser resolvidos. A solução encontrada é próxima da exata, apresentando um erro significativo, produto das operações realizadas.

O método numérico é uma disciplina que justapõe ciência e arte - pelos conhecimentos formalizados que apresenta via identificação e formalização metódica e pela racionalidade dos métodos apresentados respectivamente devido ao princípio de incerteza que frequentemente encontramos na solução de problemas. Na maioria dos casos, a melhor forma de resolver um problema depende do conhecimento das características das variáveis ou funções envolvidas em um fenômeno que, na teoria ou na prática, são difíceis de identificar.

Na ciência, em engenharia e tecnologia, os fenômenos reais se representam em modelos matemáticos. O estudo desses modelos permite ter uma compreensão profunda do fenômeno e de sua evolução. Mas nem sempre é possível obter uma solução aplicando métodos analíticos clássicos, seja por adequação, complexidade ou existência deles na solução de um problema. Nesses casos, as ferramentas numéricas conduzem a aproximar soluções úteis com um máximo de precisão. O maior esforço desses métodos está intimamente relacionado com o campo da tecnologia da informação, no uso de computadores e de técnicas digitais em áreas cada vez mais diversificadas.

Dessa forma, como uma ciência, o objetivo dos métodos numéricos consiste em estudar os processos pelos quais um problema matemático pode ser resolvido por aritméticas. Em muitos casos, envolve o desenvolvimento de algoritmos para resolver um problema, na qual a solução pode ser achada através de médias aritméticas (por exemplo, equações lineares simultâneas). Frequentemente, pode envolver a substituição de quantidades que não podem ser calculadas aritméticamente (por exemplo, integrais ou derivadas) por aproximação que possibilitam uma solução aproximada do problema. Particularmente, estamos interessados naturalmente pelos erros incorridos nessa aproximação. Em todo caso, as ferramentas ou os modelos que utilizamos para desenvolver os processos dos métodos numéricos serão as ferramentas de análise matemática exata como classicamente é entendida.

Assim, os métodos numéricos estão preocupados com a escolha do melhor procedimento na solução de um problema. Esse fato mostra que qualquer pessoa que utiliza os métodos numéricos pode adquirir experiência e intuição na solução de problemas. Numerosos exemplos são ilustrados e discutidos em cada capítulo. O objetivo desses exemplos consiste em ajudar o leitor a entender os princípios e a desenvolver uma certa habilidade em processos computacionais.

O livro tem como objetivo estudar métodos baseados em operações numéricas, como na resolução de equações não lineares, resolução de equações lineares, estimação de dados pelos mínimos quadrados, interpolação, diferenciação, integração e resolução numéricas de equações ordinárias e o estudo do erro no processamento de dados.

Atualmente, os métodos numéricos evoluíram muito devido aos progressos adquiridos na tecnologia digital. Os novos computadores com alta velocidade de processamento ajudaram nesta revolução. Esta obra está orientada ao estudo de métodos que utilizam os computadores digitais na solução de problemas. A maioria dos métodos que se discutem pode ser desenvolvida ou resolvida à mão por meio da calculadora e no computador por meio de algoritmos que representam estes princípios.

O leitor sem experiência em computação digital não deve sentir-se espantado com o desenvolvimento dessa obra, pois em todas as seções do livro se mostram soluções analíticas que não necessariamente requerem um conhecimento em programação de computadores digitais. Além disso, em muitos casos são apresentados e discutidos muitos programas que são necessários para a compreensão de algumas seções.

Os métodos numéricos estudados são apresentados de forma didática e de simples entendimento para proporcionar uma leitura fácil, utilizando definições e formulações matemáticas básicas, através de exemplos de aplicação relatados de forma detalhada. A abordagem proposta no livro permite que possa ser utilizado com o computador, testando os algoritmos propostos para os métodos na solução dos problemas apresentados. Essa é uma obra direcionada aos alunos dos primeiros anos de universidade e em disciplinas introdutórias aos métodos numéricos nos cursos de pós-graduação que desejam adquirir conhecimentos em métodos baseados em processamento numérico. A mesma, apresenta aos estudantes de engenharia ou ciências que possuem a necessidade de aprender um conjunto de técnicas numéricas para compreender, modelar e resolver os diversos problemas físicos que se lhes apresentam, os métodos, suas características, nível de convergência com exemplos e aplicações. Também, fazemos referência aos algoritmos de solução dos processos numéricos estudados.

ORGANIZAÇÃO DIDÁTICO-PEDAGÓGICA

A obra encontra-se organizada da seguinte forma: O Capítulo 1 aborda conceitos básicos da teoria de erros para se ter uma ideia do grau de aproximação da solução com a real e do cálculo de propagação de erros para os casos de funções de uma e outras variáveis que afetam o valor de uma grandeza de saída. O Capítulo 2 descreve os métodos utilizados na pesquisa de raízes de funções. Essas raízes são valores estimados de x para os quais se satisfaz $f(x) = 0$, tanto para funções algébricas como transcendentais, que é uma das principais aplicações da Análise Numérica. Um estudo didático e geral de métodos para resolver sistemas de equações lineares é descrito no Capítulo 3. Eles foram divididos em métodos exatos ou diretos e aproximativos, baseados em algoritmos iterativos. O Capítulo 4 sintetiza a teoria dos mínimos quadrados simples e múltiplos e seu emprego eficiente à um amplo campo de problemas. A teoria descrita aborda o ajuste de uma reta e o estende para ajustar um polinômio ou uma variável, que é uma função linear de variáveis independentes. O objeto de estudo do Capítulo 5 é a interpolação numérica, uma forma mais elaborada de tratar os dados internos de um experimento. Na teoria, a determinação dos coeficientes do polinômio interpolador é um problema mal condicionado e com a função estimada, podemos fazer estimativas de valores intermediários em um determinado intervalo. O Capítulo 6 estuda a diferenciação e a integração numérica com a finalidade de evidenciar as pequenas discrepâncias ou erros na função aproximada que pode ser um polinômio interpolador ou uma função interpoladora. A diferenciação está relacionada com o conceito de variação de sistemas e processos e a integração com o conceito de juntar partes de sistemas complexos ou dados tabulados de um polinômio, com o objetivo de obter uma estimativa de uma integral mais precisa a partir de outras estimativas menos acuradas. Finalmente, o Capítulo 7 é dedicado à resolução numérica de equações diferenciais ordinárias, utilizando procedimentos numéricos utilizados na solução de uma equação diferencial de primeira ordem para construir modelos que aproximem as coordenadas dos pontos sobre a verdadeira curva integral.

Todos os capítulos desta obra apresentam os conceitos teóricos, seguidos de exemplos resolvidos e exercícios e aplicações de casos que cobrem algumas áreas das disciplinas de engenharia. Em todos os capítulos são apresentados e discutidos os algoritmos dos métodos. Em alguns casos, uma leitura complementar apresenta técnicas avançadas relacionadas ao tema do capítulo.

Apresentamos em cada capítulo, uma introdução para melhor compreensão do texto, onde especificamos os conteúdos a serem desenvolvidos e os objetivos a serem alcançados. Ao final de cada ambiente, apresentamos exercícios e aplicações, cujo objetivo é verificar o conteúdo assimilado pelo leitor. Ao final do livro, apresentamos a bibliografia utilizada que poderá ser útil a quem se interessar em aprofundar-se sobre um tema específico.

SUMÁRIO

1

Teoria de Erros

Ao longo do desenvolvimento da teoria de cálculo numérico trataremos do conceito de erro. O cálculo numérico aborda, principalmente, a possibilidade de conhecer a solução aproximada de um problema. Esta é mais precisa quanto menor for o erro que lhe estiver associado. O que nos interessa saber é o grau de precisão ou de que conceito depende o mesmo aumentando ou diminuindo essa aproximação.

Neste capítulo, explicamos os conceitos básicos da teoria de erros e como a fonte destes incide na precisão da solução de um problema.

1.1 INTRODUÇÃO

Em ciência e tecnologia, na solução de um problema complexo o fator erro e sua forma de propagação são importantes para analisar as repercussões em um sistema ou processo. Diante disso, identificamos os fatores que causam os erros com o objetivo de minimizá-los e planejar os melhores procedimentos de cálculo, de forma a obter uma boa aproximação do valor real.

No processamento numérico é importante conhecer e estudar o erro de truncamento numa determinada iteração na aproximação de uma solução quando aplicamos um método. Outro problema que também deve ser estudado é a evolução do erro ao truncar um processo iterativo, isto é, o estudo da velocidade de convergência do método.

Existem muitos métodos com procedimentos ambiciosos, como o método de Gauss, na resolução de problemas lineares. Estes também não se encontram livres de erros, pois suas aproximações não são realizadas com infinitos números decimais. Na aplicação de um método numérico, os valores são arredondados e operados de diferentes formas (somas, subtrações, divisões, etc.). Por isso, a aplicação de um processo numérico na solução de um problema, um pequeno erro inicial tende a propagar-se através de toda a cadeia de processamento, obtendo-se resultados diferentes do real. Esses valores aproximados produzem o efeito de *propagação de erros*. Por outro lado, existem situações onde o valor obtido é distante do valor real. Sendo a diferença maior que a inicial, este efeito é denominado de *instabilidade* ou *mal condicionado.* Um problema de instabilidade consiste, por exemplo, quando se deseja ir a uma determinada localidade e se utiliza uma estrada na qual ocorreu um acidente que produz um engarrafamento de difícil e lenta solução, sem saídas alternativas.

Definição 1.1: Seja $[w_i]_{i=1,n}$ uma sucessão de valores que convergem em w no intervalo [a, b]. O erro de truncamento na n-ésima iteração é definido como:

$$e_n = w - w_n \tag{1.1}$$

A continuação mostra-se algumas definições de como o erro é determinado quando um número se aproxima de outro.

Definição 1.2: Considere w_n um número que se aproxima de w, então se define o erro absoluto como o módulo da diferença entre o valor esperado ou valor mais provável $(\overline{\omega})$ de uma solução e o valor medido ou truncado numa iteração (ω_n):

$$E_{Abs}(w_n) = |\,\overline{\omega} - \omega_n| \tag{1.2}$$

Onde, o valor mais provável de uma grandeza é a média aritmética dos valores obtidos:

$$\overline{\omega} = \frac{\sum_{i=1}^{n} \omega_i}{n} \tag{1.3}$$

Em geral, é difícil obter o valor do erro absoluto, devido à dificuldade de obter-se o valor exato (w). Mas, se conhecermos um valor aproximado (ω_n) de uma medida desconhecida (w) e o valor da cota superior do erro absoluto (ϵ), então:

$$E_{Abs} = (\omega_n) \leq \varepsilon \tag{1.4}$$

Logo, o intervalo de confiança para w é:

$$w \in [w_n - \varepsilon,\ w_n + \varepsilon] \tag{1.5}$$

O intervalo de precisão determinado para a medida w pode ser expresso de diferentes formas dependendo do contexto tratado. Em produção industrial, se utiliza o desvio padrão de cada medida (Δw) para indicar a dispersão dos valores com que um processo ou máquina fabrica um produto. Por exemplo, uma máquina ferramenta produz arames de aço com diâmetro especificado por $d = \bar{d} \pm \Delta d$. Sendo:

Nome	Fórmula	Observação
Média	$\bar{w} = \frac{1}{N}\sum w_i$	média aritmética.
desvio padrão	$\Delta w = S = \sqrt{\frac{1}{N-1}\sum (w_i - \bar{w})^2}$	desvio padrão de cada medida.
erro padrão	$\Delta \bar{w} = S_m = \frac{S}{\sqrt{N}}$	desvio padrão da média.

Por outro lado, em ciências exatas, o interesse é determinar o valor da grandeza física, por isso se realizam em um experimento várias medições de um fenômeno em idênticas condições. Neste caso, o desvio padrão da média ($\Delta \bar{w}$) é o melhor indicador na precisão do método experimental, pois se utilizarmos a medida Δw estaríamos indicando erroneamente que o verdadeiro valor de w pode variar dentro de uma faixa muito maior que a real.

De igual forma, se o intervalo de confiança [a, b] é conhecido, então $w_n = (a+b)/2$ é a melhor aproximação de w e o erro absoluto pode ser delimitado por:

$$E_{Abs}(w_n) \leq (b-a)/2 \tag{1.6}$$

Definição 1.3: Considere w_n um número que se aproxima de w, então se define o erro relativo como o módulo da relação entre o erro aparente ou resíduo (diferença entre o valor mais provável que pode ser calculado e o valor truncado numa iteração) e o valor mais provável dessa grandeza:

$$E_{\mathrm{Re}\,l}(w_n) = \frac{|\bar{\varpi} - w_n|}{\bar{\varpi}} \tag{1.7}$$

Observe que o erro relativo mede o grau de influência do erro no valor esperado, enquanto o erro absoluto não tem essa propriedade.

Definição 1.4: O erro percentual incorrido por ω_n é definido como:

$$E_{Per} = E_{Rel} * 100 \tag{1.8}$$

Exemplo 1.1: Considere ω = 6 e $\overline{\omega}$ = 5,35, então:

$Erro_{abs}$ = |6 - 5,35| = 0,65;

$Erro_{rel}$ = 0,65 / 6 = 0,108;

$Erro_{per}$ = 10,8 %.

Exemplo 1.2: Na equação $\ln(x) + x^2/2 - 3$, verifica-se que sua raiz encontra-se no intervalo [2, 3]. Se a raiz ($\overline{x}$) está isolada nesse intervalo e escolhermos $x_0 = \frac{a+b}{2}$ como a raiz desta equação, então o maior erro possível que afetará este valor aproximado será $E_{Abs} = \frac{b-a}{2}$. Desta forma, temos que:

$$x_0 - E_{Abs} \leq \overline{x} \leq x_0 + E_{Abs} \qquad ou \qquad |\, \overline{x} - x_0 \,| \leq E_{Abs} \tag{1.9}$$

Convencionalmente podemos escrever:

$$\overline{x} = \overline{x} \pm E_{Abs} = 2{,}5 \pm 0{,}5 \tag{1.10}$$

O máximo erro relativo é determinado por:

$$E_{Rel-\max} = \frac{E_{Abs-\max}}{\overline{x}} = \frac{0{,}5}{2{,}5} = 0{,}20 \tag{1.11}$$

1.2 Tipos de erros

Nas seções seguintes, vamos analisar os erros que se produzem quando utilizamos métodos numéricos na aproximação de uma solução em um determinado problema. Nessas análises, devemos compreendê-las por quê serão utilizadas para determinar o erro de truncamento. A maioria das aplicações práticas que são resolvidas pelos métodos numéricos envolve muitos passos para que se chegue à uma solução. A acumulação dos erros locais são produzidos e acumulados em cada iteração e denominados de erro de truncamento global.

Dizemos que um número está escrito com algarismos significativos quando todos os algarismos que o compõem são exatos, salvo duas exceções: dos zeros utilizados para o posicionamento da virgula decimal e do último algarismo, que pode ter surgido como resultado da aplicação de alguma técnica de arredondamento.

O número de algarismos significativos de uma quantidade representa a magnitude de um resultado que contém informação de uma medição. Os algarismos não significativos aparecem como produto para realizar operações aritméticas. Todo algarismo significativo é determinado com seu erro e ele ocupa uma posição igual ou superior à ordem ou posição do erro.

Por exemplo, determinamos que o valor de uma medida de longitude seja de 276m com um erro de 0,8m. O erro é da ordem de décimas de metro. Portanto, os algarismos do número que ocupam uma posição menor que as décimas não representam nenhuma informação. As cifras significativas de um número são aquelas que ocupam a posição das unidades, dezenas, etc. Todo número deve arredondar-se de forma que somente contenha cifras significativas. Denomina-se arredondamento ao processo de eliminação de cifras não significativas de um número.

Quando operamos com algarismos significativos, as seguintes regras são válidas:

(i) Após a adição e subtração, o resultado não deverá apresentar mais algarismos após a vírgula do que aquela parcela que os tiver em menor quantidade.

(ii) Na multiplicação e na divisão o resultado deverá ter uma quantidade de algarismos significativos igual ao fator que os tiver em menor quantidade.

Exemplo 1.3: Suponha os seguintes números R_1 = 5,134 e R_2 = 16,2143. Realize as operações aritméticas de soma e multiplicação para as seguintes medições:

Solução: Observa-se que R_1 tem quatro algarismos significativos e R_2 tem seis algarismos significativos. O resultado da primeira operação deve ter três algarismos significativos, sendo um decimal. No segundo caso, o resultado deverá ter quatro algarismos significativos.

Soma : 5,134 + 16,2143 → 21,348...

Multiplicação : 5,134 x 16,2143 → 83,2442...

A continuação, iremos descrever os três tipos básicos de erros no cálculo numérico: inerentes, por arredondamento e por truncamento. Cada um deles pode ser expresso em forma absoluta ou relativa.

1.2.1 Erro inerente

Este erro existe nos valores atribuídos aos dados ou alguma medição e são causados pela incerteza nas medições, pelos equívocos ou erros operacionais ou pela natureza aproximada da representação com um número finito de dígitos significativos que não expressam exatamente o número real com seus dígitos atribuídos.

Por exemplo, se utilizarmos o valor de *pi* (π) em um determinado cálculo, podemos escrevê-lo como 3,14, 3,1416, 3,14159265355..., etc. Em muitos casos, uma fração simples não tem uma representação decimal exata, por exemplo, 1/3. Esse número pode escrever-se como uma sucessão finita de números 3. Em outros casos, muitas frações têm representação finita em um sistema, no entanto, em outros não. Por exemplo, o número 1/10 é igual a 0,1 no sistema decimal.

1.2.2 Erro de truncamento

Este erro é causado quando se avalia um modelo matemático por meio de uma série infinita utilizando um número finito de termos. Este erro também ocorre no processo de linearização de uma função, pois ele é avaliado a partir da série de Taylor. Nesta série torna-se impossível utilizar todos os seus termos, assim, na avaliação, somente utilizamos um número finito deles.

Exemplo 1.4: No uso de séries:

$$Sen(x) = x - \frac{x^3}{3!} + \frac{x^5}{5!} - \frac{x^7}{7!} + \ldots = \sum_{n=0}^{\infty} \frac{(-1)^n x^{(2n+1)}}{(2n+1)!} \qquad (1.12)$$

Exemplo 1.5: Utilize quatro termos da série de Taylor e calcule o valor do seno(x) para x = 1,5 com três casas decimais:

$$Sen(x) = x - \frac{x^3}{3!} + \frac{x^5}{5!} - \frac{x^7}{7!} = 0{,}997\underline{391183} \rightarrow 0{,}997$$

1.2.3 Erro de arredondamento

Na aplicação de um método numérico, muitas vezes são utilizados computadores digitais, máquinas de calcular, etc. Esses instrumentos computadorizados trabalham com uma quantidade finita ou limitada de algarismos significativos, depois do ponto decimal. Elas apresentam imprecisões no seu processamento que podem ir desde a eliminação de dígitos até seu arredondamento. Assim, este processo torna-se significativo quando se tem um grande número de operações.

O arredondamento de um número ocorre quando o mesmo contém algarismos significativos excedentes ou não significativos.

Uma prática normal, é levar a maior quantidade de casas decimais que às requeridas até o final da resposta. Mas em cálculos cumpridos, a fonte do erro é difícil de ser analisada e controlada. Esse tipo de erro é problemático, principalmente quando duas quantidades bem pequenas e quase iguais, são subtraídas ou divididas.

(i) de forma manual:

Considere um número real *r*, na forma decimal:

$$r = \pm .b_1 b_2 b_3 \ldots b_n b_{n+1} \ldots x 10^k \qquad (1.13)$$

Onde b_i ε [0, 9]; $i > 1$. Uma aproximação de um número $\overline{r}$ é dada por:

$$\overline{r} = \pm .b_1 b_2 b_3 \ldots s_n \ldots x 10^k \qquad (1.14)$$

O algarismo s_n, é obtido da seguinte forma:

Se o último algarismo (b_{n+1}) a abandonar for maior ou igual a cinco, então o algarismo s_n a ser apresentado é acrescido em uma unidade.

Se o primeiro algarismo a abandonar (b_{n+1}) for menor do que cinco, então o último algarismo do número a ser apresentado permanece igual. Por exemplo, se desejarmos arredondar o número 4,368 para três algarismos significativos, o resultado será 4,37. Valor que se encontra próximo do original, que é de 4,36. No entanto, se a quantidade a arredondar for 4,362 para três algarismos, o resultado é 4,36, valor próximo do original que é 4,37.

Exemplo 1.6: Arredondar os seguintes números:

1,35<u>4</u> → 1,35

73,4<u>5</u>8 → 73,5

$12{,}0\underline{8}1 \rightarrow 12{,}1$

$0{,}9\underline{1}8 \rightarrow 1{,}00$

(ii) Utilizando o computador:

Os erros são preocupantes quando resolvemos um problema numéricamente pela propagação nas operações aritméticas através de passos subseqüentes. A distorção começa, pois o valor final em uma determinada iteração representa o valor inicial na seguinte iteração. O erro de arredondamento quase sempre se produz, apesar de que o método numérico pode produzir uma solução exata.

A solução de um problema por métodos numéricos é uma função que satisfaz certas condições iniciais do problema. Usualmente, a solução de uma função (por exemplo, uma equação diferencial) por meios analíticos, encontra uma expressão geral (solução) que contém constantes arbitrárias e, logo é avaliada segundo as condições iniciais do problema. Os métodos analíticos são limitados na solução de equações especiais. Os métodos numéricos não têm nenhuma limitação na solução dessas equações. A solução é obtida como uma tabuada de valores da função. Por outro lado, o custo na resolução do problema é alto no que se refere à mudança nas condições iniciais e aos erros produzidos nos cálculos.

Finalmente, em todo processo numérico, os valores ótimos na solução de um problema (por exemplo, a raiz de uma função, número de iterações, o passo na avaliação de uma equação diferencial, etc.) dependem do método numérico utilizado e do número de algarismos significativos conservados até o final dos cálculos. Entretanto, normalmente é certo que se o número de iterações é grande, os erros de arredondamento se acumularão de tal forma que a precisão nos resultados será afetada seriamente.

1.3 Propagação de erros

Quando se resolve um problema matemático por métodos numéricos, apesar de que as operações de cálculo são realizadas exatamente, muitas vezes obtemos um valor aproximado do valor real. Por isso é importante conhecer a propagação do erro em qualquer ponto do processo de cálculo. Normalmente, os erros estão relacionados de alguma forma com as quantidades e as operações que se realizam no processo.

A análise da propagação de erros pode ser observada por diferentes pontos de vista. Por exemplo, podemos considerar a realização de operações exatas em dados que contêm erros. Se desejarmos avaliar o erro propagado no cálculo de uma função *f*(x) que depende de *n* valores: x_1, x_2, x_3, ..., x_n, os valores aproximados w_1, w_2, w_3, ..., w_n são conhecidos, bem como o erro que ocorre em cada uma destas aproximações é $\Delta w_i = x_i - w_i$:

$$x - w = f(x_i) - f(w_i)$$

$$= f(x_1, x_2, x_3, \ldots, x_n) - f(w_1, w_2, w_3, \ldots, w_n) \quad (1.15)$$

Se as segundas derivadas parciais de *f* são contínuas, então podemos aplicar o desenvolvimento de Taylor no entorno de $x = w$. Nessa série encontramos um valor ξ que existe no segmento que une o conjunto de valores de *x* e *w*, tal que:

$$f(w+\Delta w) = f(w) + f'(w)\Delta w + O((w^2)) \quad (1.16)$$

Ou:

$$x = f(w) + \sum_{j=1}^{n} \frac{\partial f}{\partial x_j}(w)\Delta w_j + \sum_{i,j=1}^{n} \frac{\partial^2 f}{\partial x_i \partial x_j}(\xi)\Delta w_i \Delta w_j \quad (1.17)$$

A expressão (1.17) representa o erro que ocorre quando calculamos $f(w + \Delta w)$ que é da ordem de $f'(w)\Delta w$. Assim, quanto maior é o grau da derivada de uma função em um ponto, maior será o erro que ocorre.

Se os erros Δw_i são pequenos, então podemos depreciar os termos quadráticos e, o erro resultante ou *a propagação do erro-limite* é estimado da seguinte forma:

$$E(x - w) \approx \left| \sum_{j=1}^{n} \frac{\partial f}{\partial x_j}(w)\Delta w_j \right| \quad (1.18)$$

Na avaliação da função *f*(*x*), existe outra fonte de erro que não é considerado na expressão. Essa fonte está relacionada com as quatro operações fundamentais. Por isso, é fundamental conhecer o efeito de cada uma das operações básicas sobre o resultado final quando se realiza uma operação.

Para analisar como se propagam os erros num processo numérico, estudaremos o efeito que tem em cada uma das operações elementares, o erro absoluto final quando é realizado as aproximações (x_1 e x_2) dos números ($\bar{x}_1$ e $\bar{x}_2$) e determinado seus respectivos erros ($\Delta(x_1)$ e $\Delta(x_2)$).

Para o caso da soma, temos:

$$(\bar{x}_1 + \bar{x}_2) = x_1 + \Delta(x_1) + x_2 + \Delta(x_2)$$

$$= (x_1 + x_2) + [(\Delta(x_1) + \Delta(x_2)]$$

$$= (x_1 + x_2) + E_a(\bar{x}_1 + \bar{x}_2) \quad (1.19)$$

Onde $E_a(x_1 + x_2)$ é o erro absoluto resultante da soma de $\bar{x}_1 + \bar{x}_2$.

De forma semelhante ocorre na subtração:

$$(\bar{x}_1 - \bar{x}_2) = x_1 + \Delta(x_1) - x_2 - \Delta(x_2)$$

$$= (x_1 - x_2) - [(\Delta(x_1) - \Delta(x_2)]$$

$$= (x_1 - x_2) - E_a(\bar{x}_1 - \bar{x}_2) \quad (1.20)$$

Assim, podemos expressar que o erro na soma ou na subtração de dois números é igual à soma ou subtração dos números individuais.

No caso da multiplicação, temos:

$$(\bar{x}_1 * \bar{x}_2) = [x_1 + \Delta(x_1)] * [x_2 + \Delta(x_2)]$$

$$= (x_1 * x_2) + x_1\,\Delta(x_2) + x_2\,\Delta(x_1) + \Delta(x_1)\,\Delta(x_2) \quad (1.21)$$

Se admitirmos que os erros $\Delta(x_1)$ e $\Delta(x_2)$ são pequenos em relação a x_1 e x_2 respectivamente, então podemos desprezar o produto dos mesmos. Assim, o erro propagado no produto será dado por:

$$E(\bar{x}_1 * \bar{x}_2) \approx x_1\,\Delta(x_2) + x_2\,\Delta(x_1) \quad (1.22)$$

Na divisão, a propagação do erro se apresenta da seguinte forma:

$$\frac{\bar{x}_1}{\bar{x}_2} = \frac{x_1 + \Delta x_1}{x_2 + \Delta x_2} \quad (1.23)$$

Multiplicando e dividindo a expressão (1.23) por x_2/x_2 e rearranjando-a, temos:

$$\frac{\bar{x}_1}{\bar{x}_2} = \frac{x_1 + \Delta x_1}{x_2} \left(\frac{1}{1 + \dfrac{\Delta x_2}{x_2}} \right) \tag{1.24}$$

O último fator da expressão (1.24) pode ser desenvolvido como uma série pela expressão de Taylor assim:

$$\frac{\bar{x}_1}{\bar{x}_2} = \frac{x_1 + \Delta x_1}{x_2} \left(1 - \frac{\Delta x_2}{x_2} + \left(\frac{\Delta x_2}{x_2} \right)^2 - \ldots\ldots \right) \tag{1.25}$$

Realizando a multiplicação dos termos e desprezando todos os termos que contenham produtos ou potencias de ordem superior a $\Delta(x_1)$ e $\Delta(x_2)$ temos:

$$\frac{\bar{x}_1}{\bar{x}_2} \cong \frac{x_1}{x_2} + \frac{\Delta x_1}{x_2} - \frac{x_1}{x_2^2} \Delta x_2 \tag{1.26}$$

PorPortanto:

$$E\left(\frac{\bar{x}_1}{\bar{x}_2} \right) \cong \frac{1}{x_2} \Delta x_1 - \frac{x_1}{x_2^2} \Delta x_2 \tag{1.27}$$

Devemos observar que o sinal do erro é difícil de reconhecer. Assim, nunca devemos pensar que quando se realiza a soma de dois números, o erro sempre se incrementa e que na subtração diminui, simplesmente porque os erros na adição se somam e na subtração se subtraem. Se os erros tiverem sinais diferentes, ocorrerá precisamente o contrário.

As fórmulas de propagação do erro relativo para as quatro operações aritméticas básicas, podem ser obtidas a partir das expressões deduzidas para os erros absolutos. Para as operações de soma e subtração, os resultados foram rearranjados para mostrar explicitamente o efeito dos erros nos operandos.

Erro relativo da soma:

$$\frac{E_{\bar{x}_1 + \bar{x}_2}}{x_1 + x_2} = \frac{x_1}{x_1 + x_2} \left(\frac{\Delta x_1}{x_1} \right) + \frac{x_2}{x_1 + x_2} \left(\frac{\Delta x_2}{x_2} \right) \tag{1.28}$$

Erro relativo da subtração:

$$\frac{E_{\bar{x}_1+\bar{x}_2}}{x_1 - x_2} = \frac{x_1}{x_1 - x_2}\left(\frac{\Delta x_1}{x_1}\right) - \frac{x_2}{x_1 - x_2}\left(\frac{\Delta x_2}{x_2}\right) \tag{1.29}$$

Erro relativo da multiplicação:

$$\frac{E_{\bar{x}_1\bar{x}_2}}{x_1 x_2}\left(\frac{\Delta x_1}{x_1}\right) + \left(\frac{\Delta x_2}{x_2}\right) \tag{1.30}$$

Erro relativo da divisão:

$$\frac{E_{\bar{x}_1/\bar{x}_2}}{x_1 / x_2}\left(\frac{\Delta x_1}{x_1}\right) - \left(\frac{\Delta x_2}{x_2}\right) \tag{1.31}$$

Exemplo 1.7: Determinar o erro máximo ou a propagação do erro-limite que ocorre no cálculo de $y = x_1 x_2^2$ para x_1 = 3,0 e e_1 = ±0,1 e, x_2 = 4,0 e e_2 = ±0,3:

Solução: O erro que ocorre, segundo a equação (1.18), pode ser calculado da seguinte forma:

$$e_a(y) = \left|\frac{\partial y}{\partial x_1}\right| e_a(x_1) + \left|\frac{\partial y}{\partial x_2}\right| e_a(x_2) \tag{1.32}$$

$$= \left|x_2^2\right| e_a(x_1) + \left|2x_2 x_1\right| e_a(x_2) \tag{1.33}$$

Substituindo valores, obtemos:

$y = (3)(4)^2 = 48$

$e_a(y) = (4)^2\,(0,1) + (2)\,(4)\,(3)\,(0,3) = 8,8$

Portanto, o erro máximo é oito (8) e deve ser expresso da seguinte forma:

$y = 48 \pm 8$

Ou ainda:

$y = 48 \pm 17\%$.

Exemplo 1.8: Seja o seguinte sistema linear:

$$\begin{array}{rrcl} x & +ay & = & 5 \\ bx & +2y & = & d \end{array}$$

Onde a = 1 ± 0,002; b = 1/a; e d = b - a. Determine a exatidão no produto *xy*:

Solução: Primeiramente, vamos resolver o sistema de equações lineares por redução:

x = (10 – ad) / (2 – ab)

y = (d – 5b) / (2 – ab)

Multiplicando as expressões obtidas para *x* e *y*, temos:

$$xy = \frac{\overbrace{(10-ad)}^{A}\overbrace{(d-5b)}^{B}}{\underbrace{(2-ab)^2}_{C}} \tag{1.34}$$

A seguir, vamos resolver o problema por dois métodos. Primeiro vamos calcular o erro associado em cada uma das variáveis e, logo, o valor para cada um dos três fatores determinados (A, B e C):

a = 1; $E_a(a)$ = 0,002;

b = 1/a = 1; $E_a(b) = E_a(a)/a^2 = E_a(a)$;

d = b – a = 0; $E_a(d) = E_a(b) - E_a(a) = 2\,E_a(a)$;

A = (10 – ad) = 10; $E_a(A) = aE_a(d) + dE_a(a) = 2E_a(a)$;

B = (d – 5b) = -5; $E_a(B) = E_a(d) + 5\,E_a(b) = 7E_a(a)$;

$C = (2 - ab)^2 = 1$; $E_a(C) = 2E_a(a) + 2E_a(b) + 4E_a(b) + 4E_a(a)$;

AB = -50; $E_a(AB) = BE_a(A) + AE_a(B) = 80E_a(a)$;

xy = AB/C = -50;

$E_a(xy) = E_a(AB/C) + AB_{Ea}(C)/C^2 = 680E_a(a)$. (1.35)

Substituindo o valor de $E_a(a)$ na expressão (1.35) para *xy*, obtemos:

x.y = -50 ± 1,36

Uma forma muito mais adequada de resolver este problema consiste em substituir na expressão xy = AB/C, os valores de b e d por suas correspondentes expressões em função de a. Substituindo e operando os termos da expressão, obtemos o produto e o erro associado dados pela seguinte expressão:

$$x.y = -(a^2 + 13a + 36/a) \tag{1.36}$$

$$E_a(xy) = \left(|2a| + 13 + \left|\frac{36}{a^2}\right| \right) E_a(a) \tag{1.37}$$

Substituindo os valores na expressão (1.37), obtemos o seguinte resultado:

$$x.y = -50 \pm 0{,}102 \tag{1.38}$$

Observamos que duas respostas diferentes são obtidas na realização do cálculo. A explicação para este fato é simples: no segundo caso, as operações intermediárias foram eliminadas, permitindo que alguns erros se eliminem automaticamente. Em geral, quanto menor for o número de passos intermediários no processamento de operações, menor será o erro que acontecerá.

1.4 Fundamento teórico da propagação de erro-limite

A partir do conhecimento da inexatidão de cada elemento que compõe um sistema de medidas, podemos estimar a inexatidão total do mesmo.

Considere $X_{1A}, X_{2A}, X_{3A}, \cdots, X_{nA}$, n valores aproximados independentes que compõe um sistema de medidas X, isto é:

$$X = f(X_1, X_2, \ldots, X_n). \tag{1.39}$$

O erro total $\pm \Delta X$ é uma combinação de todos os erros absolutos devidos à cada variável independente $\pm \Delta X_i$:

$$\Delta X = f(\pm \Delta X_1, \pm \Delta X_2, \ldots, \pm \Delta X_n). \tag{1.40}$$

Este erro pode ser calculado ou estimado através de algum método de propagação.

Assim, vamos demonstrar que o erro relativo do produto dessas aproximações está dado pela soma dos erros relativos de cada um dos fatores.

Seja $\overline{X} = (X_1, \cdots, X_n)$ um conjunto de valores de uma medida então:

$$\overline{X_A} = (X_1, \cdots, X_n)_A = (X_{1A}, \cdots, X_{nA}) \qquad (1.41)$$

E:

$$f(X_A) = X_{1A} * X_{2A} * \cdots * X_{nA} = \prod_{i=1}^{n} X_{iA} \qquad (1.42)$$

De forma que:

$$\Delta f(X_A) = \sum_{k=1}^{n} \frac{\partial f(X_A)}{\partial X_k} * \Delta X_k \text{, mais } \frac{\partial f(X_A)}{\partial X_k} = \prod_{\substack{i=1 \\ i \neq k}}^{n} X_{iA} \qquad (1.43)$$

$$\Rightarrow \Delta f(X_A) = \sum_{k=1}^{n} \left(\prod_{\substack{i=1 \\ i \neq k}}^{n} X_{iA} \right) * \Delta X_k$$

$$\Rightarrow \frac{\Delta f(X_A)}{f(X_A)} = \frac{\sum_{k=1}^{n} \left(\prod_{\substack{i=1 \\ i \neq k}}^{n} X_{iA} \right) * \Delta X_k}{\prod_{\substack{i=1 \\ i \neq k}}^{n} X_{iA}} = \sum_{k=1}^{n} \left[\frac{\prod_{\substack{i=1 \\ i \neq k}}^{n} X_{iA}}{\prod_{i=1}^{n} X_{iA}} \right] * \Delta X_k$$

$$\therefore \frac{\Delta f(X_A)}{f(X_A)} = \sum_{k=1}^{n} \left[\frac{1}{X_{kA}} \right] * \Delta X_k = \sum_{k=1}^{n} \frac{\Delta X_k}{X_{kA}} \qquad (1.44)$$

De outra forma: Seja $U = X_{1A} * X_{2A} * X_{3A} \cdots * X_{nA}$

$$\boxed{E_{rel}(U) = \frac{\Delta U}{U}} \qquad \text{Pd:} \quad \boxed{\frac{\Delta U}{U} = \frac{\Delta x_1}{X_{1A}} + \frac{\Delta x_2}{X_{2A}} + \bullet\bullet\bullet + \frac{\Delta x_n}{X_{nA}}} \qquad (1.45)$$

Da expressão (1.45), obtemos:

$$\text{Ln } U = \text{Ln } X_{1A} + \text{Ln } X_{2A} + \text{Ln } X_{3A} + \cdots + \text{Ln } X_{nA} \qquad (1.46)$$

$$\frac{dU}{U} = \frac{dx_1}{X_{1A}} + \frac{dx_2}{X_{2A}} + \bullet\bullet\bullet + \frac{dx_n}{X_{nA}} \quad (1.47)$$

Aproximando dU ≈ ΔU, obtemos:

$$\frac{\Delta U}{U} = \frac{\Delta x_1}{X_{1A}} + \frac{\Delta x_2}{X_{2A}} + \cdots + \frac{\Delta x_n}{X_{nA}} \quad (1.48)$$

Pela série de Taylor, também pode ser deduzida a expressão da propagação do erro-limite.

A fórmula de Taylor pode ser escrita na forma:

$f(x) = \sum_{n=0}^{\infty} \frac{f^{(n)}(a)}{n!}(x-a)^n$ na vizinhança de x = a. Quando a = 0, a série recebe o nome de *série de Maclaurin*:

$$= f(X_1 \pm \Delta X_1, X_2 \pm \Delta X_2, X_3 \pm \Delta X_3, ..., X_n \pm \Delta X_n) \quad (1.49)$$

$$f(X_1, X_2, X_3, ..., X_n) +$$

$$+\Delta X_1 \frac{\partial f}{\partial X_1} + \Delta X_2 \frac{\partial f}{\partial X_2} + \Delta X_3 \frac{\partial f}{\partial X_3} + ... + \Delta X_n \frac{\partial f}{\partial X_n} \quad (1.50)$$

← fatores de primeira ordem.

$$\frac{1}{2}\left[(\Delta X_1)^2 \frac{\partial^2 f}{\partial X_1^2} + (\Delta X_2)^2 \frac{\partial^2 f}{\partial X_2^2} + (\Delta X_3)^2 \frac{\partial^2 f}{\partial X_3^2} + ... + (\Delta X_n)^2 \frac{\partial^2 f}{\partial X_n^2}\right] \quad (1.51)$$

← fator desprezível.

Assim, o erro relativo final é dado por:

$$\Delta X = \left|\Delta X_1 \frac{\partial f}{\partial X_1}\right| + \left|\Delta X_2 \frac{\partial f}{\partial X_2}\right| + \left|\Delta X_3 \frac{\partial f}{\partial X_3}\right| + ... + \left|\Delta X_n \frac{\partial f}{\partial X_n}\right| \quad (1.52)$$

Exemplo 1.9: Seja $T = 2\pi\sqrt{\frac{I}{mgL}}$, onde *I* é dado com 1% de erro e *g* e *L* com uma precisão de 99,5%. Determinar o erro relativo e percentual de T: $(\frac{\Delta T}{T} = ?, \frac{\Delta T}{T} * 100 = ?)$.

Solução:

A fórmula de propagação do erro é: $\Delta f(x) = \sum_{j=1}^{n} \left| \frac{\partial f(x)}{\partial x_j} \right| \Delta x_j$

Então, se tem : $$\Delta T = \left| \frac{\partial T}{\partial I} \right| \Delta I + \left| \frac{\partial T}{\partial g} \right| \Delta g + \left| \frac{\partial T}{\partial L} \right| \Delta L \qquad (1.53)$$

$$\frac{\partial T}{\partial I} = \frac{1}{2} 2\pi \left\{ \frac{I}{mgL} \right\}^{-\frac{1}{2}} * \left(\frac{1}{mgL} \right) \; ; \; \frac{\Delta I}{I} = 0.01 \Rightarrow \Delta I = 0.01I \qquad (1.54)$$

$$\frac{\partial T}{\partial g} = \frac{1}{2} 2\pi \left\{ \frac{I}{mgL} \right\}^{-\frac{1}{2}} * \left(\frac{-I}{mg^2L} \right) \; ; \; \frac{\Delta g}{g} = 0.005 \Rightarrow \Delta g = 0.005g \qquad (1.55)$$

$$\frac{\partial T}{\partial L} = \frac{1}{2} 2\pi \left\{ \frac{I}{mgL} \right\}^{-\frac{1}{2}} * \left(\frac{-I}{mgL^2} \right) \; ; \; \frac{\Delta L}{L} = 0.005 \Rightarrow \Delta L = 0.005L \qquad (1.56)$$

Substituindo (1.54), (1.55) e (1.56) em (1.53), obtemos:

$$\Delta T = \frac{1}{2} 2\pi \left\{ \frac{I}{mgL} \right\}^{-\frac{1}{2}} \left\{ \frac{\Delta I}{mgL} + \frac{I}{mg^2L} \Delta g + \frac{I}{mgL^2} \Delta L \right\}$$

$$\Delta T = \frac{1}{2} 2\pi \left\{ \frac{I}{mgL} \right\}^{-\frac{1}{2}} \left\{ \frac{0.01I}{mgL} + \frac{0.005I}{mgL} + \frac{0.005I}{mgL} \right\}$$

$$\Delta T = \frac{1}{2} 2\pi \left\{ \frac{I}{mgL} \right\}^{\frac{1}{2}} * 0.02 \Rightarrow \Delta T = 0.01 * T \qquad (1.57)$$

Logo:

$$\frac{\Delta T}{T} = 0.01 \Rightarrow E\% = 1\%$$

1.5 Consequências do erro

Os erros ou as imprecisões produzidos nas operações aritméticas se propagam a outras operações ou resultados que se geram a partir dele. No caso dos processos numéricos, onde a quantidade de processamentos é grande, a sequência de execução de operações aritméticas para a obtenção do resultado de uma expressão algébrica pode conduzir a erros. Estes processos utilizam somente o último valor obtido para determinar o próximo.

Por exemplo, o resultado de aplicar um processo numérico à um problema é 5,5cm, isto é, a precisão chega até as décimas de centímetros. Se aplicarmos outro método mais sofisticado na solução do problema, poderíamos obter 5,50cm ou 5,500cm. Podemos observar que esses resultados são numericamente equivalentes, mas as cifras decimais mostram uma ideia da precisão do resultado. Geralmente, o último algarismo é duvidoso, pois podem introduzir erros ao método. Nesse sentido, se todos os resultados dos processos parciais forem afetados por um erro, como foi observado anteriormente, então eles se acumularão afetando o resultado final. Este erro no processo é denominado de *erro de acumulação.*

Por outro lado, quando ocorrem os erros de arredondamento, se perdem algarismos significativos. Este tipo de erro é denominado de *erro de significação*. Este erro surge principalmente pela subtração de dois números aproximadamente e na divisão de números cujo divisor é muito pequeno em relação ao dividendo.

Por exemplo, realizar as seguintes operações com seis algarismos significativos:

(i) $0{,}8796284 \times 10^2 - 0{,}8723415 \times 10^2 = 7{,}2869 \times 10^{-3} = 0{,}007286\underline{9} = 0{,}00729$

(ii) $0{,}8876516 \times 10^0 \div 0{,}8875239 \times 10^{-2} = 100{,}014\underline{3883} = 100{,}014.$

Exemplo 1.10: Calcular com 4 algarismos significativos a expressão $r = \dfrac{5{,}3}{x^3}$ para x = 0,89:

O valor de *r* será $7{,}5180\underline{61078} = 7{,}5181$.

SINTETIZANDO:

Estudamos os erros, suas propriedades, tipos e sua propagação no processamento numérico, que serão utilizados no estudo dos métodos analisados na aproximação da solução de problemas.

1.6 Exercícios e Aplicações

1. Ache a cota superior do erro absoluto e do erro relativo e encontre o número de decimais corretos e cifras significativas corretas nas seguintes aproximações de x por x_a:

(a) $x = 28{,}245$; $x_a = 28{,}271$ (b) $x = e$; $x_a = 19/7$ (c) $x = 2^{0,5}$; $x_a = 1{,}414$

2. Se 10000 se aproxima a x com | erro absoluto | < ε. Demonstre que $1/10000$ se aproxima a $1/x$ com $\left| erro\ absoluto \right| < \varepsilon/(10000-\varepsilon)^2$:

3. Demonstre que se um número $\bar{x}$ se aproxima a um número desconhecido x com $\left| x-\bar{x} \right| < \varepsilon$, então $1/\bar{x}$ se aproxima a $1/x$ com $\left| erro\ relativo \right| < \varepsilon/\left|\bar{x}\right|$:

4. Suponhamos que $\bar{x}_1$ e $\bar{x}_2$ são aproximações de x_1 e x_2 com erros ε_1 e ε_2 respectivamente, isto é, $\bar{x}_1 = x_1 + \varepsilon_1$ e $\bar{x}_2 = x_2 + \varepsilon_2$. Demonstrar que o erro relativo do produto é aproximadamente igual à soma dos erros relativos dos fatores:

5. Calcular o erro propagado no cálculo de $f(x) = e^{x^2}$ no entorno de $x = 2$ se o erro em x é 10^{-2}:

6. O polinômio $P(x) = x^2 + 2x^3 + 2x^4$ é usado para aproximar $f(x) = x^2e^{2x}$ em [0, ½]. Encontrar o limite para o erro máximo. (Aplicar o conceito de continuidade e convergência na derivada):

7. Dois números 7,1213 e 46,754 possuem cada um, um erro de 0,01. Qual é o erro máximo *relativo* em cada número? Qual é o erro máximo relativo em sua soma, diferença, produto e quociente?

8. Os lados de um retângulo são medidos com um erro de 10^{-2}. As medidas obtidas foram de 2,36 mt e 3,78 mt. Achar o intervalo do erro produzido no cálculo da área:

9. Complete os dados da tabela e utilize a estrutura da mesma para simular o comportamento dos erros de truncamento e de arredondamento. Determine qual é o erro mais sensível na realização de uma operação aritmética:

			Erro de arred.	Erro de trunc.
N. Exato	Arred.	Trunc.	Arred. - (Exato)	Trunc. - (Exato)
0,5				
0,9				
1,0				
2,0				
2,5				
3,3				
3,7				
4,8				
5,4				
7,3				

10. Desenvolver no computador um algoritmo que determine o percentual do erro ao avaliar as seguintes funções em incrementos de centésimas e milésimas:

(a) $\sqrt{x^4} = x^2$ (b) $\left(\sqrt{x}\right)^2 = x$ (c) $e^{\ln(x)} = x$

11. Um retângulo mede 19cm ± 0,2 de largura e 31cm ± 0,5 de comprimento:

i. Determine uma estimativa do valor da área deste retângulo e calcule uma estimativa do limite superior do erro absoluto da área do retângulo;

ii. Calcule a área desse retângulo, mostrando o intervalo dos valores possíveis.

12. Calcule o volume do cilindro (mostrando o intervalo dos valores possíveis), cujo raio da base é 2 ± 0,05 e a altura 6 ± 0,05 (metros), tomando o valor do Pi = 3,141 ± 0,001. Usando a teoria dos erros máximos, calcule o valor aproximado do volume e uma estimativa do limite superior dos erros absolutos:

13. A resistência elétrica de um fio de cobre, em função da temperatura, é dada por:

$$R = R_o\left[1 + \alpha\left(T - T_o\right)\right]$$

Onde:

R_o = 6,00 Ω ± 2% (na temperatura T_o)

α = 0,0004 °C^{-1} ± 5%

T = 40 °C ± 2°C

T_o = 20°C ± 2°C

Calcule o valor aproximado para a resistência elétrica e sua estimativa do limite superior dos erros absolutos:

14. Aplica-se uma voltagem V = 100V ± 1% a um resistor de R = 10Ω ± 1%, sendo a corrente medida igual a i = 10A ± 1%. Deseja-se calcular a potência dissipada de dois modos diferentes:

(a) P = V^2/R.

(b) P = V.i.

Qual dos modos você considera mais adequado? Por que ?

15. O raio de uma peça cilíndrica mede (6,0 ± 0,2)mm e sua altura é (20 ± 1)mm. Determine:

(a) a área transversal da peça;

(b) o seu volume.

16. Várias observações de um satélite são realizadas a fim de determinar sua velocidade. Na primeira observação, a distância ao satélite é L = 30.000 ± 10 Km. Depois de 5 segundos, com uma precisão de 4 dígitos significativos, a distância radial aumentou em *p* =125 ± 0,5 Km e a mudança na orientação foi θ = 0,00750 ± 0,00002 radianos. Calcular a velocidade do satélite, incluindo seu erro relativo. Suponha que o satélite se mova em linha reta e a uma velocidade constante durante esse intervalo de tempo:

17. Suponha que dispomos de um algoritmo para calcular a seguinte integral:

$$I(a,b) = \int_0^1 e^{\frac{-bx}{(a+x^2)}}dx$$

Utilizando esse algoritmo, obtivemos a seguinte tabela:

A	b	I
0,39	0,34	1,425032
0,40	0,32	1,408845
0,40	0,34	1,398464
0,40	0,36	1,388198
0,41	0,34	1,372950

As variáveis físicas *z* e *y* foram medidas, obtendo-se:

z = 0,400 ± 0,003 y = 0,3400 ± 0,005

Estimar o erro em I(z, y) e expressar o resultado final:

2

Raízes de funções ou zero de funções

Dada uma função f(x) contínua no intervalo [a, b], os valores de x para os quais se cumpre que a equação f(x) = 0 são chamados de raízes ou zeros da função.

Neste capítulo, vamos estudar como determinar o valor aproximado de uma raiz em uma determinada função. O cálculo direito de raízes é restrito à algumas funções; na maioria dos casos devemos aplicar um processo numérico que a partir de uma aproximação inicial ou de um intervalo inicial e por aproximações sucessivas em cada iteração, obtemos valores cada vez mais próximos da solução desejada. Esses processos numéricos são iterativos. As funções a estudar devem ser contínuas no intervalo de avaliação e devem ter tantas derivadas quanto forem necessárias.

2.1 Raízes de equações algébricas e transcendentais

Este subtítulo refere-se à pesquisa de raízes de uma equação por meio de métodos que exploram o fato de que uma função muda de sinal na vizinhança de uma raiz. Esses métodos são chamados de braço de suporte (Bracketing). Conforme sua denominação, apóiam em ambos sentidos a pesquisa na estimação do valor de uma raiz da função. O procedimento geral usado por esses métodos para estimar o valor de uma raiz, tem as seguintes etapas: localização, refinamento e controle de parada.

Antes de apresentar estes modelos, vamos discutir o teorema de Bolzano para caracterizar um intervalo da função, onde provavelmente encontramos as raízes. Os cálculos e sua respectiva representação gráfica são mostrados.

2.2 Raízes de equações em problemas da Engenharia

As equações não lineares têm um campo de aplicação muito grande, especialmente na engenharia, ciências físicas e sócio-econômicas. Existem três etapas no seu processo de formação, independente do campo de aplicação.

Em primeiro lugar, é necessário interpretar, em termos matemáticos, a situação do problema em torno do que está acontecendo. Por exemplo, observamos que os corpos se deslocam de acordo com as leis de Newton do movimento, que em um circuito elétrico é importante determinar as cargas nos capacitores e nas correntes em função do tempo, que muitos problemas geométricos são mais facilmente resolvidos numéricamente e o comportamento das vendas de um produto podem variar de uma estação para outra. Modelos de equações matemáticas baseadas nesses princípios fundamentais, são utilizados para predizer o comportamento das variáveis dependentes como uma função das variáveis independentes. Podemos observar que, em cada caso, a variável dependente reflete um estado ou o desempenho de um sistema na qual os parâmetros representam suas propriedades ou composição.

Depois de obter um valor próximo da solução real, é necessário interpretá-la em termos do contexto no qual se formulou o problema. Em particular, é preciso sempre verificar se a solução matemática é razoável. Esta última consideração é importante em virtude de que os coeficientes de uma equação não linear, conseguidos como resultado de medidas de uma grandeza física, são susceptíveis à pequenos erros. Se estes erros levarem à grandes variações na solução de um problema matemático, então será necessário reexaminar a relação entre o modelo matemático e o físico.

É importante ter presente que as equações matemáticas são quase sempre descrições aproximadas dos processos reais, pois estão baseadas em observações que são, em si mesmas, aproximações. Por exemplo, os corpos que se movem a altas velocidades como da luz, não são governados pelas leis de Newton.

Um problema físico pode ser tratado como um modelo matemático e, quando sua solução é difícil de ser obtida por métodos convencionais, então os processos numéricos são uma excelente alternativa na aproximação de sua solução.

Os seguintes exemplos são típicos das aplicações nas quais aparecem equações não-lineares.

Aplicação em hidráulica:

Exemplo 2.1: Em hidráulica, o modelo de Francis (expressão 2.1) permite calcular a vazão (volume/tempo) em função da altura (h) d'água acima da crista de um açúde:

$$Q(h) = 3{,}3\,(3 - 0{,}2h)\,h^{3/2} \qquad (2.1)$$

Na expressão (2.1), existe uma variável independente, assim não precisamos explicitar ou isolar a função, porque uma variável depende da outra. Mas, normalmente, os modelos matemáticos representam o inter-relacionamento entre vários parâmetros e/ou variáveis, de forma que, para encontrar a solução para uma determinada variável, necessita-se rearranjar a equação ou isolar uma variável.

Suponhamos que agora queremos encontrar a altura a partir do coeficiente de vazão (Q(h)). Esse fato representa um dilema, pois muitos problemas em projeto de engenharia envolvem um conjunto de variáveis que descrevem ou especificam as propriedades ou a composição do sistema para assegurar seu desempenho de uma forma desejada. Nesse sentido, esses problemas frequentemente requerem que os parâmetros sejam calculados de forma implícita, isto é, uma variável como uma função de outras. Assim, para resolver o problema usando métodos numéricos, é conveniente reexpressar a função, da seguinte forma:

$$h = f[Q(h)] = 0 \qquad (2.2)$$

Os valores de h que fazem f(h) = 0 representam as raízes da função. Esses valores também representam os coeficientes obtidos que resolvem o problema. Neste capítulo apresentamos uma variedade de métodos numéricos e gráficos para analisar e determinar as raízes de uma função a partir de relacionamentos como é mostrado na expressão (2.1).

Aplicação em física:

A queda de um corpo abandonado próximo ao solo, quando desprezamos a ação do ar, denomina-se Queda Livre. Galileu Galilei (1564-1642), depois de diversas experiências sobre a queda livre, concluiu o seguinte:

1. Qualquer corpo, independentemente do seu peso, quando abandonado próximo à superfície terrestre, cai com determinada aceleração, a velocidade de queda é proporcional ao tempo, ou seja, a aceleração é constante;

2. As distâncias percorridas pelos corpos abandonados em queda livre são proporcionais aos quadrados dos tempos, ou seja, a função horária S = f(t) é uma função de segundo grau, onde S está relacionado com o espaço ou posição do corpo e *t* com o tempo.

Portanto, a queda livre é um caso especial do movimento uniformemente variado. A parte da mecânica que estuda estes fenômenos é denominada de cinemática, que descreve os movimentos independentemente de suas causas. Assim, podemos determinar a posição de um móvel em uma trajetória, o instante em que o móvel ocupa determinada posição e sua velocidade e aceleração.

A aceleração constante da queda livre é chamada Aceleração da Gravidade e seu valor depende de acordo com a latitude e altitude do local.

Exemplo 2.2: Uma partícula começa a descer em um plano inclinado cujo ângulo A está mudando a uma taxa constante:

$$\frac{dA}{dt} = w < 0$$

Como é mostrado na Figura 2.1:

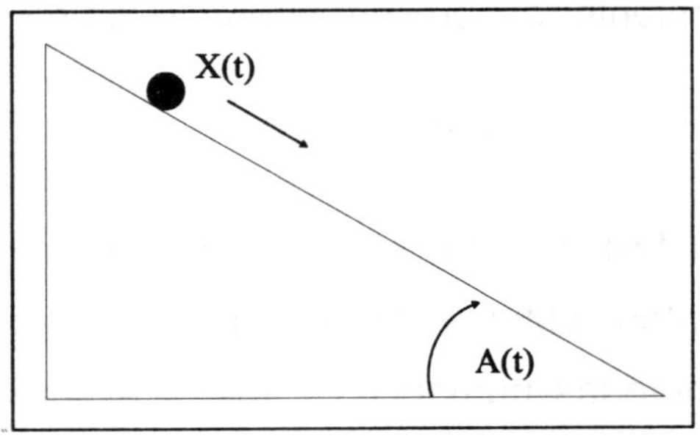

Figura 2.1: Representação gráfica do exemplo 2.2.

Depois de t segundos, a posição do objeto é dada pela seguinte expressão:

$$x(t) = \frac{g}{2w}\left\{\frac{e^{wt} - e^{-wt}}{2} - \text{sen}(wt)\right\} \tag{2.3}$$

Suponha que a partícula se mova a uma razão de 1,7m/s. Use uns dos métodos de raízes de funções para encontrar, com uma tolerância de 10^{-1}, a taxa *w* na qual A muda. Assuma que g = -9,83217m/s^2 e para t = 1.

Solução: A fim de obter a velocidade (v) do corpo, derivamos a expressão da posição da partícula em relação ao tempo (d(x(t))/dt):

$$v = -\frac{9{,}83217}{2w}\{\cosh(wt) - \cos(wt)\}$$

Considerando o instante t = 1, substituímos o valor da velocidade (x'(t)) e logo agrupamos os valores na função transcendental. Assim, a expressão zero de funções é obtida:

$$0 = 1{,}7w + 4{,}91608\,\{\cosh(wt) - \cos(wt)\} \qquad (2.4)$$

Em Matlab, os seguintes comandos inseridos em um arquivo M representam a expressão zero de funções em uma janela gráfica:

```
clf;
x = -(pi/4): 0.01: (pi/4);
y = (1.7)*x + (4.91608)*(cosh(x) - cos(x));
plot(x, y);
title('Expressão - y = (1.7)*x + (4.91608)*(cosh(x)-cos(x))');
xlabel('X');
ylabel('Y');
grid
```

Algoritmo 2.1: Comandos em Matlab para representar a expressão 2.4.

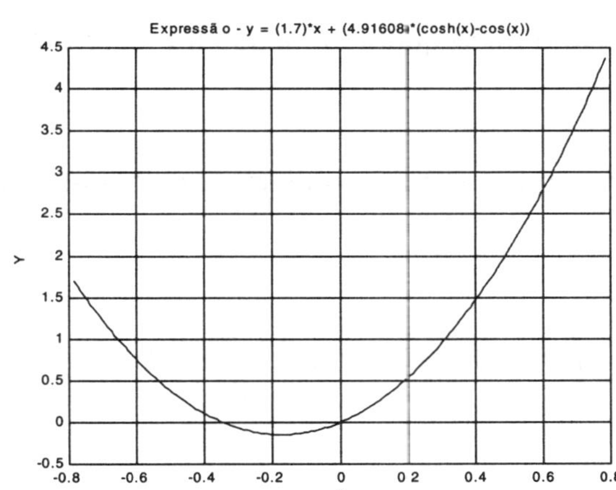

Figura 2.2: Representação gráfica da função zero de funções da expressão 2.4.

Pelo método de Bolzano, podemos encontrar os intervalos da expressão zero de funções. Como a velocidade angular (*w*) é menor que zero então, podemos selecionar o seguinte intervalo [–0.4, –0.2] segundo o gráfico da expressão na Figura (2.2). Realizando as transformações respectivas, como mostrado na Tabela (2.1), encontramos o intervalo [-pi/15, -pi/8] para a velocidade angular (*w*). Assim, tendo a função transcendental e o intervalo na qual a função atravessa o eixo dos X, podemos aplicar um método numérico para encontrar a raiz nesse intervalo:

w (radianos)	w (ângulo)	f(w)
0	0	0
- 0,4	- 23° (≈ - pi/15)	- 0,1404
- 0,2	- 12° (≈ - pi/8)	0,0906

Tabela 2.1: Transformação de valores radianos para angular.

Aplicação em vendas:

Exemplo 2.3: Certos produtos seguem um padrão de vendas sazonal. Suponha que as vendas de um produto desse tipo sejam dadas pela seguinte função:

$$S(t) = 32{,}9t + 12{,}87(t)\cos\left(\frac{\pi\, t^2}{8}\right) \tag{2.5}$$

Onde t é o tempo em meses a partir de janeiro e S(t) representa a vendas (em milhares de unidades). Estamos em abril. Determine quantos meses transcorreram para que a empresa venda 3.052 unidades:

Solução: As estimações das vendas médias podem ser obtidas fazendo a integral da função sazonal. Assim:

$$\int S(t)dt = \frac{1}{b-4}\int_4^b \left[32{,}9t + 12{,}87t\cos\left(\frac{t^2\pi}{8}\right)\right]dt \tag{2.6}$$

$$= \frac{32{,}9}{b-4}\int_4^b t\ dt + \frac{12{,}87}{b-4}\int_4^b t\cos\left(\frac{\pi t^2}{8}\right)dt$$

O resultado de integrar o primeiro termo da expressão (2.6), é:

$$= 16{,}45(b+4)$$

Para integrar o segundo termo, utilizamos a método da substituição. Assim, temos que $\theta = (\pi t^2)/8$ logo, $d\theta = (\pi t dt)/4$. Substituindo no segundo termo da expressão (2.6) temos:

$$\frac{12{,}87}{b-4}\left(\frac{4}{\pi}\right)\int_4^b \cos\theta \, d\theta$$

A integral é:

$$\frac{51{,}48}{\pi(b-4)}\,\text{sen}\left(\frac{\pi b^2}{8}\right)$$

Logo, a nova função sazonal (expressão 2.6) será a união das duas integrais obtidas anteriormente e é uma função da variável b. Ela representa o modelo matemático do comportamento do produto e o valor de b é igual a 3,052:

$$f(b) = 16{,}45(b+4) + \frac{51{,}48}{(b-4)\pi}\,\text{sen}\left(\frac{\pi b^2}{8}\right) = 3{,}052$$

$$1{,}00192b^2 + \text{sen}\left(\frac{\pi b^2}{8}\right) - 0{,}1855888b - 15{,}2871 = 0 \qquad (2.7)$$

Aplicações em um circuito elétrico:

Exemplo 2.4: Nas Figuras 2.3a e 2.3b apresentamos um circuito elétrico simples. Cada um deles é formado por vários elementos em série com um contato ou chave (K):

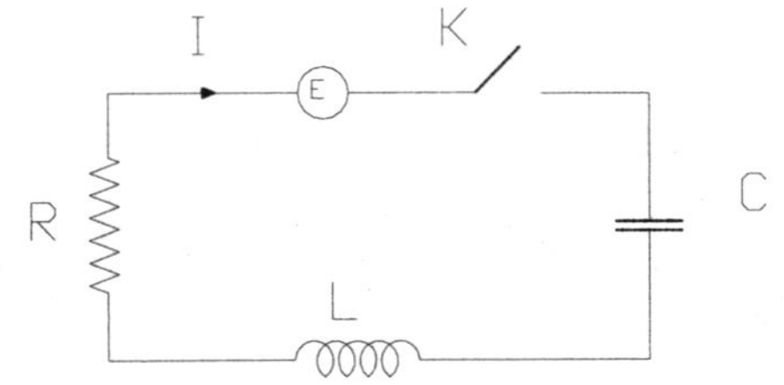

Figura 2.3a: Circuito elétrico simples.

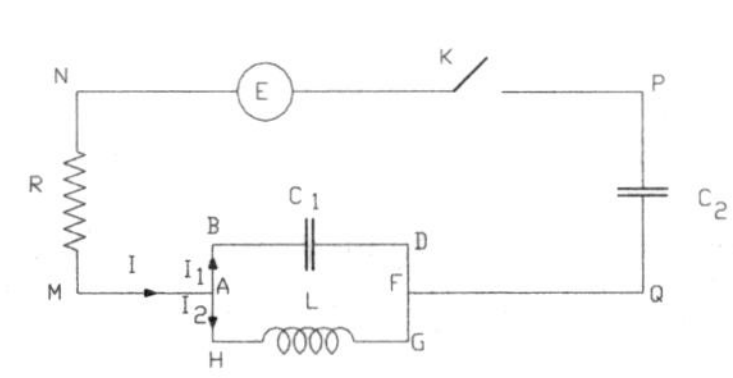

Figura 2.3b: Circuito elétrico complexo.

Os elementos do circuito ligados em série com um contato ou chave são:

1. Um *gerador* ou *bateria*, suprindo uma *força eletromotriz* ou f.e.m. ***E*** (volts);

2. Um *resistor* tendo *resistência* R (ohms);

3. Um indutor tendo capacidade C (farads).

Quando o contato ou chave K está fechado de modo que se complete o circuito, uma carga Q (coulombs) fluirá para as placas do capacitor. A relação do fluxo de carga para o tempo, dada por $dQ/dt = I$, é chamada corrente e é medida em ampéres, quando o tempo é medido em segundos.

Um problema importante é determinar as cargas nos capacitores e as correntes em função do tempo. Para fazer isso, definiremos a queda de potencial ou queda de voltagem através de um elemento de circuito:

(A) Queda de voltagem através de um resistor = *RI* = *RdQ/dt;*

(B) Queda de voltagem através de um indutor = *LdI/dt* = Ld^2Q/dt^2;

(C) Queda de voltagem através de um capacitor = *Q/C;*

(D) Queda de voltagem através de um gerador = - elevação de voltagem = - *E.*

As equações diferenciais do sistema podem ser encontradas usando as leis de Kirchhoff.

Leis de Kirchhoff:

1. A soma algébrica das correntes que fluem na direção de qualquer nó (por exemplo, A, no último circuito) é igual a zero;

2. A soma algébrica das quedas de potencial ou quedas de voltagem ao redor de qualquer laço fechado (tais como "*ABFGHA*" ou "*ABDQPNMA*", no último circuito) é igual a zero.

Para o circuito simples ("o segundo circuito"), a aplicação dessas leis é particularmente simples (a primeira lei neste caso). Encontramos que a equação para a determinação de Q é:

$$L.\frac{d^2Q}{dt^2} + R.\frac{dQ}{dt} + \frac{Q}{C} = E \qquad (2.8)$$

Exemplo 2.5: Um indutor de 2 henrys, um resistor de 16 ohms e um capacitor de 0,02 farads são ligados em série com uma força eletromotriz de E volts. Em t (tempo) = 0, a carga no capacitor e a corrente no circuito são zero:

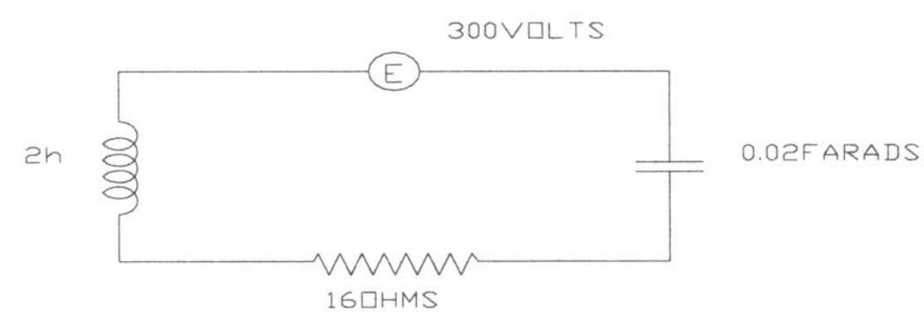

Figura 2.4: Representação gráfica do circuito elétrico do exemplo 2.5.

Um problema neste circuito seria encontrar o tempo $t > 0$, quando a carga do sistema alcança 2 coulombs e E é igual a 300 volts:

Solução: Seja Q e I a carga e as corrente instantâneas, respectivamente, no tempo t. Pelas leis de Kirchhoff temos:

$$2.\frac{dI}{dt} + 16I + \frac{Q}{0{,}02} = E \tag{2.9}$$

Ou como $dQ/dt = I$I = dQ/dt:

$$2.\frac{d^2Q}{dt^2} + 16.\frac{dQ}{dt} + 50Q = E \tag{2.10}$$

Com as condições iniciais Q(0) = 0, I(0) = Q'(0) = 0.

Se E = 300, então a expressão (2.10) se torna:

$$\frac{d^2Q}{dt^2} + 8\frac{dQ}{dt} + 25Q = 150 \tag{2.11}$$

Então, tomando a transformada de Laplace, encontramos:

$\{s^2q - sQ(0) - Q'(0)\} + 8\{sq - Q(0)\} + 25q = 150/s$

$$q = \frac{150}{s(s^2 + 8s + 25)} = \frac{6}{s} - \frac{6s + 48}{(s^2 + 8s + 25)}$$

$$= \frac{6}{s} - \frac{6(s+4)}{(s+4)^2 + 9} - \frac{24}{(s+4)^2 + 9} = \frac{6}{s} - \frac{6(s+4) + 24}{(s+4)^2 + 9}$$

$Q = 6 - 6e^{-4t}cos3t - 8e^{-4t}sen3t$, como Q = 2,

Obtemos a seguinte expressão (2.12) que representa o modelo matemático do circuito:

$$0 = 1 - {}^{3}/_{2} e^{-4t} \cos 3t + 2\, e^{-4t}\, \text{sen} 3t \qquad (2.12)$$

2.3 Procedimento geral para encontrar as raízes de uma função

O procedimento consta das seguintes etapas:

- Localização ou isolamento de raízes. Nesta etapa, é feita uma análise teórica e gráfica da função f(x). O seguinte teorema é usado na localização da raiz: "*Se uma função f(x) é contínua no intervalo [a, b] e se f(a) e f(b) têm sinais opostos, então existe pelo menos um ponto que represente uma raiz real de f(x) no intervalo*". Neste contexto, deve-se encontrar um intervalo que contenha uma raiz da função – primeira aproximação;

- Refinamento. Nesta fase, dentro do intervalo deverá ser feito um conjunto de aproximações sucessivas até chegar ao valor estimado de uma raiz, Além de ser estabelecida a precisão (ε), os critérios de parada e o número máximo de iterações;

- Critérios de parada. A verificação que $\bar{x}$ está suficientemente próxima da raiz (R), considerando uma tolerância teórica (ε), pode ser feita de três formas:

    1. $|\bar{x}_n - R| \leq \varepsilon$;
    2. $|f(\bar{x}_n)| \leq \varepsilon$;
    3. Número de iterações.

Caso 1:

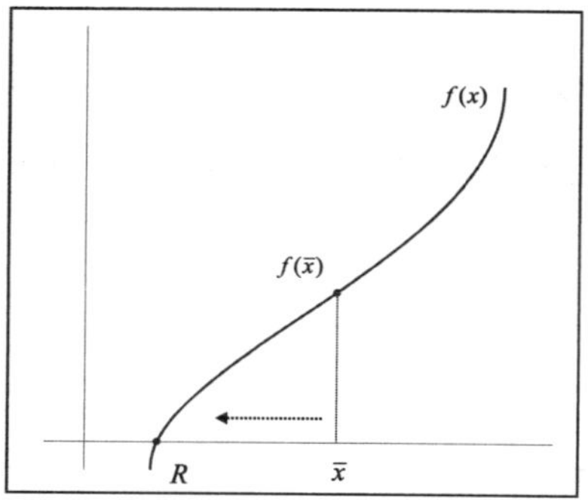

Caso 2:

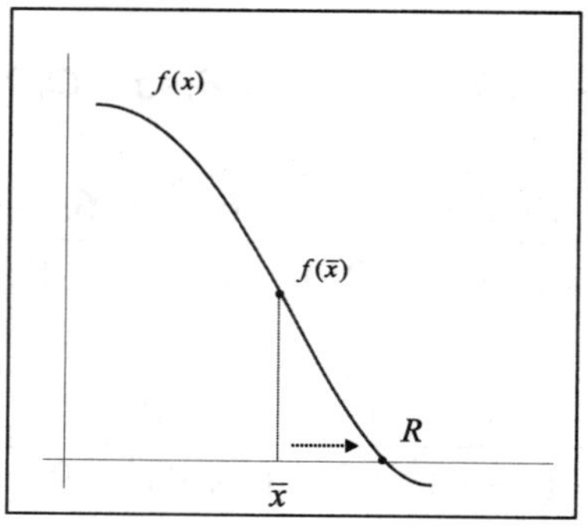

Figura 2.5: Representação gráfica dos critérios de parada de um M. numérico.

2.4 Método de Bolzano

Este método é chamado de aproximações sucessivas e é baseado no teorema (2.1).

Teorema 2.1: Se f(x) é uma função algébrica racional inteira e contínua no intervalo [a, b] e R representa o valor de uma raiz da função nesse intervalo, então temos que:

- Se $f(a).f(b) < 0$, então o número de raízes reais em $f(x) = 0$ no intervalo [*a, b*] é ímpar;
- Se $f(a).f(b) > 0$, então o número de raízes reais no intervalo [*a, b*] é par ou não existem raízes reais na equação no intervalo.

O teorema de Bolzano é mostrado no Algoritmo (2.2) como uma sequência de instruções que indicam o caminho para a solução de um problema.

```
Algoritmo de Bolzano:
Leia(A, B).
Méd = (A + B)/2.
Leia(erro)
   I = 0.
   Repita:
         I = I + 1.
         Erro = Erro * 10
         Até Erro = 1.
N = 0.
Fim = Falso.
Repita:
        N = N + 1
        Se F(Méd) = F(A)
             Repita:
                  Ant = Méd
                  Méd = Méd + 1/10^N
                  Se F(Méd) ≠ F(A)
                       A = Ant.
                       Fim = verdadeiro.
             Até Fim = verdadeiro.
        Senão,
```

```
                Repita:
                    Ant = Méd
                    Méd = Méd - 1/10^N
                    Se F(Méd) ≠ F(A)
                        A = Méd.
                        Fim = verdadeiro.
                Até Fim = verdadeiro.
Méd = (Ant + Méd) /2.
Fim = Falso.
Até N >= I.
Imprima(Méd). Fim.
```

Algoritmo 2.2: Procedimento computacional para o teorema de Bolzano.

Exemplo 2.6: Analisemos o problema proposto anteriormente a respeito da equação de Francis (expressão 2.1), que permite calcular a vazão d'água acima da crista de um açúde:

Solução: Primeiramente, para encontrar uma solução do problema, devemos fazer implícita a variável h em função das demais variáveis da função, como é explicitado na expressão (2.13):

$$f(h) = 3\, h^{3/2} - 0{,}2\, h^{5/2} - 3{,}78788 \qquad (2.13)$$

As raízes de uma função podem ser estimadas em f(x) = 0. Quando a função é representada no eixo de coordenadas cartesianas, podemos observar os pontos na qual a função se intercepta com o eixo dos X. Estes pontos de interseção representam as raízes da função. Na aplicação do método de Bolzano, devemos revisar e entender a regra de Descartes na determinação do número de raízes positivas.

Regra de Descartes:

"*Uma função algébrica racional inteira e contínua num determinado intervalo, tendo f(x) = 0, o número de raízes positivas não poderá ser maior que o número de variações de sinal da função, e a diferença entre o número de variações e o número de raízes positivas desta equação será sempre par ou zero*".

A função proposta na expressão (2.13) tem uma variação de sinal. Logo, a função tem como máximo duas raízes positivas ou nenhuma.

Aplicando o procedimento geral na determinação de uma raiz pelo método de Bolzano, construímos a Tabela (2.2) para calcular f(h) em pontos aleatoriamente escolhidos:

h	$f(h)$	$Raiz$
- 5	(-37,34679)	
- 2	(-11,14179)	
- 1	(-6,58788)	
0	(-3,78788)	
1	(-0,98788)	
2	(+3,56603)	Raiz 1

Tabela 2.2: Primeira iteração na pesquisa de uma raiz para o exemplo (2.5).

Depois de localizar o intervalo na qual se encontram a raiz da função, devemos aplicar a segunda etapa do procedimento - o refinamento. Nesta etapa, podemos usar outros métodos numéricos que partem de um intervalo ou ponto inicial, por exemplo, o método de Pégaso ou o método de Newton-Raphson, respectivamente.

O intervalo obtido é [1, 2]. Aplicando o método de Bolzano, podemos refinar o intervalo e assim obter uma aproximação do valor da raiz:

h	$f(h)$
1,0	= - 0,98788
1,1	= - 0.58062
1,2	= - 0,15977
1,3	= 0,27342

Tabela 2.3: Segunda iteração na pesquisa de uma raiz para o exemplo (2.5).

A partir do erro teórico estimado (menor ou igual a 10^{-1}), o intervalo inicial é reduzido e assim obtemos um novo intervalo [1,2; 1,3]:

h	$f(h)$
1,25	0,05536
1,24	0,01210
1,23	- 0,03105

Tabela 2.4: Terceira iteração na pesquisa de uma raiz para o exemplo (2.5).

Aumentando a precisão do erro estimado a 10^{-2}, reduzimos o intervalo anterior à [1,23; 1,24]:

h	$f(h)$
1,235	- 0,00949
1,236	- 0,00518
1,237	- 0,00086
1,238	0,00346

Tabela 2.5: Quarta iteração na pesquisa de uma raiz para o exemplo (2.5).

Continuando o processo e atribuindo um erro de 10^{-3} refinamos ainda mais nosso intervalo a [1,237; 1,238]. Conforme atribuímos um maior valor ao erro no cálculo, o estimado da raiz da função será mais preciso. Neste caso, com um erro de 10^{-3}, o valor da raiz é 1,2375, isto é, o valor médio do intervalo final.

2.4.1 Uma aplicação para o método de Bolzano

O Teorema (2.1) de Bolzano, representado no Algoritmo (2.2) como uma sequência de instruções funcionais de forma estrutural, pode ser escrito em códigos em uma linguagem de programação. O algoritmo pode ser projetado como um programa de modo iterativo na sua execução. O programa deve utilizar um procedimento para legendar a função e estratégias de localização para realizar avaliações mais eficientes. Além disso, o limite inferior, o limite superior e o erro teórico devem formar parte na realização das iterações. Finalmente, o controle do erro calculado deverá também ser incluído no programa para assegurar que o estimado da raiz seja atingido, segundo os objetivos do operador.

O seguinte exemplo, demonstra a potencialidade do uso desse algoritmo na localização da raiz de uma função.

Exemplo 2.7: Use o algoritmo do método de Bolzano implementado no Algoritmo (2.2) para estimar o valor da raiz da seguinte função $f(x) = \ln(x) + \frac{x^2}{2} - 3$. Utilize um erro teórico de 10^{-3}:

Solução: Para implementar o método de Bolzano, devemos determinar primeiramente um intervalo inicial na qual se encontra uma raiz da função. Além disso, devemos atribuir o valor do erro teórico para controlar o número de iterações. Essas entradas são refinadas em cada iteração até que o programa pare. O valor estimado da raiz é 2,12055 em 4 iterações. Os resultados da aplicação são mostrados na Tabela (2.6).

Método de Bolzano
Fornecer o limite inferior do intervalo: 2
Fornecer o limite superior do intervalo: 3
Fornecer o máximo erro absoluto: 0,01

N	Med	FM	A	FA
1	2,50000	1,04129	2,00000	- 0,30685
1	2,40000	0,75547	2,00000	- 0,30685
1	2,30000	0,47791	2,00000	- 0,30685
1	2,20000	0,20846	2,00000	- 0,30685
1	2,10000	- 0,05306	2,10000	- 0,30685
2	2,15000	0,07672	2,10000	- 0,05306
2	2,14000	0,05061	2,10000	- 0,05306
2	2,13000	0,024457	2,10000	- 0,05306
2	2,12000	- 0,00138	2,12000	- 0,05306
3	2,12500	0,01158	2,12000	- 0,00138
3	2,12400	0,00899	2,12000	- 0,00138
3	2,12300	0,00639	2,12000	- 0,00138
3	2,12200	0,00380	2,12000	- 0,00138

3	2,12100	0,00121	2,12000	- 0,00138
3	2,12000	- 0,00138	2,12000	- 0,00138
4	2,12050	- 0,00009	2,12000	- 0,00138
4	2,12060	0,00017	2,12000	0,00138
4	2,12060	0,00017	2,12050	- 0,00138

Nesse intervalo, encontramos a raiz: 2,12055
O número de iterações feitas é: 4

Tabela 2.6: Resultados computacionais obtidos pela aplicação do T. de Bolzano.

2.5 O Método da Bissecção

Quando aplicamos o teorema de Bolzano no exemplo (2.1), observe que f(x) muda de sinal nos lados opostos à raiz. Em geral, se f(x) é uma função real e contínua num intervalo [a, b] e f(a) e f(b) têm sinais diferentes, isto é:

$$f(a).f(b) < 0 \qquad (2.14)$$

Então, existe pelo menos uma raiz entre a e b.

Métodos de pesquisa com incrementos se baseiam nesta observação, isto é, localizam um intervalo onde a função muda de sinal. A localização da mudança de sinal é identificada, mais precisamente, ao dividir o intervalo em um número de subintervalos. Desta forma, cada um desses intervalos é pesquisado para identificar uma mudança de sinal. O processo é repetido e a raiz é estimada a partir da divisão dos subintervalos em pequenos incrementos.

O método da Bissecção, que possui uma semelhança com o método de Bolzano, é chamado de método da Dicotomia ou método da Divisão. Refere-se à um tipo de pesquisa incremental, cujo intervalo de trabalho é sempre dividido pela metade. Se uma função muda de sinal no intervalo, então a função deve ser avaliada no ponto médio. Assim, a localização da raiz é declarada como falsa ao considerar o ponto médio do subintervalo dentro do qual ocorre a mudança de sinal. O processo é repetido até obter um valor estimado da raiz, como pode ser observado na Figura (2.6).

2.5.1 Representação gráfica e o algoritmo para o método da Bissecção

O procedimento é realizado até encontrar o valor estimado de uma raiz da função.

Passo 1. Escolher o intervalo inferior e superior [a, b], para calcular o valor da raiz, assim como os valores das mudanças de sinal da função no intervalo. Essa mudança de sinal pode ser verificada por f(a).f(b) < 0. Determine um valor para o ErroTeórico (ET), por exemplo, 0,1, 0,01 ou 0,001. O valor atribuído depende da precisão que se deseja obter;

Passo 2. Estimar o valor da raiz inicial (x_r) como a média do intervalo superior e inferior, e o valor do erro calculado (EC):

$$x_r = \frac{a+b}{2} \tag{2.15}$$

$$E_c = \frac{b-a}{2} \tag{2.16}$$

Passo 3. Fazer a seguinte avaliação para determinar em qual subintervalo a raiz se encontra:

- Se $f(a).f(x_r) < 0$, então a raiz está no intervalo inferior, assim, fazemos $b = x_r$ e se $E_T < E_C$ voltar ao passo 2. Caso contrário, ir para o passo 4;
- Se $f(a).f(x_r) > 0$, então a raiz está no intervalo superior, assim, fazemos $a = x_r$ e se $E_T < E_C$ voltar ao passo 2. Caso contrário, ir para o passo 4;
- Se $f(a)\ .\ f(x_r) = 0$ ou $f(x_r) = 0$, então a raiz é igual a x_r.

Passo 4. Fim do algoritmo.

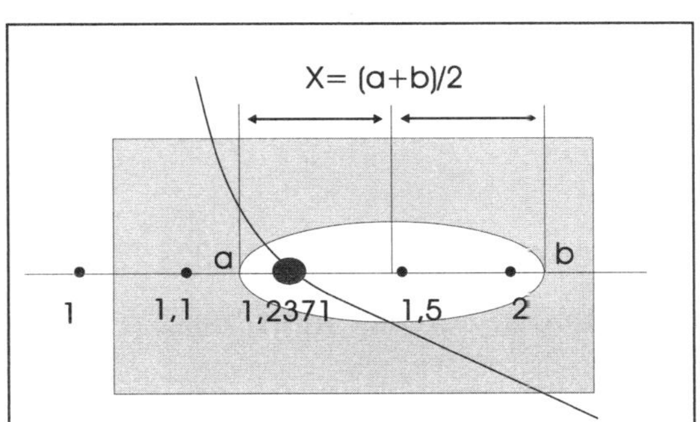

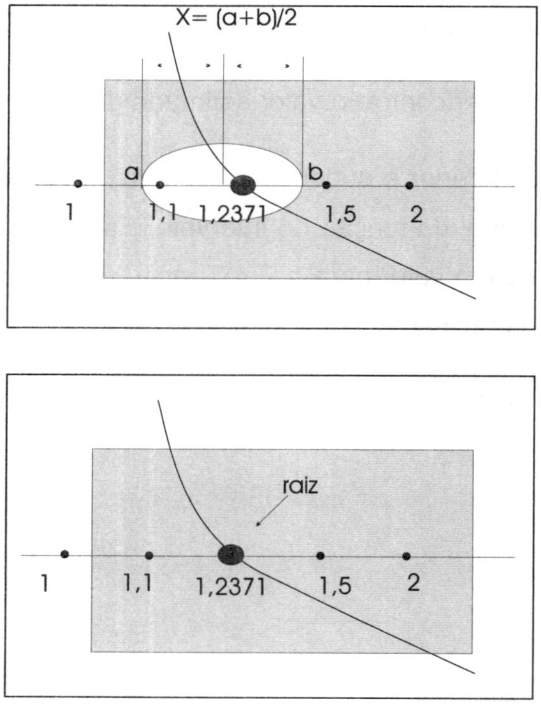

Figura 2.6: Representação gráfica para o método da Bissecção.

A maior característica do algoritmo, uma vez que é repetido o passo três, o erro máximo é dividido pela metade do anterior. Assim, para n interações temos o erro calculado igual a: $E_C = \dfrac{b-a}{2^N}$.

Exemplo 2.8: Use o método da Bissecção para resolver o mesmo problema abordado no exemplo (2.1):

Solução: O método da bissecção exige primeiro que achemos o valor do intervalo inferior e superior na qual se encontra h e quais são os valores de f(h) que produzem mudança de sinal. Na Tabela (2.1), podemos observar que a função muda de sinal entre os valores 1 e 2. Assim, o valor estimado da raiz x_r está ligado ao ponto médio do intervalo:

$$x_r = \frac{1+2}{2} = 1{,}5$$

Esse valor estimado contém um erro relativo E_c = 17,53% (observe que o valor da raiz é 1,2371). Logo, calculamos o produto da função do valor mais baixo e do ponto médio:

f(1).f(1,5) = -1,15813

Como o valor do produto é negativo, então, a raiz deve estar localizada entre 1 e 1,5. Assim, criamos um novo intervalo definindo a cota superior como 1,5 e estimamos novamente o valor da raiz:

$$x_r = \frac{1+1,5}{2} = 1,25$$

O novo valor calculado contém um erro de 1,03%.

O processo deve ser repetido até obter o mínimo do erro na pesquisa da raiz. Por exemplo:

f(1).f(1,25) = - 0,05469

Logo, a raiz está no intervalo 1 e 1,25. A cota superior será 1,25 e a raiz estimada na terceira iteração é calculada como:

$$x_r = \frac{1+1,25}{2} = 1,175$$

A nova aproximação contém um erro de 5,01%. O método pode ser repetido até que os resultados satisfaçam os objetivos propostos, isto é, continuar com o procedimento até que o erro calculado seja menor que o teórico ou que a função no ponto considerado como raiz da função seja perto de zero.

No exemplo (2.7), observamos que o erro relativo em cada iteração não necessariamente decresce. De qualquer forma, no processo de localização da raiz o intervalo sempre é dividido em duas partes em cada iteração.

2.5.2 Critério de parada e erros estimados

No exemplo (2.7), podemos fazer uma série de iterações e assim obter os estimados da raiz. Para evitar realizar muitas iterações, devemos colocar uma restrição que limite o número de iterações na aplicação do método (ver passo 3 do algoritmo do método da Bissecção). A limitação está relacionada com o erro calculado e o erro relativo ou quando o módulo da função é menor ou igual ao erro teórico. Dessa forma, o método termina localizando um intervalo e uma raiz próxima da real.

Um procedimento computacional foi escrito a partir do método da Bissecção, representado no Algoritmo (2.3), amigável e iterativo. O programa tem como entrada os valores do intervalo inferior e superior e o erro teórico que determinará o número de iterações que deverá ser realizado para estimar o valor da raiz.

```
% programa de computador para o método da Bissecção.
Variaveis
Function Fx (X: real): real;
    Fx:= 3 * exp(1,5 * ln(x)) – 0,2 * exp(2,5 * ln(x)) – 3,78788;
Início:
Escreva ('Fornecer o limite inferior do intervalo: '); Leia(A);
Escreva ('Fornecer o limite superior do intervalo: '); Leia(B);
Escreva ('Fornecer o máximo erro absoluto: '); Leia(Erro_teorico);
N:=0; I:= 10;
Repita:
        FA:= Fx(A);
        R:= (A + B)/2;
        Erro_Calculado:= (B - A)/2;
        FR:=  Fx(R);
        I:= I + 1;
        Escreva(A, B, (A+B)/2, (B - A)/2));
        N:= N + 1;
        Se FR * FA < 0 então  B:= R
        Senão A:= R;
        Se Erro_Calculado <= Erro_Teorico, então:
           Escreva ('Nesse intervalo encontramos a raiz : ',R);
           Escreva ('O número de iterações feitas é :',N);
           Fim:= 's';
Até Fim = 's';
Fim.
```

Algoritmo 2.3: Procedimento computacional para o método da Bissecção.

Exemplo 2.9: Utilize os dados do exemplo 2.1 e o Algoritmo (2.3), segundo a estrutura estabelecida para o método da Bissecção e estime o valor da raiz da função no intervalo [1, 2]. Utilize um erro teórico de 10^{-4}:

Solução. Para implementar o método da Bissecção, se requer primeiro obter o intervalo inicial para valores de h que satisfaçam o teorema de Bolzano. Assim, é conveniente esboçar o gráfico da função e observar os pontos máximos e mínimos na qual se encontra a raiz da função ou a função intercepta ao eixo dos X.

Método da Bissecção: Fornecer o limite inferior do intervalo: 1; Fornecer o limite superior do intervalo: 2; Fornecer o máximo erro absoluto: 0,001.							
N	A	B	R = (a+b)/2	E = (b-a)/2	F(a)	F(r)	F(a) * F(r)
1	1,000	2,000	1,5000	0,5000	(-)	(+)	(-)
2	1,000	1,500	1,2500	0,2500	(-)	(+)	(-)
3	1,000	1,250	1,1250	0,1250	(-)	(-)	(+)
4	1,125	1,250	1,1875	0,0625	(-)	(-)	(+)
5	1,188	1,250	1,2188	0,0313	(-)	(-)	(+)
6	1,219	1,250	1,2344	0,0156	(-)	(-)	(+)
78	1,234	1,250	1,2422	0,0078	(-)	(+)	(-)
9	1,234	1,242	1,2383	0,0039	(-)	(+)	(-)
10	1,234	1,238	1,2363	0,0020	(-)	(-)	(+)
11	1,236	1,238	1,2373	0,0010	(-)	(+)	(-)
Nesse intervalo, encontramos a raiz: 1,2373 O número de iterações feitas é: 11							

Tabela 2.7: Resultados computacionais obtidos pela aplicação do M. da Bissecção.

O programa da bissecção elaborado, mostra em cada iteração a convergência do erro calculado em relação ao erro teórico e o nível superior e inferior na qual se encontra a raiz. Esses valores são de entrada em cada iteração. Na última iteração, o programa mostra o resultado da raiz: 1,2373 (ver Tabela 2.7). Observe que o valor estimado para a raiz com um erro menor que o teórico foi obtido em 11 iterações. Para obter uma maior precisão, é necessário aumentar o número de iterações ou diminuir o valor do erro teórico.

2.6 O método das Cordas

No tratamento de funções polinomiais, existem muitas funções complexas para serem analisadas através de dificuldades que apresentam ao serem derivadas. Para esses casos, a derivada dessas funções pode ser aproximada pela relação dos triângulos formados a partir da divisão de um intervalo finito, provocado pela seqüência de secantes aplicada à função (ver Figura 2.7).

2.6.1 Representação gráfica e o algoritmo para o método das Cordas

O método das Cordas para ser aplicado a uma função que apresenta como premissa dois pontos iniciais no eixo do X, usados posteriormente para fazer um novo estimado da raiz (ver Figura 2.7). Outro aspecto importante é que a função f(x) não precisa mudar de sinal entre os valores estimados:

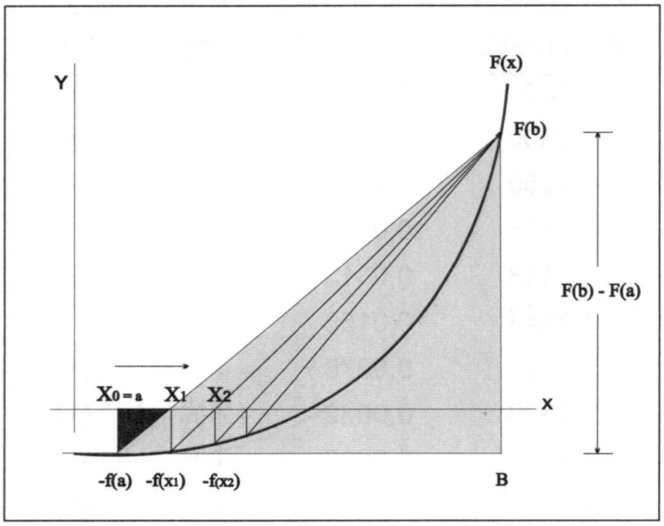

Figura 2.7: Representação gráfica para o M. das Cordas.

Segundo a Figura 2.7, podemos fazer uma relação de triângulos conforme a expressão (2.17):

$$\frac{x_1 - a}{b - a} = \frac{-f(a)}{f(b) - f(a)} \tag{2.17}$$

$$x_1 = x_0 - \frac{f(x_0)}{f(b) - f(x_0)}(b - x_0) \tag{2.18}$$

Generalizando a equação em forma de intervalos, teríamos a seguinte expressão:

$$x_{i+1} = x_i - \frac{f(x_i)}{f(b) - f(x_i)}(b - x_i),\ x_i = 0, 1, 2, \ldots \tag{2.19}$$

2.6.2 Critério de parada e erros estimados

As iterações devem finalizar quando o erro teórico é maior ou igual ao módulo da função em x_r, isto é, $Erro_t \geq |f(x_r)|$. Em todo caso, o método pode utilizar o critério de parada proposto no procedimento geral para encontrar raízes de uma função (seção 2.3).

Exemplo 2.10: Determinar a taxa interna de retorno correspondente a um empréstimo de R$1.000,00 , para ser liquidado em três pagamentos mensais de R$300,00, R$500,00 e R$400,00. Utilize um erro de 0,01 na determinação da taxa de retorno. O fluxo de caixa correspondente a essa operação é representado na Figura 2.8, tomando-se como referência o doador de recursos é:

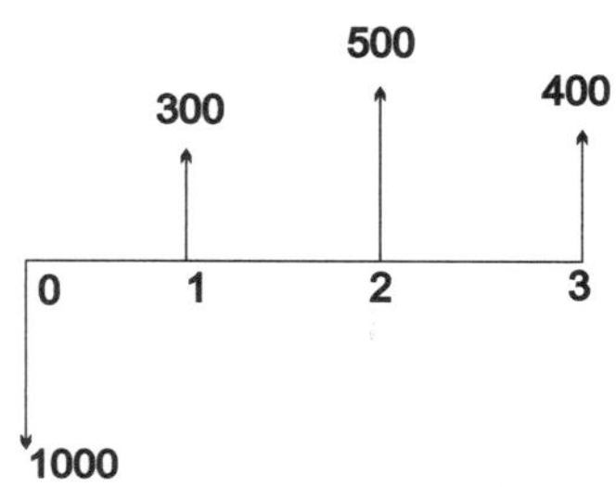

Figura 2.8: Diagrama de Fluxo do programa de empréstimos do exemplo 2.10.

Solução: A solução desse problema implica resolver a seguinte equação matemática:

$$1000 = \frac{300}{(1+i)} + \frac{500}{(1+i)^2} + \frac{400}{(1+i)^3} \qquad (2.20)$$

Resolvendo algebricamente a equação matemática, teríamos a seguinte expressão:

$$i^3 + 2{,}7i^2 + 1{,}9i - 0{,}2 = 0 \qquad (2.21)$$

Observando o gráfico da equação (2.21) na Figura (2.9), podemos concluir que a função tem duas raízes imaginárias e uma raiz positiva no intervalo [0, 1]:

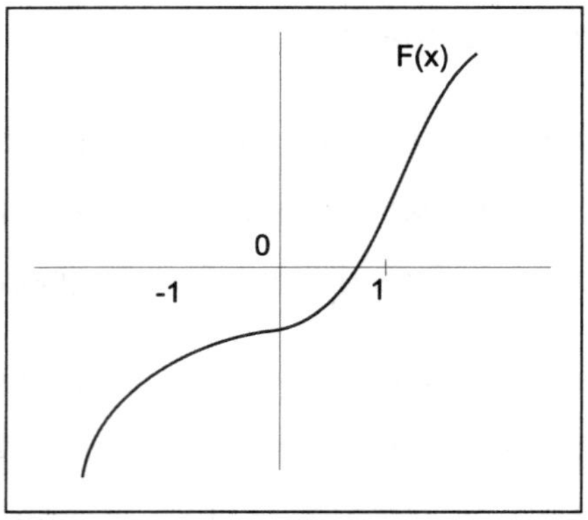

Figura 2.9: Representação gráfica da equação (2.21) do exemplo 2.10.

Primeira iteração:

$F(x_0 = 0) = -0{,}2$

$F(b = 1) = 5{,}4$

$$x_1 = 0 - \frac{-0{,}2}{5{,}4-(-0{,}2)}(1-0) = 0{,}03571 \qquad F(x_1 = 0{,}03571) = -0{,}12865$$

Segunda iteração:

$$x_2 = x_1 - \frac{f(x_1)}{f(b)-f(x_1)}(b-x_1) = 0{,}035571 - \frac{-0{,}12865}{5{,}4-(-0{,}12865)}(1-0{,}03571) = 0{,}05815$$

$F(x_2 = 0{,}05815) = -0{,}08018$

Terceira iteração:

$$x_3 = x_2 - \frac{f(x_2)}{f(b)-f(x_2)}(b-x_2) = 0{,}05815 - \frac{-0{,}08018}{5{,}4-(-0{,}08018)}(1-0{,}05815) = 0{,}07193$$

$F(x_3 = 0{,}0793) = -0{,}04898$

Seguindo o mesmo procedimento operacional, temos na sétima iteração o valor da raiz 0,09005 e o valor do erro calculado – 0,00628. Logo, a taxa interna de retorno aproximada é 9%.

Um procedimento computacional (ver Algoritmo 2.4) foi desenvolvido para o método das Cordas a partir da Equação 2.19.

```
% programa de computador para o método das Cordas.
Variaveis
Function Funcao(x:real):real;
        Função:=x*x*x + 2.7*x*x + 1.9*x - 0.2
Início:
Escreva ('o valor do intervalo superior: '); leia(Sup);
Escreva ('o valor do intervalo inferior: '); leia(Inf);
Escreva ('o valor do erro: '); leia(Erro);
I:= 10; J:= 0;
Repita:
          X1:= Inf - Funcao(Inf)/(funcao(Sup) - Funcao(Inf)) * (Sup - Inf);
          Inf:= X1;
          Escreva(Inf, Funcao(Inf)
Até Erro >= abs(Funcao(Inf));
Fim.
```

Algoritmo 2.4: Procedimento computacional para o método das Cordas.

O Algoritmo (2.4) foi aplicado ao Exemplo 2.10 aumentando a tolerância do erro para 0,001, com o objetivo de obter uma melhor confiabilidade nos resultados na estimação da taxa interna de retorno (Tabela 2.8).

Método das Cordas:
Fornecer o limite inferior do intervalo: 0;
Fornecer o limite superior do intervalo: 1;
Fornecer o máximo erro absoluto: 0,001.

N	(x_0)	$f(x_0)$
1	0,03571	-0,12865
2	0,05815	-0,08018
3	0,07193	-0,04898
4	0,08028	-0,02956
5	0,08528	-0,01770
6	0,08827	-0,01056
7	0,09005	-0,00628
8	0,09111	-0,00373
9	0,09173	-0,00221
10	0,09211	-0,00131
11	0,09233	-0,00078

Nesse intervalo, encontramos a raiz: 0,09233
O número de iterações feitas é: 11
O erro calculado é: -0,00078

Tabela 2.8: Resultados computacionais obtidos pela aplicação do M. das Cordas.

O método das Cordas ou comumente chamado método das Secantes é um método divergente, mas converge mais rapidamente que o método da Bissecção. Uma desvantagem do método é que nas estimativas existem divergências na magnitude das amplitudes, por isso a aproximação não é tao precisa.

2.7 O método de Pégaso

Neste método, a sequência de aproximações de uma raiz (x_r) de uma função é obtida através da aplicação de uma série de secantes de uma relação de recorrência da forma:

$$x_{n+1} = f(x_n, x_{n-1}),\ n = 1, 2, 3, \ldots \qquad (2.22)$$

Onde x_{n+1} é a primeira aproximação da raiz e $f(x_n, x_{n-1})$ é uma função que tem x_n como ponto fixo. Esse método é semelhante ao método das Cordas. No processo de tomada de decisão, o algoritmo usa um fator de correção, que é uma função φ $(f(x_{n+1}), f(x_n)$ e $f(x_{n-1})$, para ajustar à função $f(x)$ num determinado ponto e, assim acelerar sua convergência até atingir uma aproximação da raiz.

2.7.1 Representação gráfica e o algoritmo para o método de Pégaso

Seja $f(x)$ uma função contínua no intervalo $[x_0, x_1]$, de tal forma que se $f(x_0).f(x_1) < 0$, então existe uma raiz nesse intervalo. No processo, um conjunto de secantes é traçado, fazendo aproximações sucessivas de pontos estratégicos da função até atingir uma aproximação da raiz:

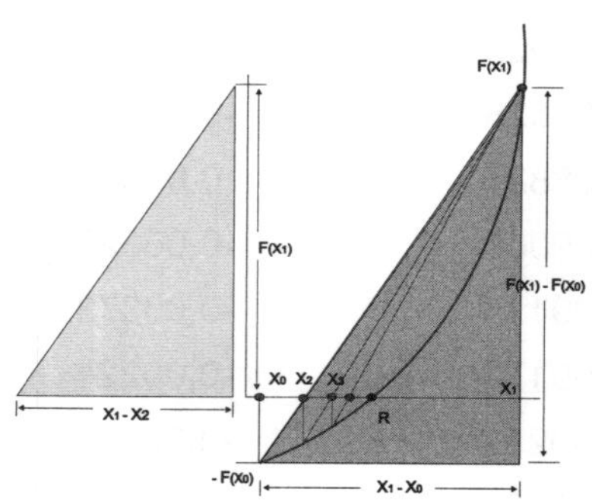

Figura 2.10: Representação gráfica para o M. de Pégaso com produto negativo.

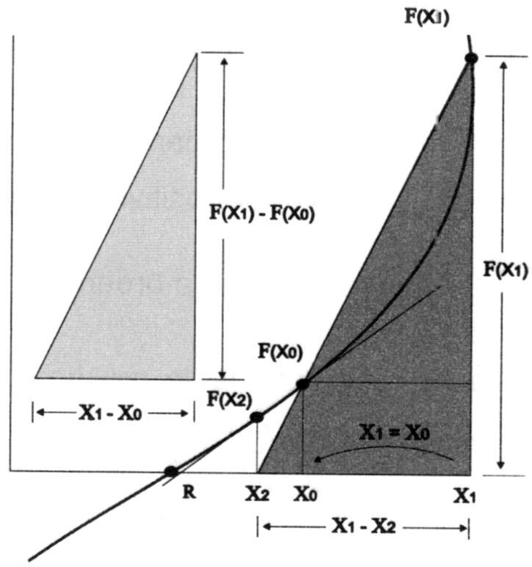

Figura 2.11: Representação gráfica para o M. de Pégaso com produto positivo.

No gráfico representado nas Figuras (2.10 e 2.11), é mostrada a curva da função *f(x)*. O ponto (x_r), intersecção da curva com o eixo das abscissas representa uma raiz da função (*f(x)* = 0). O algoritmo apresenta dois casos: no primeiro caso, são escolhidos dois pontos (x_0, x_1) da função que pertencem ao intervalo definido inicialmente, a partir da ordenada $f(x_1)$ se traça uma reta secante à função. A intersecção dessa reta com o eixo das abscissas forma o ponto x_2, formando dois triângulos semelhantes como é ilustrado no gráfico da Figura (2.10). Desses triângulos, podemos obter a seguinte relação:

$$\frac{x_1 - x_0}{x_1 - x_2} = \frac{f(x_1) - f(x_0)}{f(x_1)} \tag{2.23}$$

$$x_2 = x_1 - \frac{f(x_1)}{f(x_1) - f(x_0)}(x_1 - x_0) \tag{2.24}$$

Essa expressão (2.24) em notação de intervalo é representada na expressão (2.25):

$$x_{n+1} = x_n - \frac{f(x_n)}{f(x_n) - f(x_{n-1})}(x_n - x_{n-1}), n = 1, 2, 3, \ldots \tag{2.25}$$

2.7.2 Critério de parada e erros estimados

Depois de obter a expressão (2.25) para x_{n+1}, multiplicamos os valores da ordenada em x_{n+1} e x_n. Se o produto for negativo ($f(x_{n+1}).f(x_n) < 0$), como é caso do gráfico mostrado na Figura

(2.10), o valor de x_{n-1} é substituído pelo valor de x_n e $f(x_n)$ por $f(x_{n+1})$. O procedimento continua até encontrar a raiz sempre e quando o produto de $f(x_{n+1})$ e $f(x_n)$ for negativo.

No segundo caso (Figura 2.11), o mesmo procedimento pode ser aplicado para obter a equação para x_{n+1}, mas se o produto de $f(x_{n+1})$ e $f(x_n)$ for positivo, o valor de x_n toma o valor x_{n-1} e $f(x_n)$ é corrigido pelo fator $\frac{f(x_{n-1})}{f(x_n)+f(x_{n+1})}$, de forma que a ordenada da função diminua o mais rápido possível até atingir uma aproximação suficientemente próxima da verdadeira raiz (x_r). O procedimento finaliza quando o módulo da função $f(x)$ é menor ou igual ao erro teórico. O algoritmo completo pode ser observado no Algoritmo (2.5):

Se $f(x_{n+1})\,f(x_n)$ é:	
Negativo	Positivo
$x_{n-1} \leftarrow x$	$x_n \leftarrow x_{n-1}$
$F(x_{n-1}) \leftarrow f(x_n)$	$f(x_n) \leftarrow f(x_n)\frac{f(x_{n-1})}{f(x_n)+f(x_{n+1})}$

Algoritmo 2.5: Diagrama de decisão para o M. de Pégaso.

Exemplo 2.11: Use o método de Pégaso para estimar o valor da raiz da função $f(x) = 5 - xe^x$. Utilize um erro de 0,01 na estimação:

Solução: Fazendo um esboço da função num eixo cartesiano, encontramos que a função tem uma raiz no intervalo [1, 2]:

$f(x_0 = 1) = 2{,}28172$

$f(x_1 = 2) = -\,9{,}77811$

Primeira iteração, para n = 1:

$$x_2 = x_1 - \frac{f(x_1)}{f(x_1) - f(x_0)}(x_1 - x_0)$$

$$x_2 = 2 - \frac{-9{,}77811}{-9{,}77811 - 2{,}28172}(2 - 1) = 1{,}1892$$

$f(x_2) = 1,09413$

Decisão: | Trocar:

$f(x_2) . f(x_1)$ = Negativo. | $x_0 \leftarrow x_1 = 2$

$f(x_0) \leftarrow f(x_1) = -9,77811$

Segunda iteração, para n = 2:

$$x_3 = x_2 - \frac{f(x_2)}{f(x_2) - f(x_1)}(x_2 - x_1)$$

$$x_3 = 1,1892 - \frac{1,09412}{1,09412 - (-9,77811)}(1,1892 - 2) = 1,27079$$

$f(x_3) = 0,47133$

Decisão: | Trocar:

$f(x_3)\ f(x_2)$ = Positivo. | $x_2 \leftarrow x_1 = 2$

$f(x_2) \leftarrow f(x_2)\dfrac{f(x_1)}{f(x_2) + f(x_3)}$; $f(x_2) = -6,83409$

Terceira iteração, para n = 3:

$$x_4 = x_3 - \frac{f(x_3)}{f(x_3) - f(x_2)}(x_3 - x_2)$$

$$x_4 = 1,27079 - \frac{0,47133}{0,47133 - (-6,83409)}(1,27079 - 2) = 1,31784$$

$f(x_4) = 0,07741$

Decisão: | Trocar:

$f(x_4)\ f(x_3)$ = Positivo. | $x_3 \leftarrow x_2 = 2$

$$f(x_3) \leftarrow f(x_3)\frac{f(x_2)}{f(x_3)+f(x_4)}; \; f(x_3) = -5{,}87001$$

Quarta iteração, para n = 4:

$$x_5 = x_4 - \frac{f(x_4)}{f(x_4)-f(x_3)}(x_4 - x_3)$$

$$x_5 = 1{,}311784 - \frac{0{,}07741}{0{,}07741-(-5{,}87001)}(1{,}31784-2) = 1{,}32672$$

$f(x_5) = 0{,}000041$

Segundo o método de Pégaso em quatro iterações, o valor absoluto da raiz da função é de x= 1,32672, considerando um erro teórico de 0,01.

A Tabela (2.9) mostra os resultados de utilizar o Algoritmo (2.5) transformado em um programa de computador para o método de Pégaso na solução do exemplo (2.10). Esse método converge muito mais rápido que o método das Cordas devido à utilização do fator de correção no processo decisório de estimação da raiz da função.

Método de Pégaso:

Fornecer o limite inferior do intervalo: 0;

Fornecer o limite superior do intervalo: 1;

Fornecer o máximo erro absoluto: 0,001.

N	(x_0)	$f(x_0)$
1	0,03571	-0,12865
2	0,05815	-0,08018
3	0,08032	-0,02946
4	0,09132	-0,00321
5	0,09265	0,00001

Nesse intervalo, encontramos a raiz: 0,09265

O número de iterações feitas é: 5

O erro calculado é: -0,00001

Tabela 2.9: Resultados computacionais obtidos pela aplicação do M. de Pégaso.

2.8 O Método das Iterações Lineares (MIL)

Este método numérico não é muito eficiente, mas introduz uma conceição simples na estimação de uma raiz.

Consideremos uma função f(x) definida e contínua no intervalo [a, b] de tal forma que:

$$f(a).f(b) < 0$$

Como a determinação da raiz da função f(x) acontece quando *f(x)* = 0, nada impede que desdobremos a função em duas partes, isto é:

$$f(x) = \varphi_1(x) - \varphi_2(x) = 0$$

Assim, para estimar o valor da raiz devemos encontrar um valor de *x* que verifique a igualdade:

$$\varphi_1(x) = \varphi_2(x)$$

Graficamente, teríamos a Figura (2.12):

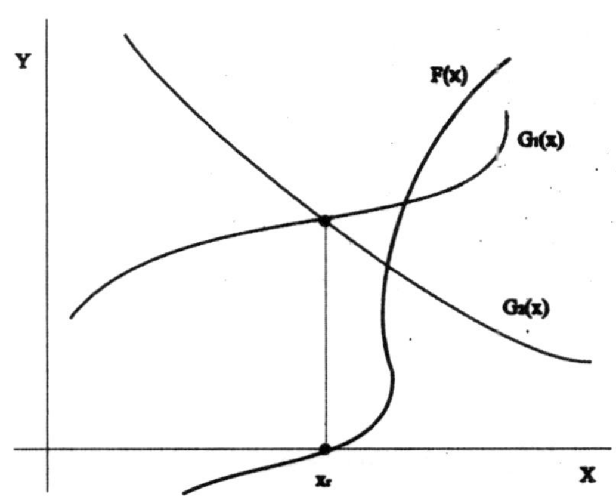

Figura 2.12: Determinação da raiz pela intersecção de duas curvas.

Se considerarmos x_0 como o valor inicial da raiz em *f(x)* = 0, teríamos:

$$x_1 = \varphi_1(x_0) - \varphi_2(x_0)$$

Dessa forma, obtemos a primeira aproximação da raiz. Para obtermos a segunda aproximação, repetimos o procedimento anterior com o novo valor encontrado:

$x_2 = \varphi_1(x_1) - \varphi_2(x_1)$

$x_3 = \varphi_1(x_2) - \varphi_2(x_2)$

...

$x_n = \varphi_1(x_{n-1}) - \varphi_2(x_{n-1})$

O procedimento é repetido várias vezes até aproximar o valor da raiz. As iterações podem ser controladas pela expressão:

$$|x_n - x_{n-1}| < \varepsilon$$

Sendo ε o erro teórico (considerado um valor muito pequeno).

2.8.1 Representação gráfica e o algoritmo para o método das Iterações Lineares

Seja $f(x) = \phi_1(x) - \phi_2(x) = 0$, onde $\phi_1(x)$ e $\phi_2(x)$ são duas funções componentes de f(x) em *x*. O ponto de intersecção destas duas funções determina o valor da função da abscissa em x_r que representa uma raiz da função em f(x) = 0 (ver Figura 2.12).

O método das Iterações Lineares (MIL) ou das Iterações Sucessivas apresenta vários casos:

1. Processo convergente monotônico (Figura 2.13);
2. Processo convergente Oscilatório ou em Espiral (Figura 2.14) e;
3. Processo divergente (Figura 2.15).

No processo convergente monotônico, se apresentam duas formas: no primeiro, quando as primeiras derivadas das funções $\phi_1(x)$ e $\phi_2(x)$ são positivas e no segundo, quando elas são negativas.

Em ambos os casos, o procedimento de estimação é o mesmo. Na Figura (2.13 - caso 1), iniciamos atribuindo um valor para a abscissa x_0 na qual corresponde ao valor da ordenada $\phi_1(x_0)$ e, igualmente, em $\phi_2(x_0)$. A partir deste valor, obtemos o valor da ordenada $\phi_2(x_1)$ que corresponde ao valor da abscissa x_1. Seguindo esse raciocínio, obteremos os valores x_1, x_2, $x_3 \ldots x_n$ até atingir o valor da abscissa x_r, que é o valor da raiz estimada de uma função.

Caso 1: Caso 2:

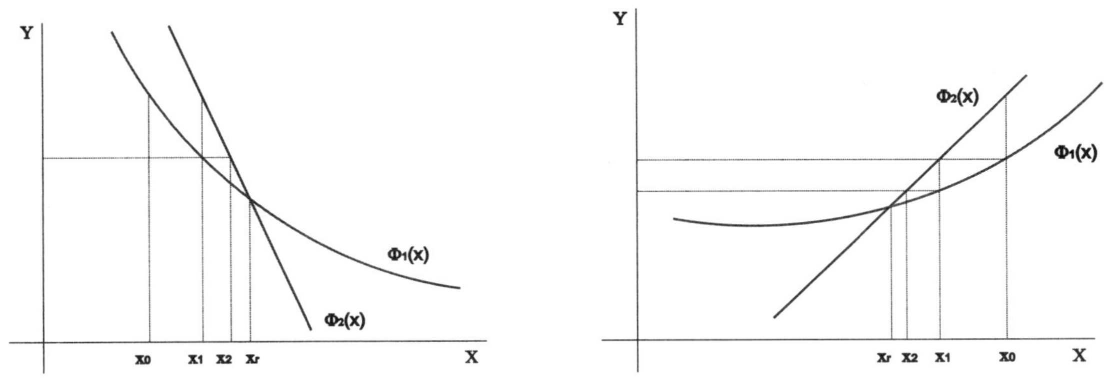

Figura 2.13: Representação gráfica do processo convergente monotônico.

No processo convergente oscilatório, as funções $\phi_1(x)$ e $\phi_2(x)$ são representadas na Figura (2.14):

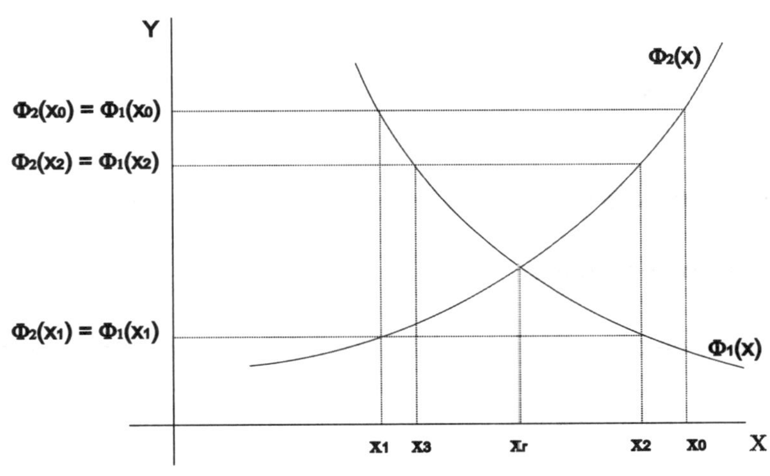

Figura 2.14: Representação gráfica do processo convergente oscilatório.

Nesse caso, também procedemos como nos casos anteriores. Determinamos um valor inicial para x_0, logo obtemos o valor da abscissa x_1, e assim, repetimos o processo *n* vezes até estimar o valor de x_r. Algebricamente teríamos:

						Avaliação
x_0	→	$\phi_2(x_0) = \phi_1(x_1)$	→	x_1	→	$x_1 - x_0$

x_1	→	$\phi_2(x_1) = \phi_1(x_2)$	→	x_2	→	$x_2 - x_1$
...		...		...		...
x_n	→	$\phi_2(x_n) = \phi_1(x_{n+1})$	→	x_{n+1}	→	$x_{n+1} - x_n$

O raciocínio seguido no primeiro caso, também pode ser aplicado no processo divergente (Figura 2.15). Nesta figura, observamos que os valores estimados das abscissas se afastam da raiz:

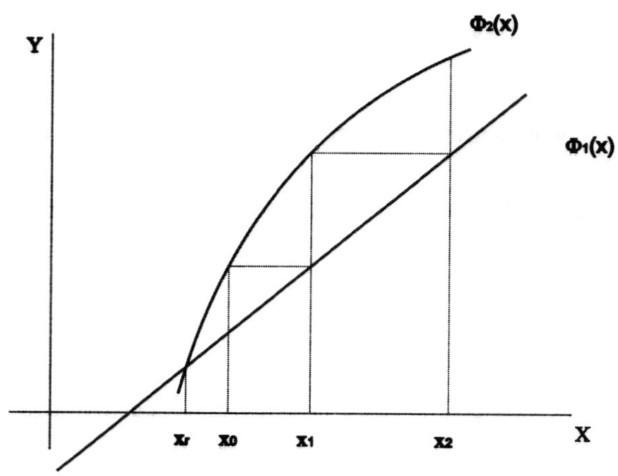

Figura 2.15: Representação gráfica do processo divergente.

2.8.2 Critério de parada e erros estimados

Se fizermos $x = x_r$ ser uma solução da função $f(x)$ em $f(x) = 0$, de forma que $f(x_r) = 0$ então:

$$x_{n+1} = \phi_1(x_n) - \phi_2(x_n) = G(x_n)$$

$$x_r = G(x_r)$$

Assim:

$$x_{n+1} - x_r = G(x_n) - G(x_r)$$

Multiplicando e dividindo por $(x_n - x_r)$ temos:

$$x_{n+1} - x_r = \frac{G(x_n) - G(x_r)}{(x_n - x_r)}(x_n - x_r) \qquad (2.26)$$

Se as funções G(x) e G'(x) são contínuas no intervalo x_r e x_n, então pelo teorema do valor médio podemos reescrever a expressão (2.26) da seguinte forma:

$$x_{n+1} - x_r = G'(\xi_n)(x_n - x_r)$$

Onde ξ é uma variável que pertence ao intervalo entre x_r e x_n.

Seja o erro da i-ésima e (i + 1)-ésima iteração como $e_i = x_i - x_r$ e $e_{i+1} = x_{i+1} - x_r$ então temos:

$$e_{i+1} = G'(\xi_i)e_i$$

Fazendo o valor absoluto da expressão temos:

$$|e_{i+1}| = |G'(\xi_i)|\,|e_i|$$

Suponhamos que a relação $|G'(x)| \leq K < 1$ é verdadeira para todo x em $[a, b]$, tal que, x_r pertence a esse intervalo. Então, todos os valores x_1, x_2, x_3,...x_n escolhidos nesse intervalo vão convergir quando:

$$|e_{n+1}| \leq K|e_n| \leq K^2|e_{n-1}| \leq K^3|e_{n-2}| \ldots \leq K^n|e_1|$$

Resumindo: Se G(x) e G'(x) são duas funções contínuas no intervalo $[a, b]$, na qual existe uma raiz (x_r) definida na função x = G(x) e, se $|G'(x)| < 1$ para todo x ε $[a, b]$ então, todos os valores de $x_{n+1} = g(x_n)$ para i = 1, 2, ...n vão convergir à raiz $x = x_r$. O valor inicial no processo iterativo deve estar dentro do intervalo em que se encontra a raiz.

Exemplo 2.12: Use o método de Iterações Lineares para encontrar a maior raiz positiva da função $f(x) = -x^5 + 10x^3/9 + 3/43$. Use um erro de 0,1:

Solução: Localização da raiz - Os intervalos prováveis na qual se encontram as raízes da função podem ser observados na Tabela (2.10):

x	$f(x)$	*Raiz*
0	0,697674	
1	0,180878	Raiz
2	-23,0413	
3	-212,930	

Tabela 2.10: Localização de raízes pelo método de MIL.

Como a primeira derivada da função é decrescente e corta ao eixo dos X no intervalo [1, 2], então a raiz procurada deve-se encontrar nesse segmento. Logo, o ponto médio ou a primeira raiz pode ser considerada como a média do intervalo x0 = 1,5:

A nova função G(x) como a média do:

$$x = G(x) = \sqrt[5]{10x^3/9 + 3/43}$$

Refinamento: Aplicando o algoritmo das iterações lineares obtemos:

Iteração 1:

$x_1 = G(x_0) = 1{,}307397$

Erro-X = - 0,192603

Erro-Y = - 1,266983

Iteração 2:

$X_2 = G(x_1) = 1{,}206154$

Erro-X = - 0,101243

Erro-Y = - 0,533325

Iteração 3:

$X_3 = G(x_2) = 1{,}150925$

Erro-X = - 0,055229

Erro-Y = - 0,255750

Iteração 4:

$X_4 = G(x_3) = 1{,}120174$

Erro-X = - 0,030751

Erro-Y = - 0,132184

Iteração 5:

$X_5 = G(x_4) = 1{,}102856$

Erro-X = - 0,017318

Erro-Y = - 0,071320

Depois de cinco iterações, obtemos a raiz procurada da função 1,10286, com um erro teórico de –0,01732 com respeito ao eixo dos X e –0,07132 com respeito ao eixo dos Y.

O Algoritmo (2.6) representa o procedimento computacional do método de MIL, segundo a Equação (2.26) com suas respectivas condições de parada. Este algoritmo, estruturado, pode convergir à raiz de diferentes formas que esperaríamos, ou também, pode divergir do objetivo traçado. Toda essa problemática depende do rearranjamento da função, isto é, dos diferentes tipos de rearranjamento que levam a produzir diferentes taxas de convergência.

```
Algoritmo de Iterações Lineares.
Rearranjar a função f(x) à forma x = G(x).
Definição de variáveis.
Escreva a apresentação do programa.
Início.
Introdução de Dados.
Ler(X0); Iterações = 0.
Enquanto abs(F(x0)) > = Erro-Teórico fazer.
        X0 = G(x0).
```

```
                Iterações = Iterações + 1.
                Escreva resultados parciais.
        Escreva resultados finais.
```

Algoritmo 2.6: Procedimento computacional para o método de MIL.

Exemplo 2.13: Seja a função f(x) = $(x - 1)^3 - \ln(x)$ e x_r sua raiz no intervalo [1, 2]. Tomando como x_0 = 1,5. Encontre a raiz da função. Trabalhe com um erro de 10^{-3}:

Solução: Transformando o Algoritmo (2.6) estruturado em um programa de computador para o método de Iterações Lineares obtemos a Tabela (2.11):

Método das Iterações Lineares
Escreva o valor inicial (x_0): 1,5;
Fornecer o máximo erro absoluto: 0,001.

N	x	$x_n - x_{n-1}$	$f(x)$
1	1,636761	0,136761	-0,087254
2	1,701940	0,065178	-0.039049
3	1,729225	0,027285	-0,015904
4	1,740049	0,010825	-0,006240
5	1,744254	0,001619	-0,000928
6	1,745873	0,001619	-0,000928

Nesse intervalo, encontramos a raiz: 1,74587
O número de iterações feitas é : 6
O valor do Erro (X) é : 0,00162
O valor do Erro (Y) é : - 0,00093

Tabela 2.11: Resultados computacionais obtidos pela aplicação do MIL.

Segundo a Tabela (2.11), o valor da raiz no intervalo [1, 2] é 1,74587. A raiz foi obtida em 6 iterações.

2.9 O método de Newton-Raphson

Este método é um caso particular do método das aproximações sucessivas. É amplamente utilizado na resolução de equações, pois converge muito mais rápido que outros métodos, como será mostrado na seção 2.9.2. O método é baseado em aproximações sucessivas lineares de uma função, usando intersecções de tangentes em pontos pré-definidos à curva. A

Figura (2.16) mostra uma representação gráfica do procedimento para estimar o valor de uma raiz. No gráfico, a curva da função y = f(x) é contínua no intervalo [a, b]. O ponto x_r, intersecção da curva com o eixo dos X, representa o valor de uma raiz da função.

2.9.1 Representação gráfica e o algoritmo para o método de Newton-Raphson

O procedimento de busca de uma raiz começa estimando um valor inicial para x_0, como sendo a primeira aproximação da raiz x_r. A partir da ordenada $f(x_0)$, traçamos uma linha tangente à curva, a qual intercepta o eixo das abscissas no ponto x_1. Este valor é tomado como a seguinte aproximação: pelo ponto $f(x_1)$ traçamos novamente outra tangente à curva, a qual vai interceptar o eixo dos X em x_2. Esse procedimento é repetido até encontrar sucessivos valores perto da raiz real ou quando a função tende a zero:

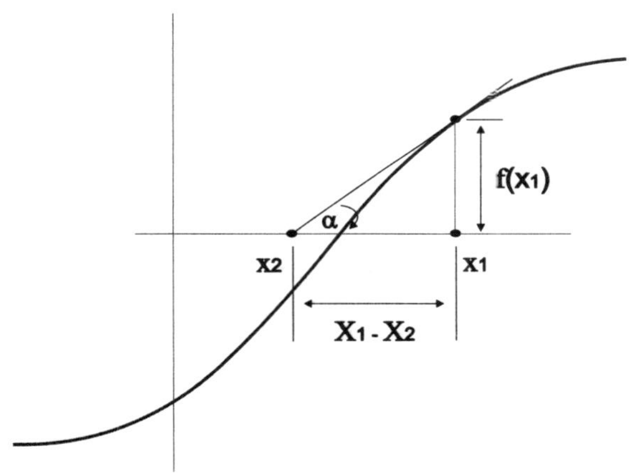

Figura 2.16: Representação gráfica para o método de Newton-Raphson.

A expressão que calcula todos os pontos de intersecção da tangente com o eixo do X, pode ser deduzida a partir do triângulo formado no eixo cartesiano como é mostrado na Figura (2.16). A tangente do ângulo de inclinação (α) é calculada pela seguinte expressão:

$$\tan(\alpha) = \frac{f(x_1)}{x_1 - x_2} \qquad (2.27)$$

A derivada de uma função $f(x)$ no ponto x_1, é definida pelo limite nesse ponto quando este limite existe e ela é igual à tangente do ângulo α:

$$f'(x) = \lim_{\Delta x \to 0} = \frac{f(x_1 + \Delta x) - f(x_1)}{\Delta x} = \tan(\alpha) \qquad (2.28)$$

Logo:

$$x_2 = x_1 - \frac{f(x_1)}{f'(x_1)} \qquad (2.29)$$

O esquema de cálculo pode ser repetido a partir do valor x_2 para a obtenção de x_3:

$$x_3 = x_2 - \frac{f(x_2)}{f'(x_2)} \qquad (2.30)$$

De forma geral, temos que:

$$x_{n+1} = x_n - \frac{f(x_n)}{f'(x_n)}; \text{ n = 1, 2, 3, ...} \qquad (2.31)$$

Algumas observações podem ser feitas para o método:

- A reta tangente à curva deve ser traçada em um ponto x tal que pertença ao intervalo definido para a função, de forma que $f(a).f(b) < 0$. Deve-se dar prioridade como ponto inicial ao intervalo superior (b), já que valores perto do intervalo inferior (a) podem levar a infinitos valores ou a não convergência do método:
- As funções $f(x)$ e $f'(x)$ devem ser contínuas e não nulas em todos os pontos do intervalo [a, b] para garantir a convergência do método;
- Na pesquisa da raiz, a função e sua segunda derivada devem ter o mesmo sinal.

Exemplo 2.14: Utilize o método de Newton-Raphson para estimar o valor aproximado da raiz da seguinte função: $f(x) = 2x^3 - \ln(2x) - 5$. Utilize como ponto inicial $x_0 = 4$. Considere nos cálculos um erro teórico 0,01:

Solução. A primeira derivada da função é:

$$f'(x) = 6x^2 - 1/x$$

Substituindo a expressão anterior (derivada da função) e a função $f(x)$ a equação (2.31), obtemos a seguinte expressão:

$$x_{n+1} = \frac{x\ln(x)}{6x^3 - 1} + \frac{5{,}3598x}{6x^3 - 1} + 0{,}66666x$$

A partir da equação iterativa obtida para x_{n+1} (equação 2.31) e tomando $x_0 = 4$ como valor inicial, obtemos os seguintes resultados:

N	x	$f(x)$	$f'(x)$	$x - \frac{f(x)}{f'(x)}$
1	4,0000	120,921	95,750	2,73712
2	2,7370	34,312	44,586	1,96750
3	1,9680	8,864	22,719	1,57738
4	15,770	1,701	14,295	1,45842
5	1,4580	0,134	12,076	1,44736
6	1,44736	0,001	11,878	1,44727

Tabela 2.12 Resultados computacionais obtidos pela aplicação do M. de Newton-Raphson ao exemplo 2.14.

Como pode ser observado nos cálculos realizados, o método converge rapidamente à raiz real. O valor da raiz obtida é 1,44736 em 6 iterações. Por outro lado, o erro relativo em cada iteração decresce em proporções muito mais rápido que os métodos apresentados anteriormente (ver seção 2.9.2).

Em alguns casos, o método de Newton-Raphson não converge como é mostrado na Figura (2.17). Por exemplo, começamos pelo x_1 e, na verdade, nunca vamos convergir ao valor real da raiz. Mas, usando a expansão da série de Taylor, podemos demonstrar que esse método é quadraticamente convergente em muitos casos:

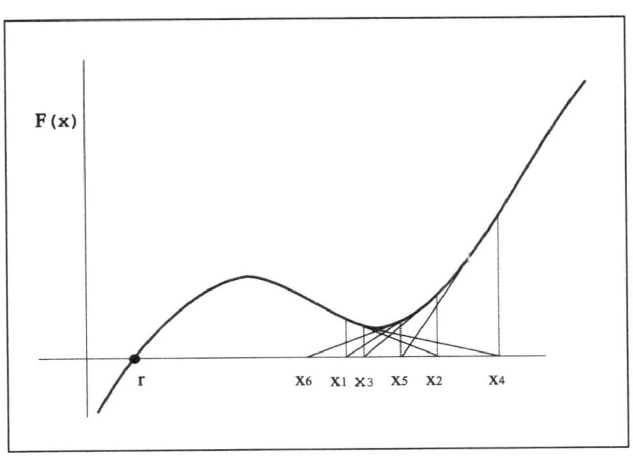

Figura 2.17: Gráfico de uma função não-convergente no método de Newton-Raphson.

2.9.2 Erro estimado e critério de finalização a partir da expansão da série de Taylor

As equações obtidas das derivadas geométricas para o método de Newton-Raphson, também podem ser desenvolvidas pela expansão da série de Taylor. Esta derivação é útil, pois proporciona uma convergência para o método.

Na série de Taylor de uma função variável, a função *f(x)*, unívoca, contínua e infinitamente derivável em um determinado intervalo, pode ser representada por uma série de potências da forma:

$$f(x) = f(x_0) + f'(x_0)(x - x_0) + \frac{f''(x_0)}{2!}(x - x_0)^2 + \ldots + \frac{f^{n-1}(x_0)}{(n-1)!}(x - x_0)^{n-1} \quad (2.32)$$

Generalizando a expressão (2.32) temos:

$$f(x) = \sum_{n=0}^{\infty} \frac{f^{(n)}(x_0)}{n!}(x - x_0)^n \quad (2.33)$$

Ou:

$$f(x_{n+1}) \cong f(x_n) + f'(x_n)(x_{n+1} - x_n) + \frac{f''(\xi)}{2!}(x_{n+1} - x_n)^2 \quad (2.34)$$

Onde o valor ξ encontra-se em algum lugar do intervalo e x_n e x_{n+1}. Esta é a chamada representação da função f(x) na série de Taylor em torno do ponto x_n, que é um ponto dentro do intervalo de interesse no qual pode-se obter os valores de $f(x)$, $f'(x)$, $f''(x)$, etc. Uma aproximação desta função é obtida truncando a série depois do primeiro termo derivável:

$$f(x_{n+1}) \cong f(x_n) + f'(x_n)(x_{n+1} - x_n)$$

A intersecção com o eixo dos X faz que a função seja igual a zero:

$$0 \cong f(x_n) + f'(x_n)(x_{n+1} - x_n) \quad (2.35)$$

Resolvendo a equação 2.35, temos:

$$x_{n+1} = x_n - \frac{f(x_n)}{f'(x_n)}, \text{ n = 1, 2, 3, ...} \quad (2.36)$$

A expressão (2.36) é igual à expressão (2.31). Assim, temos derivado a fórmula de Newton-Raphson usando a série de Taylor.

Por outro lado, a série de Taylor pode ser usada para calcular o erro na fórmula de Newton-Raphson. Isto pode ser feito utilizando a série completa. Nessa situação, podemos assumir que x_n = x_r, onde x_r é o verdadeiro valor da raiz. Substituindo a raiz na expressão (2.34), com a função $f(x_r) = 0$, temos:

$$0 \cong f(x_n) + f'(x_n)(x_r - x_n) + \frac{f''(\xi)}{2!}(x_r - x_n)^2 \qquad (2.37)$$

Onde, o terceiro e os outros termos são truncados. Subtraindo da equação (2.37) à equação (2.35), obtemos a expressão (2.38):

$$0 \cong f'(x_n)(x_r - x_{n+1}) + \frac{f''(\xi)}{2!}(x_r - x_n)^2 \qquad (2.38)$$

Por definição, erro na pesquisa de uma raiz é igual à raiz (x_r) menos o valor aproximado x_{n+1}:

$$E_{t,n+1} = x_r - x_{n+1}$$

Assim, a equação (2.38) pode ser expressa como:

$$0 \cong f'(x_n)E_{t,n+1} + \frac{f''(\xi)}{2!}E^2{}_{t,n} \qquad (2.39)$$

Assumindo que existe uma convergência no método, ambos valores de x_n e ξ seriam eventualmente aproximados pela raiz x_r, assim a equação (2.39) pode ser re-arranjada da seguinte forma:

$$E_{t,n+1} \cong \frac{-f''(\xi)}{2!\,f'(x_n)}E^2{}_{t,n} \qquad (2.40)$$

Segundo a expressão (2.40), o erro é diretamente proporcional ao quadrado do erro anterior, isto é, o número de algarismos significativos corretos em cada iteração é duplicado. Tal comportamento é denominado de *convergência quadrática*. No exemplo (2.15) esta propriedade é aplicada.

2.9.3. Critério de parada e análise do erro

A condição utilizada nos métodos descritos anteriormente na estimação de uma raiz, pode ser utilizada no método de Newton-Raphson, isto é, o processo deve finalizar quando o módulo da função é menor ou igual que o erro teórico ou o valor da função no ponto de avaliação é perto de zero. De qualquer forma, na dedução feita pelo método da série de Taylor, também é representada uma taxa de convergência expressada na equação (2.40), isto é, $E_{t,n+1} \cong 0.(E^2{}_{t,n})$. Em outras palavras, a precisão de algarismos significativos em cada iteração aumenta aproximadamente duas vezes.

Exemplo 2.15: Utilize o método de Newton-Raphson para estimar o valor aproximado da raiz da seguinte função: f(x) = (x – 2)^2 – ln(x). Utilize como ponto inicial x_0 = 2. Considere nos cálculos um erro teórico 10^{-8}. Verifique que o método de Newton-Raphson é *quadraticamente convergente*, isto é, o erro calculado é diretamente proporcional ao quadrado do erro prévio:

$$E_{t,n+1} \cong \frac{-f''(x_r)}{2!\,f'(x_r)} E^2{}_{t,n} \tag{2.41}$$

Solução. A primeira derivada da função é:

$$f'(x) = \frac{2x^2 - 4x - 1}{x}$$

Substituindo a derivada da função e f(x) na expressão 2.31, obtemos:

$$x_{n+1} = \frac{x(\ln(x) + x^2 - 5)}{(2x^2 - 4x - 1)}$$

A partir da equação iterativa obtida x_{n+1} e tomando x_0 = 2 como valor inicial, obtemos os seguintes resultados:

N	x	$f(x)$	$f'(x)$	$x - \frac{f(x)}{f'(x)}$
1	2,000000000	-0,693147181	-0,500000000	0,613705639
2	0,613705639	2,410051937	-4,402034399	1,161191578
3	1,161191578	0,554152868	-2,538801182	1,379465018

4	1,379465018	0,063367907	-1,965988672	1,411697100
5	1,411697100	0,001307705	-1,884973055	1,412390852
6	1,412390852	0,000000602	-1,883237608	1,412391172
7	1,412391172	-0,000000000	-1,883236808	1,412391172

Tabela 2.13: Resultados computacionais otidos pela aplicação do M. de Newton-Raphson ao exemplo 2.15.

Como pode ser observado nos cálculos realizados, o método converge rapidamente à raiz real. O valor aproximado da raiz é 1,41239 em 7 iterações.

O resultado de avaliar a primeira derivada em x_r = 1,412391172 é:

$$f'(1{,}412391172) = -1{,}883239739$$

No caso da segunda derivada, o resultado é:

$$f''(1{,}412391172) = 2{,}501291951$$

Substituindo esses resultados na expressão 2.41, obtemos:

$$E_{t,n+1} \cong \frac{-2{,}501291951}{2(-1{,}883239739)} E^2{}_{t,n}$$

Ou:

$$E_{t,n+1} \cong 0{,}6640957291 E^2{}_{t,n}$$

Os resultados do exemplo (2.15), mostram que o erro inicial é: $E_{r,0} = 1{,}412391172$, substituindo na equação (2.41) para predizer o erro:

$$E_{t,1} \cong 0{,}6640957291 \bullet 1{,}412391172^2 = 1{,}324766930$$

O valor obtido é aproximado ao erro verdadeiro (1,716904756). Para a seguinte iteração:

$$E_{t,2} \cong 0{,}6640957291 \bullet 1{,}716904756^2 = 1{,}95758312$$

Também, o valor estimado fica perto do erro verdadeiro (1,855899069). Para a terceira iteração:

$$E_{t,3} \cong 0{,}6640957291 \bullet 1{,}855899069^2 = 2{,}287360798$$

O erro obtido é alto com relação ao erro verdadeiro (0,490784961) devido ao fato da curva ter seu ponto mínimo em 2,22474 e ao traçar a tangente no ponto x_0 = 2, produz um valor x_1 distante da raiz. Dessa forma, o erro calculado para a função é alto. Para a quarta iteração:

$$E_{t,4} \cong 0{,}6640957291 \bullet 0{,}490784961^2 = 0{,}1599595851$$

Neste caso, o valor obtido fica quase perto do erro verdadeiro (0,062060202). Para a seguinte iteração:

$$E_{t,5} \cong 0{,}6640957291 \bullet 0{,}062060202^2 = 0{,}002557740923$$

Nessa última iteração, o valor estimado do erro ficou bem mais perto do erro verdadeiro (0,001307103) que nas iterações anteriores. Dessa forma, podemos afirmar que a estimativa do erro melhora conforme acontecem às iterações, aproximando mais do valor real da raiz, o que supõe que x_i e ξ são bem aproximados de x_r.

Um conjunto de procedimentos foi desenvolvido para ser aplicado em um programa de computador para o método de Newton-Raphson a partir da equação (2.31). O algoritmo é iterativo.

```
Algoritmo para um programa de computador para o método de
Newton_Raphson;
Variáveis
Function Funcao(X: real): real.
      Funcao:= (4*X*X*X*X*X - 20/9*X*X*X - 5/21);
Function Derivada(X: real): real.
      Derivada:= (5*X*X*X*X - 10/3 *X*X);
Início
Leia(X); Leia(Erro);
I:= 7. C:= 0.
Repita
Result:= Funcao(X)/Derivada(X);
Escreva (Result - X).
Se abs (Result - X ) <= Erro então
      Fim := 'S';
      Escreva ('A raiz da função : ', X);
```

```
        Escreva ('O valor do erro calculado : ',(Result-X));
        Escreva ('O número de iterações : ', C);
    X:= Result;
    Até  Fim = 'S';
    Fim.
```

Algoritmo 2.7: Procedimento computacional para o método de Newton-Raphson.

No Algoritmo (2.7), definimos inicialmente: a função, sua derivada e o valor inicial para x_0. Para que o programa finalize com uma boa precisão, deve ser definido um valor pequeno para o erro teórico.

Exemplo 2.16: Uma bola é atirada com uma velocidade de 0,1 Km/s, a altura atingida após t segundos é dada pela equação $S(t) = 0{,}05t^5 - 2t^3/3 + t^2/2 + 1{,}1t$. Em que momento a bola atinge a altura máxima? Qual é a altura máxima?

Solução. O primeiro passo para solucionar estes problemas é identificar a função que deverá ser analisada. Esta função poderá ser escrita em função de uma ou mais variáveis.

Como o problema apresenta uma função bem definida, nosso primeiro passo é identificar um intervalo apropriado e assim proceder à rotina matemática de aplicar definições e teoremas até atingir o objetivo desejado no problema.

Nosso objetivo é calcular o valor máximo relativo da função v(t) em t > 0. A velocidade por definição é:

$$v = \frac{Espaço}{Tempo} = \frac{d[S(t)]}{d(t0}$$

A velocidade v(t) no ponto 0,1 será:

$$v(t) = 0{,}25t^4 - 2t^2 + t + 1{,}1 = 0{,}1$$

Por outro lado, temos a seguinte expressão que define a velocidade no ponto t = 0,1:

$$v(t) = 0{,}25t^4 - 2t^2 + t + 1$$

À essa função v(t), devemos determinar o valor máximo relativo em *t*. Assim, aplicamos a primeira derivada à expressão:

$$v'(t) = t^3 - 4t + 1$$

A nova função criada é: $f(t) = v'(t) = t^3 - 4t + 1 = 0$ e a partir dela obteremos os pontos críticos. Assim, localizamos os intervalos onde provavelmente se encontram as raízes da função.

t	$v'(t)$	*Raiz*
0	1	Raiz-1
1	-2	
2	1	Raiz-2
3	16	

Tabela 2.14. Localização de raízes da função.

Como t > 0, os intervalos soluções são [0, 1] e [1, 2]. Observe o gráfico da função na Figura (2.18):

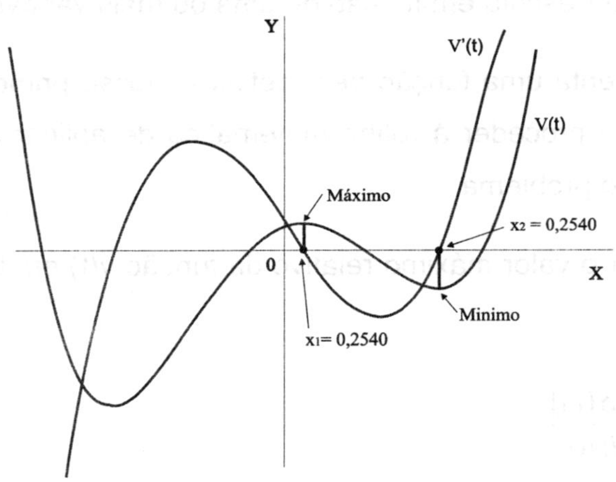

Figura 2.18: Gráfico da função do Exemplo 2.16.

Vamos assumir que o erro teórico nos dois casos é 10^{-3} e o valor de x_0 vai tomar o valor médio do intervalo superior e inferior, isto é, x_0 = 0,5 e x_0 = 1,5 para o primeiro e segundo casos, respectivamente. A função em análise é:

$$f(t) = t^3 - 4t + 1$$

E sua derivada:

$$f'(t) = 3t^2 - 4$$

Para achar as raízes da função f(t) em cada um dos intervalos selecionados aplicamos o Algoritmo (2.7) de Newton-Raphson. Os resultados para o primeiro caso (raiz em [0, 1]), são mostrados na Tabela (2.15):

N	(x_0)	$f(x_0)$
1	0,50000	-0,87500
2	0,23077	0,08921
3	0,25400	0,00039

Tabela 2.15: Resultados do primeiro caso.

A raiz obtida é t_1 = 0,25400 e o número de iterações é 3. Os resultados para o segundo caso (raiz em [1, 2]) encontram-se na Tabela 2.16:

N	(x_0)	$f(x_0)$
1	1,50000	-1,62500
2	2,09091	1,77761
3	1,89590	0,23112
4	1,86183	0,00656
5	1,86081	0,00001

Tabela 2.16 Resultados do segundo caso.

A raiz obtida é t_2 =1,86081 em 5 iterações.

As raízes encontradas representam pontos críticos da função velocidade (*v(t)*). A segunda derivada da função *v(t)* é:

$$v''(t) = 3t^2 - 4$$

Como $v''(0{,}2540) = -3{,}80645$, temos que t_1 = 0,2540 é um máximo relativo e, como $v''(1{,}86081) = 6{,}37992$, temos que t_2 = 1,86081 é um mínimo relativo. Resta-nos saber se este máximo é absoluto no intervalo $0 \le x \le 1$.

Como o único ponto crítico de *v(t)* no intervalo [0, 1] é t_1 = 0,2540, este ponto é um máximo absoluto neste intervalo. Como a bola atinge a máxima altura no tempo t = 0,2540s; substituindo na expressão S(t = 0,2540), concluímos que a altura máxima da bola nesse instante é 300,786m.

2.10 O método de Muller

Os métodos estudados anteriormente, na pesquisa da raiz de uma função, utilizam uma linha reta como forma de aproximação a uma raiz (interpolação linear). Essa situação nem sempre é verdadeira. No caso do método de Muller, que é uma extensão do método da Secante, a aproximação à uma raiz está baseada na vizinhança marginal por meio de uma polinomial quadrática.

2.10.1 Representação gráfica e o algoritmo para o método de Muller

O polinômio interpolador de segundo grau ($f_2(t) = at^2 + bt + c$) utilizado no método de Muller, é formado por três pontos diferentes [x_1, $f(x_1)$], [x_0, $f(x_0)$] e [x_2, $f(x_2)$]. Essa função quadrática é utilizada para estimar a raiz. O processo é repetido várias vezes, sempre usando três pontos distintos e pertos da raiz.

Primeiramente, vamos considerar uma função *f(x)* contínua e diferenciável no intervalo [*a*, *b*]. A função possui, portanto, tangentes particularizadas em cada ponto da função no intervalo.

O processo iterativo do método se simplifica, pois se translada em cada iteração do eixo das abscissas para o ponto central (x_0) dos pontos selecionados, fazendo $t = x - x_0$ (Figura 2.19):

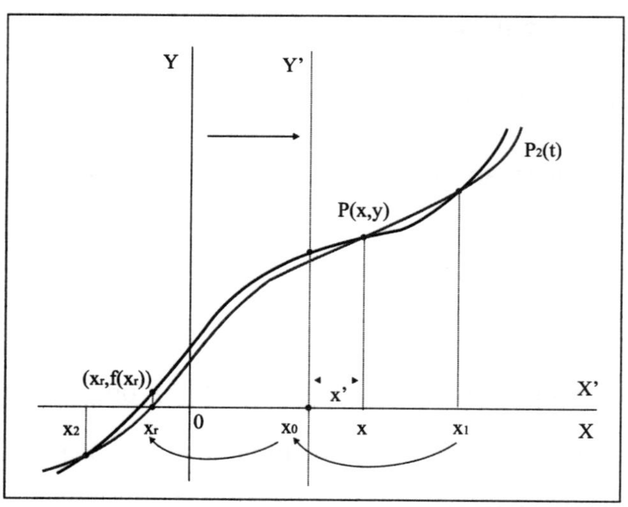

Figura 2.19: Representação gráfica para o método de Muller.

Para achar os coeficientes do polinômio $f_2(t)$, utilizamos três pontos da raiz (x_0, x_1 e x_2), fazendo:

$h_1 = x_1 - x_0$ e:

$h_2 = x_0 - x_2$ ou $-h_2 = x_2 - x_0$

Logo:

$$t = 0 \qquad a(0)^2 + b(0) + c = f_0(t) \tag{2.42}$$

$$t = h_1 \qquad a(h_1)^2 + b(h_1) + c = f_1(t) \tag{2.43}$$

$$t = h_2 \qquad a(h_2)^2 - b(h_2) + c = f_2(t) \tag{2.44}$$

Da expressão (2.42), obtemos $c = f_0(t)$. Das expressões (2.43 e 2.44) e fazendo $h_2/h_1 = k$ temos que:

$$a = \frac{k \,.\, f_1(t) - f_0(t)(1+k) + f_2(t)}{k \,.\, h_1^2 (1+k)}$$

$$b = \frac{f_1(t) - f_0(t) - a \,.\, h_1^2}{h_1}$$

Depois de calcular os valores a, b e c, achamos a raiz (x_r = *Raiz*) do polinômio interpolador, escolhendo a raiz mais perto do ponto central (x_0). O valor é:

$$Raiz = x - \frac{2c}{b \pm \sqrt{b^2 - 4ac}}$$

A escolha do sinal no denominador vai determinar o maior valor absoluto para o denominador, isto é, se ($b > 0$), escolhemos o sinal positivo; se ($b < 0$), será o sinal negativo; se ($b = 0$), qualquer um. Em alguns casos podemos encontrar um radical negativo, indicando a existência de raízes imaginárias.

O valor da raiz, achado (x_r) do polinômio, pertence ao conjunto dos três valores para a seguinte aproximação [x_1, $f(x_1)$], [x_2, $f(x_2)$] e [x_r, $f(x_r)$]. O processo se repete até que se tenha a exatidão aproximada, isto é, se a raiz está à direita de x_0, toma-se x_0, x_1 e a raiz; se está à esquerda, toma-se x_0, x_2 e a raiz (ver Figura 2.20). Em todos os casos, sempre consideramos o valor de x_0 como o ponto central do conjunto de pontos selecionados.

Caso 1: Caso 2:

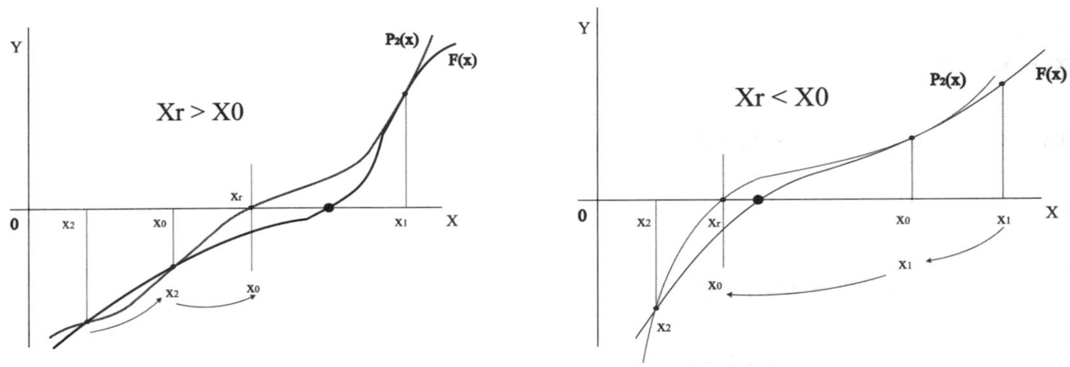

Figura 2.20: Representação gráfica do critério de seleção do conjunto de pontos.

2.10.2. Critério de parada e análise do erro

A mesma condição utilizada nos métodos descritos anteriormente, na estimação de uma raiz, pode ser utilizada no método de Muller, isto é, o processo deve finalizar quando o módulo da função é menor ou igual que o erro teórico ou o valor da função no ponto de avaliação é perto de zero.

O Algoritmo (2.8) representa o conjunto de procedimentos para estimar o valor da raiz de uma função pelo método de Muller.

Algoritmo para o método de Muller

Passo 1. Determinar três pontos da função com valores incrementados. Por exemplo: x_0; $x_1 = 1,5x_0$ e $x_2 = 0,5x_0$;

Passo 2. Avaliar os valores correspondentes para as funções:

f_0 = função(x_0), f_1 = função(x_1) e f_2 = função(x_2)

Passo 3. Encontrar os coeficientes da parábola a partir dos três pontos selecionados;

Passo 4. Calcular as duas raízes do polinômio interpolador de segundo grau;

Passo 5. Escolher a raiz mais perto para x_0 e denominar como a variável x_r;

Passo 6. Se $x_r > x_0$;

ENTÃO rearranjar x_0, x_r, x_1 em x_2, x_0, x_1

> SENÃO rearranjar x2, xr, x0 em x2, x0, x1
>
> Passo 7. Se $|f(x_r)|$ < Erro-teórico, ENTÃO retornar o valor de x_r,
> SENÃO ir para o Passo 1.

Algoritmo 2.8: Procedimento computacional para o método de Muller.

Exemplo 2.17: Calcule o valor de uma raiz da função $f(x) = x^3 - 3$, começando com $x_0 = 2$. Pare as iterações quando o valor do polinômio for menor que 10^{-3}. Trabalhe com cinco casas decimais:

Solução. Primeira iteração:

$X_0 = 2$	$F_0 = 5$	$H_1 = x_1 - x_0 = 0,5$
$X_1 = 2,5$	$F_1 = 12,625$	$H_2 = x_0 - x_2 = 0,5$
$X_2 = 1,5$	$F_2 = 0,375$	$K = h_2/h_1 = 1$

Temos que:

$c = F_0 = 5,$

$$a = \frac{k\,.\,f_1(t) - f_0(t)(1+k) + f_2(t)}{k\,.\,h_1^2(1+k)} = \frac{(1)(12,625) - (5)(2) + 0,375}{(1)(0,5)^2(2)} = 6$$

$$b = \frac{f_1(t) - f_0(t) - a\,.\,h_1^2}{h_1} = \frac{(12,625) - 5 - (6)(0,5)^2}{0,5} = 12,25$$

Logo, o valor da raiz é:

$$Raiz = x - \frac{2c}{b \pm \sqrt{b^2 - 4ac}} = 2 - \frac{2(5)}{12,25 + \sqrt{12,25^2 - 4(6)(5)}} = 1,4361$$

Pela condição de parada, continuamos à segunda iteração:

$$f(Raiz) = |-0,0382| > 10^{-2}$$

Segunda interação. Como $x_0 > x_r$:

$X_2 = 1,5 \quad \leftarrow \quad X_2 = 1,5$

$X_0 = 1{,}4361 \quad \leftarrow \quad X_r = 1{,}4361$

$X_1 = 2 \quad \leftarrow \quad X_0 = 2$

$F_2 = 0{,}375 \quad H_1 = x_1 - x_0 = 0{,}5639$

$F_0 = -\,0{,}0382 \quad H_2 = x_0 - x_2 = -\,0{,}0639$

$F_1 = 5 \quad K = h_2/h_1 = -\,0{,}133$

Temos que:

$$c = F_0 = -\,0{,}0382$$

$$a = \frac{(-0{,}1133)(5) - (-0.0382)(1-0{,}1133) + (0{,}375)}{(-0{,}1133)(0{,}5639)^2(1-0{,}1133)} = 4{,}9404$$

$$b = \frac{(5) + (0{,}0382) - (4{,}9404) - (0{,}5639)^2}{(0{,}5639)} = 6{,}1391$$

Logo o valor da raiz é:

$$Raiz = 1{,}4361 - \frac{2(0{,}0382)}{6{,}1391 + \sqrt{6{,}1391^2 - 4(4{,}904)(0{,}0382)}} = 1{,}44229$$

Pela condição de parada, não precisamos realizar mais iterações:

$$f(Raiz) = |-0{,}000252| <<< 10^{-2}$$

Depois da segunda iteração, o valor da raiz é 1,44229. A experiência demonstra que esse método converge de forma similar que o método de Newton-Raphson. Além disso, o método não precisa de avaliação de derivadas para convergir à uma raiz.

Exemplo 2.18: Determine a maior raiz positiva da equação $f(x) = x^3 - \frac{20x^2}{9} + 5/21$ pelo método de Muller. Considere um erro de 10^{-4} e realize os cálculos com quatro algarismos significativos:

Solução. Aplicando o procedimento geral para estimar uma raiz, temos:

- Localização da raiz: Os intervalos prováveis na qual se encontram as raízes podem ser observados na Tabela (2.17):

x	$f(x)$	$Raiz$
0	0,2381	
1	- 0,98413	Raiz
2	- 0,65079	
3	7,2381	Raiz

Tabela 2.17: Localização de raízes.

Assim, a raiz procurada se encontra no intervalo [2, 3].

Refinamento: Aplicando o Algoritmo (2.8) para o método de Muller, temos:

Método de Muller:
Fornecer o limite inferior do intervalo: 2
Fornecer o limite superior do intervalo: 3
Fornecer o máximo erro absoluto: 0,001

N	x_0	x_1	x_2	C	A	B	$Raiz$	$F(raiz)$
1	2,192	2,500	1,875	1,974	5,278	8,030	2,192	7,527
2	2,172	2,192	1,875	0,091	4,344	4,767	2,172	7,249
3	2,172	2,172	1,875	0,002	4,017	4,507	2,172	7,243
4	2,172	2,172	1,875	0,000	3,997	4,497	2,172	7,243

Nesse intervalo encontramos a raiz: 2,17174
O número de iterações feitas é: 4

Tabela 2.18: Resultados computacionais obtidos pela aplicação do M. de Muller.

Na Tabela (2.18), mostramos os resultados de aplicar o algoritmo para o método de Muller para o exemplo (2.18). Os valores x_0, x_1 e x_2 representam o conjunto de pontos selecionados para realizar as iterações. Os valores de A, B e C são os coeficientes do polinômio interpolador de segundo grau. Assim, o resultado mostra que depois de quatro iterações, a raiz achada é 2,17174.

2.11 Comparação dos métodos estudados

Na continuação apresentamos os exemplos (2.19, 2.20 e 2.21), na qual todos os métodos são aplicados na solução do problema.

Exemplo 2.19: Abordagens dos diferentes métodos na solução de um problema.

Em um processo de engenharia química, o vapor de água (H_2O) é aquecido a altas temperaturas, o que significa uma porção de água dissociada para formar oxigênio (O_2) e hidrogênio (H_2). A representação da reação produzida é a seguinte:

$$H_2O \leftrightarrow H_2 + \frac{O_2}{2}$$

Como esta é uma reação provocada, a fração mole (x) de água dissociada pode ser representada pela seguinte expressão:

$$k_p = \frac{x}{1-x}\sqrt{\frac{2p_t}{2+x}}$$

Onde k_p é uma constante de equilíbrio da reação e p_t é a pressão total da mistura. Se p_t = 2atm e k_p = 0,04568, determine o valor da fração mole que satisfaz a equação. Faça uma tabela para apresentar uma comparação entre os métodos estudados, mostrando para cada teste o número de operações efetuadas para obter a raiz, o número de iterações e o erro calculado achado:

Solução. Assumindo os valores de k_p e p_t na função, temos:

$$0 = (1-x)\sqrt{(x+2)} - 43{,}7828x$$

- Localização da raiz. O valor da fração mole é positiva. Logo:

x	$f(x)$	*Raiz*
-1	45,7827	
0	1,41421	
1	-43,7827	Raiz
2	-89.5655	

Tabela 2.19: Primeira aproximação à raiz.

Examinando a mudança de sinal nos extremos dos subintervalos, concluímos que a função só tem uma raiz e ela se encontra no intervalo [0, 1].

- Refinamento da raiz. Utilizando um erro teórico de 10^{-3} , podemos observar na Tabela (2.20) os resultados de aplicar os métodos estudados anteriormente:

	Dados iniciais	Raiz	$Erro_{calculado-x}$	$Erro_{calculado-y}$	Iterações
Bissecção	[0, 1]	0,0322	- 0,030150	-0,030156	10
Cordas	[0, 1]	0,03153	- 0,000094	-0,000094	2
Pégaso	[0, 1]	0,03153	- 0,000094	-0,000094	2
MIL	$x_0 = 0,5$	0,03156	0,000341	-0,001441	3
Newton-R	$x_0 = 0,5$	0,03154	- 0.000543	-0,000543	3
Muller	[0, 1]	-	-	-	-

Tabela 2.20: Resultados computacioinais obtidos pela aplicação dos métodos zero de funções.

Nesse exercício, os métodos das Cordas e de Pégaso são os mais eficientes na pesquisa de uma raiz, pois a primeira reta secante traçada na função praticamente definiu o valor da raiz, isto é, o ponto atingido foi 0,03129, valor bem perto da raiz a estimar. No caso do método de Newton-Raphson, o ponto inicial selecionado foi à média do intervalo (x_0 = 0,5) selecionado. Assim, no traçado da primeira tangente, foi definido um ponto mais distante (x_1 = 0,05427), o que provocou que o algoritmo realizasse mais iterações. Mas, essa situação nem sempre é verdadeira. O método de Muller não pode ser aplicado, uma vez que a tendência da função é quase linear nesse intervalo.

Exemplo 2.20: Abordagens dos diferentes métodos na solução de um problema.

Descrição do problema. Determine uma raiz positiva da equação $f(x) = x^x - 100$ utilizando os métodos anteriormente estudados. Considere um erro de 10^{-3} e realize os cálculos com quatro algarismos significativos. Mostre em uma tabela para cada teste: o número de operações efetuadas para obter a raiz, o número de iterações e o erro calculado da raiz.

Solução. Antes de aplicar os diferentes métodos algébricos, vamos refinar os valores da raiz desejada, isto é, diminuir o intervalo que a contém até que o comprimento seja reduzido a 1. Aplicando o procedimento geral para estimar uma raiz temos:

- Localização da raiz: Vamos tabelar o polinômio em pontos do intervalo que contém todas as raízes reais. Para a avaliação, utilizamos o teorema de Bolzano como é mostrado na Tabela 2.21:

x	f(x)	Raiz
0	-100	
1	- 99	
2	-96	
3	- 73	
4	156	Raiz

Tabela 2.21: Localização de raízes.

Pelos resultados estabelecidos na Tabela (2.21), identificamos que a raiz a estimar se encontra no intervalo [3, 4] e que não existe possibilidade de haver outras raízes positivas na função. Portanto não é necessário traçar o gráfico.

Refinamento: Aplicando os algoritmos elaborados no computador, obtemos a Tabela (2.22). O erro teórico considerado foi 10^{-3}:

	Dados iniciais	Raiz	$Erro_{calculado-x}$	$Erro_{calculado-y}$	Iterações
Bissecção	[3,4]	3,59670	0,000001	-0,133307	10
Cordas	[3,4]	3,59728	0,000001	-0,001133	14
Pégaso	[3,4]	3,59728	0,000020	-0,001133	6
MIL	$x_0 = 3,5$	-	-	-	-
Newton-R	$x_0 = 3,5$	3,59729	-0,000170	0,001155	3
Muller	[3,4]	3,59728	0,000001	-0,001133	4

Tabela 2.22: Resultados computacionais obtidos pela aplicação dos métodos zero de funções.

Nesse exemplo, o método mais eficaz é o método de Newton-Raphson. Em geral, este método converge mais rápido, pois sua convergência é quadrática e os outros métodos convergem linearmente. O método de MIL não converge à raiz, mesmo testado em diferentes pontos iniciais.

Exemplo 2.21: Seja a equação $f(x) = x^3 - 3x + \ln(x)$, construa as tabelas correspondentes para achar a raiz da equação. No cálculo, use um erro teórico significativo (por exemplo, $\varepsilon = 10^{-4}$).

Compare os diversos métodos considerando a garantia e rapidez de convergência e eficiência computacional em cada caso.

Solução. Aplicando o procedimento geral para estimar uma raiz, temos:

- Localização da raiz: Tabelando o polinômio nos diferentes pontos $\Re^n$ e aplicando o teorema de Bolzano na pesquisa de uma raiz, como é mostrado na Tabela (2.23), temos:

x	$f(x)$	*Raiz*
0	$-\infty$	
1	-2	
2	2,69314	Raiz
3	19,0986	

Tabela 2.23: Localização de raízes.

Segundo os resultados obtidos na Tabela (2.23), podemos concluir que a função é crescente e só tem uma raiz positiva no intervalo [1, 2]:

	Dados iniciais	Raiz	$Erro_{calculado-x}$	$Erro_{calculado-y}$	Iterações
Bissecção	[1, 2]	1,64160	-0,00100	-0,005262	10
Cordas	[1, 2]	1,64247	0,00016	-0,000305	7
Pégaso	[1, 2]	1,64263	0,00294	0,000608	4
MIL	$x_0 = 1,5$	1,64140	-0,00100	-0,006410	5
Newton-R	$x_0 = 1,5$	1,64252	-0,000340	-0,000098	3
Muller	[1, 2]	1,64250	0,002000	-0,000134	2

Tabela 2.24: Resultados computacionais obtidos pela aplicação dos métodos zero de funções.

Segundo os resultados obtidos (Tabela 2.24), o método mais eficiente foi o de Muller seguido pelo método de Newton-Rapshon.

2.12 Observações e conclusões sobre os métodos iterativos

Os métodos apresentados neste capitulo são iterativos, porque trabalham com uma seqüência de aproximações perto da solução desejada. A estratégia de cálculo de uma aproximação é feita a partir de aproximações passadas. Nem todos convergem à raiz. Aqueles que convergem se destacam, pois o fazem com maior precisão e em menor número de iterações que outros. Eles não fornecem o valor exato da raiz de uma função, considerando um erro teórico baixo, salvo em casos particulares. Assim, eles fornecem um valor estimado da raiz.

Esses métodos começam com a determinação de um intervalo ou ponto inicial perto da raiz a estimar e, segundo seu esforço computacional (número de iterações, dificuldade no cálculo, tempo de processamento, etc.) convergem ou divergem da raiz.

O método da Bissecção é um método intuitivo e de convergência lenta. Assim, ele poderia ser melhor aproveitado se fosse utilizado na localização do intervalo de uma raiz, isto é, na determinação de um intervalo que contenha exatamente uma raiz da função.

Uma estratégia que é seguida por alguns métodos (Secante, Pégaso, Newton-Raphson, etc.) mais sofisticados que o método da Bissecção, consiste em aproximar a função f(x) por uma função linear G(x) e, posteriormente, aproximar x_r, raiz da função f(x), pela raiz desta função linear. Isto é, localizam-se dois valores x_n e x_{n+1} próximos da raiz x_r e traçam um conjunto de secantes ou tangentes à função em pontos devidamente estabelecidos, segundo o princípio do método, define-se a função linear. Esta nova função G(x), é utilizada para estimar o valor da raiz da função f(x).

Esses métodos que seguem essa estratégia são mais complexos que o da Bissecção e, portanto, espera-se maior convergência à raiz da função.

Em geral, observa-se que em todos os métodos:

- Quanto maior o número de iterações, menor será o erro absoluto de aproximação e;
- Quanto menor o intervalo ou o ponto inicial ficar mais perto da raiz, menor será o erro absoluto de aproximação.

Todos os métodos são úteis na pesquisa de uma raiz, uns com convergência mais rápida que outros, como é o caso o método de Newton-Raphson. Este fato se deve principalmente, ao erro de convergência do método ser quadrático e não linear. Por outro lado, o método tem sua desvantagem, pois precisa trabalhar com a derivada da função. Em alguns casos, é difícil obter, em certas circunstâncias a derivada da função. Tais casos ocorrem quando a função *f(x)* é uma expressão bastante complexa ou quando não se dispõe sua forma analítica.

Finalmente, é importante ressaltar que nem sempre a aplicação de um método iterativo na pesquisa de uma raiz, a partir de um intervalo ou ponto inicial, garante obter a solução desejada. Esse fato está condicionado principalmente ao comportamento da função e à determinação do intervalo inicial refinado ou ponto inicial na aplicação do método. Todos os métodos são dinâmicos e mantém uma relação direta com seu objetivo principal: a estimação da raiz.

2.13 Tópicos Especiais

2.13.1 O método de Horner

Um polinômio é uma função não linear. A representação canônica mais conhecida é da forma:

$$P_n(x) = a_0 + a_1 x + \ldots + a_{n-2}x^{n-2} + a_{n-1}x^{n-1} + a_n x^n \tag{2.45}$$

Existem diferentes metodologias para avaliar um polinômio. Um exemplo disso é o método de Newton, que pode ser utilizado por sua alta velocidade de convergência e por seu custo incorrido reduzido (número de operações realizadas em cada iteração, número de decisões lógicas, número de iterações realizadas, etc.). Na avaliação de cada iteração, é bem caracterizado a estimação da raiz de uma função.

Por outro lado, o método de Horner é um procedimento eficiente e específico para avaliar polinômios, determinar seus fatores e, consequentemente, suas raízes.

Proposição I. Seja $P_n(x)$ um polinômio de grau n e a ε A, onde A é o conjunto de raízes soluções de $P_n(x)$. Então existe um polinômio $Q_{n-1}(x)$ (quociente) e R ε A (resto), tais que:

$$P_n(x) = (x-a)\,Q_{n-1}(x) + R$$

O polinômio descrito na expressão 2.45 pode ser reescrito como um encapsulamento, como é mostrado na expressão (2.46):

$$P_n(x) = a_0 + x(a_1 + x(a_2 + \ldots + x(a_{n-2} + x(a_{n-1} + xa_n))\ldots) \tag{2.46}$$

A expressão (2.46) do polinômio encapsulado permite avaliar o polinômio a partir de uma variável α dada, da seguinte forma:

$$b_{n-1} = a_{n-1} + \alpha\, b_n$$

$$b_{n-2} = a_{n-2} + \alpha b_{n-1}$$

$$b_{n-3} = a_{n-3} + \alpha b_{n-2}$$

...

Aproveitando a forma recursiva da expressão (2.46), temos:

$$b_n = a_n \tag{2.47}$$

$b_i = a_i + \alpha b_{i+1}$, para i = n-1, n-2,...0.

Assim, o polinômio formado pode ser representado da seguinte forma:

$$P_n(x) = b_0 + b_1 x + b_2 x^2 + \ldots + b_{n-2} x^{n-2} + b_{n-1} x^{n-1}$$

De forma que, $P_n(x)$ em α é igual a:

$$P_n(\alpha = 0) = b_0$$

Ao avaliar $P_n(\alpha)$ substituindo *x* pelo valor de α na expressão (2.45), realizamos (2n-1) operações de fatores. No entanto, com o procedimento descrito pelas expressões (2.47), só se realizam *n* operações. Como pode ser observado, a redução do número de operações com fatores é considerável.

Para realizar uma iteração com o método de Newton (sendo α neste caso a iteração anterior a x_k) no polinômio $P_n(\alpha)$, temos:

$$Q_{n-1}(x) = b_1 + b_2 x + \ldots + b_{n-1} x^{n-2} + b_n x^{n-1}$$

Esta expressão pode ser facilmente verificada ao identificar os coeficientes e usando as definições de b_i:

$$P_n(x) = b_0 + (x - \alpha) Q_{n-1}(x)$$

$$P_n'(x) = \frac{d(xQ_{n-1}(x))}{dx} - \alpha \frac{d(Q_{n-1}(x))}{dx}$$

$$P_n'(x) = Q_{n-1}(x) + xQ_{n-1}'(x) - \alpha Q_{n-1}'(x)$$

$$P_n'(x) = Q_{n-1}(x) + (x - \alpha) Q_{n-1}'(x)$$

Para x = α, temos:

$$P_n'(\alpha) = Q_{n-1}(\alpha)$$

De forma que, a avaliação da derivada do polinômio $P_n(x)$ será realizada segundo o método de Horner, isto é, seguindo a recorrência da expressão (2.47). Na seguinte iteração, para calcular c_i a partir dos coeficientes b_i, onde i = n, n - 1, n - 2, ... 1. Fazemos:

$$c_n = b_n$$

$c_i = b_i + \alpha c_{i+1}$, para i = n-1, n-2, ... 1.

Como no caso anterior, a única expressão que nos interessa é $C_i = P_n(\alpha)$.

Em resumo, o procedimento computacional utilizado no método de Horner é da seguinte forma:

> Seja $\alpha = x_k$
>
> $b_n = a_n$; $c = b_n$
>
> Para i = n - 1, ...1
>
> $b_i = a_i + \alpha b_{i+1}$
>
> $c = b_i + \alpha c$
>
> $b_0 = a_0 + \alpha b_1$
>
> $x_{k+1} = x_k - b_0/c$

Algoritmo 2.9: Procedimento computacional para o método de Horner.

2.13.2 O método de Bairstow

Um polinômio de grau *n* pode ter raízes reais e complexas. Essas raízes encontram-se em pares conjugados quando todos os coeficientes do polinômio são valores reais.

As raízes de um polinômio, produto de pares de raízes complexas, podem ser obtidas pela fatorização de uma função em fatores polinomiais reais de menor ou iguais grau a dois.

Os métodos analisados anteriormente não são usados para achar as raízes complexas de um polinômio. A concepção do método de Bairstow consiste em encontrar uma função trial quadrática, onde divisões sucessivas a um polinômio $P_n(x)$ com essa função levam à estimação de suas raízes reais e complexas.

Um polinômio de grau *n* é da forma:

$$P_n(x) = x^n + a_1 x^{n-1} + a_2 x^{n-2} + \ldots + a_{n-1} + a_n \tag{2.48}$$

Com r_1, r_2, r_3,..., r_n raízes reais ou complexas e a_1, a_2, a_3,..., a_n coeficientes reais.

Se o grau do polinômio é ímpar, pelo menos uma raiz é real, poderá ser estimada por um dos métodos estudados anteriormente resultando:

$$P_n(x) = (x - r_1)\, P_{n-1}(x)$$

Onde $P_{n-1}(x)$ é um polinômio de grau par; se *n* for par, o polinômio pode ser divisível por n/2 fatores quadráticos da forma $P_2(x) = x^2 - rx - s$, correspondendo a cada polinômio duas raízes, ou seja, devemos encontrar os coeficientes *r* e *s*, de forma que o resto da divisão pelo fator quadrático $P_2(x)$ seja zero. De forma geral, a divisão pelo fator quadrático produz um polinômio quociente $P_{n-2}(x)$ e um resto linear cujos coeficientes em ambas funções dependem de *r* e *s*. Os sinais negativos nos dois termos do polinômio quadrático são utilizados para facilitar posteriores simplificações.

$$P_n(x) = (x^2 - rx - s)\, P_{n-2}(x) \text{ + Resto}$$

Ou:

$$P_n(x) = (x^2 - rx - s)\, P_{n-2}(x) + Ax + B$$

Ou:

$$P_n(x) = (x^2 - rx - s)\,(b_1 x^{n-2} + b_2 x^{n-3} + \ldots + b_{n-2} x + b_{n-1}) + b_n (x - r) + b_{n+1} \tag{2.49}$$

Se $x^2 - rx - s$ é um divisor exato de $P_n(x)$, então os fatores b_n e b_{n+1} são iguais a zero.

Multiplicando e igualando os coeficientes da mesma potência das expressões (2.48 e 2.49), temos:

$a_1 = b_1$	$b_1 = a_1$
$a_2 = b_2 - rb_1$	$b_2 = a_2 + rb_1$
$a_3 = b_3 - rb_2 - sb_1$	$b_3 = a_3 + rb_2 + sb_1$
$a_4 = b_4 - rb_3 - sb_2$	$b_4 = a_4 + rb_3 + sb_2$
...	...
$a_n = b_n - rb_{n-1} - sb_{n-2}$	$b_n = a_n + rb_{n-1} + sb_{n-2}$
$a_{n+1} = b_{n+1} - rb_n - sb_{n-1}$	$b_{n+1} = a_{n+1} + rb_n + sb_{n-1}$

Essas expressões podem ser expandidas pelo desenvolvimento da série de Taylor como funções de duas variáveis em termos de ($r^* - r$) e ($s^* - s$), onde ($r^* - r$) e ($s^* - s$) são valores muitos pequenos, de forma que, os termos de alta ordem são depreciáveis:

$$b_n(r^* - s^*) = b_n(r,s) + \frac{\partial b_n}{\partial r}(r^* - r) + \frac{\partial b_n}{\partial s}(s^* - s) + \dots \qquad (2.50)$$

$$b_{n+1}(r^* - s^*) = b_{n+1}(r,s) + \frac{\partial b_{n+1}}{\partial r}(r^* - r) + \frac{\partial b_{n+1}}{\partial s}(s^* - s) + \dots \qquad (2.51)$$

Os coeficientes *r* e *s* procurados, são aqueles que resolvem o sistema de equações não lineares, isto é, se no ponto (r^*, s^*) o resto do polinômio é zero (A(r, s) = 0 e B(r, s) = 0) e:

$$r^* - r = \Delta r \qquad\qquad s^* - s = \Delta s$$

Então, os valores Δr e Δs são incrementos adicionados a *r* e *s* para obter os novos valores de r^* e s^*:

$$b_n(r^*, s^*) \cong 0 \cong b_n + \frac{\partial b_n}{\partial r}\Delta r + \frac{\partial b_n}{\partial s}\Delta s \qquad (2.52)$$

$$b_{n+1}(r^*, s^*) \cong 0 \cong b_{n+1} + \frac{\partial b_{n+1}}{\partial r}\Delta r + \frac{\partial b_{n+1}}{\partial s}\Delta s \qquad (2.53)$$

Podemos observar que as expressões (2.52 e 2.53) são avaliadas pelas variáveis *r* e *s*. Para resolver essas equações simultâneas com variáveis desconhecidas (Δr e Δs), podemos aplicar o conceito de derivadas parciais ou estabelecer um conjunto de relações que permitam formar uma matriz Jacobiana, avaliada por um vetor de coeficientes (r, s) e a partir daí aplicar o método de Newton para sistemas lineares. Neste caso, iremos aplicar as derivadas parciais para simplificar nosso cálculo.

O método de Bairstow define um conjunto de termos *c* (produto da segunda divisão de $P_n(x)$ e $P_2(x) = x^2 - rx - s$) e os relaciona com os termos *b* (coeficientes da primeira divisão de *P(x)* com $P_2(x)$), para posteriormente compará-los com as derivadas parciais, ou seja, as derivadas parciais requeridas pelo sistema de equações lineares podem ser obtidas através do quociente da segunda divisão de $P_n(x)$ por $P_2(x) = x^2 - rx - s$.

	a_1	a_2	a_3	...	a_n	a_{n+1}
r		rb_1	rb_2	...	rb_{n-1}	rb_n
s			sb_1	...	sb_{n-2}	sb_{n-1}
	b_1	b_2	b_3	...	b_n	b_{n+1}
r		rb_1	rc_2	...	rc_{n-1}	
s			sc_1	...	sc_{n-2}	
	c_1	c_2	c_3	...	c_n	

Resumindo:

$b_1 = a_1$

$b_2 = a_2 + rb_1$

$b_3 = a_3 + rb_2 + sb_1$

$b_4 = a_4 + rb_3 + sb_2$

...

$b_n = a_n + rb_{n-1} + sb_{n-2}$

$b_{n+1} = a_{n+1} + rb_n + sb_{n-1}$ → (i = 3, $n+1$).

Procedendo as derivadas parciais destes coeficientes com respeito à *r* e *s,* temos:

$$\frac{\partial b_1}{\partial r} = \frac{\partial a_1}{\partial r} = 0$$

$$\frac{\partial b_2}{\partial r} = r\frac{\partial b_1}{\partial r} + b_1 = b_1 = c_1$$

$$\frac{\partial b_3}{\partial r} = r\frac{\partial b_2}{\partial r} + s\frac{\partial b_1}{\partial r} + b_2 = rc_1 + b_2 = c_2$$

$$\frac{\partial b_4}{\partial r} = r\frac{\partial b_3}{\partial r} + s\frac{\partial b_2}{\partial r} + b_3 = rc_2 + sc_1 + b_3 = c_3$$

$$\dots$$

$$\frac{\partial b_n}{\partial r} = r\frac{\partial b_{n-1}}{\partial r} + s\frac{\partial b_{n-2}}{\partial r} + b_{n-1} = rc_{n-2} + sc_{n-3} + b_{n-1} = c_{n-1}$$

$$\frac{\partial b_{n+1}}{\partial r} = r\frac{\partial b_n}{\partial r} + s\frac{\partial b_{n-1}}{\partial r} + b_n = rc_{n-1} + sc_{n-2} + b_n = c_n$$

Derivando à respeito de *s*, temos:

$$\frac{\partial b_1}{\partial s} = \frac{\partial a_1}{\partial s} = 0$$

$$\frac{\partial b_2}{\partial s} = \frac{\partial a_2}{\partial s} + r\frac{\partial b_1}{\partial s} = 0$$

$$\frac{\partial b_3}{\partial s} = r\frac{\partial b_2}{\partial s} + s\frac{\partial b_1}{\partial s} + b_1 = b_1 = c_1$$

$$\frac{\partial b_4}{\partial s} = r\frac{\partial b_3}{\partial s} + s\frac{\partial b_2}{\partial s} + b_2 = rc_1 + b_2 = c_2$$

$$\dots$$

$$\frac{\partial b_n}{\partial s} = r\frac{\partial b_{n-1}}{\partial s} + s\frac{\partial b_{n-2}}{\partial s} + b_{n-2} = rc_{n-3} + sc_{n-4} + b_{n-2} = c_{n-2}$$

$$\frac{\partial b_{n+1}}{\partial s} = r\frac{\partial b_n}{\partial s} + s\frac{\partial b_{n-1}}{\partial s} + b_{n-1} = rc_{n-2} + sc_{n-3} + b_{n-1} = c_{n-1}$$

Resumindo:

$c_1 = b_1$

$c_2 = b_2 + rc_1$

$c_3 = b_3 + rc_2 + sc_1$

$c_4 = b_4 + rc_3 + sc_2$

...

$c_{n-1} = b_{n-1} + rc_{n-2} + sc_{n-3}$

$c_n = b_n + rc_{n-1} + sc_{n-2}$ → (i = 3, n).

Como observamos, as derivadas parciais necessitadas são iguais aos termos *c*. Assim, como as variáveis Δr e Δs são desconhecidas e não podem ser resolvidas, nossas derivadas parciais (2.52 e 2.53), tornam-se:

$$-b_n = c_{n-1}\Delta r + c_{n-2}\Delta s \tag{2.54}$$

$$-b_{n+1} = c_n\Delta r + c_{n-1}\Delta s \tag{2.55}$$

As equações (2.54 e 2.55) podem ser expressas como rátios de uma divisão de determinantes:

$$\Delta r = \frac{\begin{vmatrix} -b_n & c_{n-2} \\ -b_{n+1} & c_{n-1} \end{vmatrix}}{\begin{vmatrix} c_{n-1} & c_{n-2} \\ c_n & c_{n-1} \end{vmatrix}}$$

$$\Delta s = \frac{\begin{vmatrix} c_{n-1} & -b_n \\ c_n & -b_{n+1} \end{vmatrix}}{\begin{vmatrix} c_{n-1} & c_{n-2} \\ c_n & c_{n-1} \end{vmatrix}}$$

O Algoritmo (2.10) mostra os passos seguidos pelo método de Bairstow para estimar o valor de uma raiz em uma determinada função.

Algoritmo para o método de Bairstow.

Para determinar um fator quadrático, $x^2 - rx - x$, de um polinômio de grau n:

$P_n(x) = a_3x^n + a_4x^{n-1} + \ldots + a_{n+2}x + a_{n+3}$.

Passo 1. Escolher valores para r e s do fator quadrático e para o Erro-Teórico:

Passo 2. Atribuir B[j] = 0 e C[j] = 0, para todo j:= 1,....

Repita:

    Para j=3 até n+3

        B[j] = A[j] + R * B[j - 1] + S * B[j - 2].

        C[j] = B[j] + R * C[j - 1] + S * C[j - 2].

    Fazer Denominador = C[N + 1] * C[N + 1] – C[N + 2] * C[N].

    Se Denominador = 0, Então:

        R = R + 1

        S = S + 1

        Voltar ao início.

    Diferencial_R = (-B[N + 2] * C[N + 1] + B[N + 3] * C[N]) / Deı

    Diferencial_S = (-C[N + 1] * B[N + 3] + C[N + 2] * B[N + 2]) /

    Fazer:

    R = R + Diferencial_R

    S = S + Diferencial_S

Até (Diferencial_R + Diferencial_S) <<< Erro-Teórico

Algoritmo 2.10: Procedimento computacional para o método de Bairstow.

Este algoritmo interage até que os fatores quadráticos sejam obtidos com uma precisão previamente estipulada $((\Delta s + \Delta r) \ll$ Erro teórico).

Exemplo 2.22: Determine os fatores quadráticos da função $f(x) = x^4 + 3x^3 + 20x^2 + 5x + 19$ utilizando o método de Bairstow. Considere um erro de 10^{-2} e realize os cálculos com 3 (três) algarismos significativos:

Solução. Na solução do exercício, usamos o fator quadrático: x2 – rx – s (r = –1 e s = –1). Normalmente, r e s são iguais a zero quando não existe alguma informação a respeito dos fatores. Construindo a tabela das divisões sucessivas para b e c, temos:

Iteração 1:

	1	3	20	5	19
R = -1		-1	-2	-17	14
S = -1		-	-1	-2	-17
	1	2	18	-14 ← B_n	16 ← B_{n+1}
R = -1		-1	-1	-15	
S = -1		-	-1	-1	
	1	1 ↑ C_{n-2}	15 ↑ C_{n-1}	-30 ↑ C_n	

$$\Delta r = \frac{\begin{vmatrix} 14 & 1 \\ -16 & 15 \end{vmatrix}}{\begin{vmatrix} 15 & 1 \\ -30 & 15 \end{vmatrix}} = \frac{226}{255} = 0{,}88627$$ → $r^* = -1 + 0{,}88627 = -0{,}11373$

$$\Delta s = \frac{\begin{vmatrix} 15 & 14 \\ -30 & -16 \end{vmatrix}}{\begin{vmatrix} 15 & 1 \\ -30 & 15 \end{vmatrix}} = \frac{180}{255} = 0{,}70588$$ $s^* = -1 + 0{,}70588 = -0{,}29412$

Iteração 2:

	1	3	20	5	19
R = -0,11		-0,11	-0,33	-2,2	-0,22
S = -0,29		-	-0,29	-0,85	-5,7
	1	2,89	19,38	1,95	13,08
R = -0,11		-0,11	-0,32	-2,13	
S = -0,29		-	-0,29	-0,82	
	1	2,77	18,77	-1,00	

$$\Delta r = \frac{\begin{vmatrix} -1{,}95 & 2{,}77 \\ -13{,}08 & 18{,}77 \end{vmatrix}}{\begin{vmatrix} 18{,}77 & 2{,}77 \\ -1 & 18{,}77 \end{vmatrix}} = \frac{-0{,}286}{355{,}03} = -0{,}00080$$ → r^* = -0,11 - 0,0008

= - 0,11

$$\Delta s = \frac{\begin{vmatrix} -18{,}77 & -1{,}95 \\ -1 & -13{,}08 \end{vmatrix}}{\begin{vmatrix} 18{,}77 & 2{,}77 \\ -1 & 18{,}77 \end{vmatrix}} = \frac{-247{,}426}{355{,}03} = -0{,}69692$$ s^* = -0,29 –

0,69692 = - 0,99

Iteração 3:

	1	3	20	5	19
R = -0,11		-0,11	-0,33	-2,14	0
S = -0,99		-	-0.99	-2,86	-18,51
	1	2,89	18,68	0	0,49
R = -0,11		-0,11	-0,32	-1,99	
S = -0,99		-	-0,99	-2,75	
	1	2,77	17,37	-4,73	

$$\Delta r = \frac{\begin{vmatrix} 0 & 2,77 \\ -0,49 & 17,37 \end{vmatrix}}{\begin{vmatrix} 17,37 & 2,77 \\ -4,73 & 17,37 \end{vmatrix}} = \frac{1,335}{314,84} = 0,00424$$ → r* = - 0,11 + 0,00424 = - 0,11

$$\Delta r = \frac{\begin{vmatrix} 17,37 & 0 \\ -4,73 & -0,49 \end{vmatrix}}{\begin{vmatrix} 17,37 & 2,77 \\ -4,73 & 17,37 \end{vmatrix}} = \frac{-8,494}{314,84} = -0,02698$$ s* = - 0,99 – 0,02698 = - 1,02

Iteração 4:

	1	3	20	5	19
R = -0,11		-0,11	-0,32	-2,06	0
S = -1,02		-	-1,02	-2,94	-19
	1	2,89	18,66	0	0
R = -0,11		-0,11	-0,31	-1,91	
S = -1,02		-	-1,02	-2,83	
	1	2,78	17,34	-4,74	

$$\Delta r = \frac{\begin{vmatrix} 0 & 2,78 \\ 0 & 17,34 \end{vmatrix}}{\begin{vmatrix} 17,34 & 2,78 \\ -4,74 & 17,34 \end{vmatrix}} = \frac{0,004}{313,81} = 0,00001$$ → r* = - 0,11 + 0 = - 0,11

$$\Delta r = \frac{\begin{vmatrix} 17,34 & 0 \\ -4,74 & 0 \end{vmatrix}}{\begin{vmatrix} 17,34 & 2,78 \\ -4,74 & 17,34 \end{vmatrix}} = \frac{-0,006}{313,81} = -0,00002$$ s* = - 1,02 - 0,00002 = - 1,02

Os fatores exatos obtidos são:

$(x^2 + 0{,}11x + 1{,}02)$ e $(x^2 + 2{,}89x + 18{,}66)$.

A partir do Algoritmo (2.10), foi elaborado um programa de computador para o método de Bairstow. O programa pode encontrar fatores quadráticos de polinômios até de grau dez. As variáveis iniciais para que o programa inicie suas operação são: o grau do polinômio, os valores de cada termo do polinômio, os valores de *r* e *s* e o valor do erro teórico.

Exemplo 2.23: Ache a maior raiz negativa da função $f(x)= 3x^3 + 3x^2 – 8x – 1$. Utilize o programa de computador de Bairstow. Pare as iterações quando o valor do erro teórico for menor que 10^{-2}:

Solução. Depois de aplicar o programa de computador do método de Bairstow para o polinômio apresentado, obtemos os resultados mostrados na Tabela 2.25.

Método de Bairstow

Fornecer o grau do polinômio: 3

Coeficientes do polinômio (N):

C(1) = 3 C(2) = 3 C(3) = -8 C(4) = -1

Fornecer o valor de r: -1

Fornecer o valor de s: -1

Fornecer o máximo erro absoluto: 0,01

Força - X	Coeficiente
3	3,000
2	3,000
1	-8,000
0	-1,000

Fatores quadráticos e lineares obtidos pelos M. de Bairstow

X**2 + (0,88) X + (-2,77); Iteraçces : 4

(3,00) X + (0,36); Iterações : 4

Tabela 2.25: Resultados computacionais obtidos pela aplicação do M. de Bairstow.

Aplicando o Método de Newton-Raphson à expressão quadrática, obtemos as raízes do polinômio : $r_1 = -2{,}16151$ e $r_2 = 1{,}28151$. Da expressão linear, obtemos uma raiz do polinômio $r_3 = - 0{,}12$. Portanto, a raiz mais negativa é –2,16151.

2.14 Exercícios:

1. Encontre intervalos de números inteiros que contenham soluções para as seguintes equações (utilize o método de Bolzano). Use um Erro teórico de 10^{-4}:

- $F(x) = X\cos(X) - 2X^2 + 3X - 1$ (2 soluções)
- $F(x) = 5X^3 - 2X + 7$ (1 solução)
- $F(x) = X^4 - 2X^3 - 5$ (2 soluções)

2. Determine as raízes da equação pelo método das aproximações sucessivas. Use um erro teórico de 10^{-3}:

- $F(x) = 1{,}6x^2 - 6x + 1.6$ [0, 1] e [3, 4]
- $F(x) = X^4 - 7X^3 + 12X^2 + 4X - 16$
- $F(x) = X^3 - 1{,}473X^2 - 5{,}738X + 6{,}763$ [-3. -2]; [1, 2] e [2, 3]

3. Use o método da Bissecção para determinar uma raiz das seguintes equações. O erro teórico é de 10^{-3}:

- $X^3 - 3X^2 - 1$ [-3, -2]
- $X^2 - 2Xe^{-X} + e^{-2X}$ [0, 1]
- $3X^2 - e^X$ [0, 1] e [3, 5]
- $(X - 2)^2 - Ln(X)$ [1, 2] e [e, 4]

4. Use o método das Cordas para determinar uma raiz da função. Considere uma tolerância de 10^{-2}:

- $2^x - 3X$ [0, 1] e [3, 4]
- $X^5 - 10X^3 / 9 + 5X / 21$ [-1, 1]
- $X^3 - e^{2X} + 3$ [-2, 1] e [0, 1]

5. Use o método de Pégaso para determinar uma raiz da função. Use um erro teórico de 10^{-3}:

- $X^5 - 2X^2 + X + 1$ [-1, 0]
- $X^3 - e^{2X} + 3$ [-2, -1] e [0,1]
- $10^x + X^3 + 2$ [-2,-1]

6. Use o Método das Iterações Lineares (MIL) para obter a menor raiz das seguintes funções. Use um erro teórico de 10^{-4}:

- $X^5 - 10\,X^3/9 + 5X/21$ $X_0 = 0.4$
- $3X^5 - 3X^4 - 3X^3 + X + 1$ $X_0 = -1$; $X_0 = 0$; $X_0 = 1$
- $X^4 - 6X^3 + 10X^2 - 6X + 9$ $X_0 = 1$

7. Use o método de Newton-Raphson para obter a menor raiz positiva . Considere um erro teórico de 10^{-5}:

- $2\cos(x) = \varepsilon^x/2$ $X_0 = 0{,}5$
- $X^5 - 6 = 0$ $X_0 = 1$
- $0{,}1\,X^3 - e^{2X} + 2$ $X_0 = -3$; $X_0 = 0$.
- $10^X + X^3 + 2$ $X_0 = -2$

8. Use o método de Muller para obter uma raiz das seguintes funções. Considere um erro teórico de 10^{-4}:

- $X^3 - 2X^2 - 5$ [1, 4]
- $X^3 - 3\,X^2 - 1$ [-3, -2]
- $X^2 - 2Xe^{-X} + e^{-2X}$ [0, 1]
- $3X^2 - e^X$ [0, 1] e [3, 5]

9. Seja a $f(x) = \varepsilon^x - 4x^4$. Encontre sua raiz pelo método de Pégaso, partindo do intervalo [0,1]. O erro teórico é de 0,0001:

10. Seja $F(x) = \text{sen}(x) - Kx^2$:

a) Determine os valores positivos de K, para que F(x) tenha uma raiz positiva;

b) Encontre os valores positivos de K, para que F(x) tenha três raízes positivas.

11. Seja $F(x) = x^2 + x (\ln(x) - 1)$. Obtenha seus pontos críticos com o auxílio de um método numérico:

12. A função $p(x) = x^5 - 10x^3/9 + 5x/21$ tem seus cinco zeros reais, todos no intervalo [-1,1]. (um deles é zero). Encontre uma raiz pelo método das Cordas no intervalo [-1,1]. Considere 10^{-1} ,se você fizer a mão e 10^{-5} se você usar um computador:

13. Seja a equação $f(x) = x^2 - x \, Ln(x)$. Construa as tabelas correspondentes para achar as duas raízes da equação. Use $\varepsilon = 10^{-1}$, se você usar computador $\varepsilon = 10^{-5}$. Compare os diversos métodos considerando a garantia, rapidez de convergência e a eficiência computacional em cada caso:

14. Aplique o método de Pégaso à equação $F(x) = X^3 - e^{2X} + 3$ no intervalo [-2, -1] para estimar o valor da raiz. Considere um erro = 10^{-3}:

15. Use o método de Newton-Raphson para determinar até 3 casas decimais, todas as raízes da seguinte função: $F(x) = x^3 - 1{,}473x^2 - 5{,}738x + 6{,}763$. Considere um erro de 0,001. Inicie com x_0 = 0:

16. O polinômio $P(x) = X^2 + 2X^3 + 2X^4$ é usado para aproximar $f(x) = X^2e^{2X}$ em [0, ½]. Encontrar o limite para o erro máximo. (Aplicar o conceito de continuidade e convergência na derivada).

17. Use o método de Bairstow para achar o fator linear e quadrático dos seguintes polinômios:

- $2x^4 - 3x^3 + 19x^2 - 5x + 6 = 0$
- $x^3 - 9x^2 - 4x + 8 = 0$
- $x^4 - 9x^2 - 4x + 8 = 0$

18. Duas raízes das quatro do polinômio $p(x) = x^4 + 2x^3 - 7x^2 + 3$ são positivas. Encontre essas raízes pelo método de Newton-Raphson e as outras pelo método de Bairstow. Use cinco casas decimais e trabalhe com um erro teórico de 0,0001:

19. Use o fator $x^2 - 4x + 5$ para encontrar os fatores quadráticos ao polinômio $p(x) = x^4 - 3{,}1x^3 + 2{,}1x^2 + 1{,}1x + 5{,}2$, usando o método de Bairstow:

2.15 Aplicações:

1. Um motor à gasolina usa gás ideal diatômico na sua combustão. Na etapa final do processo, os gases residuais são descarregados na pressão atmosférica e o volume diminui de 300 cm^3 à 255

cm^3. Nessas condições, o rendimento teórico (*e*) desse motor operando segundo o ciclo Otto ideal é de 56%. Qual será a razão das capacidades calóricas molares (γ) do motor? O rendimento do ciclo Otto é calculado pela seguinte expressão:

$$e = 1 - \frac{1}{\left(V_1 / V_2 \right)^{\gamma - 1}}$$

2. O apito de um trem (f = 400Hz) é mais agudo ou mais grave, à medida que o trem se aproxima ou se afasta. Se a diferencia entre as freqüências de som recebido do trem que se aproxima e do que se afasta é calculado pela seguinte expressão:

$$\Delta f = \frac{2f \frac{u}{v}}{1 - \frac{u^2}{v^2}}$$

Sendo *u* a velocidade do trem e *v* a velocidade do som. Calcular a velocidade do trem, se a diferencias de freqüências são de 380Hz. Assumir a velocidade do som no ar como 340m/s:

3. No movimento ondulatório, o pulso ondulatório progressivo (γ) se propaga sobre o eixo dos X (o eixo da corda) a uma velocidade constante de 3m/s e é descrito pela seguinte função:

$$\gamma = \frac{10}{5 + (x + 2t)^4}$$

Onde *x* e *t* estão dados em cm e *t* em segundos. Calcular o deslocamento de onda (*x)* para um tempo de 3 segundos:

4. Num campo elétrico, dois bastões delgados e idênticos de comprimento ade 1,2m, têm uma carga (Q) de 5x10^{-6}C uniformemente distribuída ao longo dos respectivos comprimentos. Os bastões estão sobre o eixo dos X separados por uma distância *b>2a* (Figura 2.21):

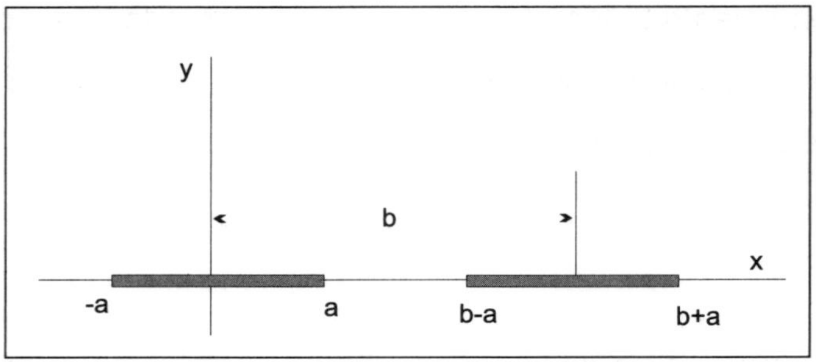

Figura 2.21: Campo elétrico.

Determinar o valor de *b,* sabendo que a força exercida sobre o bastão da direita é 9 newton e é dada pela seguinte expressão:

$$F = \frac{KQ^2}{4a^2}\ln(\frac{b^2}{b^2 - 4a^2})$$

Assumir o valor da constante de coulomb (K) ≅ 9,0x10^9 N x m^2/C^2.

5. Num campo magnético, quando a corrente na espiral (I) é 10A, o campo magnético no ponto P é de 2,87 weber/m^2 à distância (*x*) de 1,5m do centro do quadrado, sobre o eixo do quadrado, é dado por:

$$\beta = \frac{\mu_0 \, I \, L^2}{2\pi\,(x^2 + L^2/4)\sqrt{x^2 + L^2/2}}$$

Determinar o lado L, se um fio condutor é dobrado na forma de um quadrado, como é mostrado na Figura (2.22):

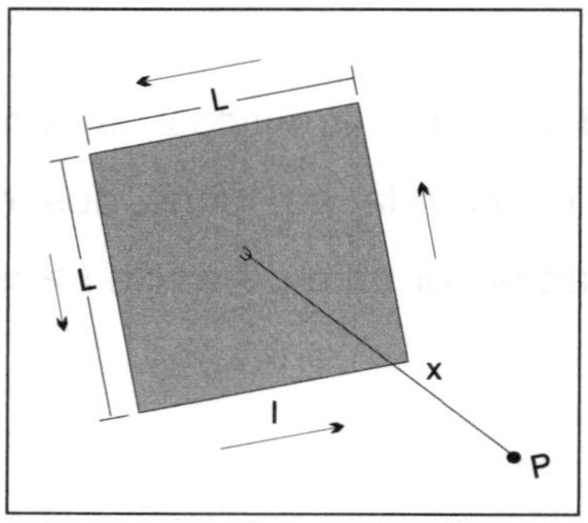

Figura 2.22: Campo magnético.

6. Duas bobinas circulares, cada uma com raio *R* de 0,50m estão montadas perpendicularmente a um eixo comum. Os centros da bobina estão afastados pela distância R e uma corrente (I) de 10A passa pelas bobinas no mesmo sentido, conforme mostra a Figura (2.23):

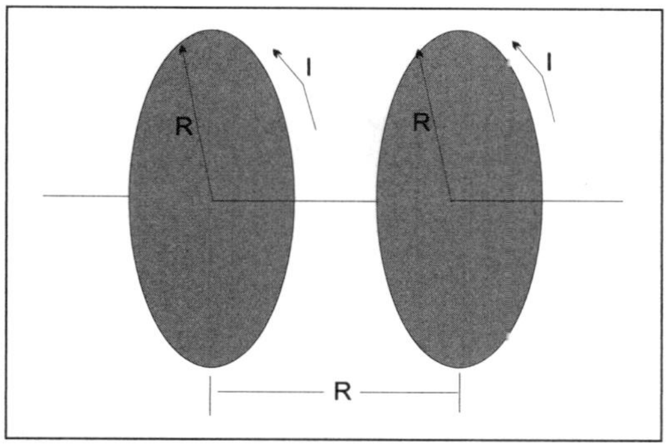

Figura 2.23: Bobinas circulares.

Determinar a distância *x* do centro de uma das bobinas para que o campo magnético (β) na região entre as bobinas seja uniforme (f(β)=0). Considere μ_0= 4 π Wb/Axm:

$$\beta = \frac{\mu_0 I R^2}{2}\left[\frac{1}{(R^2+x^2)^{3/2}} + \frac{1}{(2R^2+x^2-2Rx)^{3/2}}\right]$$

7. O potencial elétrico de um segmento de reta carregado com uma distância contínua de cargas pode ser calculado com a seguinte expressão:

$$V = \frac{KQ}{l}\ln\left(\frac{l+\sqrt{l^2+d^2}}{d}\right)$$

O bastão mostrado na Figura (2.24) de comprimento 3m, localizado sobre o eixo dos X, tem uma carga uniforme por unidade de comprimento e uma carga total (Q) de 16×10^{-10} C. Achar a distância *d* sabendo que o potencial elétrico (*V*) é $7{,}65 \times 10^3$ V. Assuma para o valor de K≅ 9×10^9 $N.m^2/C^2$:

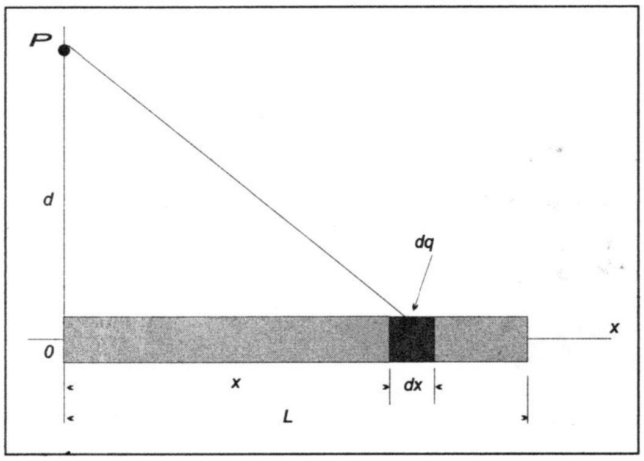

Figura 2.24: Potencial elétrico.

8. Uma empresa obtém um empréstimo de R\$100.000,00 para ser quitado em cinco prestações mensais iguais. Sabendo-se que a primeira prestação tem o seu vencimento 90 dias após a data do contrato, achar a taxa de juros anual pelo Banco, se as prestações foram de R\$26.674,26 . O fluxo de caixa do empréstimo (Figura 2.25), é:

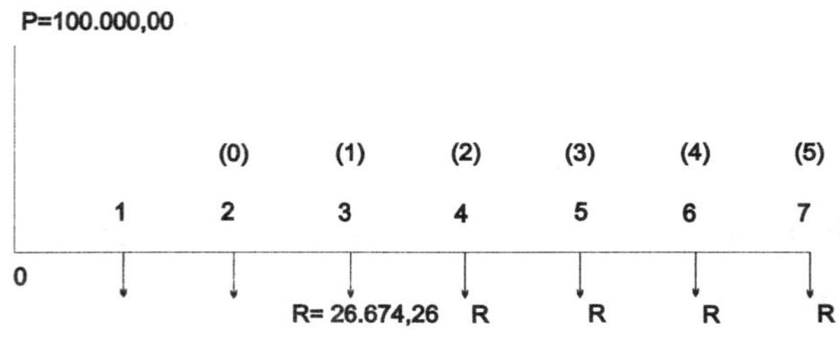

Figura 2.25: Fluxo de caixa do empréstimo.

Este problema pode ser resolvido diretamente, seguindo o seguinte procedimento:

$$R = P\,(1+i)^n\,\frac{(1+i)^n\,i}{(1+i)^n - 1}$$

9. O valor do montante, no final do décimo segundo mês de uma série de doze aplicações é de R\$1.541,61 , iguais e consecutivas, no valor de R\$100,00 cada uma. Determinar o valor da taxa de juros trimestral, sabendo-se que a primeira parcela é aplicada no final do primeiro mês, ou seja, à 30 dias da data tomada como base ("momento zero"), e que a última, no final do quinto mês, é coincidente com o momento em que é pedido o montante. O cálculo do montante a partir de uma série de aplicações é dado pela seguinte expressão:

$$. M = R\frac{(1+i)^n - 1}{i}$$

10. O comportamento do Produto Bruto Interno (PBI) do Estado é dado pela função $f(t) = t^4 - 2t^2 - 4$ quando o tempo for *t* anos. Determine, aproximadamente, em que momento a economia do estado vai melhorar:

11. Nos problemas de localização de submarinos, quase sempre se torna necessário determinar o PAM (ponto de aproximação máxima – ver gráfico abaixo), que é o ponto em que o submarino mais se aproxima da boia-sonar (detector de som), na água. Suponha que o submarino se desloque segundo uma trajetória parabólica y = x^2 e que a bóia esteja posicionada no ponto (2, -1/2). O valor de *x* que torna mínima a distância entre os pontos (x, x^2) e (2, -1/2) é a solução da equação:

$$\frac{1}{x^2+1} = x$$

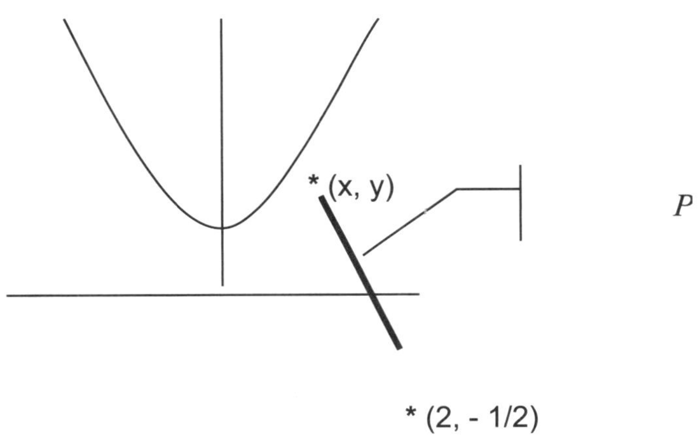

Determine o PAM com uma precisão de 5 casas decimais.

12. Um estudo da eficiência do turno da manhã de uma fábrica, indica que um operário médio, iniciando suas atividades às 8h, monta $Q(T) = -0{,}35T^4 + 0{,}9T^3 + T + 7$ (10^2 x Q(T) unidades) após **T** horas de trabalho. A que horas da manhã o operário trabalha mais eficientemente?

13. Qual é o rendimento anual que um Banco deverá atribuir à um investimento, se ao aplicar mensalmente 6.000 reais, a partir de hoje, renderá ao final de 36 meses, um montante de 300.000,00 reais. As prestações são iguais e consecutivas, em número de 36. A expressão que calcula o montante de uma série de pagamentos com termos antecipados, é dada por:

$$R = M\frac{1}{(1+i)}\left[\frac{i}{(1+i)^n - 1}\right]$$

Esquematicamente, o fluxo de caixa (Figura 2.26) seria o seguinte:

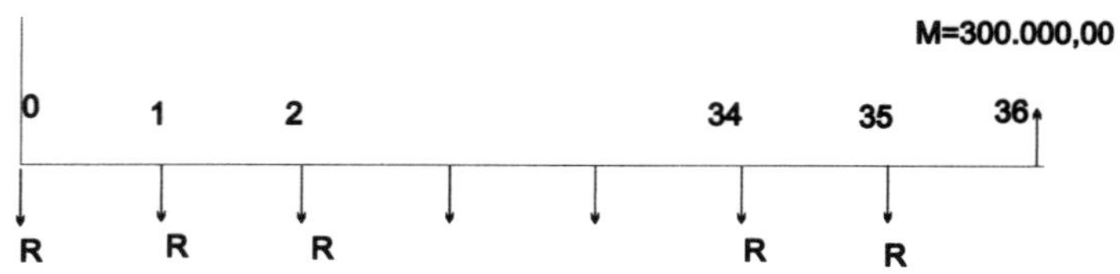

Figura 2.26: Fluxo de caixa do investimento.

14. Uma dívida no valor de R$3.000,00 deverá ser quitada no prazo de nove meses, em prestações mensais de acordo com o seguinte plano: a primeira de R$400,00, a segunda R$790,00, três iguais de R$620,00 cada uma, a serem pagas do quarto ao sexto mês e a última de R$880,00 a ser liquidada no final do nono mês, como mostra a Figura (2.27). Determinar a taxa mensal de juros cobrada nessa operação:

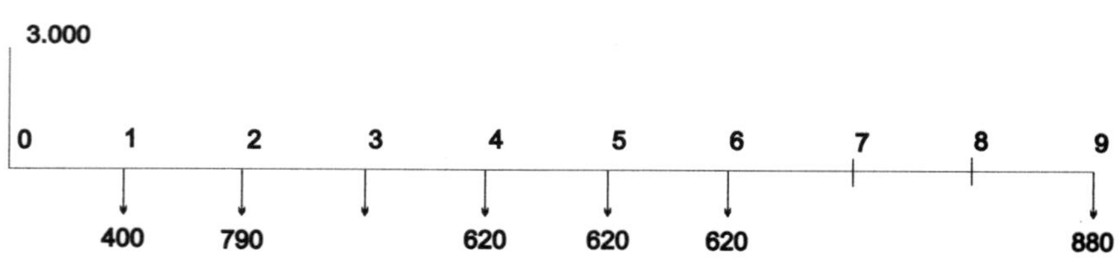

Figura 2.27: Fluxo de caixa dos pagamentos.

A solução desse problema implica resolver a seguinte equação matemática:

$$3.000 = \frac{400}{(1+i)^1} + \frac{790}{(1+i)^2} + 620\,x\,\frac{(1+i)^3 - 1}{(1+i)^3\,x\,i}\,x\,\frac{1}{(1+i)^3} + \frac{880}{(1+i)^9}$$

15. Um banco credita R$180.530,00 na conta de um cliente, referente ao desconto de três duplicatas de valores: R$52.600,00, R$63.400,00 e R$93.570,00 , com prazos de 42, 57 e 85 dias respectivamente. Determinar a taxa mensal de juros cobrada nessa operação, calculada de acordo com o regime de capitalização composta:

16. A Figura (2.28) mostra uma escada inclinada numa parede. Determine qual o melhor método iterativo para determinar os valores fisicamente possíveis da distância *x* da base da cerca ao pé da escada. Trabalhe com cinco casas decimais. Considere um erro teórico de 10^{-4}:

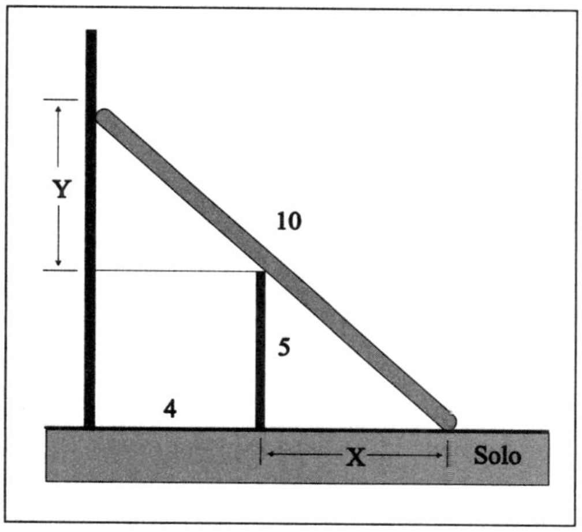

Figura 2.28. Escada inclinada.

17. Uma árvore de 100m está a 20m de uma cerca de 10m. A árvore se quebra a uma altura *x* m. (Figura 2.29). A árvore cai, de forma que seu tronco apenas toca a parte superior da cerca quando a extremidade da árvore toca o solo, do outro lado da cerca. Determine quais são as possibilidades físicas da altura *x*. Trabalhe com cinco casas decimais. Considere um erro teórico de 10^{-4}:

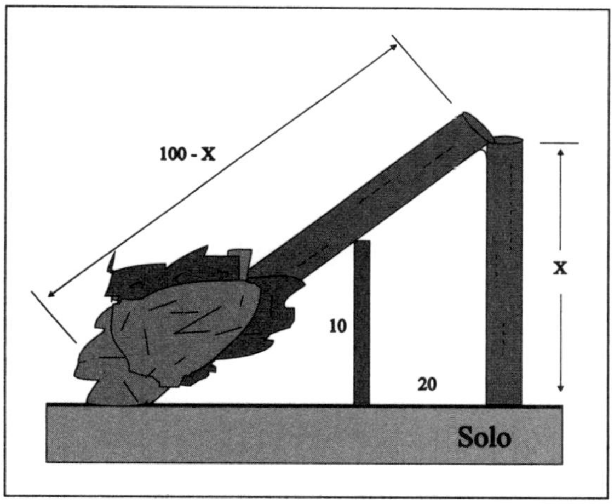

Figura 2.29: A árvore quebrada.

18. A Figura (2.30) mostra uma grande bola de cortiça de 1m de raio, flutuando na água. Se sua densidade é um quarto da densidade da água, então a lei de Arquimides de flutuação implica que

a bola flutua na água com um quarto do seu volume submerso. Como o volume da bola de cortiça é 4π/3, o volume da parte da bola abaixo da linha de água é V = π/3.

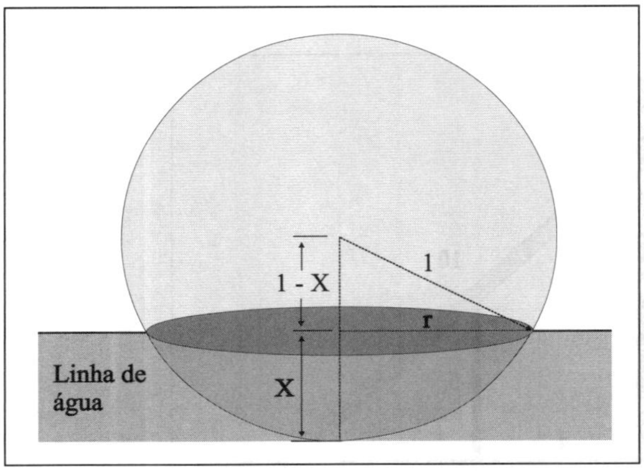

Figura 3.30: A bola de cortiça em flutuação.

O volume de um segmento esférico de raio *r* e altura *h* = x (como mostrado na Figura 2.30), é dado pela fórmula:

$$V = \frac{\pi x}{6}(3r^2 + x^2)$$

Essa fórmula foi deduzida por Arquimides. Calcule a profundidade *x* na qual a bola está totalmente imersa na água:

19. Duas escadas, uma de 15m e outra de 20 m de comprimento, estão apoiadas em direções opostas e em duas paredes verticais de uma sala (Figura 2.31). As escadas se cruzam a uma altura de 5m. Pede-se achar a largura da sala:

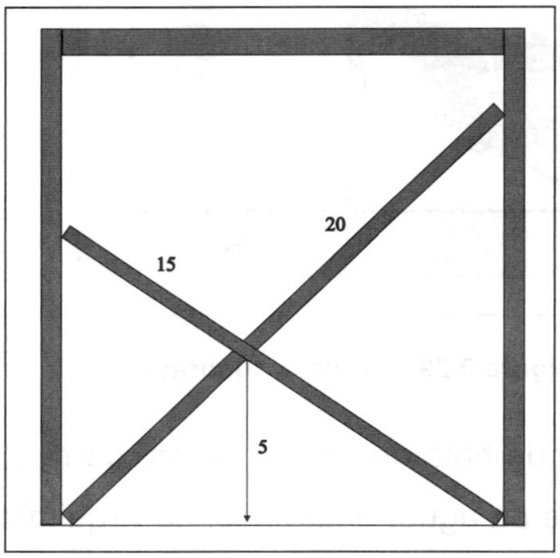

Figura 2.31: As escadas que se cruzam.

3

Sistema de equações lineares

Em muitas aplicações científicas e da engenharia, vale ressaltar a importância de se trabalhar com matrizes, corpo sistêmico de um sistema linear, pois representa um conjunto de números relacionados como um objeto.

Aplicações numéricas envolvem o uso de métodos e procedimentos de álgebra linear. Por exemplo, um modelo de produção que relaciona o processo de montagem e acabamento em relação a produtos da empresa (o índice processo montagem representa o tempo necessário para produzir um produto); a cadeia de Markov como um modelo simples que simboliza uma pesquisa alimentar com participação de adultos e crianças de ambos os sexos; modelos matriciais que representam o comportamento do crescimento de populações sob diferentes hipóteses sobre suas relações e sistemas matriciais no cálculo de força e deformações em estruturas rotuladas. As ferramentas e técnicas que se aplicam a problemas de malhas em engenharia elétrica, administração e economia, etc. No problema de atribuição de recursos, a fim de maximizar os lucros ou minimizar os custos, resultando no que é chamado de um problema de programação linear.

3.1 Introdução

Este capítulo estuda métodos de resolução de problemas baseados em processamentos numéricos computacionais para resolver exercícios e aplicações de álgebra linear, especificamente na resolução numérica de sistemas de equações lineares.

Na agricultura, um exemplo simples de maximização de lucros é quando um fazendeiro relaciona rebanho, pastagem, mão de obra, horas disponíveis, etc. O exemplo 3.1 representa um modelo de tal situação.

Exemplo 3.1: Planejamento da produção.

Descrição do problema: Um agricultor produz bois para abater e ovelhas para lã. A produção de um boi por um ano requer a existência de um rebanho bovino que ocupa 11 hectares de pastagem e que exige uma hora de trabalho por dia. A produção de uma tonelada de lã por ano requer a existência de um rebanho ovino que ocupa sessenta hectares de pastagens e que exige duas horas de trabalho por dia. O produtor prevê lucros de oito mil reais e de vinte e um mil reais por boi e por tonelada de lã produzida, respectivamente. Seus recursos produtivos são limitados a quinhentos hectares de pastagem e, dado que seus dois filhos o auxiliam no trabalho, dispõe de vinte quatro horas de trabalho diárias. O produtor desejaria seguir um plano que maximizasse seus totais.

Solução: A formulação matemática do problema é:

Maximizar $L = 8\ x_1 + 21\ x_2$

Sendo que:

(a) $11x_1 + 60\ x_2 \leq 500$

(b) $1\ x_1 + 2\ x_2 \leq 24$

(c) $x_1 \geq 0$

(d) $x_2 \geq 0$

Onde L é o lucro total do agricultor (em milhões de reais por ano),

x_1 é a produção de boi (em cabeças por ano) e

x_2 é a produção de lã (em toneladas por ano).

O produtor deseja saber quantos bois (x_1) e quantas toneladas de lã (x_2) deve produzir por ano. Ao atribuir valores numéricos para as variáveis de decisão x_1 e x_2, isto é, ao estabelecer qualquer plano de produção específico, o produtor simultaneamente está atribuindo valores numéricos ao lucro anual (L) e aos requerimentos do plano, em termos de pastagens e de mão-de-obra. A inequação (a) indica que para produzir um boi por ano são necessários 11 ha de pastagens. Portanto, para produzir x_1 bois serão necessários $(11.x_1)$ ha de pastagens. Por analogia, a produção de x_2 toneladas de lã por ano, estabelece um requerimento de $(60.x_2)$ ha de pastagens. Assim, um plano para produzir x_1 bois e x_2 toneladas de lã por ano requer $(11.x_1)$ + $60.x_2)$ ha de pastagens. Para que o plano seja viável, seu requerimento de pastagens deve ser igual ou menor que a disponibilidade existente deste recurso produtivo (500 ha). A inequação (b), estabelece a condição de viabilidade do plano em termos de mão-de-obra: o requerimento diário de trabalho estabelecido pela produção de x_1 bois e x_2 toneladas de lã por ano, deve ser igual ou menor que a quantidade disponível deste fator na fazenda. As condições (c) e (d) fazem parte da lógica do sistema de produção que os recursos não devem ser negativos. Qualquer plano só será viável se satisfizer todas as inequações simultaneamente. Finalizando, o leitor não se deve preocupar, por ora, com a obtenção dos valores numéricos de x_1 e x_2 que maximizam L sob as inequações (a), (b), (c) e (d). Ao contrário de formulação, o processo de resolução de um problema de programação pode ser resolvido pela resolução de um sistema de inequações ou equações lineares. Este problema, em notação matricial, pode ser representado da seguinte forma:

$$\text{Maximizar } M = C^T.X$$

Onde a matriz X deve satisfazer as seguintes restrições:

$$AX \leq B, \quad X > 0$$

As matrizes A, B e C conteriam os seguintes elementos:

$$A = \begin{bmatrix} 11 & 60 \\ 1 & 2 \end{bmatrix}; \; B = \begin{bmatrix} 500 \\ 24 \end{bmatrix}; \; C = \begin{bmatrix} 8 \\ 21 \end{bmatrix}; \; X = \begin{bmatrix} x_1 \\ x_2 \end{bmatrix}$$

Essas inequações são válidas se tivermos *m* bois produzindo *n* toneladas de lã. Então, $A = [a_{ij}]$ é uma matriz *m x n* e a_{ij} representa o número de bois *i* que a produzem *j* toneladas de lã. O número total de horas disponíveis será uma matriz *m x 1*, e as matrizes C (lucro) e X representando o número de toneladas produzidas serão matrizes *n x 1*.

Essas expressões formam um conjunto de duas equações lineares com duas variáveis desconhecidas. Este capítulo descreve métodos para resolver esses sistemas e programas de computador são adaptados a esses algoritmos. Geralmente, a utilização destes programas, requer um rearranjamento das equações que conformam esses sistemas.

Definição 3.1: Notação de matrizes.

Uma matriz é um arranjo retangular, na qual tanto o valor como a posição do número no arranjo são importantes. O tamanho da matriz é representado pelo número de filas e colunas. Uma matriz de *n* filas de *m* colunas é chamada de A_{nxm}. Geralmente, os elementos (a_{ij}) de uma matriz são representados e indexados como um elemento de dois índices. O primeiro índice (i) representa ordem da fila em que se encontra o elemento e a segunda (j), a ordem da coluna. Por exemplo:

$$A = \begin{bmatrix} a_{11} & a_{12} & \dots & \dots & a_{1m} \\ a_{21} & a_{22} & \dots & \dots & a_{2m} \\ \dots & \dots & \dots & \dots & \dots \\ a_{n1} & a_{n2} & \dots & \dots & a_{nm} \end{bmatrix}$$

A = $[a_{ij}]$, onde i = 1, 2,..., n; j = 1, 2,..., m.

Definição 3.2. Operações com matrizes.

Duas matrizes são iguais se todos os elementos forem iguais:

$A_{nxm} = B_{nxm}$ → $[a_{ij}] = [b_{ij}]$, ∀i ε I e ∀j ε J.

Duas matrizes do mesmo tamanho podem ser somadas ou subtraídas. Por exemplo, a soma de:

A = $[a_{ij}]_{nxm}$ e B = $[b_{ij}]_{nxm}$

É uma matriz, cujos elementos são iguais à soma dos elementos das matrizes A e B.

$C_{nxm} = A_{nxm} + B_{nxm} = [a_{ij}]_{nxm} + [b_{ij}]_{nxm} = [c_{ij}]_{nxm}$

Da mesma forma, a diferença de duas matrizes de iguais tamanhos é realizada pela subtração de seus elementos na mesma posição da matriz.

Exemplo 3.2: Soma e subtração de matrizes.

Descrição do problema: Sejam as matrizes A e B. Obtenha o resultado de somar e subtrair as duas matrizes:

$$A = \begin{bmatrix} 2 & 5 \\ -8 & 2 \\ -6 & 8 \end{bmatrix}; B = \begin{bmatrix} 0 & 1 \\ 4 & -5 \\ 9 & -6 \end{bmatrix}$$

Como A e B são duas matrizes de 3x2, porque tem três filas e duas colunas, então a matriz C é:

no caso da soma, $C = A + B = \begin{bmatrix} 2 & 6 \\ -4 & -3 \\ 3 & 2 \end{bmatrix}$

E na diferença, $C = A - B = \begin{bmatrix} 2 & 4 \\ -12 & 7 \\ -15 & 14 \end{bmatrix}$

O resultado (C_{ij}) de multiplicar duas matrizes A_{nxp} e B_{pxm} é obtido pela multiplicação de cada elemento da linha de índice i da matriz A pelo elemento correspondente da coluna de índice k da matriz B e somando os produtos, isto é, o produto de A x B se produz quando:

$C_{nxm} = A_{nxp}\ x\ B_{pxm}$

$C_{ij} = [a_{ik}]$ x $[b_{kj}]$

$C_{ij} = \sum_{k=1}^{p} a_{ik} b_{kj}$ para i = 1, 2, ..., n e j = 1, 2, ..., m.

Uma matriz é denominada vetor coluna quando só tem uma coluna (nx1), e vetor fila (1xm) quando só tem uma fila.

Exemplo 3.3: Multiplicação de matrizes.

Descrição do problema: Considere as matrizes seguintes:

$$A = \begin{bmatrix} 1 & 3 \\ 4 & 5 \end{bmatrix}_{2x2} \qquad B = \begin{bmatrix} x_1 \\ x_2 \end{bmatrix} \qquad C = \begin{bmatrix} 1 & 2 \end{bmatrix}_{1x2}$$

$$AxB = \begin{bmatrix} x_1 + 3x_2 \\ 4x_1 + 5x_2 \end{bmatrix}_{2x1} \qquad BxC = \begin{bmatrix} x_1 & 2x_1 \\ x_2 & 2x_2 \end{bmatrix}_{2x2}$$

O produto da matriz A e o vetor B é um vetor com dois componentes. De forma similar, o produto dos vetores B e C é uma matriz 2x2 com quatro componentes.

Como havíamos mencionado anteriormente, muitos problemas e aplicações que ocorrem em ciência e engenharia, envolvem variáveis relacionadas com equações do tipo:

$$A_{nxm} \cdot X_{mx1} = B_{nx1} \tag{3.1}$$

Que expressa a matriz B_{nx1} em termos da matriz de variáveis X_{mx1} e da matriz constante (A_{nxm}). Esta expressão é conhecida como uma equação linear. A relação geral é:

$$b_i = \sum_{k=1}^{m} a_{ik} x_k \text{ para i = 1, 2, ..., n.}$$

Aplicando o conceito de multiplicação de matrizes, podemos escrever a expressão 3.1 como um conjunto de equações:

$$\begin{array}{ll} a_{11}x_1 + a_{12}x_2 + \;\; .... & a_{12}x_m = b_1 \\ a_{21}x_1 + a_{22}x_2 + \;\; .... & a_{12}x_m = b_2 \\ ..... & \\ a_{n1}x_1 + a_{n2}x_1 + \;\; .... & a_{nm}x_m = b_n \end{array}$$

Onde:

$$A = \begin{bmatrix} a_{11} \; a_{12} & a_{1m} \\ a_{11} \; a_{22} & a_{2m} \\ \cdots & \\ a_{n1} \; a_{n2} & a_{nm} \end{bmatrix}_{nxm} \quad X = \begin{bmatrix} x_1 \\ x_2 \\ \cdots \\ x_m \end{bmatrix}_{mx1} \quad B = \begin{bmatrix} b_1 \\ b_2 \\ \cdots \\ b_n \end{bmatrix}_{nx1}$$

Por exemplo, esta multiplicação de matrizes

$$\begin{bmatrix} 5 & 3 & 1 \\ -4 & -2 & 7 \\ 6 & 9 & -4 \end{bmatrix} \; x \;\; X = \begin{bmatrix} 13 \\ -12 \\ -1 \end{bmatrix}$$

representa um conjunto de equações lineares:

$5x_1 + 3x_2 + x_3 = 13$

$-4x_1 – 2x_2 + 7x_3 = -12$

$6x_1 + 9x_2 –4x_3 = -1$

Assim, um sistema de equações lineares é simplesmente um conjunto finito de equações lineares que agrupam variáveis e parâmetros.

Dizemos que um sistema linear é compatível (consistente) se o mesmo tiver pelo menos uma solução e incompatível (inconsistente ou impossível) se não tiver nenhuma solução.

Examinemos, do ponto de vista geométrico, um sistema linear da forma:

$$a_1x + b_1y = c_1$$

$$a_2x + b_2y = c_2$$

Estas equações podem ser representadas por uma reta no plano cartesiano. A solução é um par (x, y) de valores que pertencem a ambas retas.

Em geral, existem três possibilidades no conjunto-solução de um sistema linear:

- As retas se interceptam em um ponto (ver Figura 3.1 – caso 1);
- As retas são paralelas (ver Figura 3.1 – casc 2) e;
- As retas são coincidentes (ver Figura 3.1 – caso 3).

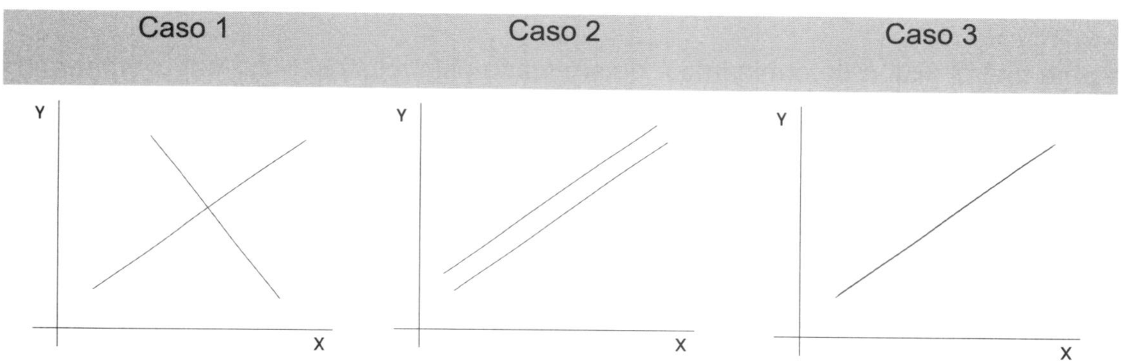

Figura 3.1: Possibilidades do conjunto-solução.

Então, o conjunto-solução contém exatamente uma solução, nenhuma solução ou infinitas soluções.

O número de equações e variáveis que conformam um sistema linear não diminui ou aumenta o número de possibilidades do conjunto-solução. Assim, um sistema de m equações lineares e n variáveis, ou tem uma única solução, ou não tem nenhuma solução ou tem infinitas soluções.

Operações elementares de uma matriz:

- Permutação de duas linhas (colunas);
- Multiplicação de todos os elementos de uma linha (coluna) por um número real diferentes zero;
- Substituição dos elementos de uma linha (coluna) pela soma deles com

os elementos correspondentes de outra linha (coluna) previamente multiplicados por um número real diferente de zero.

O determinante de uma matriz quadrada (A_{nxn}) é uma função que associa a matriz (A_{nxn}) com um escalar (det(A)). Para o caso de uma matriz 2x2, o determinante é calculado pela subtração do produto de seus elementos da diagonal secundária pelo produto dos termos da diagonal principal. Por exemplo:

$$A = \begin{bmatrix} 1 & 5 \\ 2 & 3 \end{bmatrix}$$, det(A) =) = (1) (3) – (2) (5) = -7.

Se o determinante fosse zero, isto é, det(A) = 0, então a matriz não tem inversa. Às vezes, o determinante de uma matriz é denotado escrevendo seus elementos entre barras verticais.

Para uma matriz 3x3, o determinante é determinado pela expansão da matriz em termo de colunas e filas. Assim, o determinante é encontrado pela adição dos produtos de cada termo de alguma fila (i) ou coluna (j) pelo maior determinante formado (submatriz que sobra quando suprimimos a i-ésima linha e j-ésima coluna da matriz). Por exemplo, na matriz A, para o termo 4 é suprimido a linha 1 e a coluna 1. Assim, a submatriz é formada pelos elementos $\begin{bmatrix} 0 & -5 \\ 9 & -6 \end{bmatrix}$ com sinais (+) ou (-) alternados. Os determinantes devem ser expandidos até chegar a matrizes de 2x2. Por exemplo:

$$A = \begin{bmatrix} 4 & 3 & 2 \\ -1 & 0 & -5 \\ 7 & 9 & -6 \end{bmatrix}$$

$$\det(A) = (4)\begin{bmatrix} 0 & -5 \\ 9 & -6 \end{bmatrix} - (-1)\begin{bmatrix} 3 & 2 \\ 9 & -6 \end{bmatrix} + (7)\begin{bmatrix} 3 & 2 \\ 0 & -5 \end{bmatrix}$$

= (4) [(0)(- 6) - (9)(- 5)] – (-1) [(3(-6) – (9)(2)] + (7) [(3)(-5)-(0)(2)]

= (4) [0+ (45)] + [(-18) – (18)] + (7) [-15 – (0)]

= 180 - 36 –105 = 39

No cálculo de um determinante, a expressão da matriz pode ser feita pela fila ou pela coluna. Os sinais são atribuídos da seguinte forma: um termo tem sinal positivo, se a soma do número de filas e colunas for par; um termo tem sinal negativo se a soma da fila e da coluna for ímpar.

Propriedades do determinante

- O determinante de uma matriz A é igual ao determinante de sua transposta A^t;
- Se matriz A tem duas linhas (ou colunas) iguais, o determinante é nulo;
- Se o determinante A possui uma linha (ou coluna) constituída de elementos todos nulos, o determinante é nulo;
- O determinante de uma matriz diagonal A (superior ou inferior) é igual ao termo principal, isto é, é igual ao produto dos elementos da diagonal principal;
- Se a matriz tem duas linhas iguais ou seus elementos correspondentes proporcionais, o determinante é nulo;
- Se a matriz A tem duas linhas ou colunas iguais, o determinante é nulo;
- O determinante de uma matriz identidade (I), de qualquer ordem, é igual a 1;
- Trocando-se entre si duas linhas (ou colunas) de uma matriz, o determinante muda de sinal, ou seja, fica multiplicado por –1;
- Quando se deseja trocar, por exemplo, a segunda linha pela terceira de uma matriz, será da seguinte forma:

$$\begin{vmatrix} 2 & 4 & 7 \\ 4 & 2 & 0 \\ 1 & -5 & -1 \end{vmatrix} \quad L23 \qquad \det(A) = -1 \quad \begin{vmatrix} 2 & 4 & 7 \\ 1 & -5 & -1 \\ 4 & 2 & 0 \end{vmatrix}$$

- Quando se multiplicam todos os elementos de uma linha por um número real, o determinante fica multiplicado por esse número;
- Um determinante não se altera quando se somam aos elementos de uma linha ou coluna de uma matriz A aos elementos correspondentes de outra linha (coluna) previamente multiplicados por um número real diferentes de zero.

O processo de calcular um determinante é laborioso quando o tamanho da matriz for grande, mas uma seleção criteriosa de filas e colunas com muitos zeros podem acelerar este processo. Um método que triangulariza uma matriz é o método na determinação do seu determinante.

3.2 O método de Eliminação

O primeiro método a estudar a solução de um conjunto de equações é chamado de eliminação Gaussiana. Este método usa as operações elementares de uma matriz em linha para transformar uma matriz em escalonada.

Exemplo 3.4: Resolva o seguinte sistema de equações pelo método da eliminação:

$X_1 + 2x_2 + x_3 = 2$

$-x_1 - x_2 + 2x_3 = 3$

$2x_1 + 3x_2 \quad = 0$

Solução. A aplicação das operações elementares de uma matriz não mudam o relacionamento entre os coeficientes, portanto, elas também podem ser utilizadas em um conjunto de sistemas lineares:

$$L_1 + L_2 \begin{bmatrix} 1 & 2 & 1 \\ -1 & -1 & 2 \\ 2 & 3 & 0 \end{bmatrix} = \begin{bmatrix} 2 \\ 3 \\ 0 \end{bmatrix}$$

$$L_1 + L_2 \begin{bmatrix} 1 & 2 & 1 \\ 0 & 1 & 3 \\ 2 & 3 & 0 \end{bmatrix} = \begin{bmatrix} 2 \\ 5 \\ 0 \end{bmatrix}$$

$$L_3 + (-2)L_1 \begin{bmatrix} 1 & 2 & 1 \\ 0 & 1 & 3 \\ 0 & -1 & -2 \end{bmatrix} = \begin{bmatrix} 2 \\ 5 \\ -4 \end{bmatrix}$$

$$L_3 + L_2 \begin{bmatrix} 1 & 2 & 1 \\ 0 & 1 & 3 \\ 0 & 0 & 1 \end{bmatrix} = \begin{bmatrix} 2 \\ 5 \\ 1 \end{bmatrix}$$

O sistema de equações pode ser representado da seguinte forma:

$$\begin{array}{rrrcl} x_1 & +2x_2 & +x_3 & = & 2 \\ & +x_2 & +3x_3 & = & 5 \\ & & +x_3 & = & 1 \end{array}$$

Ou:

$$\begin{bmatrix} 1 & 2 & 1 \\ 0 & 1 & 3 \\ 0 & 0 & 1 \end{bmatrix} \begin{bmatrix} X_1 \\ X_2 \\ X_3 \end{bmatrix} = \begin{bmatrix} 2 \\ 5 \\ 1 \end{bmatrix}$$

Logo, x_3 = 1 e como x_2 + $3x_3$ = 5, então x_2 = 2; e como x_1 + $2x_2$ + x_3 = 2, então x_1 = -3.

Esse procedimento é realizado em função de operações das linhas da matriz, transformações que aumentam ou diminuem os coeficientes da matriz até obter uma matriz triangular.

Na aplicação do procedimento, existe a possibilidade de obter um sistema de equações sem solução. No processo de triangularização, se um zero é obtido na diagonal, a fila não pode ser utilizada para eliminar os coeficientes ou reduzí-los . De qualquer forma, o processo pode continuar intercambiando as filas e assim, obter os coeficientes da matriz triangular superior.

3.3 Métodos Diretos

A esta classe de métodos pertencem os métodos de Gauss (Triangularização), Gauss-Jordam (Diagonalização) e a fatoração em LU. Nestes métodos, a solução é obtida após um número finito de etapas. Além disso, o número de passos necessários para obter a solução poder ser estimada antes. Aspectos numéricos, como propagação de erros e custo operacional são apresentados.

3.3.1 O Método de Gauss e de Gauss-Jordam

O procedimento descrito no processo de eliminação é utilizado para cálculos de matrizes de pequeno tamanho. Mas, para realizar operações algébricas e escrever um programa de computador para um grande número de equações lineares, deve-se tomar certos cuidados nas operações com as matrizes. O primeiro coeficiente da matriz ampliada ou completa, deve ser eliminado dividindo toda a fila i-ésima por a_{i1}/a_{11}. Da mesma forma, as taxas dos coeficientes são utilizadas para eliminar os coeficientes de outras colunas.

A divisão por zero deve ser evitada. Eles podem ser obtidos nas diferentes posições da matriz ampliada, mas nunca nos coeficientes da diagonal da matriz original. Uma estratégia para evitar obter esses zeros em tais posições, é rearranjar as filas do sistema de equações de forma que o coeficiente mais alto se encontre na diagonal em cada operação realizada. Este processo é chamado de *pivoteamento*. A ideia principal do pivoteamento é escolher, em cada estágio, o pivô maior possível. Esse processo, em muitas situações, requer a troca das ordens das linhas e colunas. No pivô parcial, o coeficiente (em valor absoluto) da fila é colocado na diagonal. Desta forma, pode-se garantir que o divisor seja diferente de zero e assim, obter uma solução existente nesse conjunto de equações. Este rearranjamento permite evitar grandes acumulações de erros de arredondamentos desnecessários.

Exemplo 3.5: Resolva o seguinte sistema de equações pelo método de Gauss:

$$\begin{aligned} 2x_1 &+ 3x_2 &- x_3 &= 1 \\ x_1 &- 2x_2 &+ 3x_3 &= 4 \\ 4x_1 &+ x_2 &- 2x_3 &= -3 \end{aligned}$$

A matriz aumentada será:

$$\begin{bmatrix} 2 & 3 & -1 \\ 1 & -2 & 3 \\ 4 & 1 & -2 \end{bmatrix} \begin{bmatrix} x_1 \\ x_2 \\ x_3 \end{bmatrix} = \begin{bmatrix} 1 \\ 4 \\ -3 \end{bmatrix}$$

O método de eliminação Gaussiana, consiste em reduzir esse sistema de três incógnitas à um sistema de duas incógnitas usando duas equações. O conjunto resultante de duas equações é reduzido à um conjunto de uma equação com uma incógnita. Uma das incógnitas é encontrada e as restantes são encontradas por substituição inversa, ou seja, substitui-se o valor da incógnita achada nas equações precedentes.

Para resolver o sistema, primeiramente eliminamos o coeficiente de x_1 na primeira equação, dividindo pelo coeficiente de x_1 obtendo:

$$x_1 + 1{,}5x_2 – 0{,}5x_3 = 0{,}5$$

Usamos a equação obtida para eliminar os coeficientes x_1 das duas equações restantes. Assim, a segunda equação se torna:

$$(x_1 – 2x_2 + 3x_3 –4) – (x_1 + 1{,}5x_2 –0{,}5x_3 –0{,}5) = 0$$

$$-3{,}5x_2 + 3{,}5x_3 = 3{,}5$$

$$-x_2 + x_3 = 1$$

No caso da terceira equação, a primeira é multiplicada por quatro e logo é subtraída dessa equação. Assim, obtemos:

$$(4x_1 + x_2 - 2x_3 + 3) - (4)(x_1 + 1{,}5x_2 - 0{,}5x_3 - 0{,}5) = 0$$

$$-5x_2 + 5 = 0$$

$$x_2 = 1$$

O sistema de equações fica da seguinte forma:

$$\begin{array}{cccccc} x_1 & 1{,}5x & -0{,}5x_3 & = & 0{,}5 \\ & -x_2 & x_3 & = & 1 \\ & x & & = & 1 \end{array}$$

A eliminação de x_3 na terceira equação resulta numa solução para x_2. Logo, rearranjando o sistema, temos:

$$\begin{array}{cccccc} x_1 & 1{,}5x_2 & -0{,}5x_3 & = & 0{,}5 \\ & x_2 & & = & 1 \\ & -x_2 & x_3 & = & 1 \end{array}$$

Como o coeficiente x_2 da segunda equação tem um valor unitário, então procedemos a eliminar o coeficiente x_2 da terceira equação. Logo, somamos a terceira com a segunda .

$$(-x_2 + x_3) + (x_2 - 1) = 0 \rightarrow x_3 = 2$$

A eliminação de x_2 da equação final tem como resultado:

$$\begin{array}{cccccc} x_1 & 1{,}5x_2 & -0{,}5x_3 & = & 0{,}5 \\ & x_2 & & = & 1 \\ & & x_3 & = & 2 \end{array}$$

A realização das operações no sistema deve ser da terceira equação x_3 = 2, da segunda x_2 = 1. Substituindo os valores de x_3 e x_2 na primeira equação, obtemos x_1 = 0. Esse processo de calcular e substituir os valores das variáveis é chamado de *substituição inversa ou substituição regressiva.*

Na continuação, são apresentados os passos da eliminação Gaussiana que serviram de base para escrever um programa de computador.

Algoritmo da Eliminação Gaussiana:

A solução de um sistema linear por este método, implica as seguintes operações:

- .Transformar a matriz original A_{nxn} numa matriz ampliada da forma nx(n+1), usando os coeficientes do lado direito;
- Mudar as filas, se necessário, para obter o valor do coeficiente a_{11} mais alto (em valor absoluto);
- Fazer zeros os coeficientes da primeira coluna e segunda fila até a n-ésima, subtraindo a_{i1}/a_{11} da primeira fila até a i-ésima . Armazenar a_{i1}/a_{11} em a_{i1}, i = 1, 2,..., n. Ao finalizar este passo, o sistema de equações se transforma numa matriz triangular superior;
- Achar x_n a partir da n-ésima equação:

  → $x_n = a_{n,n+1} / a_{nn}$

- Achar os valores para $x_{n-1}, x_{n-2}, \ldots, x_1$ através das (n-1) equações:

  → $$x_i = \frac{a_{i,n+1} - \sum_{j=i+1}^{n} a_{ij} x_j}{a_{ii}}$$

Algoritmo 3.1: Procedimento de solução do M. de Eliminação Gausiana.

Exemplo 3.6: Aplicação do método da eliminação Gaussiana.

Descrição do problema. Resolver o seguinte sistema de equações pelo método da eliminação Gaussiana:

$$\begin{array}{cccccc} 3x_1 & 2x_2 & 5x_3 & = & 8 \\ 4x_1 & -3x_2 & & = & -5 \\ 6x_1 & -2x_2 & -3x_3 & = & 0 \end{array}$$

A matriz aumentada será:

$$\begin{array}{cccccc} 3 & 2 & 5 & \vdots & 8 \\ 4 & -3 & 0 & \vdots & -5 \\ 6 & -2 & -3 & \vdots & 0 \end{array}$$

O elemento a_{11} não pode ser zero, pois ele é o pivô e servirá para reduzir a primeira coluna das filas. A primeira fila é mudada para evitar um zero no divisor da diagonal. Assim, trocamos de posição a primeira com a terceira fila.

$$\begin{array}{cccccc} 6 & -2 & -3 & \vdots & 0 \\ 4 & -3 & 0 & \vdots & -5 \\ 3 & 2 & 5 & \vdots & 8 \end{array}$$

Fazendo todos os elementos da primeira coluna igual a zero e subtraindo o apropriado múltiplo de cada fila, temos:

$$\begin{array}{rcccccc} & \vdots & 6 & -2 & -3 & \vdots & 0 \\ L_2 - (\frac{2}{3})L_1 & \vdots & 0 & -1{,}6667 & 2 & \vdots & -5 \\ L_3 - (\frac{1}{3})L_1 & \vdots & 0 & 3 & 6{,}5 & \vdots & 8 \end{array}$$

Observe que o valor da diagonal a_{22} não é zero, mas para preservar a precisão nas operações, mudamos a posição da segunda pela terceira fila, que contém um coeficiente mais alto para essa diagonal, e reduzimos a segunda coluna. O resultado do processo será a matriz reduzida:

$$\begin{array}{rcccccc} & \vdots & 6 & -2 & -3 & \vdots & 0 \\ & \vdots & 0 & 3 & 6{,}5 & \vdots & 8 \\ L_3 - (-1{,}667/3)L_1 & \vdots & 0 & 0 & 5{,}6112 & \vdots & -0{,}555 \end{array}$$

Aplicando o processo de substituição inversa, temos:

$$x_3 = \frac{-0{,}5555}{5{,}6112} = -0{,}099$$

A solução do problema é de 0,9109, 2,8812 e –0,099 para x_1, x_2 e x_3, respectivamente.

Os cálculos foram realizados com cinco casas decimais e arredondados em cada operação. Apesar de ter trabalhado com uma precisão de cinco casas, não atingimos a verdadeira resposta. A diferença é devida ao erro de arredondamento que se produz em cada operação. O problema de precisão na solução do sistema é um tópico importante que será abordado posteriormente, a fim de reduzir os efeitos do erro de arredondamento. O método de eliminação de Gauss utiliza uma metodologia que minimiza os erros de arredondamento ao resolver um sistema linear por meio do pivoteamento. Essa estratégia consiste em identificar o elemento da primeira coluna com o maior valor absoluto, e, após, colocar o mesmo na posição do pivô esquerdo superior (a_{11}), permutando as linhas em consideração. A primeira fila é dividida pelo elemento (a_{11}) e é usada para limpar os demais da primeira coluna da matriz. Em cada estágio subseqüente, a primeira coluna é limpa da submatriz que neste estágio se mantém "reduzida", usando o maior pivô disponível. Se armazenarmos a taxa dos coeficientes na matriz no lugar de zero, nossa matriz teria a seguinte forma:

$$\begin{matrix} 6 & -2 & -3 & \vdots & 0 \\ (0{,}50) & 3 & 6{,}5 & \vdots & 8 \\ (0{,}6667) & (-0{,}5556) & 5{,}6112 & \vdots & -0{,}555 \end{matrix}$$

A matriz original pode ser obtida pela multiplicação de:

$$\begin{bmatrix} 1 & -2 & -3 \\ 0{,}50 & 1 & 0 \\ 0{,}6667 & -0{,}5556 & 1 \end{bmatrix} x \begin{bmatrix} 6 & -2 & -3 \\ 0 & 3 & 6{,}5 \\ 0 & 0 & 5{,}6112 \end{bmatrix}$$

Com quatro decimais, esta decomposição é chamada de LU de A. Na seção 3.3.2, outros métodos de decomposição LU de uma matriz são analisados. Esta decomposição é útil porque o número de cálculos necessários para resolver um sistema se reduz significativamente.

Uma variante do método de Gauss é o método de Gauss-Jordam. Neste procedimento, os elementos acima e abaixo da diagonal são iguais a zero. Normalmente, os coeficientes da diagonal são iguais a 1. Na operação final da redução, a matriz original adota a forma de uma matriz de identidade. Assim, os coeficientes que se encontram na coluna do lado direito da matriz original forma o vetor solução.

Exemplo 3.7: Resolver o seguinte sistema de equações lineares pelo método de Gauss-Jordam:

$$\begin{matrix} 85x & +\ 650y & +\ 80z & = & 15000 \\ 95x & +\ 95y & +560z & = & 3500 \\ 630x & +\ 70y & +\ 70z & = & 2800 \end{matrix}$$

Solução: A matriz original ampliada será:

$$\begin{bmatrix} 85 & 650 & 80 & \vdots & 15000 \\ 95 & 95 & 560 & \vdots & 3500 \\ 630 & 70 & 70 & \vdots & 2800 \end{bmatrix}$$

Mudando de posição a fila 1 com a fila 3, dividindo por 630 a nova fila e reduzindo as primeiras colunas, temos:

$$\begin{bmatrix} 1 & 0{,}1111 & 0{,}1111 & \vdots & 4{,}4444 \\ 0 & 84{,}4455 & 549{,}4455 & \vdots & 3457{,}782 \\ 0 & 640{,}5565 & 70{,}5565 & \vdots & 14622{,}226 \end{bmatrix}$$

Trocando de posição a fila 2 e 3, dividindo a nova fila 2 por 640,5565 e reduzindo a segunda coluna (os cálculos são realizados acima e abaixo da diagonal):

$$\begin{bmatrix} 1 & 0 & 0{,}0989 & \vdots & 1{,}9083 \\ 0 & 1 & 0{,}1101 & \vdots & 22{,}8274 \\ 0 & 0 & 540{,}1481 & \vdots & 1530{,}1108 \end{bmatrix}$$

Finalmente, dividimos a terceira fila por 540,1481 e fazendo zero acima da diagonal na terceira coluna:

$$\begin{bmatrix} 1 & 0 & 0 & \vdots & 1{,}6281 \\ 0 & 1 & 0 & \vdots & 22{,}5155 \\ 0 & 0 & 1 & \vdots & 2{,}8328 \end{bmatrix}$$

Logo, os valores obtidos são $x_1 = 1{,}6281$, $x_2 = 22{,}5155$ e $x_3 = 2{,}8328$ com quatro casas decimais.

A solução obtida pelo método de Gauss-Jordam é praticamente igual ao método de Gauss, não oferecendo, em termos práticos, uma vantagem computacional ao transformar a matriz original em uma matriz identidade. O erro relativo das variáveis na solução do sistema é maior, devido à duplicação de operações realizadas que traz como consequência maior quantidade de processos de arredondamento nos coeficientes estimados.

A importância do método de Gauss-Jordam está na redução da matriz (identidade) do sistema de equações. Esta estrutura matricial possibilita uma maior claridade na solução do sistema.

Muitas situações apresentam um conjunto de equações com diferentes coeficientes constantes no segundo membro da i-ésima equação. Um exemplo disso acontece na engenharia elétrica, quando um conjunto de resistência está interconectado com diferentes cargas de voltagem. O objetivo é determinar o efeito das diferentes cargas no sistema.

Exemplo 3.8: Resolver o seguinte sistema de equações lineares, com diferentes valores de “b”, pelo método da eliminação Gaussiana com múltiplos objetivos:

$$A = \begin{bmatrix} 1 & 2 & -1 & 3 \\ 3 & 4 & 1 & 2 \\ 1 & 2 & 0 & -1 \\ 2 & 3 & 2 & 0 \end{bmatrix}; \; B_1 = \begin{bmatrix} 0 \\ 1 \\ 0 \\ 1 \end{bmatrix}; \; B_2 = \begin{bmatrix} 1 \\ 3 \\ -1 \\ 4 \end{bmatrix}$$

Aumentando a matriz original para a matriz ampliada, temos:

$$\begin{bmatrix} 1 & 2 & -1 & 3 & \vdots & 0 & 1 \\ 3 & 4 & 1 & 2 & \vdots & 1 & 3 \\ 1 & 2 & 0 & -1 & \vdots & 0 & -1 \\ 2 & 3 & 2 & 0 & \vdots & 1 & 4 \end{bmatrix}$$

$$\begin{matrix} \\ L_2 - (2/3)L_1 \\ L_3 - (1/3)L_1 \\ L_4 - (1/3)L_1 \end{matrix} \begin{bmatrix} 3 & 4 & 1 & 2 & \vdots & 1 & 3 \\ 2 & 3 & 2 & 0 & \vdots & 1 & 4 \\ 1 & 2 & -1 & 3 & \vdots & 0 & 1 \\ 1 & 2 & 0 & -1 & \vdots & 0 & -1 \end{bmatrix}$$

$$\begin{bmatrix} 3 & 4 & 1 & 2 & \vdots & 1 & 3 \\ 2/3 & 1/3 & 4/3 & -4/3 & \vdots & 1/3 & 2 \\ 1/3 & 2/3 & -4/3 & 7/3 & \vdots & -1/3 & 0 \\ 1/3 & 2/3 & -1/3 & -5/3 & \vdots & -1/3 & -2 \end{bmatrix}$$

$$\begin{matrix} \\ \\ L_3 - (1/2)L_2 \\ L_4 - (1)L_2 \end{matrix} \begin{bmatrix} 3 & 4 & 1 & 2 & \vdots & 1 & 3 \\ 1/3 & 2/3 & -4/3 & 7/3 & \vdots & -1/3 & 0 \\ 2/3 & 1/3 & 4/3 & -4/3 & \vdots & 1/3 & 2 \\ 1/3 & 2/3 & -1/3 & -5/3 & \vdots & -1/3 & -2 \end{bmatrix}$$

$$\begin{matrix} \\ \\ \\ L_4 - (2)L_3 \end{matrix} \begin{bmatrix} 3 & 4 & 1 & 2 & \vdots & 1 & 3 \\ 1/3 & 2/3 & -4/3 & 7/3 & \vdots & -1/3 & 0 \\ 2/3 & 1/2 & 2 & -5/2 & \vdots & 1/2 & 0 \\ 1/3 & 1 & 1 & -4 & \vdots & 0 & -2 \end{bmatrix}$$

$$\begin{bmatrix} 3 & 4 & 1 & 2 & \vdots & 1 & 3 \\ 1/3 & 2/3 & -4/3 & 7/3 & \vdots & -1/3 & 0 \\ 2/3 & 1/2 & 2 & -5/2 & \vdots & 1/2 & 0 \\ 1/3 & 1 & 2 & 1 & \vdots & -1 & -6 \end{bmatrix}$$

Logo, a solução para cada tipo de “b” é:

$$[X_1] = \begin{bmatrix} 0{,}1 \\ 0 \\ 0{,}4 \\ 0{,}1 \end{bmatrix} = [X_2] = \begin{bmatrix} -0{,}6333 \\ 0{,}3333 \\ 2{,}1333 \\ 1{,}0333 \end{bmatrix}$$

3.3.2 Os métodos LU

Nestes métodos, a matriz A é transformada num produto de duas matrizes chamadas: L e U, onde a L é uma matriz triangular inferior e U é outra matriz triangular superior. O procedimento seguido transforma a matriz A em duas matrizes L e U na qual os coeficientes da matriz U são unitários. Nesta seção vamos desenvolver a reduçãc de Crout ou de Cholesky ou conhecida simplesmente como o método de decomposição LU.

Na seção anterior, observamos que uma matriz podia ser obtida pela combinação de duas submatrices: uma matriz inferior (obtida pelo processo triangularização) e a outra matriz triangular superior formada pelas taxas de sua redução. De fato, uma matriz qualquer que tenha todos os seus elementos da diagonal diferentes de zero, pode ser representada como o produto de uma matriz triangular superior e outra matriz triangular inferior. Por exemplo:

$$\begin{bmatrix} 1 & 3 & 2 \\ 0 & 4 & 6 \\ 2 & 5 & 8 \end{bmatrix} = \underbrace{\begin{bmatrix} 1 & 0 & 0 \\ 0 & 1 & 0 \\ 1/2 & -11/8 & 1 \end{bmatrix}}_{L_1} \underbrace{\begin{bmatrix} 2 & 5 & 8 \\ 0 & 4 & -6 \\ 0 & 0 & -41/4 \end{bmatrix}}_{U_1}$$

$$\begin{bmatrix} 1 & 3 & 2 \\ 0 & 4 & 6 \\ 2 & 5 & 8 \end{bmatrix} = \underbrace{\begin{bmatrix} 1 & 0 & 0 \\ 0 & 2 & 0 \\ 1/2 & -11/8 & 1 \end{bmatrix}}_{L_1} \underbrace{\begin{bmatrix} 2 & 5 & 8 \\ 0 & 2 & -3 \\ 0 & 0 & -41/4 \end{bmatrix}}_{U_2}$$

E assim por diante...

Esses métodos são importantes por que fornecem uma forma prática de resolver certos tipos de problemas condicionados em um sistema de equações lineares, na qual os coeficientes do vetor “b” estão mudando constantemente. Por exemplo, no trânsito, a programação de uma sinaleira depende do fluxo de chegada de veículos nesse cruzamento (variável desconhecida) e do número de veículos que devem atravessá-lo para chegar à outra sinaleira. Essas entradas e saídas podem estar relacionadas num sistema de equações lineares cuja matriz de coeficientes é fixa, enquanto que os termos independentes podem mudar pela hora ou dia.

Do conjunto de matrizes LU que fazem seu produto igual a matriz A, devemos escolher o par na qual a matriz U tem todos seus coeficientes da diagonal igual a unidade. A decomposição algébrica LU de uma matriz 3x3 é da forma:

$$\begin{bmatrix} a_{11} & a_{12} & a_{13} \\ a_{21} & a_{22} & a_{23} \\ a_{31} & a_{32} & a_{33} \end{bmatrix} = \begin{bmatrix} 1 & U_{12} & U_{13} \\ 0 & 1 & U_{23} \\ 0 & 0 & 1 \end{bmatrix} \begin{bmatrix} L_{11} & 0 & 0 \\ L_{21} & L_{22} & 0 \\ L_{31} & L_{32} & L_{33} \end{bmatrix}$$

Ao multiplicar as filas L pela primeira coluna da matriz U, obtemos:

$L_{11} = a_{11}$ $\qquad$ $L_{21} = a_{21}$ $\qquad$ $L_{31} = a_{31}$

Para determinar a primeira fila U multiplicamos a primeira fila de L pelas colunas U:

$L_{11} = a_{11}$ $\qquad$ $L_{11}U_{12} = a_{12}$ $\qquad$ $L_{31}U_{13} = a_{13}$

Ou:

$L_{11} = a_{11}$ $\qquad$ $U_{12} = a_{12} / L_{11}$ $\qquad$ $U_{13} = a_{13} / L_{31}$

Se continuarmos multiplicando as filas L pelas colunas da matriz, U temos:

$L_{21} = a_{21}$

$L_{21}U_{12} + L_{22} = a_{22} \rightarrow L_{22} = a_{22} - L_{21}U_{12}$

$L_{31}U_{12} + L_{32} = a_{32} \rightarrow L_{32} = a_{32} - L_{31}U_{12}$

$L_{31}U_{13} + L_{32}U_{23} + L_{33} = a_{33} \rightarrow L_{33} = a_{33} - L_{31}U_{13} - L_{32}U_{23}$

$L_{21}U_{13} + L_{22}U_{23} = a_{23} \rightarrow U_{23} = (a_{23} - L_{21}U_{13}) / L_{22}$

Generalizando as expressões para determinar os elementos das matrizes L e U correspondentes a uma matriz de "n" equações simultâneas, temos:

$$L_{ij} = a_{ij} - \sum_{k=1}^{j-1} L_{ik}U_{kj}, \qquad j \le i \quad i = 1, 2, ..., n.$$
$$U_{ij} = \frac{a_{ij} - \sum_{k=1}^{i-1} L_{ik}U_{kj}}{L_{ii}}, \qquad i \le j \quad i = 1, 2, ..., n \tag{3.2}$$

Desta forma, a matriz A é condensada em uma matriz LU que contêm os elementos de L e U.

Exemplo 3.9: Aplique o método de Cholesky à matriz e obtenha seu esquema compactado ou a matriz LU:

$$= \begin{bmatrix} 5 & -2 & 3 & 6 \\ 1 & 4 & 7 & -2 \\ 6 & 5 & 8 & 1 \\ 9 & 0 & 3 & 4 \end{bmatrix}$$

Solução. Aplicando as equações 3.2, obtemos os seguintes valores para L_{ij} e U_{ij}:

$L_{11} = a_{11} = 5$ $\quad$ $L_{21} = a_{21} = -2$ $\quad$ $L_{31} = a_{31} = 3$ $\quad$ $L_{41} = a_{41} = 6$

$U_{12} = a_{12} / L_{11} = 1/5$ $\quad$ $U_{13} = a_{13} / L_{11} = 3/5$ $\quad$ $U_{14} = a_{14} / L_{31} = 6/5$

$L_{22} = a_{22} - L_{21}U_{12} \rightarrow L_{22} = 4 - (-2)(1/5) = 22/5$

$L_{32} = a_{32} - L_{31}U_{12} \rightarrow 5 - (3)(1/5) = 22/5$

$L_{42} = a_{42} - L_{41}U_{12} \rightarrow L_{42} = 0 - (6)(1/5) = -6/5$

$U_{23} = (a_{23} - L_{21}U_{13}) / L_{22} \rightarrow U_{23} = [7 - (-2)(3/5)] / (22/5) = 41/22$

$U_{24} = (a_{24} - L_{21}U_{14}) / L_{22} \rightarrow U_{24} = [(-2) - (-2)(6/5)] / (22/5) = 1/11$

$L_{33} = a_{33} - L_{31}U_{13} - L_{32}U_{23} = 8 - (3)(3/5) - (22/5)(41/22) = -2$

$L_{43} = a_{43} - L_{41}U_{13} - L_{42}U_{23} = 3 - (6)(3/5) - (-6/5)(41/22) = 18/11$

$U_{24} = (a_{34} - L_{31}U_{14} - L_{32}U_{24}) / L_{33} \rightarrow U_{24} = [(1) - (3)(6/5) - (22/5)(1/11)]/(-2) = 3/2$

$L_{44} = a_{44} - L_{41}U_{14} - L_{42}U_{24} - L_{43}U_{34} = 4 - (6)(6/5) - (-6/5)(1/11) - (18/11)(3/2)$

$L_{44} = -61/11$

$$LU = \begin{bmatrix} 5 & (1/5) & (3/5) & (6/5) \\ -2 & 22/5 & (41/22) & (1/11) \\ 3 & 22/5 & -2 & (3/2) \\ 6 & -6/5 & 18/11 & -61/11 \end{bmatrix} \begin{matrix} (2) \\ (4) \\ (6) \\ \\ \end{matrix}$$

$$\begin{matrix} (1) & (3) & (5) & (7) \end{matrix}$$

Os números colocados fora da matriz entre parenteces indicam a sequência de como foi realizado o procedimento de obtenção da matriz LU.

Um programa de computador foi elaborado para o método LU na solução de um sistema de equações lineares segundo as expressões (3.2)

A solução do sistema de equações é obtida através da matriz equivalente LU e da utilização dos coeficientes independentes do sistema. Na verdade, a matriz L é um registro de um conjunto de operações que fazem os coeficientes da matriz A em uma matriz triangular superior U.

A inversa de uma matriz A, representa uma forma de resolver um conjunto de equações. A representação do sistema é dado por Ax = B, se multiplicarmos ambos os lados pela inversa de A, obtemos:

$$A^{-1}Ax = A^{-1}b \rightarrow x = A^{-1}b$$

Aplicando este conceito e considerando a decomposição LU, temos:

$$LUx = b$$

Multiplicando ambos lados por L^{-1}:

$$(L^{-1} L)Ux = L^{-1}b$$

$$Ux = L^{-1}b$$

Observamos que Ux (é um vetor, pois o produto de uma matriz com um vetor sempre resultará num vetor) é igual ao vetor formado por $L^{-1}b$ ou o vetor b':

$$Ux = b' \qquad b' = L^{-1}b \quad \text{ou} \qquad b = Lb'$$

Assim, achando o valor de b', de um lado podemos encontrar a solução do sistema de equações pela forma $b = Lb'$, pois a matriz L é triangular superior e só necessitamos aplicar o processo de substituição regressiva de baixo para cima e atingir nosso objetivo, e de outro, pela forma $Ux = b'$, utilizando também a substituição regressiva de baixo para cima que à matriz U é triangular inferior.

Para obter a equação geral da redução da matriz "b" se procede da mesma forma para achar os elementos da matriz U:

$$b = Lb'$$

$$\begin{bmatrix} b_1 \\ b_2 \\ \dots \\ b_n \end{bmatrix} = \begin{bmatrix} L_{11} & 0 & \dots & 0 \\ L_{21} & L_{22} & \dots & 0 \\ \dots & \dots & \dots & 0 \\ L_{n1} & L_{n2} & \dots & L_{nn} \end{bmatrix} \begin{bmatrix} b_1^1 \\ b_2^1 \\ \dots \\ b_n^1 \end{bmatrix}$$

$b_1 = L_{11}b_1^1 \rightarrow b_1^1 = b_1 / L_{11}$

$b_2 = L_{21}b_1^1 + L_{22}b_2^1 \rightarrow b_2^1 = (b_2 - L_{21}b_1^1) / L_{22}$

$b_3 = L_{31}b_1^1 + L_{32}b_2^1 + L_{33}b_3^1 \rightarrow b_3^1 = (b_3 - L_{21}b_1^1 - L_{32}b_2^1) / L_{33}$

...

$b_n = L_{n1}b_1^1 + L_{n2}b_2^1 + ... + L_{nn}b_n^1 \rightarrow b_n^1 = (b_n - L_{n1}b_1^1 - L_{n2}b_2^1 - ... - L_{n(n-1)}b(_{n-1})^1) / L_{nn}$

Generalizando:

$$b_1^1 = b_1 / L_{11} \qquad (3.3)$$

$$b_i^1 = \frac{b_i - \sum_{k=1}^{i-1} L_{ik}b_k^1}{L_{ii}}, \qquad i = 2, 3, ..., n.$$

Achado os valores do vetor b', a solução do sistema pode ser encontrada, primeiramente, colocando este vetor na matriz U como uma matriz ampliada:

$$Ux = b'$$

E, logo podemos encontrar as equações formadas a partir de:

$$x_1 = b_n^1 \qquad (3.4)$$

$$x_j = b_j^1 - \sum_{k=j+1}^{n} U_{jk}x_k, \qquad j = n-1, n-2, ..., 1$$

Para depois aplicar o processo de substituição regressiva para cima e encontrar a solução.

Exemplo 3.10: Resolver o seguinte sistema de equações pelo método do LU:

$$\begin{bmatrix} -2x & 3y & -z \\ x & -3y & 2z \\ 4x & 2y & -z \end{bmatrix} = \begin{bmatrix} 12 \\ 6 \\ 9 \end{bmatrix}$$

Pelo método LU:

$$L = \begin{bmatrix} 4 & 0 & 0 \\ 1 & -7/2 & 0 \\ -2 & 4 & 3/2 \end{bmatrix}; \; U = \begin{bmatrix} 1 & 1/2 & 1/4 \\ 0 & 1 & -1/2 \\ 0 & 0 & 1 \end{bmatrix}$$

E para:

$$B = \begin{bmatrix} 12 \\ 6 \\ 9 \end{bmatrix}$$

Os valores dos coeficientes do vetor b^1 são:

$b_1^1 = b_1 / L_{11} = 9/4$

$b_2^1 = (b_2 - L_{21}b_1^1) / L_{22} = [6 – (1)(9/4)] /(-7/2) = -15/14$

$b_3^1 = (b_3 - L_{21}b_1^1 – L_{32}b_2^1) / L_{33} = [12 – (-2)(9/4) – (4)(-15/14)] / (3/2) = 97/7$

Assim:

$$b^1 = \begin{bmatrix} 9/4 \\ -15/14 \\ 97/7 \end{bmatrix}$$

Aumentando o vetor b' à matriz U, formamos a matriz ampliada (U | $b' = x$), aplicando a substituição regressiva para cima, temos:

$$= \begin{bmatrix} 1 & 1/2 & 1/4 & \vdots & 9/4 \\ 0 & 1 & -1/2 & \vdots & -15/14 \\ 0 & 0 & 1 & \vdots & 97/7 \end{bmatrix}$$

$$x_3 = \frac{97}{7} = 13{,}8571$$

$$x_2 = (-15/14) + (1/2)(97/7) = 41/7 = 5{,}8571$$

$$x_1 = 9/4 - (1/2)(41/7) - (1/4)(97/7) = -29/7 = -4{,}1429$$

Os valores de b' também podem ser obtidos aumentando à matriz L os coeficientes do vetor b (L | $b = b'$) para posteriormente reduzir a matriz:

$$L|b = \begin{bmatrix} 4 & 0 & 0 & \vdots & 9 \\ 1 & -7/2 & 0 & \vdots & 6 \\ -2 & 4 & 3/2 & \vdots & 12 \end{bmatrix}$$

$b_1^1 = 9/4$

$b_2^1 = [6 - (1)(9/4)] /(-7/2) = -15/14$

$b_3^1 = [12 - (-2)(9/4) - (4)(-15/14)] / (3/2) = 97/7$

O uso do condicionamento pivotal nos métodos LU pode complicar o processo, pois o vetor dos termos independentes não acompanha a redução da matriz A. Para simplificar o processo, devemos registrar as trocas de filas durante a formação da matriz L e U, de forma que os coeficientes do termo independente sejam trocados simultâneamente com a redução da matriz A. Assim, trocas podem ser realizadas depois de calcular uma coluna L, sendo que o valor da diagonal será o mais alto da coluna.

Exemplo 3.11: Aplicação do método LU com condensação pivotal.

Descrição do problema. Resolver o seguinte sistema de equações:

$$\begin{array}{lll} 3x & 2y & +4z = 4 \\ x & y & 2z \;\; = 2 \\ 4x & 3y & -2z = 3 \end{array}$$

Solução. Seja "A" a matriz original e b o vetor que representa a ordem das filas da matriz original:

$$A = \begin{bmatrix} 3 & 2 & 4 \\ 1 & 1 & 2 \\ 4 & 3 & -2 \end{bmatrix}; b = \begin{bmatrix} 1 \\ 2 \\ 3 \end{bmatrix}$$

A primeira coluna de L é $[3, 1, 4]^T$

Para calcular a primeira fila de U, necessitamos trocar a terceira pela fila da matriz A, assim:

$$A = \begin{bmatrix} 4 & 3 & -2 \\ 1 & 1 & 2 \\ 3 & 2 & 4 \end{bmatrix}; b = \begin{bmatrix} 3 \\ 2 \\ 1 \end{bmatrix}$$

$U_{12} = a_{12} / L_{11} = 3/4$ $\qquad$ $U_{13} = a_{13} / L_{11} = -1/2$

A nova matriz será:

$$A = \begin{bmatrix} 4 & 3/4 & -1/2 \\ 1 & 1 & 2 \\ 3 & 2 & 4 \end{bmatrix}; b = \begin{bmatrix} 3 \\ 2 \\ 1 \end{bmatrix}$$

Calculamos a segunda (L_{22}) e terceira (L_{32}) fila de L.

$L_{22} = a_{22} - L_{21}U_{12}$ → $L_{22} = 1 - (1)(3/4) = 1/4$

$L_{32} = a_{32} - L_{31}U_{12}$ → $2 - (3)(3/4) = -1/4$

A nova composição matricial será:

$$A = \begin{bmatrix} 4 & 3/4 & -1/2 \\ 1 & 1/4 & 2 \\ 3 & -1/4 & 4 \end{bmatrix}; b = \begin{bmatrix} 3 \\ 2 \\ 1 \end{bmatrix}$$

Nesta iteração, não precisamos realizar nenhuma troca ($a_{22} = a_{32}$). Logo, calculamos o valor da fila (U_{23}) de U:

$U_{23} = (a_{23} - L_{21}U_{13}) / L_{22}$ → $U_{23} = [2 - (1)(-1/2)] / (1/4) = 10$

E para completar a redução calculamos o valor de L_{33}:

$L_{33} = a_{33} - L_{31}U_{13} - L_{32}U_{23} = 4 - (3)(-1/2) - (-1/4)(10) = 8$

Finalmente, a matriz LU terá a seguinte forma:

$$A = \begin{bmatrix} 4 & 3/4 & -1/2 \\ 1 & 1/4 & 10 \\ 3 & -1/4 & 8 \end{bmatrix}; b = \begin{bmatrix} 3 \\ 2 \\ 1 \end{bmatrix}$$

Para resolver o problema Ax = b com b = $[4, 2, 3]^T$, rearranjamos os coeficientes da matriz independente na ordem da matriz b:

$$L|b = \begin{bmatrix} 4 & 0 & 0 & \vdots & 3 \\ 1 & 1/4 & 0 & \vdots & 2 \\ 3 & -1/4 & 8 & \vdots & 4 \end{bmatrix}; b' = \begin{bmatrix} 3/4 \\ 2 \\ 9/32 \end{bmatrix}$$

$$U|b' = \begin{bmatrix} 1 & 3/4 & -1/2 & \vdots & 3/4 \\ 0 & 1 & 10 & \vdots & 2 \\ 0 & 0 & 1 & \vdots & 9/32 \end{bmatrix}; x = \begin{bmatrix} 3/2 \\ -13/16 \\ 9/32 \end{bmatrix}$$

Logo, o vetor solução é: $x = [3/2, -13/16, 9/32]^T$.

3.4 A norma matricial

O conceito de norma é importante, pois determina a precisão de uma solução à um conjunto de equações em termos quantitativos, ao estimar a norma ou magnitude do vetor erro. O mesmo pode ser utilizado para estimar a convergência dos métodos iterativos. Nesse sentido, apresentamos o conceito de norma adequada ao problema e como se relaciona com as normas vetoriais.

No entanto, consideramos importante o estudo da norma de um sistema ou da matriz que define um problema, a propagação do erro, a estabilidade da abordagem e a convergência das aproximações sucessivas que levam à solução de um problema, na resolução numérica de um sistema linear.

Definição 3.3: A norma de uma matriz A_{nxn} é denotada por $\| A \|$ e é definida como:

$$\| A \|_p = \underset{\substack{x \varepsilon \Re^n \\ x \neq 0}}{Sup} \frac{\| Ax \|_p}{\| x \|_p}$$

$$\| A \|_p = \underset{\substack{x \varepsilon \Re^n \\ x \neq 0}}{Sup} \| Ax \|_p$$

Por definição, a norma infinito (∞) da matriz X em $\Re^n$, isto é, para tudo x ε $\Re^n$, $\|x\|_\infty = \max\limits_{1 \le i \le n} |x_i|$, é definida:

$$\| A \|_\infty = \sup_{\|x\|_\infty = 1} \ \max_{1 \le i \le n} \left| \sum_{j=1}^{n} A_{ij} \, x_j \right|$$

Utilizando a propriedade:

$$| a | \le b \ \rightarrow \ -b \le a \le b$$

Temos:

$$\| A \|_\infty \le \sup_{\|x\|_\infty = 1} \ \max_{1 \le i \le n} \sum_{j=1}^{n} | A_{ij} | | x_j | \le \sup_{\|x\|_\infty = 1} \ \max_{1 \le i \le n} \left(\max_{1 \le j \le n} | x_j | \right) \sum_{j=1}^{n} | A_{ij} |$$

$$\| A \|_\infty = \max_{1 \le i \le n} \sum_{j=1}^{n} | A_{ij} |$$

Para toda matriz A e vetor x ε $\Re^n$, a norma vetorial e sua correspondente norma matricial, tem as seguintes propriedades:

- A norma de uma matriz deve ser maior ou igual a zero;
- Uma norma é multiplica por |k|, k ε $\Re$, se a matriz é multiplicada por um número escalar k;
- A norma da soma de duas matrizes não deve exceder da soma das normas;
- A norma do produto de duas matrizes não deve exceder o produto das normas;
- Se a matriz A tem inversa então, $\| A^{-1} \| \geq 1/\| A \|$

Essas propriedades podem ser reescritas em notação matricial:

- $\| A \| \geq 0 \quad e \quad \| A \| = 0$ se somente A = 0;
- $\| k A \| = | k | \| A \|$;
- $\| A + B \| \leq \| A \| + \| B \|$;
- $\| AB \| \leq \| A \| \bullet \| B \|$ ou $\| Ax \| \leq \| A \| \bullet \| x \|$;
- $\| A^{-1} \| \geq 1/\| A \|$.

Definição 3.4: Seja

$$X = \begin{bmatrix} x_1 \\ x_2 \\ \dots \\ x_n \end{bmatrix}$$

um vetor-coluna, chamamos de *norma de um vetor-coluna* X a:

$$\| A \| = \max_{1 \le i \le n} | a_{ij} |$$

$$\| A \| = \max \{ |a_1|, |a_2|, \ldots, |a_n| \}$$

Como a norma de uma matriz é definida em correspondência com um vetor, então:

$$\| A \|_1 = \max_{1 \le j \le n} \sum_{i=1}^{n} | a_{ij} |$$ → máxima soma das colunas.

$$\| A \|_\infty = \max_{1 \le i \le n} \sum_{j=1}^{n} | a_{ij} |$$ → máxima soma das filas.

Exemplo 3.12: Determine a norma da seguinte matriz:

$$A = \begin{bmatrix} 3 & -5 \\ 4 & 6 \end{bmatrix}$$

Achar sua norma unitária ($\| A \|_1$) e infinita ($\| A \|_\infty$):

Solução:

$$\| A \|_1 = \max \{ |3| + |4|, |-5| + |6| \}$$

$$\| A \|_1 = \max \{7, 11\} = 11$$

$$\| A \|_\infty = \max \{ |3| + |-5|, |4| + |6| \}$$

$$\| A \|_\infty = \max \{8, 10\} = 10$$

Para vetores de dois ou três componentes, o conceito de longitude satisfaz todas as propriedades de uma norma e representa a *norma do vetor*. Em geral, para um vetor de dois ou mais componentes, a norma *Euclidiana* pode ser calculada:

$$\| X \|_e = \sqrt{x_1^2 + x_2^2 + \ldots + x_n^2} = \left(\sum_{i=1}^{n} x_i^2 \right)^{1/2}$$

A soma do valor absoluto de x_i determina a norma de um vetor. Assim, da expressão geral podemos definir p-normas:

$$\| X \|_p = \left(\sum_{i=1}^{n} | x_i |^p \right)^{1/p}$$

Por exemplo, para p = 1:

$$\| X \|_1 = \sum_{i=1}^{n} | x_i |$$ → soma de módulos dos coeficientes.

p = 2:

$$\| X \|_2 = \left(\sum_{i=1}^{n} x_i^{\,2} \right)^{1/2}$$ → norma Euclidiana.

p = ∞:

$$\| X \|_\infty = \max_{1 \le i \le n} |x_i|$$ → norma de máxima magnitude.

O melhor vetor norma será determinado segundo as características do problema.

Exemplo 3.13: Calcular a norma 1, 2 e ∞ do vetor [7, -9, 2, 1]:

Solução:

$$\| A \|_1 = \max \{| 7 | + | -9 |, |2| + | 1 |\} = 19$$

$$\| A \|_2 = \max \{ 7 |^2 + | -9 |^2, |2|^2 + | 1 |^2 \} = 145$$

$$\| A \|_\infty = \max \{-9\} = 9$$

A norma de uma matriz $\| A \|_2$ que corresponde à segunda norma de um vetor, não é fácil de calcular. Ela é a menor de todas, portanto, a menos comprida e é conhecida como *normal espectral ou raio espectral*.

Uma matriz A_{nxn} representa uma transformação linear $\Re^n$ em si mesmo. Esse processo linear, transforma um espaço vetorial em outro espaço vetorial. Nesse sentido, se um sistema Ax

= b tiver uma equação não trivial x, dizemos que existe um λ que é um autovalor de A e um x é autovetor associado a λ.

Autovetores e autovalores nos proporcionam uma base para entender como o operador funciona. Por exemplo, se λ > 0, o efeito desse operador em qualquer autorvetor é simplesmente de estica-lo ou encolhê-lo.

O problema de autovetores e autovalores está em encontrar um escalar λ tal que o sistema,

$$Ax = \lambda x$$

tenha uma solução não-trivial.

Definição 3.5: Seja uma matriz A_{nxn}. Um escalar λ é um autovalor da matriz A, se existe um vetor não-nulo x tal que Ax = λx. O valor de x é um autovetor associado a λ.

Exemplo 3.14: Determinar o autovetor e autovalor do seguinte sistema:

$$A = \begin{bmatrix} 2 & 5 & 0 \\ 1 & -1 & 3 \\ 2 & 1 & -2 \end{bmatrix}; b = \begin{bmatrix} 4 \\ 2 \\ -6 \end{bmatrix}$$

Solução:

$$A = \begin{bmatrix} 2 & 5 & 0 \\ 1 & -1 & 3 \\ 2 & 1 & -2 \end{bmatrix} \begin{bmatrix} 4 \\ 2 \\ -6 \end{bmatrix} = \begin{bmatrix} 18 \\ -16 \\ 22 \end{bmatrix} = 2 \begin{bmatrix} 9 \\ -8 \\ 11 \end{bmatrix}$$

Temos que λ = 2 é um autovalor de A e x = $[9, -8, 11]^T$ é um autovetor associado a λ. De fato, qualquer múltiplo não-nulo do vetor x é um autovetor, já que:

$$A(\beta x) = \beta(Ax) = \beta\lambda x = \lambda(\beta x)$$

Então, por exemplo, o vetor $[27, -24, 33]^T$ também é um autovalor associado a λ = 2:

$$A = \begin{bmatrix} 2 & 5 & 0 \\ 1 & -1 & 3 \\ 2 & 1 & -2 \end{bmatrix} \begin{bmatrix} 27 \\ -24 \\ 33 \end{bmatrix} = \begin{bmatrix} 81 \\ -72 \\ 99 \end{bmatrix} = 3 \begin{bmatrix} 27 \\ -24 \\ 33 \end{bmatrix}$$

A equação Ax = λx pode ser reformulada:

$$(IA - \lambda I)x = 0 \tag{3.5}$$

Onde λ é um autovalor de A se e somente a expressão 3.5 tem uma solução não-trivial. O conjunto de solução da expressão 3.5 é N(IA – λI), que é um subespaço de $\Re^n$. Logo, se λ é um autovalor de A, então N(IA – λI) ≠ {0} e qualquer vetor não-nulo em N(IA – λI) é um autovetor associado a λ. A equação 3.5 tem uma solução não-trivial se e somente (IA – λI) é singular ou, equivalentemente:

$$\det(IA - \lambda I) = 0$$

Assim, as condições para que λ seja um autovalor da matriz A_{nxn} são:

1. λ é um autovalor de A;
2. (IA – λI)x = 0 tem uma solução não-trivial;
3. N(IA – λI) ≠ {0};
4. (IA – λI) é singular;
5. det(IA – λI) = 0.

Exemplo 3.15: Encontre os autovalores e autovetores associados à matriz:

$$A = \begin{bmatrix} 3 & 0 & 0 \\ -2 & 4 & 2 \\ -2 & 1 & 5 \end{bmatrix}$$

Solução. Usando a condição 5 de um autovalor, a equação característica é:

$$A = \begin{bmatrix} 3-\lambda & 0 & 0 \\ -2 & 4-\lambda & 2 \\ -2 & 1 & 5-\lambda \end{bmatrix}$$

$$(3 - \lambda)\,(\lambda^2 - 9\lambda + 18) = 0$$

$$(3 - \lambda)^2\,(6 - \lambda) = 0$$

Logo, os autovalores de A são $\lambda_1 = 6$ e $\lambda_2 = 3$. Para encontrar os autovetores associados a λ_1, precisamos encontrar o núcleo de (IA – 6I):

$$A = \begin{bmatrix} 3 & 0 & 0 \\ -2 & 4 & 2 \\ -2 & 1 & 5 \end{bmatrix} - 6\begin{bmatrix} 1 & 0 & 0 \\ 0 & 1 & 0 \\ 0 & 0 & 1 \end{bmatrix} = \begin{bmatrix} -3 & 0 & 0 \\ -2 & -2 & 2 \\ -2 & 1 & -1 \end{bmatrix}$$

Resolvendo a equação (IA – 6I)x = 0, obtemos:

$$A - 6I = \begin{bmatrix} 3 & 0 & 0 \\ -2 & 4 & 2 \\ -2 & 1 & 5 \end{bmatrix}\begin{bmatrix} x_1 \\ x_2 \\ x_3 \end{bmatrix} = 0$$

$x = [0, -x_3, x_3]^T$

Logo, qualquer múltiplo não-nulo de $[0, -1, 1]^T$ é um autovetor associado a λ. Analogamente, para encontrar os autovetores associados a λ_2, precisamos resolver (IA – 3I)x = 0. Nesse caso, qualquer múltiplo de $[0, -2x_3, x_3]^T$ é um autovetor associado a λ_2.

Teorema 3.1: Seja λ um autovetor da matriz A, uma determinada norma, então deve cumprir-se:

$$\| \lambda \| < \| A \|$$

Prova. Por definição, existe um vetor x diferente de zero, tal que:

$$Ax = \lambda x$$

Aplicando o conceito de norma a ambos membros da expressão:

$$\| Ax \| = \| \lambda x \| = \| \lambda \| \| x \|$$

Como:

$$\| Ax \| = \| \lambda \| \| x \| \leq \| A \| \| x \|$$

Logo:

$$\| \lambda \| \leq \| A \|$$

Definição 3.6: Seja uma matriz quadrada de tamanho N. Se define a *raio espectral* de A, denominada $\rho(A)$, como o módulo do vetor próprio de A, ou seja:

$$\rho(A) = \max_{\lambda \varepsilon \sigma(A)} |\lambda| = \max_i |\lambda_i|$$

Onde λ_i são os autovalores da matriz A:

$$\| A \|_2 = \sqrt{\max_{\lambda \varepsilon \sigma(A^T A)} \lambda} = \left(\sum_{i=1}^{n} x_i^2 \right)^{1/2}$$

E $\sigma(A^T A)$ é o espectro; o conjunto de todos os valores próprios da matriz simétrica e positiva definida A^tA. Se matriz A tem inversa, então A^tA é definida positiva.

Se a matriz A_{nxn}, a norma Euclidiana pode ser expressa como:

$$\| A \|_e = \left(\sum_{i=1}^{m} \sum_{j=1}^{n} a_{ij}^2 \right)^{1/2}$$

Um caso particular do Teorema 3.1 é:

$$\rho(A) \leq \| A \|$$

Em vista dessa afirmação, podemos formular o seguinte corolário:

Corolário 3.1: Uma matriz A_{nxn} é convergente, se $\| A \| < 1$, onde $\| \bullet \|$ é uma norma subordinada à matriz A.

Exemplo 3.16: Sejam as matrizes A e B, determinar a norma Euclidiana e infinita:

$$A = \begin{bmatrix} 7 & 8 \\ 5 & -16 \end{bmatrix} \text{ e } B = \begin{bmatrix} 3 & 2 \\ -1 & 5 \end{bmatrix}$$

Calcular as normas Euclidiana e infinita (∞):

Solução:

$$\| A \|_e = \sqrt{49 + 64 + 25 + 1} = \sqrt{139} = 11{,}789$$

$$\| A \|_\infty = \{ |7| + |8|,\ |5| + |-1| \} = 15$$

$$\| B \|_e = \sqrt{9 + 4 + 1 + 25} = \sqrt{39} = 6{,}2449$$

$$\| A \|_{\infty} = \{|3| + |2|, \; |-1| + |5| \} = \{5, 6\} = 6$$

3.5 Aspectos numéricos e refinamento iterativo

Ao resolver um sistema linear Ax = b de *n* equações e com *n* incógnitas de forma iterativa, obtemos um vetor solução $\hat{x}$. Nas seções anteriores, observamos que o processo de arredondamento poderá fazer que a solução obtida na resolução do sistema, seja diferente da solução exata ($\bar{x}$) e o uso da condensação pivotal pode resolver esse problema. Neste sentido, nosso objetivo é estudar o erro que se produz na solução quando aplicamos um diferencial ao vetor de coeficientes dos termos independentes ($\hat{b}$). Consideremos o sistema:

$$Ax = \hat{b}$$

Cuja solução é o vetor $\hat{x}$. O que nos interessa é comparar os seguintes fatores:

$$\frac{\| \bar{x} - \hat{x} \|}{\| \bar{x} \|} \quad \text{e} \quad \frac{\| b - \hat{b} \|}{\| b \|}$$

Por definição:

$A\bar{x} = b$ ($\bar{x}$ é a solução exata) e $A\hat{x} = \hat{b}$ ($\hat{x}$ é a solução aproximada).

Subtraindo ambas expressões:

$$A\bar{x} - A\hat{x} = b - \hat{b}$$

Ou:

$$\bar{x} - \hat{x} = A^{-1}(b - \hat{b})$$

Aplicando a definição de norma e a propriedade da multiplicação à expressão:

$$\| \bar{x} - \hat{x} \| \leq \| A^{-1} \| \, \| (b - \hat{b}) \| \tag{3.6}$$

Mais, como:

$$A\bar{x} = b \quad \rightarrow \quad \| b \| \leq \| A \| \| x \| \quad \rightarrow \quad \frac{1}{\| \bar{x} \|} \leq \frac{\| A \|}{\| b \|} \qquad (3.7)$$

Multiplicando a expressão 3.6 e 3.7 obtemos a seguinte relação:

$$\frac{\| \bar{x} - \hat{x} \|}{\| \bar{x} \|} \leq \| A \| \| A^{-1} \| \frac{\| (b - \hat{b}) \|}{\| b \|} \qquad (3.8)$$

A expressão 3.8 representa a relação da estabilidade de um sistema linear, ou seja, de que forma influi uma pequena perturbação nos dados ($\hat{b}$) na solução do sistema.

Os valores obtidos no vetor solução ($\hat{x}$) poderiam ser otimizados se aplicarmos o método de triangularização com condensação pivotal à matriz A, de forma que os valores do vetor aproximado sejam refinados.

O refinamento iterativo é utilizado para melhorar o vetor $\hat{x}$ até uma determinada precisão desejada. Esse processo é baseado no seguinte princípio: Seja um sistema Ax = b e $\hat{x}$ ($\varepsilon \Re^n$), o vetor solução do sistema. O valor do resíduo (r) é definido como:

$$r = b - A\hat{x}$$

Se a solução for exata, o resíduo é nulo e $\bar{x}$ é igual a $\hat{x}$. A solução numérica do sistema é uma boa aproximação da solução verdadeira quando o resíduo é muito pequeno. De fato, a desigualdade da expressão 3.8 mostra que a relação entre o resíduo e o erro incorrido na solução numérica, denotado por $\hat{b}$ e $A\hat{x}$, mantém uma dependência com a matriz do sistema.

$$\frac{\| \bar{x} - \hat{x} \|}{\| \bar{x} \|} \leq \| A \| \| A^{-1} \| \frac{\| (r) \|}{\| b \|} \qquad (3.9)$$

Na prática, dificilmente o resíduo é zero. Assim, consideramos um vetor c que satisfaça a seguinte equação:

r = Ac

Logo, existe um vetor y = $\hat{x}$ + c que representa a verdadeira solução do sistema Ac = r, pois:

$$Ay = A(\hat{x} + c) = A\hat{x} + Ac = b - r + b = b \quad (3.10)$$

Segundo a expressão 3.10, o vetor y representa na prática uma melhor aproximação que $\hat{x}$.

O processo iterativo deve ser continuado para refinar a solução do sistema até obter uma determinada precisão desejada.

Solução: proposta $x^{(0)} = \hat{x}$

Iteração 1:

$r^{(1)} = b - Ax^{(0)}$

$c^{(1)} = A^{-1}r^{(1)}$

$x^{(1)} = x^{(0)} + c^{(1)}$ (primeira solução refinada)

Iteração 2:

$r^{(2)} = b - Ax^{(1)}$

$c^{(2)} = A^{-1}r^{(2)}$

$x^{(2)} = x^{(2)} + c^{(2)}$ (segunda solução refinada)

Iteração n:

$r^{(n)} = b - Ax^{(n-1)}$

$c^{(n)} = A^{-1}r^{(n)}$

$x^{(n)} = x^{(n-1)} + c^{(n)}$ (última solução refinada)

O cálculo do resíduo é obtido pela subtração de vetores, cujos elementos têm a mesma grandeza para que os coeficientes sejam significativos. Neste sentido, as operações de ponto flutuante devem ser realizadas com dupla precisão. No cálculo, os algarismos em pontos flutuantes terão na mantissa o dobro de dígitos de precisão simples.

As operações envolvidas na obtenção do resíduo devem ser realizadas em dupla precisão. No entanto, os valores obtidos para os resíduos devem ser convertidos para precisão simples.

Algoritmo. Refinamento iterativo.

Passo 1. Atribuir ao vetor $x^{(0)} = \hat{x}$;

Passo 2. Fazer as seguintes operações para k = 0, 1, 2, ...

- Calcular o vetor residual $r^{(k)}$

  $$r^{(k)} = b - Ax^{(k)}$$

- Calcular o vetor correção c(k) resolvendo o sistema:

  $$Ac^{(k)} = r^{(k)}$$

  Aplicando o processo de triangularização à matriz A, podemos obter uma solução para o vetor $\hat{x}$:

  $$x^{(k+1)} = x^{(k)} + c^{(k)}$$

- Se $\dfrac{\left\| C^{(k)} \right\|}{\left\| x^{(k+1)} \right\|} \leq \varepsilon$

Onde o valor de ε é a tolerância prescrita ou erro teórico, no lugar dessa inequação podemos considerar a seguinte premissa: se o número de iterações exceder um valor pré-determinado, parar.

Algoritmo 3.2: Procedimento de solução do M. Refinamento Iterativo

Exemplo 3.17: Achar a solução do sistema pelo refinamento iterativo. Trabalhe com quatro casas decimais. Considere um erro de 10^{-1}:

$$A = \begin{bmatrix} 6 & -3 & -4 \\ 1 & 4 & -1 \\ -2 & 4 & 8 \end{bmatrix}; b = \begin{bmatrix} -5 \\ 2 \\ 10 \end{bmatrix}$$

Solução. Fazendo $x^{(0)} = [1, 1, 1]^T$

Para k = 0.

$r^{(0)} = b - Ax^{(0)} = [-4, -2, 0]^T$

$c^{(0)} = A^{-1}r^{(0)} = [-0,86022; -0,30108; -0,06452]^T$

$x^{(1)} = x^{(0)} + c^{(0)} = [0,139784; 0,69893; 0,93548]^T$

Decisão: $\dfrac{\left\| C^{(k)} \right\|_\infty}{\left\| x^{(k+1)} \right\|_\infty} \leq 0{,}1$

0,86022 / 0,93548 = 0,91954

Para k = 1:

$r^{(1)} = b - Ax^{(1)} = [0, 0, 0]^T$

$c^{(1)} = A^{-1}r^{(1)} = [0, 0, 0]^T$

$x^{(1)} = x^{(0)} + c^{(1)} = [0{,}139784; 0{,}69893; 0{,}93548]^T$

Como o fator de decisão é zero, então a solução refinada do sistema é $[0{,}139784; 0{,}69893; 0{,}93548]^T$. No exemplo, observamos que a seqüência x^k se aproxima rapidamente da solução do sistema. Normalmente, os valores dos resíduos ora crescem e ora decrescem, não servem como uma medida para verificar a precisão de cada aproximação.

A precisão relativa do refinamento iterativo pode ser obtida pela seguinte expressão:

$$\frac{\left\| \hat{x} - x^{(k+1)} \right\|}{\left\| \hat{x} \right\|} \leq \varepsilon \frac{\left\| \hat{x} - x^{(k)} \right\|}{\left\| \hat{x} \right\|}$$

Onde ε é um valor pré-determinado.

Em todos os exemplos apresentados anteriormente e resolvidos pela eliminação de Gauss foram obtidas soluções exatas, já que o método é exato e em conseqüência não ocorrem erros de arredondamento nos cálculos realizados.

No entanto, quando o cálculo é realizado no computador ou uma calculadora, como foi visto anteriormente, as operações são realizadas no sistema de representação de ponto flutuante. Essas operações, como sabemos, produzem erros de arredondamentos em maior quantidade quando envolvem muitas operações aritméticas e em conseqüência, o resultado final das operações pode se enganoso ou sem significado.

Para ilustrar a forma como o computador trabalha no sistema de ponto flutuante, imaginemos um computador que retenha na memória só quatro dígitos significativos. Suponhamos um número x_0 = 478956; ele é representado como $0{,}478956 \times 10^6$ e logo arredondado para quatro algarismos significativos. Assim, o novo valor será:

$x_1 = 0{,}4789x10^6$

E armazenado no campo do valor de x0. O erro de arredondamento produzido nessa operação é:

$x_0 - x_1 = 0{,}000046$

No seguinte exemplo (3.18), observamos como a precisão de um sistema linear é melhorado quando utilizado o conceito de condensação pivotal.

Exemplo 3.18: Resíduos no sistema Ax = b.

Descrição do problema. Considere a matriz A e o vetor B:

$$A = \begin{bmatrix} 0{,}006 & 5{,}043 & 4{,}876 \\ -4{,}202 & 3{,}661 & 7{,}910 \\ 6{,}078 & -5{,}408 & 3{,}270 \end{bmatrix}; B = \begin{bmatrix} 6{,}701 \\ -3{,}435 \\ 9{,}755 \end{bmatrix}$$

Determine a solução do sistema com e sem condensação pivotal, usando a eliminação de Gauss. Compare seus resultados. Trabalhe com quatro algarismos significativos.

Solução. A matriz aumentada é:

$$A = \begin{bmatrix} 0{,}006 & 5{,}043 & 4{,}876 & \vdots & 6{,}701 \\ -4{,}202 & 3{,}661 & 7{,}910 & \vdots & -3{,}435 \\ 6{,}078 & -5{,}408 & 3{,}270 & \vdots & 9{,}755 \end{bmatrix}$$

Aplicando o método de eliminação de Gauss sem pivotação, a matriz ampliada terá a forma:

$$A = \begin{bmatrix} 0{,}006 & 5{,}043 & 4{,}876 & \vdots & 6{,}701 \\ 0 & 3535 & 3423 & \vdots & 4689 \\ 0 & 0 & 15{,}97 & \vdots & 5{,}454 \end{bmatrix}$$

E a solução do sistema é $\hat{x} = [2{,}354,\ 0{,}9952,\ 0{,}3421]^T$.

A solução exata é x = $[2{,}319,\ 1{,}004,\ 0{,}333]^T$. Podemos observar que o erro de arredondamento produz uma distorção nos resultados devido, principalmente, a seu efeito em cada operação realizada, sensitivo de acumulação de erros e ao valor da diagonal a_{11}, que é muito pequeno.

Se rearranjamos o sistema trocando a primeira pela terceira fila:

$$A = \begin{bmatrix} 6,078 & 5,408 & 3,270 & : & 9,755 \\ -4,202 & 3,661 & 7,910 & : & -3,435 \\ 0,006 & -5,043 & 4,876 & : & 6,701 \end{bmatrix}$$

E aplicando a condensação pivotal com quatro algarismos significativos, obtemos:

$$A = \begin{bmatrix} 6,078 & -5,408 & 3,270 & : & 9,755 \\ 0 & 5,048 & 4,873 & : & 6,691 \\ 0 & 0 & 10,24 & : & 3,412 \end{bmatrix}$$

De forma que os valores do vetor solução é $\hat{x} = [0,333, 1,004, 2,319]^T$.

Assim, concluímos que aplicação da eliminação de Gauss produz resultados mais significativos e em consequência, mais precisos.

O exemplo 3.18 ilustra o fato que o método de Gauss tem propensão a aumentar erros de arredondamentos na solução de um sistema sem condensação pivotal. Principalmente nos cálculos computacionais que podem produzir grandes erros nos resultados.

No entanto, existem sistemas lineares que são extraordinariamente sensíveis a pequenos erros, que acabam até com as estratégias mais cuidadosas. Tais sistemas são chamados de mal-condicionados.

Dizemos que um sistema Ax = b é mal condicionado, se pequenos erros nos elementos de A ou b resultem em grandes erros na solução do sistema. A estratégia de usar um sistema mal condicionado é ganhar precisão nas operações aritméticas. Por exemplo, no lugar de usar quatro dígitos significativos poderíamos usar seis dígitos. O resultado deste aumento de algarismos também não garante obter a solução verdadeira do sistema, mas pelo menos é bem mais próxima que uma de quatro dígitos.

3.6 Sistemas Mal condicionados

Modelos em ciências e engenharia, normalmente definem um grande número de variáveis e a utilização do método de eliminação de Gauss não é um método eficiente na solução desses sistemas. Entretanto, existem métodos indiretos que proporcionam uma alternativa útil à eliminação de Gauss. São frequentemente usados quando os coeficientes da matriz são esparsos (têm muitos zeros). Nesse caso, a solução é obtida rapidamente e quando é implementado num programa de computador, exigem pouca memória na compilação de dados.

O grande problema desses métodos é que produzem soluções aproximadas ao invés de exatas. Começam com valores iniciais para o vetor $x^{(0)}$ e a partir daí, serão estimados uma sequência de vetores-solução $x^{(1)}$, $x^{(2)}$,...$x^{(n)}$ até atingir uma solução bem próxima da verdadeira. No processo, cada valor obtido numa iteração $x^{(n)}$ é utilizado para produzir a seguinte aproximação $x^{(n+1)}$. O processo termina quando $x^{(n)}$ e $x^{(n+1)}$ se aproximam, segundo a precisão desejada (ε).

A aplicação desses métodos começa com a identificação de um sistema não-singular Ax = b, de forma que cada elemento da diagonal a_{ii} de $A = [a_{ij}]$ é não-nulo. Assim, as variáveis das diagonais x_{11}, x_{22},...x_{nn} podem ser representadas em função das outras:

$$x_1 = (b_1 - a_{12}x_2 - a_{13}x_3, -...- a_{1n}x_n)1/a_{11}$$

$$x_2 = (b_2 - a_{22}x_1 - a_{23}x_3, -...- a_{2n}x_n)1/a_{22}$$

...

$$x_n = (b_n - a_{n1}x_1 - a_{n2}x_2, -...- a_{n,n-1}x_{n-1})1/a_{nn}$$

De forma matricial, temos:

$$\begin{bmatrix} x_1 \\ x_2 \\ x_3 \\ \dots \\ x_n \end{bmatrix} = \begin{bmatrix} 1/a_{11} \\ 1/a_{22} \\ 1/a_{33} \\ \dots \\ 1/a_{nn} \end{bmatrix} \begin{bmatrix} 0 & -a_{12} & -a_{13} & \dots & -a_{1n} \\ -a_{21} & 0 & -a_{23} & \dots & -a_{2n} \\ -a_{31} & -a_{32} & 0 & \dots & -a_{3n} \\ \dots & \dots & \dots & \dots & \dots \\ -a_{n1} & -a_{n2} & \dots & -a_{n,n-1} & 0 \end{bmatrix} \begin{bmatrix} x_1^{(0)} \\ x_2^{(0)} \\ x_3^{(0)} \\ \dots \\ x_n^{(0)} \end{bmatrix} + \begin{bmatrix} b_1 \\ b_2 \\ b_3 \\ \dots \\ b_n \end{bmatrix}$$

Ou:

$$x = C(Tx + b)$$

Onde a matriz T é determinada pela matriz A e C é um vetor formado pelos coeficientes da diagonal da matriz A. Inicialmente, os coeficientes do vetor $x^{(0)} = 0$. Com os valores atribuídos a $x^{(0)}$ podemos achar os valores para a seguinte iteração $x^{(1)}$:

$$x^{(1)} = C(T\,x^{(0)} + b)$$

Da mesma forma, podemos substituir os valores em $x^{(1)}$ e estimar os valores para $x^{(2)}$

$$x^{(2)} = C(Tx^{(1)} + b)$$

Seguindo esse mesmo procedimento, generalizamos para a k-ésima aproximação $x^{(n)}$

$$x^{(n+1)} = C(Tx^{(n)} + b) = Cb - CTx^{(n)}$$

Ou:

$$x^{(n+1)} = B_I x^{(n)} + b_I$$

Onde $B_I = - CT$ representa a matriz iterativa e $b_I = Cb$ denota o vetor iterativo. Esse processo é iterativo por que uma solução é encontrada a partir da solução antecedente.

Definição 3.7: Se A é uma matriz quadrada A_{nxn} tal que $\| A \|_\infty < 1$, então todos seus componentes têm módulo menor que 1, isto é, $|a_{ij}| < 1$.

Definição 3.8: Se $A = [a_{ij}]_{mxn}$ é uma matriz tal que $\| A \|_\infty = \max_{1 \le i \le n} \sum_{i=1}^{n} a_{ij} < 1$ e b_{nx1} é um vetor-coluna, então para qualquer vetor-coluna x_0 definido, a sequência de vetores-coluna é dada pela expressão:

$$x^{(n+1)} = B_I x^{(n)} + b_I$$

E é uma aproximação do vetor-coluna *x* que representa depois de várias iterações, a solução do sistema linear. O processo iterativo é viável, se a condição para a matriz A é satisfeita. Por outro lado, a disposição das equações do sistema na matriz A também refletirá na solução do sistema.

Observemos que a matriz T é da forma:

$$T = \begin{bmatrix} 0 & -a_{12/a_{11}} & -a_{13/a_{11}} & \cdots & -a_{1n/a_{11}} \\ -a_{21}/a_{22} & 0 & -a_{23/a_{22}} & \cdots & -a_{2n/a_{22}} \\ -a_{31/a_{33}} & -a_{32/a_{33}} & 0 & \cdots & -a_{3n/a_{33}} \\ \cdots & \cdots & \cdots & \cdots & \cdots \\ -a_{n1/a_{nn}} & -a_{n2/a_{nn}} & \cdots & -a_{n,n-1/a_{nn}} & 0 \end{bmatrix}$$

Segundo a definição 3.7 e 3.8, a condição $\| T \| < 1$ para a convergência do processo iterativo deve ser:

$$|-a_{12} / a_{11}| + \ldots + |-a_{1n} / a_{11}| < 1$$

$$|-a_{21} / a_{22}| + \ldots + |-a_{2n} / a_{22}| < 1$$

$$\ldots$$

$$\left|-a_{n1}/a_{nn}\right|+\ldots+\left|-a_{n,n-1}/a_{nn}\right|<1$$

Ou:

$$\left|a_{12}\right|+\left|a_{13}\right|+\ldots+\left|a_{1n}\right|<\left|a_{11}\right|$$

$$\ldots$$

$$\left|a_{n1}\right|+\left|a_{n2}\right|+\ldots+\left|a_{n,n-1}\right|<\left|a_{nn}\right|$$

As deduções anteriores expressam que um sistema de equações lineares vão convergir, se o módulo dos coeficientes da diagonal são maiores que a soma dos módulos dos coeficientes na mesma linha.

3.6.1 Convergência dos métodos iterativos

A utilização dos métodos iterativos para resolver um sistema linear Ax = b está condicionada no processo de convergência quando se produz a sequência de aproximações que leva à solução do sistema.

Teorema 3.2: Teorema da iteração convergente.

A iteração:

$$x^{(n+1)} = B_I x^{(n)} + b_I \tag{3.11}$$

Converge no limite para um aproximado vetor inicial ($x^{(0)}$) se e somente a matriz $B^n \rightarrow 0$ como $k \rightarrow \infty$.

Prova. Seja:

$$x = B_I x + b_I \tag{3.12}$$

E:

$$x^{(n+1)} = B_I x^{(n)} + b_I$$

Logo:

$$x - x^{(n+1)} = B_I(x - x^{(n)}) \tag{3.13}$$

Voltando a uma iteração anterior:

$$x - x^{(n)} = B_I(x - x^{(n-1)})$$

Substituindo na expressão 3.13:

$$x - x^{(n)} = B_I^2(x - x^{(n-1)})$$

Prosseguindo o processo para n iterações:

$$x - x^{(n+1)} = B_I^n(x - x^{(1)})$$

Desta forma, mostramos que $x^{(n)}$ converge a solução (vetor x) para um determinado vetor inicial se e somente a matriz $B^n \rightarrow 0$ como $k \rightarrow \infty$.

No tópico de norma de uma matriz, foi estudado que uma matriz B é convergente se e somente se, o raio espectral de B, $\rho(B)$, é menor que 1. Sabendo que $\rho(B) = \max_i |\lambda_i|$, para i = 1, 2,..., n, onde λ_i são os autovetores de B, porque $|\lambda_i| \leq \| B \|$ para cada *i* e para alguma norma especificada; em particular, $\rho(B) \leq \| B \|$. Assim, uma boa forma de ver se a matriz B é convergente, basta calcular $\| B \|$ pela forma das filas ou colunas e observar se é menor que 1.

Critério de convergência para os processos iterativos.

Uma condição necessária e suficiente para a convergência da condição 3.11 para um determinado vetor inicial $x^{(0)}$, é que $\rho(B) \leq 1$ e a condição suficiente é que $\| B \| < 1$, para uma norma especificada

No processo, os valores do vetor $x^{(n)}$ são obtidos durante a n-ésima iteração e logo são substituídos sucessivamente no lado direito das expressões que representam cada variável. Esse procedimento é denominado ***Iteração de Jacobi*** *ou* método das substituições sucessivas.

O processo iterativo é parado quando:

$$\left| Var^{(k)} \right| = \left| x^{(k+1)} - x^{(k)} \right| \leq \varepsilon$$

Onde $Var^{(k)} = \max\{V_1^k, V_2^k, \ldots, V_n^k\}$ e representa as variações dos coeficientes ou o erro calculado de uma iteração para outra. Outra forma de finalizar o processo é determinando o número máximo de iterações que devem ser feitas.

3.6.2 Critérios de parada dos métodos iterativos

O critério de parada dos processos iterativos para resolver sistemas Ax = b, pode ser declarado na base do conceito da norma de uma matriz:

Critério de Parada 1:

$$\frac{\left\| x^{k+1} - x^k \right\|}{\left\| x^k \right\|} < \varepsilon$$

Para um determinado valor positivo de ε muito pequeno.

O critério de parada em termos residuais é dado na seguinte expressão:

Critério de Parada 2:

$$\left\| r^{k+1} \right\| \le \varepsilon \left(\| A \| \cdot \left\| x^{k+1} \right\| + \| b \| \right)$$

Onde $r^{k+1} = Ax^{k+1} - b$

e ε é a tolerância ou erro teórico escolhido tal que μ < ε < 1, μ é precisão da máquina.

Exemplo 3.19: Encontrar a solução do sistema pelo método de Jacobi:

$$\begin{array}{cccccc} 3s & -8y & -z & = & 14 \\ 7s & 8y & z & = & -12 \\ -s & -2y & 6z & = & 11 \end{array}$$

Pelo método de Jacobi trabalhando em aritmética de ponto flutuante com três algarismos significativos. Considere o vetor $x^{(0)} = [0, 0, 0]^T$ e um erro de 0,1.

Solução: As equações para realizar o processo iterativo são:

$$s^{k+1} = \frac{1}{7}(-12 - 8y^k - z^k)$$

$$y^{k+1} = \left(\frac{-1}{8}\right)(14 - 3s^k + z^k)$$

$$z^{k+1} = \left(\frac{1}{6}\right)(11 + s^k + 2y^k)$$

Iteração 1. A substituição de s = y = z = 0 no lado direito das expressões simplificadas para o exercício conduz à primeira aproximação:

$$s^{(1)} = -12/7 \qquad y^{(1)} = -14/8 \qquad z^{(1)} = 1/6$$

Assim o vetor $x^{(1)}$ = [-12/7, -14/8, 11/6]^T.

Iteração 2. Os valores obtidos podem ser substituídos nas expressões simplificadas de s, y e z:

$$s^{(2)} = \frac{1}{7}[-12 - 8(-14/8) - (11/6)] = 0{,}02381$$

$$y^{(2)} = \left(-\tfrac{1}{8}\right)[14 - 3(-12/7) + (11/6)] = -2{,}62202$$

$$z^{(2)} = \left(\tfrac{1}{6}\right)[11 + (-12/7) + 2(-14/8)] = 0{,}96429$$

E nossa segunda aproximação é $x^{(2)}$ = [0,02381; -2,62202; 0,96429]^T. Este processo pode ser continuado até que o erro calculado de duas iterações consecutivas seja menor que o erro teórico (ε). Assim:

Iteração 3:

$s^{(3)}$ = 1,14456 $\quad$ $y^{(3)}$ = -1,86161 $\quad$ $z^{(3)}$ = 0,96329

Iteração 4:

$s^{(4)}$ = 0,27565 $\quad$ $y^{(4)}$ = -1,44120 $\quad$ $z^{(4)}$ = 1,40356

Iteração 5:

$s^{(5)}$ = -0.26771 $\quad$ $y^{(5)}$ = -1,82208 $\quad$ $z^{(5)}$ = 1,39887

Iteração 6:

$s^{(6)} = 0,16825$ $y^{(6)} = -2,02525$ $z^{(6)} = 1,18136$

Iteração 7:

$s^{(7)} = 0,43152$ $y^{(7)} = -1,83458$ $z^{(7)} = 1,18629$

Iteração 8:

$s^{(8)} = 0,21290$ $y^{(8)} = -1,73647$ $z^{(8)} = 1,29373$

Iteração 9:

$s^{(9)} = 0,08543$ $y^{(9)} = -1,83188$ $z^{(9)} = 1,29000$

Depois de nove iterações, obtemos o vetor solução $x^{(9)} = [0,08543; -1,83188; 1,29000]^T$. Por substituição, verificamos que esta, é de fato, a solução aproximada do sistema original.

No método de Jacobi, temos $x^{(n)}$ e $x^{(n+1)}$ que representam os vetores solução da n-ésima e n+1-ésima iteração:

$$x^{(n+1)} = K(Tx^{(n)} + b) = Gx^{(n)}$$

Onde G é uma transformação linear melhor representada que uma função linear. Aplicando este conceito matricial no exemplo 3.19 e trocando a primeira pela segunda fila, temos:

$$\begin{bmatrix} 7 & 8 & 1 \\ 3 & -8 & -1 \\ -1 & -2 & 6 \end{bmatrix} \begin{bmatrix} x_1 \\ x_2 \\ x_3 \end{bmatrix} = \begin{bmatrix} 12 \\ 14 \\ 11 \end{bmatrix}$$

A x = B

Fazendo A = L + D + U de forma que:

$$L = \begin{bmatrix} 0 & 0 & 0 \\ 3 & 0 & 0 \\ -1 & -2 & 0 \end{bmatrix}; D = \begin{bmatrix} 7 & 0 & 0 \\ 0 & -8 & 0 \\ 0 & 0 & 6 \end{bmatrix}; U = \begin{bmatrix} 0 & 8 & 1 \\ 0 & 0 & -1 \\ 0 & 0 & 0 \end{bmatrix}$$

A expressão Ax = b pode ser reescrita da seguinte forma:

$$Ax = (L + D + U)x = b$$

$$Dx = -(L + U)x + b$$

$x = -D^{-1}(L + U)x + D^{-1}b$

Transformando a expressão na forma de iterações:

$x^{(k+1)} = -D^{-1}(L + U)x^{(k)} + D^{-1}b$

$$b^1 = D^{-1}b = \begin{bmatrix} 1{,}71428 \\ -1{,}75000 \\ -1{,}8333 \end{bmatrix}$$

$$T == D^{-1}(L+U) = \begin{bmatrix} 0 & -1 & 0{,}16666 \\ 0{,}42857 & 0 & -0{,}16666 \\ -0{,}14286 & 0{,}25000 & 0 \end{bmatrix}$$

Desta forma temos uma transformação linear em função do vetor $x^{(k)}$.

A matriz de iteração de Jacobi é denotada por B_j e, similarmente, o vetor de Jacobi por b_j.

A matriz e o vetor de iteração de Jacobi.

Seja A = L + D + U. Então:

$$B_J = -D^{-1}(L+U)$$

$$b_J = D^{-1}b\,.$$

Onde B_J é a matriz Jacobi e b_J o vetor de iterações de Jacobi. O processo pode ser tornado numa forma iterativa algébrica generalizada.

A iteração do método de Jacobi:

$$x_i^{(k+1)} = \frac{1}{a_{ii}}\left(b_i - \sum_{\substack{j=i \\ j\neq i}}^{n} a_{ij}x_j^{(k)} \right), \qquad i = 1, 2, \ldots, n$$

O procedimento de solução do algoritmo de Jacobi é representado em Algoritmo (3.3).

Procedimento de solução do método de Jacobi.
• Passo 1. Para resolver um sistema de equações lineares, re-arranjamos as filas de forma que os elementos da diagonal tenham os maiores coeficientes que os outros coeficientes da mesma fila;

Condição de convergência: $\left| a_{ii} \right| > \sum_{\substack{j=1 \\ j \neq i}}^{n} \left| a_{ij} \right|, \quad i = 1, 2, \ldots, n$

- Passo 2. Iniciamos atribuindo uma aproximação para o vetor-solução, $x^{(0)}$;
- Passo 3. Calcular cada componente $x^{(k+1)}$ para i = 1, 2,...,n. pela expressão:

$$x_i^{(k+1)} = \frac{b_i}{a_{ii}} - \sum_{\substack{j=1 \\ j \neq i}}^{n} \frac{a_{ij}}{a_{ii}} x_j^{(k)}, \qquad k = 1, 2, \ldots, n$$

- Passo 4. Para quando com a seguinte condição de convergência:

$$\left| Var^{(k)} \right| = \left| x^{(k+1)} - x^{(k)} \right| \leq \varepsilon .$$

Ou os métodos de parada 1 ou 2 estabelecidos em normal matricial.

Algoritmo 3.3: Procedimento de solução do M. de Jacobi.

Neste método, os valores do vetor *x* não são calculados simultaneamente. Em uma iteração, os valores dados utilizados são da iteração antecedente. O processo poderia ser melhorado se no cálculo de cada variável, os valores forem atualizados, isto é, o valor de x_1 é calculado em termos de x_2, x_3, ...x_n; o novo valor de x_2 é dado em termos do novo valor de x_1 e dos velhos x_3, x_4,...x_n; o novo valor x_3 é dado em termos do novo valor de x_1 e x_2 e dos velhos valores x_4, x_5,..x_n, e assim por diante. Este método de aproximação da solução Ax = b é conhecido como ***método de Gauss-Seidel* ou *método de correções sucessivas*.** Este método possui uma taxa de convergência mais rápida que o método de Jacobi, como é ilustrado no exemplo 3.20:

A iteração do método de Gauss-Seidel.

$$x_i^{(k+1)} = \frac{1}{a_{ii}} \left(b_i - \sum_{j=1}^{i-1} a_{ij} x_j^{(k+1)} - \sum_{j=i+1}^{n} a_{ij} x_j^{(k)} \right), \qquad i = 1, 2, \ldots, n$$

A ideia também é usar o coeficiente mais atualizado de uma variável como disponível no cálculo da seguinte variável da matriz x.

Usando a notação anterior na qual A = L + D + U, a iteração de Gauss-Seidel é:

Ax = (L + D + U)x = b

$$Ux = -(D + L)x + b$$

$$x = -(D + L)^{-1}Ux + (D + L)^{-1}b$$

Transformando a expressão na forma de iterações:

$$x^{(k+1)} = -(D + L)^{-1}Ux^{(k)} + (D + L)^{-1}b$$

Observe que a matriz (D + L) é uma matriz triangular inferior, como foi definido previamente. A matriz D + L é não singular.

A matriz:

$$B = -(D + L)^{-1}U$$

É denominada de matriz de Gauss-Seidel e denotada por B_{GS} . Similarmente, o vetor de Gauss-Seidel é $(D + L)^{-1}b$ e é denotado por b_{GS}.

A matriz e o vetor de iteração de Gauss-Seidel.

Seja A = L + D + U. Então:

$$B_{GS} = -(D+L)^{-1}U$$

$$b_{GS} = (D+L)^{-1}b.$$

Onde B_{GS} é a matriz de Gauss-Seidel e b_{SG} é o vetor de iterações de Gauss-Seidel.

Exemplo 3.20: Achar a solução do sistema pelo método de Gauss-Seidel:

$$\begin{array}{rrrcr} 3x_1 & -8y_1 & -z_1 & = & 14 \\ 7x_1 & 8y_1 & z_1 & = & -12 \\ -x_1 & -2y_1 & 6z_1 & = & 11 \end{array}$$

Pelo método de Gauss-Seidel, trabalhando em aritmética de ponto flutuante com três algarismos significativos.

Considere o vetor $x^{(0)} = [0, 0, 0]^T$ e um erro de 0,1.

Solução. As equações para o processo iterativo são:

$$x_1^{k+1} = \frac{1}{7}(-12 - 8y_1^k - z_1^k)$$

$$y_1^{k+1} = \left(\frac{-1}{8}\right)(14 - 3x_1^{k+1} + z_1^k)$$

$$z_1^{k+1} = \left(\frac{1}{6}\right)(11 + x_1^{k+1} + 2y_1^{k+1})$$

Iteração 1. A substituição de $y_1^{(0)} = z_1^{(0)} = 0$ na primeira expressão que fornece o valor de $x_1^{(1)} = -1{,}71429$. Sucessivamente, achamos o valor de *y* substituindo os valores $x_1^{(1)}$ e $z_1^{(0)} = 0$ na segunda expressão e obtemos $y_1^{(1)} = -2{,}39286$. Completamos a primeira iteração substituindo $x_1^{(1)} = -1{,}71429$ e $y_1^{(1)} = -2{,}39286$ na terceira expressão e obtemos $z_1^{(1)} = 0{,}75000$. Portanto a primeira iteração é $x^{(1)} = [-0{,}171429; -2{,}39286; 0{,}75000]^T$.

Iteração 2. Os cálculos para a segunda iteração são:

$$x_1^{(2)} = \frac{1}{7}[-12 - 8(-14/8) - (11/6)] = 0{,}91327$$

$$y_1^{(2)} = \left(-1\!\!\diagup\!\!8\right)[14 - 3(-12/7) + (11/6)] = -1{,}50128$$

$$z_1^{(2)} = \left(1\!\!\diagup\!\!6\right)[11 + (-12/7) + 2(-14/8)] = 1{,}48512$$

E nossa segunda aproximação é $x^{(2)} = [0{,}91327; -1{,}50128; 1{,}48512]^T$. Este processo pode ser continuado até que o erro calculado de duas iterações consecutivas seja menor que o erro teórico (ε). Assim:

Iteração 3:

$x_1^{(3)} = -0{,}21070$ $\quad y_1^{(3)} = -2{,}01465$ $\quad z_1^{(3)} = 1{,}12667$

Iteração 4:

$x_1^{(4)} = 0{,}42722$ $\quad y_1^{(4)} = -1{,}73062$ $\quad z_1^{(4)} = 1{,}32766$

Iteração 5:

$x_1^{(5)} = -0{,}07390$ $\quad y_1^{(5)} = --1{,}88824$ $\quad z_1^{(5)} = 1{,}21624$

Iteração 6:

$x_1^{(6)} = 0,26996$ $\qquad y_1^{(6)} = -1,80080$ $\qquad z_1^{(6)} = 1,27806$

Depois de seis iterações, obtemos o vetor solução é $x^{(6)} = [0,26996; -1,80080; 1,27806]^T$. Como podemos observar, este método é mais eficiente que o método de Jacobi.

O Procedimento de solução do algoritmo de Gauss-Seidel é representado no Algoritmo 3.4.

Procedimento de solução do método de Gauss-Seidel.

- Passo 1. Para resolver um sistema de equações lineares, rearranjamos as filas de forma que os elementos da diagonal tenham os maiores coeficientes que os outros coeficientes da mesma fila.

  Condição de convergência: $|a_{ii}| > \sum_{\substack{j=1 \\ j \neq i}}^{n} |a_{ij}|, \quad i = 1, 2, ..., n$

- Passo 2. Iniciamos atribuindo uma aproximação para o vetor-solução, $x^{(0)}$;

- Passo 3. Calcular cada componente $x^{(k+1)}$ para i = 1, 2,...,n. pela expressão;

$$x_i^{(k+1)} = \frac{b_i}{a_{ii}} - \sum_{j=1}^{i-1} \frac{a_{ij}}{a_{ii}} x_j^{(k+1)} - \sum_{j=i+1}^{n} \frac{a_{ij}}{a_{ii}} x_j^{(k)}, \quad k = 1, 2, ..., n$$

- Passo 4. Para quando com a seguinte condição de convergência:

$$\left|Var^{(k)}\right| = \left|x^{(k+1)} - x^{(k)}\right| \leq \varepsilon .$$

ou os métodos de parada 1 ou 2 estabelecidos em normal matricial.

Algoritmo 3.4: Procedimento de solução do M. de Gauss-Seidel.

3.7 Método de Relaxação

Este é um método iterativo que converge muito mais rápido que o método de Gauss-Seidel. A metodologia no seu desenvolvimento, mostra uma convergência acelerada chamada de Sobre-Relaxação sucessiva.

O método considera que o erro no vetor-solução (x) pode ser minimizado de um lado, quando rearranjamos as equações de forma que todos os termos se encontrem do lado esquerdo da equação e de outro, o erro na k-ésima iteração ref ita a k+1-ésima.

A filosofia do método consiste em selecionar a melhor equação do sistema, a que contém maior erro para processá-la até atingir a máxima taxa de convergência. Esse método já foi testado em uma variedade de problemas com ótimos resultados.

Exemplo 3.21: Resolver o seguinte sistema de equações pelo método de Relaxação:

$$\begin{array}{cccll} 3x_1 & -7x_2 & -x_3 & = & 0 \\ 5x_1 & 3x_2 & x_3 & = & 7 \\ x_1 & 2x_2 & 6x_3 & = & 8 \end{array}$$

Pelo método de relaxação, na realização dos cálculos utilize três casas decimais:

Solução. Segundo o método, as equações devem ser rearranjadas de tal forma que todos os seus termos se encontrem num lado e, posteriormente, se divida todos os coeficientes da expressão pelo maior coeficiente em módulo da fila:

$$\begin{array}{cccccl} 0{,}429x_1 & -x_2 & 0{,}143x_3 & & = & 0 \\ -x_1 & -0{,}600x_2 & 0{,}2x_3 & 1400 & = & 0 \\ 0{,}111x_1 & 0{,}222x_2 & -x_3 & -0{,}899 & = & 0 \end{array}$$

A atribuição de um conjunto de valores às variáveis, determinará que o lado esquerdo não seja zero, produzindo um valor que chamaremos de resíduo (R_i). Os coeficientes da diagonal das equações devem ter um valor igual -1. Assim, trocamos a primeira pela segunda fila e obtemos:

$$\begin{array}{cccccl} -x_1 & -0{,}600x_2 & 0{,}2x_3 & 1400 & = & R_1 \\ 0{,}429x_1 & -x_2 & 0{,}143x_3 & & = & R_2 \\ 0{,}111x_1 & 0{,}222x_2 & -x_3 & -0{,}899 & = & R_3 \end{array}$$

Se assumirmos um conjunto de valores para o vetor-solução $[0, 0, 0]^T$,obtemos:

$R_1^{(1)} = 1{,}400$ $\qquad$ $R_1^{(1)} = 0$ $\qquad$ $R_1^{(1)} = -0{,}889$

O maior coeficiente do resíduo (R_1) deve ser selecionado em módulo para realizar a seguinte iteração. Nesse caso, a primeira equação é a que contém o maior erro e poderá ser melhorada aumentando esse valor (R_1). Esse método é denominado de “relaxação”, a partir de uma mudança em x_1 relaxamos R_1 até fazê-lo igual a zero. Analisando os coeficientes das equações, observamos que se o valor x_1 é aumentado, o resíduo R_1 decresce, aumenta R_2 pelo coeficiente 0,429 e diminui R_3 por 0,111. Assim, para anular o valor R_1 (R_1=0), incrementamos x_1 pela mesma quantidade.

A seleção do novo valor residual será aquele que tiver o maior coeficiente (em módulo) e o resíduo relaxado a zero. O processo é repetido até que todos os resíduos sejam iguais a zero. Quando esta premissa é atingida, os valores do vetor X representam a solução do sistema. Apresentamos uma abordagem, porém, ressaltamos que existem outras metodologias que provavelmente podem ser mais simplificadas.

Uma tabela é desenhada como a estrutura da Tabela (3.1). Ela tem três colunas, uma para cada variável e do lado seu correspondente residual. No sistema de equações ampliado, os coeficientes das diagonais são iguais a –1. Os valores iniciais de x e seus respectivos residuais são registrados na primeira fila da tabela. Os valores iniciais do vetor X e seus residuais são multiplicados por 1000 para simplificar os cálculos e ao final, os valores solução são divididos por 1000.

Na Tabela (3.1) são representados os valores assumidos pelas variáveis e os acumulados dos resíduos. O procedimento finaliza quando todos os residuais são iguais a zero. Os valores solução são registrados pela soma algébrica de todos os valores calculados desde o inicio até o final, para cada variável:

x_1	R_1	x_2	R_2	x_3	R_3
0	1400	0	0	0	-889
			0,429x1400 = 601		0,111x1400 = 155
1400	0		601		-734
	0,2x-734 = -147		0,143x(-734) = -105		
	-147		496	-734	0
	-0,6x0,496 = -298				0,222x496 = 110
	-445	496	0		110
			0,429x(-445) = -191		0,111x(-0,445) = -49
-445	0		-191		61
	-0,6x(-191) = 114				0,222x(-191) = -42

115	-191 0	19
	0,429x115 = 49	0,111x115 = 13
155 0	49	32
-0,6x115= 49		0,222x49 = 11
-29	49 0	43
0,2x43 = 9	0,143x43 = 6	
-20	6	43 0
	0,429x(-20) = -9	0,111x(-20) = -12
-20 0	-3	2
-0,6x(-3) = 2		0,22x(-3) = -1
2	-3 0	-3
0,2x(-3) = -1	0,143x(-3) = 0	
1	0	-3 0
	0,429x1 = 0,429	0,111x1 =0,111
1 0	0	0
1,051 0	0,351 0	-0,694 0

Tabela 3.1: Resultados da aplicação do método de Relaxação ao exemplo 3.21.

A prática determina que relaxando os residuais a zero é menos eficiente que relaxando além de zero (sobre-relaxação) ou relaxando perto de zero (baixo-relaxação).

O relacionamento algébrico para realizar as iterações no método de Gauss-Seidel para um conjunto de equações da forma Ax = b com variável x_i pode ser expresso:

$$x_i^{(k+1)} = \frac{1}{a_{ii}}\left(b_i - \sum_{j=1}^{i-1} a_{ij} x_j^{(k+1)} - \sum_{j=i+1}^{n} a_{ij} x_j^{(k)}\right), \text{ para i = 1, 2, ...,n} \quad (3.14)$$

Onde o subíndice (k+1) indica o número da interação. Por outro lado, podemos usar a estimativa antecedente xj usando a expressão (3.14), numa iteração para calcular $x_j^{(k)}$ ou $x_j^{(k+1)}$.

O relacionamento algébrico do sistema é:

$$x_j^{(k+1)} = x_i^k + \frac{1}{a_{ii}}(b_i - \sum_{j=1}^{i-1} a_{ij} x_j^{(k+1)} - \sum_{j=i}^{n} a_{ij} x_j^{(k)}) \text{, para j = 1, 2,...,n} \qquad (3.15)$$

Pois $x_i^{(k)}$ é adicionado ou subtraído do lado direito da equação 3.14. Nesse sentido, o método de Gauss-Seidel é simetricamente igual ao método de relaxação, já que o termo que adicionamos $x_i^{(k)}$ para $x_{i+1}^{(k)}$ é exatamente o incremento que relaxa o resíduo a zero. O conceito de sobre-relaxação poderá ser aplicado ao método de Gauss-Seidel se adicionarmos a $x_i^{(k)}$ um fator que acelera a convergência no primeiro e segundo termo. Será mostrado que este múltiplo nunca é maior que dois nem menor que zero e o fator ótimo de sobre-relaxação está entre 1 e 2. Nossa iteração toma a forma:

$$x_i^{(k+1)} = \frac{w}{a_{ii}}(b_i - \sum_{j=1}^{i-1} a_{ij} x_j^{(k+1)} - \sum_{j=i}^{n} a_{ij} x_j^{(k)}) + (1-w)x_i^{(k)} \text{, para i = 1, 2,..,n} \qquad (3.16)$$

Da expressão (3.16) podemos observar o seguinte:

1. Quando w < 1, este método se chama de relaxação;
2. Quando w = 1, o método sobre-relaxação se reduz ao método de Gauss-Seidel;
3. Quando w > 1, no cálculo da (k+1)-éxima iteração, mais peso é atribuído a corrente valor, quando w < 1, para produzir uma convergência mais rápida. Este método se chama sobre-relaxação.

A notação matricial do método de sobre-relaxação é:

$$x^{(k+1)} = (D + wL)^{-1} [(1-w)D - wU]x^{(k)} + w(D + wL)^{-1}b \text{, para k = 1, 2,...,n} \qquad (3.17)$$

Onde os elementos da diagonal $a_{ii} \neq 0$ para i = 1, 2,...,n e a matriz (D+wL) é não-singular.

A matriz $(D + wL)^{-1}$ [(1-w)D – wU] é denominada matriz de sobre-relaxação (B_{SR}). De forma similar $(D + wL)^{-1}b$ é denotado por b_{SR}.

Matriz e o vetor Sobre-Relaxação.

$$B_{SR} = (D + wL)^{-1} [(1-w)D - wU]$$

$$b_{SR} = w(D + wL)^{-1}b$$

Teorema 3.3: A iteração SR (Sobre-relaxação) não converge para uma aproximação inicial se a variável *w* se encontrar fora do intervalo [0, 2].

Prova. A matriz de iteração SR é dada por:

$$B_{SR} = (D + wL)^{-1} [(1-w)D - wU]$$

Onde A = L + D + U.

A matriz $(D + wL)^{-1}$ é uma matriz triangular inferior com $1/a_{ii}$, i = 1, 2,...,n, como elementos da diagonal e [(1-w)D – wU] é uma matriz triangular superior com $(1-w)a_{ii}$, i = 1, 2,...,n, como elementos de entrada da diagonal. Assim:

$$\det(B_{SR}) = (1 - w)^n$$

O determinante de uma matriz é igual ao produto de seus autovetores. Dessa forma, concluímos que:

$$\rho(B_{SR}) \geq |1 - w|$$

Onde $\rho(B_{SR})$ é o raio espectral da matriz B_{SR}.

Pelo Teorema 3.3, que normaliza a convergência dos métodos iterativos na qual o raio espectral da matriz de iteração é menor que 1, concluímos que *w* deve estar no intervalo [0,2].

O melhor acelerador de convergência (w) será aquele que minimize o raio espectral da matriz de iteração, isto é, w* solução do problema:

$$\min_{w \varepsilon (0,2)} \rho(M_R(w))$$

A obtenção de uma solução ótima para o problema, é uma tarefa muito complexa e só em casos particulares se conhece sua solução. No entanto, as diferenças nas velocidades do fator de convergência podem levar à dramáticas soluções e todo o esforço realizado em achar o valor ótimo de w*, poderá ser compensado por este caminho.

Procedimento de solução do método de Sobre-Relaxação.

- Passo1. Para resolver um sistema de equações lineares, deslocamos todos os coeficientes para o lado esquerdo da equação e cada fila é multiplicada por seu maior coeficiente em módulo;
- Passo 2. A filas são rearranjadas de forma que todos os elementos da diagonal tenham coeficientes iguais à –1;

Condição de convergência: $|a_{ii}| > \sum_{\substack{j=1 \\ j \neq i}}^{n} |a_{ij}|, \quad i = 1, 2, \ldots, n$

- Passo 3. Iniciamos atribuindo uma aproximação para o vetor-solução, $x^{(1)}$;
- Passo 4. Para k =1, 2,...,n fazer até que o critério de paralisação seja satisfeito.

$$x^{k+1} = B_{SR}\, x^{(k)} + b_{SR} \tag{3.18}$$

Ou para calcular $x^{(k+1)}$, usamos a expressão:

$$x_i^{(k+1)} = \frac{w}{a_{ii}}\left(b_i - \sum_{j=1}^{i-1} a_{ij} x_j^{(k+1)} - \sum_{j=i}^{n} a_{ij} x_j^{(k)}\right) + (1-w)x_i^{(k)}, \text{ i = 1, 2, ...,n} \tag{3.19}$$

Algoritmo 3.5: Procedimento de solução do M. de Sobre-Relaxação.

Exemplo 3.22: Resolver o seguinte sistema de equações pelo método de sobre-relaxação. Na realização dos cálculos, utilize três casas decimais e um erro de 0,01.

Solução. Consideremos que o vetor inicial $x^{(1)} = [0,\ 0\ ,0]^T$ e w =1,2. Trocando a primeira pela segunda fila na matriz A, temos:

$$A = \begin{bmatrix} 5 & 3 & -1 \\ 3 & 3 & 1 \\ 1 & 2 & -9 \end{bmatrix}; B = \begin{bmatrix} 7 \\ 0 \\ 8 \end{bmatrix}$$

E as matrizes L, D, U:

$$L = \begin{bmatrix} 0 & 0 & 0 \\ 3 & 0 & 0 \\ 1 & 2 & 0 \end{bmatrix}; D = \begin{bmatrix} 5 & 0 & 0 \\ 0 & 3 & 0 \\ 0 & 0 & -9 \end{bmatrix}; U = \begin{bmatrix} 0 & 3 & -1 \\ 0 & 0 & 1 \\ 0 & 0 & 0 \end{bmatrix}$$

Logo:

$$B_{SR} = \begin{bmatrix} -0,2 & -0,72 & 0,24 \\ 0,24 & 0,664 & -0,688 \\ 0,03733 & 0,08107 & -0,35147 \end{bmatrix}; b_{SR} = \begin{bmatrix} 1,68 \\ -2,016 \\ -1,3806 \end{bmatrix}$$

Para k = 1:

$$x^{(2)} = B_{SR}x^{(1)} + b_{SR} = \begin{bmatrix} 1,68 \\ -2,016 \\ -1,3806 \end{bmatrix}$$

Para k = 2:

$$x^{(3)} = B_{SR}x^{(2)} + b_{SR} = \begin{bmatrix} 2,46425 \\ -2,00181 \\ -0,99586 \end{bmatrix}$$

Para k = 3:

$$x^{(4)} = B_{SR}x^{(3)} + b_{SR} = \begin{bmatrix} 2,38940 \\ -2,06863 \\ -1,10053 \end{bmatrix}$$

Para k = 4:

$$x^{(5)} = B_{SR}x^{(4)} + b_{SR} = \begin{bmatrix} 2,42739 \\ -2,05894 \\ -1,07195 \end{bmatrix}$$

Para k = 5:

$$x^{(6)} = B_{SR}x^{(5)} + b_{SR} = \begin{bmatrix} 2,41969 \\ -2,06306 \\ -1,07979 \end{bmatrix}$$

Para k = 6:

$$x^{(7)} = B_{SR}x^{(6)} + b_{SR} = \begin{bmatrix} 2,42231 \\ -2,06306 \\ -1,07766 \end{bmatrix}$$

Para k = 7:

$$x^{(8)} = B_{SR}x^{(7)} + b_{SR} = \begin{bmatrix} 2{,}42231 \\ -2{,}06225 \\ -1{,}07766 \end{bmatrix}$$

Os cálculos foram realizados com cinco algarismos significativos e depois de sete iterações foi achado o vetor solução $x^{(7)}$ = [2,42231, -2,06225, -1,-07766]^T.

3.8 Exercícios

1. Encontre o determinante da matriz:

$$A = \begin{vmatrix} 3 & 0 & -1 \\ 1 & -6 & 9 \\ 3 & -7 & 0 \end{vmatrix} ; B = \begin{vmatrix} 3 & 0 & -1 \\ 1 & -6 & 9 \\ 3 & -7 & 0 \end{vmatrix}$$

2. Determinar o valor de **x** para os quais se anula o seguinte determinante:

$$A = \begin{bmatrix} 3 & 1 & -1 & 7 \\ 1 & X & 2 & 5x \\ 2x & 0 & -1 & 7 \\ -1 & 0 & 5 & 5 \end{bmatrix}$$

3. Ache a solução dos seguintes sistemas:

$$\begin{vmatrix} 2 & 5 & 3 \\ 4x & 10 & 2 \\ x & 2 & 5 \end{vmatrix} = 38; \begin{vmatrix} x-3 & x+4 & x+5 \\ 4 & 6 & 2 \\ -4 & -10 & 8 \end{vmatrix} = -7$$

4. Determine qual das seguintes matrizes tem inversa. Observe que uma matriz singular não tem inversa:

$$A = \begin{bmatrix} 4 & -5 & 7 \\ 0 & 2 & -2 \\ 3 & 10 & -3 \end{bmatrix} ; B \begin{bmatrix} 3 & 5 & 1 \\ -8 & -3 & 0 \\ -3 & 2 & 4 \end{bmatrix}$$

4. Determine a inversa da matriz (A), utilizando o método de eliminação: Gauss.

$$A = \begin{bmatrix} 2 & -1 & 1 & 0 \\ 0 & 6 & 2 & 3 \\ 3 & 1 & -1 & 6 \\ 1 & 0 & 3 & -1 \end{bmatrix}$$

6. Resolva o sistema abaixo pelo método de eliminação de Gauss, utilizando três frações decimais:

$$\begin{array}{cccccc} x & 2y & 3z & = & 22 \\ 3x & y & 2z & = & 25 \\ 2x & 3y & z & = & 25 \end{array} ; \begin{array}{cccccc} 2x & -y & 3z & = & 14 \\ 3x & 2y & -z & = & 24 \\ -x & 3y & 2z & = & 10 \end{array}$$

7. Resolva o sistema de equações lineares, utilizando o método de eliminação de Gauss com condensação pivotal parcial. Trabalhe no sistema de ponto flutuante com quatro casas decimais.:

$$\begin{array}{ccccc} -2x & 3y & -z & = & A \\ x & -3y & z & = & B \\ -x & 2y & -z & = & C \end{array}$$

Neste último sistema resolver para:

A = 2; B = 5; C = 7

A = 1; B = 6; C = 0

A = 2; B = -8; C = 9

8. Resolver o seguinte sistema:

$$\begin{bmatrix} 0{,}0001 & 1 & 1 \\ 3 & 1 & 1 \\ 1 & 2 & 3 \end{bmatrix} \begin{bmatrix} x \\ y \\ z \end{bmatrix} = \begin{bmatrix} 2.0001 \\ 3 \\ 3 \end{bmatrix}$$

Usando a eliminação Gaussiana sem e com condensação pivotal e compare seus resultados:

9. Resolva o sistema abaixo, utilizando o método de eliminação com condensação pivotal completa. Trabalhe no sistema de ponto flutuante com quatro casas decimais:

$$\begin{array}{ccccc} x & -y & z & = & -4 \\ 5x & -4y & 3z & = & -12 \\ 2x & y & z & = & 11 \end{array} ; \begin{array}{ccccc} 2x & 6y & -z & = & -12 \\ 5x & -y & 2z & = & 29 \\ -4x & -4y & z & = & 5 \end{array}$$

10. Resolva o sistema abaixo:

$$\begin{array}{ccccc} x & 3y & -z & = & 4 \\ 2x & -y & 2z & = & 3 \\ 3x & 2y & z & = & 7 \end{array} ; \begin{array}{ccccc} x & 2y & z & = & 1 \\ 2x & -y & z & = & 2 \\ 3x & -y & 4z & = & 3 \end{array}$$

E efetue refinamentos sucessivos, considerando uma precisão de 0,01. Realize seus cálculos em operações de ponto flutuante com quatro algarismos significativos.

11. Utilize o método de decomposição LU para resolver os seguintes sistemas de equações. Observe que pequenos divisores podem aparecer e produzir erros de arredondamento. Condensação pivotal pode ser usada neste esquema:

$$\begin{array}{cccccc} x & -y & 4z & = & 6 \\ 2x & 3y & -z & = & 18 \\ 3x & y & z & = & 19 \end{array} \quad ; \quad \begin{array}{cccccc} 2x & y & z & = & 7 \\ 2x & 2y & 3z & = & 10 \\ -4x & 4y & 5z & = & 14 \end{array}$$

12. Resolver o sistema tri-diagonal:

$$\begin{bmatrix} 4 & -1 & 0 & 0 & 0 \\ -1 & 4 & -1 & 0 & 0 \\ 0 & -1 & 4 & -1 & 0 \\ 0 & 0 & -1 & 4 & -1 \\ 0 & 0 & 0 & -1 & 4 \end{bmatrix} \begin{bmatrix} x_1 \\ x_2 \\ x_3 \\ x_4 \\ x_5 \end{bmatrix} = \begin{bmatrix} 200 \\ 100 \\ 350 \\ 100 \\ 210 \end{bmatrix}$$

- Usando a eliminação Gaussiana.
- Calculando a fatoração LU de A diretamente de A = LU.

13. Calcule:

$$A = \begin{bmatrix} 1 & 1 & 1 \\ 1 & 1{,}001 & 1{,}001 \\ 1 & 1{,}001 & 2 \end{bmatrix}$$

Usando:

I. A fatoração de Cholesky.

   a. A eliminação Gaussiana sem pivotação;

   b. O algoritmo de Cholesky.

II. Na parte (a) verifique que $\left| a_{ij}^{(k)} \right| \leq \max \left| a_{ij}^{(k-1)} \right|$, para i = 1, 2;

III. O que é o fator de crescimento?

14. Encontre a fatoração LU de:

$$A = \begin{bmatrix} T & I & 0 \\ I & T & I \\ O & I & T \end{bmatrix}$$

Onde:

$$= T = \begin{bmatrix} 2 & -1 & 0 \\ -1 & 2 & -1 \\ 0 & -1 & 2 \end{bmatrix}$$

Use a fatoração para resolver Ax = b; onde cada elemento de b = 2.

15. Encontre a norma Euclidiana desses vetores e matriz:

(a) x = [3,072, -2,901, 4,219, 0,0]

(b) y = [1, 0, -1, 0]

(c) z^T = [1, 0, 1]

(d) Sejam:

$$A = \begin{bmatrix} -4 & -4 & 6 \\ 1 & 1 & -1 \\ 9 & 9 & -5 \end{bmatrix} ; B = \begin{bmatrix} 1 & 2 & -1 \\ -4 & -3 & 6 \\ -5 & 1 & -4 \end{bmatrix}$$

- Encontrar a norma Euclidiana de B^2, B^3, B^4;
- Encontre a norma de AB e Az;

16. Compare a solução exata do sistema:

$$\begin{array}{rcrcr} 1{,}018x & y & = & 20 \\ x & y & = & 2 \end{array}$$

Com a solução exata do sistema:

$$\begin{array}{rcrcr} 1{,}02 & y & = & 10 \\ x & y & = & 2 \end{array}$$

0btidas por arredondamento dos coeficientes para três casas decimais.

17. Dado o método iterativo $\mathrm{Mx}^{(k+1)} = \mathrm{Nx}^{(k)} + \mathrm{b}$ para resolver o sistema Ax = b, provar que si $\lim_{k \to \infty} \{x^{(k)}\} = z$, então z é solução de Ax = b. Observação: As matrizes A e M são regulares:

18. Dado o seguinte sistema de equações, deseja-se resolvê-lo pelo método de Jacobi:

$$\begin{array}{rrrcr} 4x & -3y & & = & -5 \\ & 2y & 5z & = & -8 \\ 6x & -2y & -3z & = & 0 \end{array}$$

- O sistema é convergente;
- Ache a solução do sistema, utilizando um erro de 0,01. Trabalhe em ponto flutuante com quatro casas decimais.

19. Resolver o sistema de equações do exercício 12 pelo método de Gauss-Seidel com sobre-relaxação. Varie o fator de sobre-relaxação até encontrar o valor ótimo:

20. Achar pelo método de Gauss-Seidel relaxado, tomando um fator de relaxação conveniente, a solução do sistema Bx = u:

$$A = \begin{matrix} 2 & -5 & -1 \\ -5 & 2 & 1 \\ -1 & 3 & 4 \end{matrix}$$

Sendo B = $A^T A$, considere o vetor u unitário.

21. Resolva o seguinte sistema de equações pelo método de Gauss-Seidel. Inicie seus cálculos com um vetor x =$[2, 1, 2]^T$. Compare suas respostas e o grau de convergência com o método de Jacobi. Trabalhe com quatro casas decimais e considere um erro de 0,001:

$$\begin{matrix} -5x & 2y & z & = & 2 \\ x & y & -5z & = & 2 \\ x & 7y & z & = & 2 \end{matrix}$$

22. Resolva o seguinte sistema de equações pelo método de Relaxação. Considere que o vetor inicial é x = $[0, 0, 0]^T$:

$$\begin{matrix} 6x & -3y & z & = & 1 \\ 2x & y & -8z & = & -15 \\ x & -7y & z & = & 10 \end{matrix}$$

23. Relaxação é um método bem adaptado para solucionar problemas como o proposto no exercício 12. Resolver pelo método de Relaxação começando com um vetor inicial [45, 80, 90, 80, 45]:

24. Obtenha a solução, caso exista, dos seguintes sistemas de equações:

$$\begin{matrix} x & 2y & 3z & = & 5 \\ 2x & -y & z & = & 6 \\ x & 3y & -5z & = & 2 \end{matrix} \; ; \; \begin{matrix} x & 2y & 4z & = & 6 \\ 3x & y & 2z & = & 5 \\ 2x & 4y & z & = & 4 \end{matrix}$$

$$A = \begin{bmatrix} 3 & -7 & 1 \\ 5 & 3 & -1 \\ 1 & 2 & -9 \end{bmatrix}; \text{b} = \begin{bmatrix} 0 \\ 7 \\ 8 \end{bmatrix}$$

$$= \begin{bmatrix} 8 & -7 & 5 \\ 2 & 4 & -6 \\ 3 & 1 & -9 \end{bmatrix}; \text{b} = \begin{bmatrix} 4 \\ 8 \\ -9 \end{bmatrix}$$

25. Dada a equação:

$$I(S) = \int_0^S \cos(\pi t)x(t)dt = 1$$

Resolver o sistema: a) Tomando I(0) = I_0, I(1/4) = I_1, I(1/2) = I_2, I(3/4) = I_3 e I(1) = I_4 como incógnitas que determinam o valor da integral nesses pontos. b) Resolver analiticamente a equação e comparar o resultado obtido com a do item anterior.

26. O cálculo dos elementos de um *spline* cúbico natural com seis nós igualmente separados, pode ser representado num sistema tri-diagonal da forma:

$$\begin{bmatrix} 1 & 1 & 0 & 0 & 0 \\ 1 & 1 & 1 & 0 & 0 \\ 0 & 1 & 1 & 1 & 0 \\ 0 & 0 & 1 & 1 & 1 \\ 0 & 0 & 0 & 1 & 1 \end{bmatrix} \begin{bmatrix} x_1 \\ x_2 \\ x_3 \\ x_4 \\ x_5 \end{bmatrix} = \begin{bmatrix} b_1 \\ b_2 \\ b_3 \\ b_4 \\ b_5 \end{bmatrix}$$

(a) Resolva o sistema pelo de eliminação de Gauss;

(b) Escreva explicitamente a decomposição LU.

27. Escreva a matriz A de ordem n dada por a_{ij} = 2 se i = j, a_{ij} = 1 se i = j-1 ou i = j+1 e a_{ij} = 0 no resto dos casos. Demonstre que a matriz A tem uma solução única. (Sugestão: demonstre que se $\alpha = \max\limits_{1 \le c \le n} |I_i|$, onde x = $[I_1, I_2, \ldots I_n]^T$ é solução do sistema, então α = 0):

28. Para calcular a inversa de uma matriz A (singular), se propõe o método iterativo a seguir. Dada a matriz C_0, calcular a sucessão de matrizes C_i definidas $C_{k+1} = C_k (I + R_k)$, onde $R_k = I - AC_k$, é o resíduo da k-ésima iteração. Suponha que C0 satisfaz a seguinte condição:

$$\| R_0 \| = \delta < 1$$

3.9 Aplicações

1. Um engenheiro requer 5000, 5500 e 6000 metros cúbicos de areia, cimento e pedras para construir uma casa. Ele obtém os materiais de três fontes de recursos. As distribuições de cada material por fontes são determinadas como segue:

Recursos	*Areia*	*Cimento*	*Pedras*
1	60	20	20
2	40	40	20
3	20	30	50

Encontrar quantos metros cúbicos engenheiro obterá de cada recurso para começar a obra:

2. Considere o seguinte circuito:

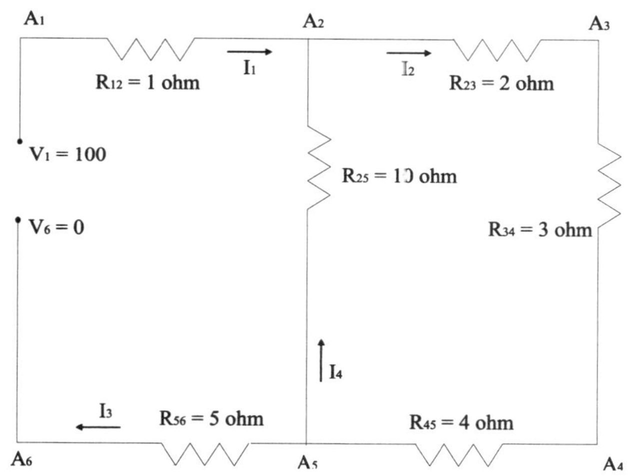

Figura 3.2. Circuito elétrico.

Estruture um sistema linear e determine a corrente entre nodos.

3. Um programa de exercício deve consistir de 140 minutos de por semana, que deverão ser compostos de três tipos de exercícios: bicicleta, natação e máquinas de exercício. Denotaremos as horas semanais dessa atividade por *b*, *n* ,*m*. As calorias queimadas em uma hora de exercício (em milhares) em cada tipo são dadas na tabela anexa. Cada exercício recebe também um fator de prazer, também listado na tabela. Formule um programa (em termos de quantas horas semanais) para queimar 200 calorias, tendo ainda um fator total de prazer igual a 3:

	Bicicleta	*Natação*	*Máquinas*
1000 *Calorias/hora*	0,60	0,45	1
prazer/hora	0,90	1,2	0,60

4. Alguém que faz dieta quer combinar três alimentos como, salada de atum, pão e uma mistura de vegetais, para obter uma refeição com contribuições especificadas de proteínas, carboidratos e gordura. Cada 100 gramas de salada contém 80 gramas de proteína e 20 de gordura. Cada 100 gramas de pão contém 25 de proteína, 0 de carboidratos e 5 de gordura. Cada 100 gramas de mistura vegetal contém 60 gramas de carboidratos, 30 de proteína e 10 de gordura.

Podemos organizar a informação dada na tabela:

	Atum	*Pão*	*Vegetais*	*Objetivo*
Proteina	80	25	30	225
Carboidratos	0	70	60	330
Gordura	20	5	10	75

Quantos gramas de salada de atum, pão e mistura de vegetais essa pessoa deverá consumir se deseja terminar com 295 gramas de proteína, 330 de carboidratos e 75 de gordura?

5. Com os mesmos dados do problema precedente, quantos gramas de cada alimento deverão ser consumidos para obter 500 gramas de proteína, 600 de carboidratos de 100 de gordura?

6. Uma consideração importante no estudo da transferência de calor é determinar a distribuição de temperatura assintótica de uma placa fina, quando a temperatura em seu bordo é conhecida. Suponha que a placa na Figura 3.3 represente uma seção transversal de uma barra de metal, com fluxo de calor desprezível na direção perpendicular à placa. Sejam T_1,..T_6 as temperaturas em seis vértices interiores do reticulado da Figura 3.3. A temperatura num vértice é aproximadamente igual à media dos quatro vértices vizinhos mais próximos – à esquerda, acima, à direita, e abaixo. Por exemplo:

$$T_1 = (10 + 20 + T_2 + T_4) / 4, \text{ ou } 4T_1 - T_2 - T_4 = 30$$

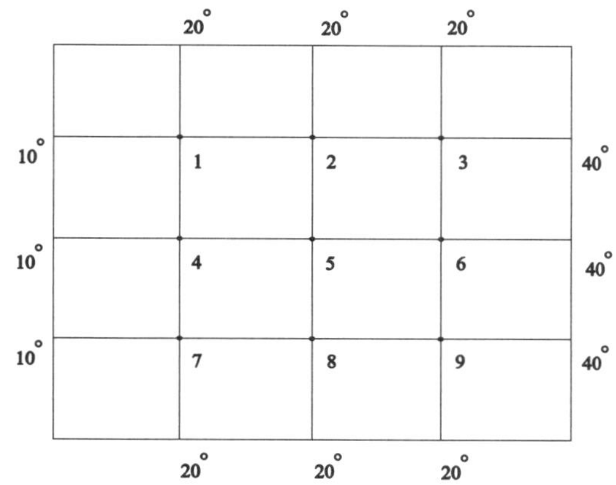

Figura 3.3: Circuito elétrico.

(a) Escreva um sistema de seis equações cuja solução fornece estimativas para as temperaturas $T_1,..T_6$;

(b) Resolva o sistema de equações do item (a).

7. Considere uma economia com três setores, Químico & Metalúrgico, Combustíveis e Energia e Máquinas. O setor Químico, vende 30% de sua produção para Combustíveis, 50% para Máquinas e mantém o restante. O setor Combustível vende 80% de sua produção para o Químico, 10% para Máquinas e mantém o restante. O setor Máquinas vende 40% para o Químico, 40% para Combustíveis e mantém o restante. a) Monte a tabela de trocas para essa economia. b) Obtenha um sistema de equações que leve a preços em que a receita de cada setor se iguale às suas despesas. Depois, escreva a matriz completa que pode ser escalonada para determinar esses preços. c) Determine um conjunto de preços de equilíbrio quando o preço para a produção de Máquinas é de 100 unidades monetárias:

As reações dos exercícios 8 e 9 precisam ser balanceadas, ou seja, é preciso determinar os coeficientes inteiros apropriados, de modo que na equação, o número de átomos de um elemento químico seja igual, tanto no lado direito como no esquerdo.

8. Considere a reação química:

$$PbN_6 + CrMn_2O_8 \rightarrow Pb_3O_4 + Cr_2O_3 + Cr_2O_3 + MnO_2 + NO$$

Para cada um dos dois reagentes do lado esquerdo e para os quatro produtos do lado direito, obtenha um vetor em $\Re^6$ que contenha o número de "átomos por molécula" para o chumbo

(Pb), nitrogênio (N), cromo (Cr), manganês(Mn) e oxigênio (o). Por exemplo, o vetor para o permanganato de cromo ($CrMn_2O_8$) é [0, 0 1, 2, 8]:

a) Seja x_1, x_2,...x_6 o número de moléculas de cada tipo que são necessárias para balancear a equação acima, escreva uma equação vetorial que deva ser satisfeita por essas variáveis;

b) Passando todas as variáveis para a esquerda, reescreva a equação vetorial do item (a) na forma Ax = 0 e resolva-a. Existem infinitas soluções matemáticas. Encontre aquela que tenha mais sentido quimicamente. [*Sugestão*: Se possível, use uma representação racional ou aritmética exata para os cálculos].

9. A reação química que segue pode ser usada em alguns processos industriais, como na produção de arsênico. Faça o balanceamento da reação:

$$MnS + As_2Cr_{10}O_{35} + H_2SO_4 \rightarrow HMn0_4 + AsH_3 + CrS_30_{12} + H_2O$$

Para cada um dos sete compostos, monte um vetor em $\Re^6$ que dê o número de átomos por molécula de manganês (Mn), enxofre (S), arsênio (As), cromo (Cr), oxigênio (O) e hidrogênio (H). Escreva uma equação vetorial que deva ser satisfeita pelos coeficientes desconhecidos da equação e encontre uma solução com valores inteiros:

10. A empresa de aluguel de carros Cidane, estado de São Paulo, tem uma frota de cerca de 500 carros, em três locais. Um carro alugado em um dos locais pode ser devolvido em qualquer um dos outros três. As várias frações de carros devolvidos, em cada qual, são dadas na tabela que se segue. Suponha que numa segunda-feira existam 314 carros no aeroporto (ou que tenham sido alugados lá), 48 carros na filial da zona leste e 98 carros na filial da zona oeste. Qual será a distribuição de carros aproximada na segunda-feira?

Carros alugados de:

Devolvido em:	*Aeroporto*	*Z. Leste*	*Z. Oeste*
Aeroporto	0,97	0,05	0,10
Z. Leste	0,00	0,90	0,05
Z. Oeste	0,03	0,05	0,85

11. O seguinte sistema mostra um setor do trânsito de uma só mão na grande São Paulo. O número inserido no quadrado nos indica o número de veículos por hora:

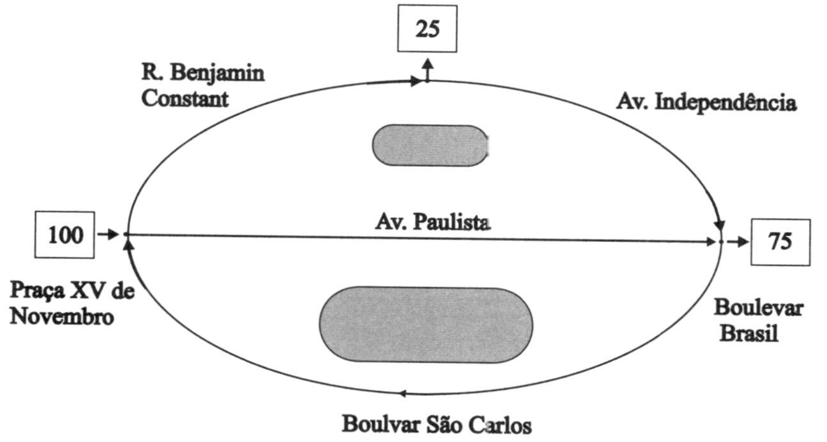

Figura 3.4: Esquema do Trânsito num setor da Cidade.

a) Ache a solução do sistema de equações lineares que uma pessoa utilizaria para calcular o fluxo de trânsito de hora em hora pela R. Benjamin Constant, Av. Independência, Av. Paulista e Boulevar São Carlos;

b) Se não houver nenhum trânsito ao longo da Av. Paulista, qual o possível tráfego de carros ao longo da R. Benjamin Constant?

c) Dado que 50 carros por hora baixam pelo Boulevar São Carlos, como estaria dimensionado o tráfego pesado pela Av. Paulista?

(d) Determine uma solução particular, na qual existam 1000 carros no Boulevar São Carlos.

12. Você coordena uma loja, Cidane Ltda., na cidade de Passo Fundo. Há dois dias você foi informado de um apartamento desocupado no outro lado da cidade e está pensando seriamente em mudar-se lá, mas suspeita que o tráfego naquela área seja muito pesado. Afortunadamente, você não pode indicar alguém de sua equipe para realizar uma amostragem no local, a fim de saber a densidade do tráfego total naquele setor, No entanto, você tem informações parciais, baseadas em dados da Prefeitura, do trânsito naquele setor, como é mostrado na Figura 3.5:

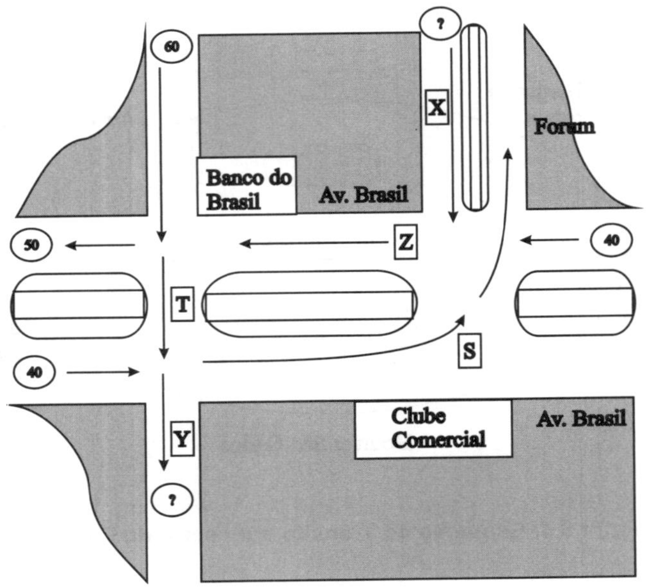

Figura 3.5: Esquema do Trânsito no centro da Cidade.

(As setas indicam a direção do tráfego no setor. O número inserido nas caixas indica o número de carros por minuto durante o horário de pico, que fazem compras numa determinada hora).

a) Monte um sistema de equações lineares com cinco variáveis desconhecidas e logo resolva o sistema;

b) Calcule a quantidade (Tráfego no local novo) – (Tráfego no local Presente). Dê sua opinião;

c) Então, você mudaria ou não?

4

Interpolação Polinomial

A interpolação é um processo que consiste em encontrar uma função (chamada polinômio interpolador, denotada por $P_n(x)$) que integre no seu domínio valores tabulados de *x*, tal que $x \varepsilon$ [a, b] onde *a* e *b* ε D_f, e represente a função f(x) adequadamente, contendo valores não tabulados no intervalo de avaliação.

A interpolação é um método que pode ser usado para predizer valores a partir de um experimento ou de um processo de amostragem, refinando a continuidade de uma função em um determinado intervalo. Frequentemente, através do tempo, um objeto pode mudar de posição, uma produção diminuir por problemas econômicos, a imagem gráfica de um computador mudar de forma, etc. O processo de interpolar dados permite predizer um valor (uma posição, um valor desconhecido, uma forma, etc.) caso conheça um conjunto de valores de um determinado fenômeno.

4.1 Introdução

Neste capítulo vamos explorar eficientes técnicas para interpolar, particularmente, situações onde os elementos são lineares. O princípio é o ajuste de um polinômio a partir de um conjunto de pontos pré estabelecidos.

Nos capítulos anteriores, examinamos "Para uma determinada função explícita com uma variável independente (x), qual o valor da função para um certo valor da variavel". Neste caso, obter a solução é fácil, pois *x* é uma variável simples. Um caso mais abrangente será quando a variável for um vetor. Agora devemos considerar o problema da seguinte forma: "Dado um conjunto de valores de uma função não conhecida, correspondente a um conjunto de valores de *x*, qual o modelo e o comportamento dessa função?" A resposta a, encontramos em determinar os parâmetros que definem a função. Mas a precisão da função estimada depende da quantidade de dados tabelados.

Nosso objetivo é determinar o comportamento de uma função pela evidência de um conjunto de valores (x, y) e aproximar outros valores não estabelecidos da função (interpolação e extrapolação) e assim poder estimar a integral e sua derivada. Objetivos posteriores poderão estar centralizados na resolução de equações diferenciais ordinárias e parciais.

A estratégia para utilizar valores desconhecidos e aproximar à função é encontrar um polinômio ($P_n(x)$) que se ajuste a um conjunto de valores (x_i, $f(x_i)$) e logo, assumir que o polinômio e a função se comportem da mesma forma num intervalo estabelecido. Assim, a partir do polinômio interpolador seriam estimados valores desconhecidos da função.

4.2 Interpolação polinomial

Dada uma coleção de pontos (x_0,y_0), ..., (x_n, y_n) correspondentes aos valores de uma função f(x) em n+1 pontos distintos pertencentes a $\Re$ e seja *x* um ponto diferente dos pontos (x_i) registrados na tabela, isto é, $x \neq x_i$ para i = 1, 2,....n. Por exemplo, f(x) pode ser o número de unidades de um produto vendido quando o preço é *x*, ou f(x) pode ser o consumo energético de uma amostra de pessoas quando realizam atividades físicas. Os pontos dados são o resultado de um experimento ou medição. Como a função é desconhecida, fazemos uma interpolação polinomial em *x*, ou seja, determinamos o polinômio que passa por todos os pontos (x_i) e assim, calcular o valor de $P_n(x)$. O polinômio formado é denominado de polinômio interpolador da função f(x), em relação aos pontos x_1, x_2, ...x_n.

Um polinômio interpolador de grau *n* é uma função da forma:

$$P_n(x) = a_0 + a_1x + a_2x^2 + ...+ a_{n-1}x^{n-1} + a_nx^n$$

Onde os coeficientes a_0, a_1, a_2, ...a_n são as constantes do polinômio. O ponto (x_i, y_i) está situado na curva y = f(x), se $f(x_i) = y_i$. Assim, para cada x_i será formado uma equação:

$$\begin{array}{lll} a_0 + a_1(x_0) + a_2(x_0)^2 & \ldots & a_n(x_0)^n = y_0 \\ a_0 + a_1(x_1) + a_2(x_1)^2 & \ldots & a_n(x_1)^n = y_1 \\ \ldots \qquad \ldots & & \ldots \\ a_0 + a_1(x_n) + a_2(x_n)^2 & \ldots & a_n(x_n)^n = y_n \end{array}$$

Os valores x_i e y_i são dados do problema e com eles, podemos formar um sistema linear de (n+1) equações e (n+1) incógnitas com a_i, coeficientes que determinam o polinômio. Esta representação é a forma geral para resolução de um problema de interpolação linear.

Em notação matricial, temos:

XA = Y

$$X = \begin{bmatrix} 1\,x_0\,x_0^2 & & x_0^n \\ 1\,x_1\,x_1^2 & & x_1^n \\ \ldots & & \\ 1\,x_n\,x_n^2 & & x_n^n \end{bmatrix}_{nxn} \qquad A = \begin{bmatrix} a_0 \\ a_1 \\ \ldots \\ a_n \end{bmatrix}_{nx1} \qquad Y = \begin{bmatrix} y_0 \\ y_1 \\ \ldots \\ y_n \end{bmatrix}_{nx1}$$

Um sistema de equações tem a solução única para os coeficientes ai; se a matriz X_{nxn} é invertível e não singular, ou seja, o sistema é homogêneo (XA = 0), com uma solução trivial em x = 0. Logo, o det(X) $\neq$ 0, implica que o sistema XA = Y tem uma solução única. Assim, existe um único polinômio de grau *n* que se ajusta aos (n+1) pontos dados. Nesse sentido, se garante a existência e unicidade do polinômio interpolador.

Exemplo 4.1: Utilizando a interpolação linear, encontre um polinômio interpolador de terceiro grau da forma:

$$P_3(x) = a_0 + a_1x + a_2x^2 + a_3x^3$$

Que se ajuste aos pontos (-1, 4), (1, 2), (2,5, 8), (3,16) e (5, 23). Logo, interpole o valor de 1,5.

Solução: Primeiro, necessitamos selecionar quatro pontos para determinar o polinômio de terceiro grau ($P_3(x)$). Devemos observar que o máximo grau de um polinômio sempre é menor que o número de dados considerados. Assim, o sistema AX = Y toma da seguinte forma:

$$\begin{aligned} &a_0 + a_1(-1) + a_2(-1)^2 + a_3(-1)^3 = 4 \\ &a_0 + a_1(1) + a_2(1)^2 + a_3(1)^3 = 2 \\ &a_0 + a_1(2{,}5) + a_2(2{,}5)^2 + a_3(2{,}5)^3 = 8 \\ &a_0 + a_1(3) + a_2(3)^2 + a_3(3)^3 = 16 \end{aligned}$$

Resolvendo o sistema, obtemos como resultado:

$a_0 = 4{,}4287$ $\quad a_1 = -2{,}1486$ $\quad a_2 = -1{,}4286$ $\quad a_3 = 1{,}1429$

Portanto, o polinômio de terceiro grau procurado é:

$$P_3(x) = 4{,}4287 - 2{,}1486x - 1{,}4286x^2 + 1{,}1429x^3$$

e $P_3(1{,}5) = 1{,}8571$.

O procedimento descrito não é bem estruturado para nossos propósitos, especificamente quando procuramos um polinômio que se ajuste à pontos distantes ou para observar as diferenças do uso de um polinômio quadrático, ao invés de um cúbico. Assim, devemos procurar uma forma melhor e mais simples de achar um polinômio interpolador. Enfim, esta técnica nos leva à um sistema de equações mal condicionado.

4.3 O polinômio interpolador de Lagrange

O polinômio de Lagrange é, talvez, a forma mais simples de representar um polinômio interpolador a partir de uma tabuada de valores espaçados diferenciados. Esse conjunto de dados com espaços diferentes é obtido através de observações experimentais ou dados históricos.

Seja uma função f(x) contínua e derivável no intervalo [a, b], a e b ε $\Re$, dada na forma de uma tabuada de valores x_i (para i = 1, 2,..., n). A partir desse intervalo, devemos achar um polinômio interpolador ($P_n(x)$) de forma que:

$$F(x_i) \cong P_n(x_i)$$

O polinômio de Lagrange pode ser obtido quando os pontos na tabuada de valores, chamados nós de interpolação, são diferentes.

Teorema 4.1: Se os (n+1) nós de interpolação da tabela $T = \{x_i\}_{i=0}^{n}$ são diferentes, então existe um único polinômio de grau menor ou igual a *n*, tal que $P_n(x)$ ε P_n, $P_n(x_i) = f(x_i)$ para todo i = 0, 1, ..., n.

Prova: A unicidade do polinômio interpolador pode ser demonstrada da seguinte forma. Consideremos a existência de dois polinômios de grau *n,* de forma que p(x) e q(x) ε P_n:

$$p(x_i) = q(x_i) = y_i = f(x_i) \text{ para todo } I = 0, 1, \ldots, n.$$

A função h(x) = p(x) – q(x) é um polinômio de grau menor ou igual a *n* com (n+1) raízes. Essa condição só é possível se a função h(x) for um polinômio nulo, ou seja, p(x) = q(x).

Seja a função de Lagrange, representada da seguinte forma:

$$L_i(x) = \frac{\prod_{\substack{j=0 \\ j \neq i}}^{n} (x - x_j)}{\prod_{\substack{j=0 \\ j \neq i}}^{n} (x_i - x_j)}, \text{ para todo i = 0, 1, ..., n.}$$

Ou:

$$L_i(x) = \frac{(x - x_0)(x - x_1)(x - x_2)...(x - x_n)}{(x_i - x_0)(x_i - x_1)(x_i - x_2)...(x_i - x_n)} \quad (4.1)$$

Então se verifica que para cada i = 0, 1, ..., n:

$$L_i(x_j) = \begin{cases} 1 & se \quad i = j \\ 0 & se \quad i \neq j, \quad 0 \leq i, \quad j \leq n \end{cases} \quad (4.2)$$

Assim, o polinômio interpolador é determinado pela união das funções de Lagrange e da função f(x) nos pontos x_0, x_1, x_2,..., x_n da seguinte forma:

$$P_n(x) = L_0(x) f(x_0) + L_1(x) f(x_1) + L_2(x) f(x_2) + ... + L_n(x) f(x_n)$$

Ou:

$$P_n(x) = \sum_{i=0}^{n} L_i(x) f(x_i) \quad (4.3)$$

A expressão 4.3 é chamada de polinômio interpolador de Lagrange e as funções definidas na expressão 4.1 são chamadas de funções básicas de Lagrange.

Suponhamos que dessa tabuada de dados (x_i), tomemos quatro elementos. A função ajustada será uma função cúbica. O polinômio interpolador tem a seguinte estrutura:

$$P_3(x) = \frac{(x - x_1)(x - x_2)(x - x_3)}{(x_0 - x_1)(x_0 - x_2)(x_0 - x_3)} f(x_0) + \frac{(x - x_0)(x - x_2)(x - x_3)}{(x_1 - x_0)(x_1 - x_2)(x_1 - x_3)} f(x_1) +$$

$$\frac{(x - x_0)(x - x_1)(x - x_3)}{(x_2 - x_0)(x_2 - x_1)(x_2 - x_3)} f(x_2) + \frac{(x - x_0)(x - x_1)(x - x_2)}{(x_3 - x_0)(x_3 - x_1)(x_3 - x_2)} f(x_3)$$

Podemos observar que cada termo do polinômio interpolador representa uma função cúbica em x_i. Assim, a soma dos fatores é uma função cúbica. Cada termo multiplicado pela função $f(x_i)$ correspondente ao x_i omitido no numerador do fator. Em geral, o processo de formação de um polinômio interpolador de grau *n,* segue o mesmo processo de formação, a soma de um conjunto de polinômios de um determinado grau.

Observemos como o polinômio interpolador formado, de fato, atravessa todos os pontos de sua construção. Por exemplo, para a equação $P_3(x)$, quando $x = x_2$, a expressão torna-se $f(x_2)$. Similarmente, $P_3(x) = f(x_i)$ para i = 0, 1, 2 e 3.

Exemplo 4.2: Utilize os dados do exemplo 4.1 e encontre o polinômio interpolador de Lagrange de terceiro grau. Avalie também a nova função para x = 1,5.

Solução: O polinômio será:

$$P_3(1{,}5) = \frac{(1{,}5-1)(1{,}5-2{,}5)(1{,}5-3)}{(-1-1)(-1-2{,}5)(-1-3)}f(-1) + \frac{(1{,}5+1)(1{,}5-2{,}5)(1{,}5-3)}{(1+1)(1-2{,}5)(1-3)}f(1) +$$

$$\frac{(1{,}5+1)(1{,}5-1)(1{,}5-3)}{(2{,}5+1)(2{,}5-1)(2{,}5-3)}f(2{,}5) + \frac{(1{,}5+1)(1{,}5-1)(1{,}5-2{,}5)}{(3+1)(3-1)(3-2{,}5)}f(3)$$

Realizando as operações aritméticas, obtemos $P_3(1{,}5) = 1{,}8571$.

Um polinômio interpolador passa pelos pontos usados na sua construção, mas ele não reproduz os valores exatamente usados no processo de interpolação. Assim, um erro é cometido nesse cálculo. A ideia agora é obter uma função que determine esse erro na interpolação:

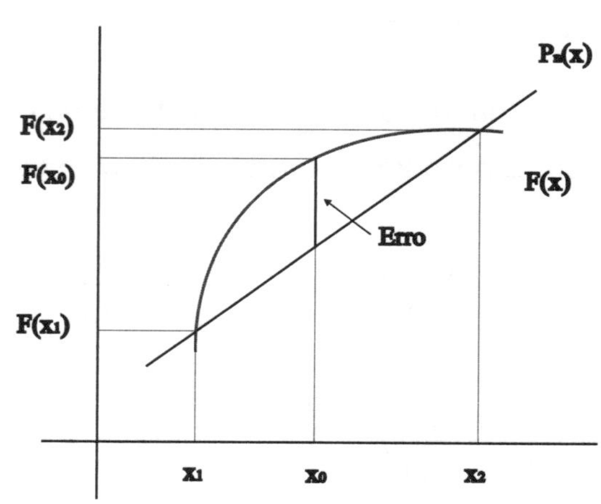

Figura 4.1: Gráfico do erro na interpolação.

Definimos a função erro (ver Figura 4.1) no intervalo [a, b] da seguinte forma:

$$E(x) = f(x) - P_n(x)$$

De forma que, para cada valor de x será encontrado o erro incorrido nesse ponto. Da forma como foi definida a função interpoladora, para cada x_i teremos $f(x_i) \approx P_n(x_i)$. Portanto:

$E(x_i) = 0$ para i = 0, 1, 2,..., n.

Também a função erro, pode ser construída da seguinte forma:

$$E(x) = (x - x_0)(x - x_1)(x - x_2)\ldots(x - x_n)g(x)$$

Onde g(x) é uma função que acontece por seu comportamento. Logo:

$$f(x) - P_n(x) - (x - x_0)(x - x_1)(x - x_2)\ldots(x - x_n)g(x) = 0 \qquad (4.4)$$

Para determinar g(x), fazemos a expressão 4.4 como uma função auxiliar R(s):

$$R(s) = f(s) - P_n(s) - (s - x_0)(s - x_1)(s - x_2)\ldots(s - x_n)g(x)$$

Observe que *x* não foi substituído na função g(x). A função R(s) é uma função em *s* e *x*, mas o que nos interessa são as variações em *s*. Examinemos os zeros da função R(s).

A variável *s* toma valores de x_0, x_1, x_2,...x_n e a função R(s) é zero nesses valores, mas também é zero se *s* = *x* em virtude da expressão 4.4. Existem no total (n+2) valores que avaliam *s* que fazem R(s) = 0. Se R(s) é contínua e diferenciável segundo o teorema do valor médio, a derivada $R'(s)$ tem (n+1) pontos em que ela se anula (teorema de Rolle). Se $R''(s)$ existe, então a função terá *n* pontos que a tornam nula e igualmente (n-1) zeros para $R'''(s)$, e assim, sucessivamente até alcançar $R^{(n+1)}(s)$, que deverá ter pelo menos um ponto que a anula no intervalo[x_0, x_n]. Chamemos a esse ponto s = ξ. Logo:

$$R^{n+1}(\xi) = 0 = \frac{d^{n+1}}{ds^{n+1}}[f(s) - P_n(s) - (s - x_0)(s - x_1)(s - x_2)\ldots(s - x_n)g(x)]_{s=\xi}$$

$$R^{n+1}(\xi) = f^{n+1}(\xi) - 0 - (n+1)!\, g(x) \qquad (4.5)$$

A equação 4.5 se produz porque a (n+1)-ésima derivada de f(s) avaliada em ξ é obvia. A (n+1)-ésima derivada de $P_n(s)$ é zero, pois cada vez que um polinômio é diferenciado, seu grau se reduz em uma unidade. Assim, a n-ésima derivada é de grau zero (uma constante) e sua (n+1)-ésima derivada também é zero. Aplicando o mesmo conceito para o polinômio de grau n+1 em s, seu último termo na (n+1)-ésima derivada é uma constante produzindo-se de s^{n+1} termos, o que é igual (n+1)!. A função g(x) é independente de *s* e passa pelas diferenciações inalterada. A forma de g(x) é:

$$g(x) = \frac{f^{n+1}(\xi)}{(n+1)!}, \ \xi \ \varepsilon \ [x_0, x_n].$$

As condições de continuidade e diferenciabilidade exigidas para R(s) são atribuídas também para f(x), porque $P_n(x)$ é contínua e diferenciável. Assim, obtemos a função do erro:

$$E(x) = (x - x_0)(x - x_1)(x - x_2)\ldots(x - x_n)\frac{f^{n+1}(\xi)}{(n+1)!} \tag{4.6}$$

Onde ξ é um valor no pequeno intervalo que contém $x_0, x_1, x_2, \ldots x_n$.

Podemos concluir que se a função f(x) é regular (tem um número pequeno de derivadas), o processo de interpolar é satisfatório. Por outro lado, se a função é irregular, podemos obter um grande número de erros quando interpolamos. Podemos concluir que na extrapolação de dados (consiste na aplicação do conceito de interpolação polinomial fora do intervalo $[x_0, x_n]$) obtém-se um maior número de erros que no processo de interpolação.

Exemplo 4.3: Em uma experiência num túnel de vento, a força sobre um projétil devido à resistência do ar, foi medida para velocidades diferentes:

Velocidade (Ft/s)	0	2	4	6	8	10
Força(Lb-f)	0	2,90	14,8	39,6	74,3	119

a) Utilize o método de Lagrande para determinar o polinômio interpolador para esse conjunto de dados e obtenha uma estimativa para a força sobre o projétil quando está se deslocando a uma velocidade de 50 Ft/s;

b) O que acontece se você tentar usar um polinômio de menor grau que 5? (Por exemplo, tente um polinômio cúbico).

Nota: 1 Ft = 30,48 cm e 1 Lb-F = 4,4822 N.

Solução: A função interpoladora terá a seguinte forma:

$$P_3(x) = a_0 + a_1x + a_2x^2 + a_3x^3 + a_4x^4 + a_5x^5$$

Realizando as operações correspondentes com quatro algarismos significativos, segundo o método de Lagrange, obtemos:

$$P_5(x) = 1,7125x - 1,1948x^2 + 0,6615x^3 - 0,0701x^4 + 0,0026x^5$$

c) Para uma velocidade de 50 x 0,3048 = 15,24 m/s, temos:

$$P_5(15,24) = 451,9261 / 4,4822 \text{ N} = 101,597 \text{ N}.$$

d) Se o polinômio fosse uma cúbica, teria a seguinte forma:

$$P_3(x) = -0,15x + 0,6375x^2 + 0,0813x^3$$

A interpolação para o valor x = 50Ft/s em $P_3(x)$ é 96,6N. Como podemos observar, a resposta do polinômio P5(x) é diferente do $P_3(x)$, pois existem pontos que são utilizados na construção de um mas não no outro, o que nos permite afirmar que quanto maior o grau do polinômio maior será sua precisão.

4.4 A função interpoladora de Gregory-Newton

Seja f:[a, b] → $\Re$, uma tabuada $T = \{x_i\}_{i=0}^{n} \subset [a, b]$, e valores correspondentes de f(x_ii) = y_i para i = 0, 1, 2,..., n. Se deseja encontrar um polinômio (P(x)) de menor grau ou igual a *n*, tal que P(x) ε P_n interpole a função em todos os pontos da tabuada, isto é:

$$P(x_i) = f(x_i) = y_i, \text{ para todo I} = 0, 1, 2, \ldots, n.$$

Este problema tem uma única solução se todos os elementos da tabuada são diferentes e os pontos da tabuada são equidistantes de forma que podem ser rearranjados numa determinada ordem.

Considere o polinômio de grau n:

$$P_n(x) = d_0 + d_1x + d_2x^2 + d_3x^3 + \ldots + d_nx^n$$

Ou:

$$P_n(x) = d_0 + (x-x_0)d_1 + (x-x_0)(x-x_1)d_2 + \ldots + (x-x_0)(x-x_1)\ldots(x-x_{n-1})d_n \quad (4.7)$$

Onde d_i é o operador de diferenças divididas de ordem *n*.

Se considerarmos $P_n(x)$ igual à função f(x) com (n+1) pontos conhecidos, então $P_n(x)$ é um polinômio interpolador com *n* coeficientes d_i. Estes coeficientes podem ser facilmente determinados se aplicamos o método das diferenças divididas a tabuada de valores.

Definição 4.1: Dada uma tabuada de pontos $\{x_i\}_{i=0}^{n}$, se definem as diferenças divididas por recorrência a:

- $f[x_i] = f(x_i)$ será a diferença dividida de ordem zero em x_i para todo i = 0, 1,..., m;
- $f[x_i, x_{i+1}, x_{i+2}, \ldots, x_{i+k}] = \dfrac{f[x_{i+1}, x_{i+2}, \ldots, x_{i+k}] - f[x_i, x_{i+1}, \ldots, x_{i+k-1}]}{x_{i+k} - x_i}$

Será a diferença dividida de ordem *k* em $x_i, x_{i+1}, \ldots, x_{i+k}$, para cada $k \geq 1$, e *i* = 0, 1,..., m-k.

Os cálculos dessas diferenças divididas se ordenam na forma de uma matriz triangular inferior.

Ordem 0. $f[x_0] = f(x_0)$;

Ordem 1. Primeira diferença dividida entre x_0 e x_1:

$$f[x_0, x_1] = \frac{f(x_1) - f(x_0)}{x_1 - x_0}$$

Ou primeira diferença dividida entre x_1 e x_2:

$$f[x_1, x_2] = \frac{f(x_2) - f(x_1)}{x_2 - x_1}$$

Em geral:

$$f[x_k, x_n] = \frac{f(x_n) - f(x_k)}{x_n - x_k}$$

Ordem 2. Os termos da segunda ordem de diferenças divididas são uma função da primeira ordem. Por exemplo:

X	*f(x)*	*ordem 1*	*ordem2*
x_0	$f(x_0)$		
		$\dfrac{f(x_1)-f(x_0)}{x_1-x_0}$	
x_1	$f(x_1)$		$\dfrac{f[x_1,x_2]-f[x_0,x_1]}{x_2-x_0}$
		$\dfrac{f(x_2)-f(x_1)}{x_2-x_1}$	
x_2	$f(x_2)$		$\dfrac{f[x_2,x_3]-f[x_1,x_2]}{x_3-x_1}$
		$\dfrac{f(x_3)-f(x_2)}{x_3-x_2}$	
x_3	$f(x_3)$		

Tabela 4.1: Tabela de ordens das diferenças divididas.

Em geral:

$$f[x_0, x_1, x_2,....., x_i] = \frac{f[x_1, x_2,....., x_i] - f[x_0, x_1,....., x_{i-1}]}{x_i - x_0} \tag{4.8}$$

A tabela de diferenças divididas usando essa notação, é mostrada na Tabela 4.2:

x_i	$f(x_i)$	$f[x_i - x_{i+1}]$	$f[x_i, x_{i-1}, x_{i+2}]$	$f[x_i, x_{i+1}, x_{i+2}, x_{i+3}]$
x_0	$f(x_0)$			
		$f[x_0 - x_1]$		
x_1	$f(x_1)$		$f[x_0, x_1, x_2]$	
		$f[x_1 - x_2]$		$f[x_0, x_1, x_2, x_3]$
x_2	$f(x_2)$		$f[x_1, x_2, x_3]$	
		$f[x_2 - x_3]$		$f[x_1, x_2, x_3, x_4]$
x_3	$f(x_3)$		$f[x_2, x_3, x_4]$	
		$f[x_3 - x_4]$		

x_4	$f(x_4)$

Tabela 4.2: Tabela de diferenças divididas em notação matricial.

Os valores d_i da expressão 4.7 podem ser deduzidos conforme a Tabela 4.1.

Para:

$x = x_0$ → $P_n(x_0) = a_0$

$x = x_1$ → $P_n(x_1) = a_0 + (x_1 - x_0)a_1$

→ $P_n(x_1) = f[x_0] + (x_1 - x_0)\, f[x_0, x_1]$

$x = x_2$ → $P_n(x_2) = a_0 + (x_2 - x_0)a_1 + (x_2 - x_0)(x_2 - x_1)\, d_2$

→ $P_n(x_2) = f[x_0] + (x_2 - x_0)\, f[x_0, x_1] + (x_2 - x_0)(x_2 - x_1)\, f[x_0, x_1, x_2]$

$x = x_n$ → $P_n(x_n) = a_0 + (x_n - x_0)a_1 + (x_n - x_0)(x_n - x_1)a_2 + \ldots$
$+ (x_n - x_0)(x_n - x_1)\ldots(x_n - x_{n-1})a_n$

→ $P_n(x_n) = f[x_0] + (x_n - x_0)f[x_0, x_1] + (x_n - x_0)(x_n - x_1)\, f[x_0, x_1, x_2] + \ldots$
$+ (x_n - x_0)(x_n - x_1)\ldots\, f[x_0, x_1, x_2, \ldots, x_n]$

Como $P_n(x)$ é o polinômio interpolador, então a tabela deve ter (n+1) elementos:

$P_n(x) = f_i$, para i = 0, 1, 2,..., n.

Para a primeira equação, temos:

$P_n(x_0) = a_0 = f[x_0]$

$P_n(x_1) = f[x_0] + (x_1 - x_0)\, f[x_0, x_1] = f_1$

$P_n(x_2) = f[x_0] + (x_2 - x_0)\, f[x_0, x_1] + (x_2 - x_0)(x_2 - x_1)\, f[x_0, x_1, x_2] = f_2$

...

$P_n(x_n) = f_n$

As diferenças divididas permitem realizar um cálculo ordenado e também estabelecer as seguintes propriedades.

Propriedade 4.1:

$$f[x_i, x_{i+1}, x_{i+2},\ldots, x_{i+k}] = \sum_{j=i}^{i+k} \frac{f(x_j)}{\prod_{\substack{p=i \\ p\neq j}}^{i+k}(x_j - x_p)}$$

O que é igual a expressão 4.8.

Propriedade 4.2: O método das diferenças divididas não varia ante às permutações dos elementos da tabela, ou seja, a ordem dos argumentos $x_i, x_{i+1},\ldots, x_{i+k}$ é irrelevante.

Propriedade 4.3. As (n+1) diferenças divididas $f[x_0]$, $f[x_0, x_1]$, $f[x_0, x_1, x_2]$,..., $f[x_0, x_1,\ldots, x_n]$ são os coeficientes do polinômio interpolador de Newton. Por recorrência, os polinômios de Newton têm a seguinte forma:

$$P_0(x) = f[x_0] \quad (4.9)$$

$$P_k(x) = P_{k-1}(x) + f[x_0, x_1, x_2,\ldots, x_k]\prod_{i=0}^{k-1}(x - x_i), \text{ para todo } 1 \leq k \leq n. \quad (4.10)$$

Assim, o polinômio $P_k(x)$ será o polinômio interpolador da função f(x) numa tabuada de valores.

Propriedade 4.4: Se f(x) ε P_n, então, todas as diferenças divididas de ordem maior que *n*, baseadas numa tabuada de valores serão iguais a zero.

Observação: Os pontos x_0, x_1, x_2,..., x_n não necessariamente devem seguir uma ordem estabelecida na tabela de valores, ou seja, a ordem das diferenças divididas não variam quando os argumentos (x_i) são permutados. No entanto, os coeficientes do polinômio interpolador são as diferenças divididas que correspondem à diagonal superior da Tabela 4.1 ou 4.2.

Exemplo 4.4: Considere os dados da tabela seguinte:

x_i :	-1	0	1	2	3	4
$f(x_i)$:	-4	0	0	8	40	60

a) Calcule o polinômio interpolador de Gregory-Newton de maior grau possível;

b) Estime a função do erro cometido na determinação do polinômio.

Solução: A tabela de diferenças divididas é a seguinte:

x_i	$f(x_i)$	Ordem 1	Ordem 2	Ordem 3	Ordem 4	Ordem 5
-1	-4					
		4				
0	0		-2			
		0		2		
1	0		4		1/6	
		8		8/3		-7/15
2	8		12		-13/6	
		32		-18/3		
3	40		-6			
		20				
4	60					

(a) O polinômio interpolador será:

$$P_5(x) = -4 + 4(x+1) - 2(x+1)(x) + 2(x+1)(x)(x-1) + 1/6(x+1)(x)(x-1)(x-2) - 7/5\,(x+1)(x)(x-1)\,(x+1)(x-2)(x-3)$$

(b) O erro não pode ser calculado, pois só sabemos alguns pontos da função f(x) e não sua expressão. Mas, quando se tem uma tabela extensa de dados, podemos utilizar a seguinte expressão como forma de estimar o erro incorrido no cálculo do polinômio para um ponto *x*:

$$E_n(x) \approx \prod_{i=0}^{n} (x - x_i) f[x_0, x_1, \ldots, x_n, x_{n+1}]$$

Para nosso caso, temos:

$$E_5(x) \approx \prod_{i=0}^{5} (x - x_i) f[x_0, x_1, x_2, x_3, x_4, x_5, x_6]$$

Fazendo as operações correspondentes, obtemos:

$$E_5(x) \approx -\frac{42x}{15} + \frac{63}{15}$$

No exemplo 4.4, observamos que a construção do polinômio demanda o anelamento de fatores que se multiplicam. Esse processo de formação pode ser utilizado para deduzir outros polinômios, por exemplo, $P_4(x)$, $P_3(x)$, $P_2(x)$, ..., etc., reduzindo os fatores correspondentes do polinômio $P_5(x)$. Por outro lado, um polinômio de maior grau, pode ser construído aproveitando as operações aritméticas de polinômios de menor grau. Em particular, o método de Lagrange difere desse método porque existem muitas operações aritméticas que não são aproveitadas. A adição ou subtração de um ponto na construção de um polinômio interpolador exige que todos os cálculos sejam refeitos.

Exemplo 4.5: Deseja-se construir um acesso sobre uma via expressa à uma altura *h*, a partir de um ponto que se encontra à uma distância *L*, como é mostrado na Figura 4.2.

A pendente da subida não deve ter um ângulo maior que 45° e as laterais ou juntas de acesso, devem ter uma correspondência com uma função que tenha sua primeira derivada contínua.

Encontre a função interpoladora pelo método de Gregory-Newton que represente a subida e determine a distância mínima de *L* que estará à subida para que a pendente satisfaça a restrição do problema:

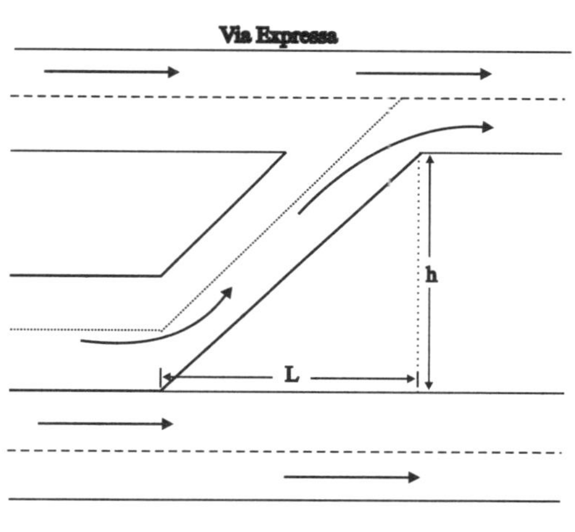

Figura 4.2: Representação esquemática do exemplo 4.5.

Solução. Seja $P_n(x) = f(h, L)$, a função interpoladora que representa o acesso sobre a via expressa. As condições de interpolação deste problema são quatro:

Ponto B. P (L = 0, h) = h;

Ponto C. P (L, h = 0) = 0;

$$\frac{dP}{dL}(L = 0, h) = h$$

$$\frac{dP}{dL}(L, h = 0) = 0$$

Logo, a tabela de valores é:

L	f(xᵢ)	Ordem 1	Ordem 2	Ordem 3
0	h			
		0		
0	h		- h/l²	
		-h/l		2h/l³
l	0		h/l²	
		0		
l	0			

Logo, obtemos:

$$P(x) = h - x^2 \frac{h}{l^2} + x^2(x - l)\frac{2l}{l^3}$$

A máxima pendente é obtida em $P''(x_0) = 0$:

$$P'(x) = -\frac{2xh}{l^2} + \frac{6x^2h}{l^3} - \frac{4xh}{l^2}$$

$$P''(x) = -\frac{2h}{l^2} + \frac{12xh}{l^3} - \frac{4h}{l^2} = 0$$

Portanto:

$$x_0 = l/2$$

$$P''(x_0) = -\frac{3h}{2l} \leq tag(45) = 1$$

Para que a subida não seja mais pronunciada que o permitido, deve-se cumprir:

$$l \geq \frac{3h}{2}$$

4.4.1 Diferenças ascendentes e descendentes

A interpolação de um conjunto de valores tabulada pode ser simplificada se os valores (x_i) da função fossem espaçados uniformemente. A Tabela 4.3 mostra um conjunto de valores (x, f(x)) equidistantes em *x*. A tabela de diferenças finitas seria:

x_i	$f(x_i)$	$\Delta f(x)$	$\Delta^2 f(x)$	$\Delta^3 f(x)$	$\Delta^4 f(x)$
1	0				
		1,5			
3	1,5		-1,1		
		0,4		-1,5	
5	1,9		0,4		1,4
		0,8		-0,1	
7	2,7		0,3		
		1,1			
9	3,8				

Tabela 4.3: Tabela de diferenças finitas.

Cada elemento da coluna da direita de f(x) é calculada a partir da diferença entre os dois valores da coluna da esquerda. Os primeiros valores da coluna (f(x), Δf(x), Δ^2f(x),..., etc.) representam os coeficientes do polinômio interpolador. Os índices subscritos no símbolo (Δ) indicam a ordem da diferença dividida. O valor subscrito em f(x) representa a variável independente *x* avaliando a função, por exemplo, $f_3 = f(x_4)$.

Ordem 1:

$\Delta f_0 = f(x_1) - f(x_0)$; $\Delta f_1 = f(x_2) - f(x_1)$; $\ldots \Delta f_n = f(x_{n+1}) - f(x_n)$;

Ordem 2:

$\Delta^2 f_1 = \Delta(\Delta f_1) \quad = \Delta f(x_2) - \Delta f(x_1);$

$= \Delta f_2 - \Delta f_1;$

$= f(x_3) - f(x_2) - (f(x_2) - f(x_1))$

$= f_3 - 2f_2 + f_1$

Na forma de índice, seria:

$\Delta^2 f_i \quad = f_{i+2} - 2f_{i+1} + f_i$

Ordem 3:

$\Delta^3 f_1 = \Delta(\Delta^2 f_1) \quad = f_4 - 3f_3 + 3f_2 - f_1$

$\Delta^3 f_i \quad = f_{i+3} - 3f_{i+2} + 3f_{i+1} - f_i$

...

$$\Delta^n f_i \quad = f_{i+n} - n\, f_{i+n-1} + \frac{n(n-1)}{2!} f_{i+n-2} - \frac{n(n-1)(n-2)}{3!} f_{i+n-3} + \ldots \tag{4.11}$$

Os coeficientes do polinômio da expressão 4.11 são uma família de arranjos da expansão binomial.

Uma função polinômica torna-se interpoladora quando, a partir de um conjunto de dados (x, f(x)), podendo aproximar valores de uma função f(x). Isto é obvio, o problema consiste em encontrar um polinômio de grau *n* ($P_n(x)$) de forma simples que passe por (n+1) pares de pontos.

A expressão mais simples do polinômio interpolador de Gregory-Newton para *n* diferenças ascendentes que passa por um conjunto de pontos equidistantes é:

$$P_n(x_s) = f_0 + s\Delta f_0 + \frac{s(s-1)}{2!}\Delta^2 f_0 + \frac{s(s-1)(s-2)}{3!}\Delta^3 f_0 + \ldots$$

$$P_n(x_s) = f_0 + \binom{s}{1}\Delta f_0 + \binom{s}{2}\Delta^2 f_0 + \binom{s}{3}\Delta^3 f_0 + \ldots \tag{4.12}$$

Onde $\binom{s}{n}$ significa o número de combinações de *s* objetos tomados em *n* tempos, o que é igual aos coeficientes representados como taxas de fatorial na expressão 4.11. A atribuição de valores a *i* e *s*, na expressão 4.11, fazem que $P_n(x)$ seja igual aos coeficientes declarados na Tabela 4.2.

Para i = 0, 1, 2, ..., n.

Quando s = 0:

$$P_n(x_0) = f_0$$

Quando s = 1:

$$P_n(x_1) = f_0 + \Delta f_0 = f_0 + f_1 - f_0 = f_1$$

Quando s = 2:

$$P_n(x_2) = f_0 + 2\Delta f_0 + \Delta^2 f_0 = f_2$$

Quando s = 3:

$$P_n(x_3) = f_0 + 3\Delta f_0 + \Delta^2 f_0 + \Delta^3 f_0 = f_3$$

De forma semelhante, podem ser obtidos todos os $P_n(x)$ formados segundo a expressão (4.12) para todos os (n+1) pontos. Nessa expressão, podemos observar que todas as diferenças descem numa linha diagonal começando por f_0 como na Tabela 4.2.

No problema de interpolação temos observado que tanto a função f(x) como o polinômio interpolador passam pelos mesmos pontos tabulados em x; o que nos faz pensar que eles também poderiam passar pelos pontos intermediários em x; mas devemos lembrar que eles não são a mesma função. Portanto, devemos esperar que exista um erro no processo de interpolação de um valor.

A expressão 4.12 é melhor utilizada, quando se deseja determinar um polinômio interpolador com uma tabuada de valores fracionários. Assim, o valor de *s* para um determinado valor de *x* e com uma amplitude (*h*) entre os diferentes valores de *x* é:

$$s = \frac{x - x_0}{h}$$

Exemplo 4.6: A função y = f(x) passa pelos pontos segundo a seguinte tabela:

x_i :	-0,1	0.1	0,3	0,5
$F(x_i)$:	1	0,761	0,061	-0,376

a) Determinar o polinômio interpolador de Gregory-Newton de terceiro grau por diferenças divididas ascendentes;

b) Calcular o valor $P_3(0,35)$;

Solução: A tabela de diferenças divididas tem a seguinte forma:

x_i	$f(x_i)$	$\Delta f(x)$	$\Delta^2 f(x)$	$\Delta^3 f(x)$
-0,1	1			
		-0,239		
0,1	0,761		-0,461	
		-0,70		0,724
0,3	0,061		0,263	
		-0,437		
0,5	-0,376			

Logo, f0 = 1; Δf_0 = -0,239; $\Delta^2 f_0$ = -0,461; $\Delta^3 f_0$ = 0,724.

O valor de *s* é:

$$s = \frac{x - x_0}{h} = \frac{0{,}35 - (-0{,}1)}{0{,}2} = 2{,}25$$

O polinômio formado é:

$P_3(x)$ = 1+ (-0,239) (x + 0,1) + (-0,461) (x + 0,1) (x – 0,1) +

(0,724)(x + 0,1)(x - 0,1)(x - 0,3)

Aplicando os valores obtidos da tabela de diferenças divididas à expressão 4.12, temos:

$$P_3(0{,}35) = 1 + (2{,}25)(-0{,}239) + \frac{(2{,}25)(2{,}25-1)}{2!}(-0{,}461) + \frac{(2{,}25)(2{,}25-1)(2{,}25-2)}{3!}(0{,}724)$$

$P_3(0{,}35) = \quad 1 - 0{,}53775 - 0{,}64828 + 0{,}08484$

$P_3(0{,}35) = \quad 0{,}10119$

O valor obtido em $P_3(0{,}35)$ com cinco algarismos significativos contém um erro no seu cálculo, pois o polinômio não é uma perfeita representação da função verdadeira. Embora um polinômio de maior grau não vá melhorar o estimado da função, e sim reduzir significativamente o erro calculado.

Algumas vezes, é conveniente expressar o polinômio interpolador de outra forma. Assim, o polinômio de Gregory-Newton descendente será:

$$P_n(x) = f_0 + \binom{s}{1}\Delta f_{-1} + \binom{s+1}{2}\Delta^2 f_{-2} + \binom{s+2}{3}\Delta^3 f_{-3} + \binom{s+3}{4}\Delta^4 f_{-4} + \ldots \qquad (4.13)$$

i	x_i	$f(x_i)$	$\Delta f(x)$	$\Delta^2 f(x)$	$\Delta^3 f(x)$	$\Delta^4 f(x)$	$\Delta^5 f(x)$
-4	x_{-4}	f_{-4}					
			Δf_{-4}				
-3	x_{-3}	f_{-3}		$\Delta^2 f_{-4}$			
			Δf_{-3}		$\Delta^3 f_{-4}$		
-2	x_{-2}	f_{-2}		$\Delta^2 f_{-3}$		$\Delta^4 f_{-4}$	
			Δf_{-2}		$\Delta^3 f_{-3}$		$\Delta^5 f_{-4}$
-1	x_{-1}	f_{-1}		$\Delta^2 f_{-2}$		$\Delta^4 f_{-3}$	
			Δf_{-1}		$\Delta^3 f_{-2}$		$\Delta^5 f_{-3}$
0	x_0	f_0		$\Delta^2 f_{-1}$		$\Delta^4 f_{-2}$	
			Δf_0		$\Delta^3 f_{-1}$		

1	x_1	f_1		$\Delta^2 f_0$
			Δf_1	
2	x_2	f_2		

Tabela 4.4: Tabela de diferenças finitas simbólicas.

Onde a variável *i* indica o sub-índice de *x*.

Este polinômio de diferenças descendentes é igual ao polinômio de Gregory-Newton de diferentes formas. Refaçamos o exemplo 4.6 e consideremos x_0 = 0,5, assim:

$$s = \frac{x - x_0}{h} = \frac{0{,}35 - (-0{,}5)}{0{,}2} = -0{,}75$$

Ajustando os valores tabelados ao polinômio de terceiro grau, temos:

$$P_3(0{,}35) = (-0{,}376) + (-0{,}75)(-0{,}437) + \frac{(0{,}25)(-0{,}75)}{2!}(0{,}263) + \frac{(1{,}25)(0{,}25)(-0{,}75)}{3!}(0{,}724)$$

$P_3(0{,}35) =$ -0,376 + 0,32775 –0,02466 – 0,02828

$P_3(0{,}35) =$ 0,10119

Como podemos observar os resultados são iguais.

Muitos livros descrevem que o polinômio ascendente de Gregory-Newton deve começar no início da tabela de dados e o polinômio descendente só no final da tabela. As deduções, experiências e exemplos mostram que ambas as fórmulas podem ser utilizadas de qualquer forma na tabela, sempre e quando o sub índice em x seja bem representado. De qualquer forma, os resultados em polinômios são iguais, pois finalizam na mesma entrada de diferenças finitas. A forma de Gregory-Newton de diferenças ascendentes é mais utilizada, uma vez que podemos aumentar o grau do polinômio incrementando um termo à expressão.

4.4.2 O Erro na interpolação

Um polinômio interpolador é uma aproximação de uma função f(x). A predição de valores não tabulados normalmente contém erros, embora ambas funções passem pelos mesmos pontos.

Na seção 4.4, deduzimos a expressão do erro para um polinômio interpolador e observamos que todos os polinômios de grau *n* que passam pelos (n+1) pontos tabulados são semelhantes. Essa expressão é:

$$E(x) = (x - x_0)(x - x_1)(x - x_2)...(x - x_n)\frac{f^{n+1}(\xi)}{(n+1)!}$$

Onde ξ ε $[x_0, x_n]$.

Vamos modificar a expressão em função de $s = \dfrac{x - x_0}{n}$ para fazê-la mais compatível com o polinômio de Gregory-Newton. Sabemos que:

$x_1 = x_0 + h;$ $\qquad$ $x_2 = x_0 + 2h;...$

$x - x_0 = sh$

$x - x_1 = sh - h = h(s - 1)$

$x - x_2 = sh - 2h = h(s - 2)$

$x - x_3 = sh - 3h = h(s - 3)$

...

Logo, a equação se torna:

$$E(x_s) = (sh)(h)(s-1)(h)(s-2)...(h)(s-n)\frac{f^{n+1}(\xi)}{(n+1)!}$$

$$E(x_s) = (s)(s-1)(s-2)...(s-n)\,h^{n+1}\frac{f^{n+1}(\xi)}{(n+1)!}$$

$$E(x_s) = \binom{s}{n+1} h^{n+1} f^{n+1}(\xi) \qquad (4.14)$$

onde ξ ε $[x_0, x_n, x_s]$.

Na expressão 4.12, observamos que no polinômio de Newton ascendente de n-ésimo grau, o seguinte termo depois do último é $\binom{s}{n+1} h^{n+1} f_0$. O termo erro da expressão 4.14 pode ser colocado na expressão ao substituir $h^{n+1} f^{n+1}(\xi)$ para as (n+1) diferenças. A expressão formada é valida para o polinômio de Gregory-Newton e todos os polinômios formados.

Exemplo 4.7: Calcular o valor aproximado de $e^{0,33}$ e seu erro de estimação, usando o polinômio interpolador de Gregory-Newton de terceiro grau. Utilize os dados da função e^x mostrados na tabela seguinte para predizer o valor da função:

x_i :	0	0,2	0,4	0,6	0,8
$F(x_i)$:	1	1,2214	1,4918	1,8221	2,2255

Solução: A tabela de diferenças ascendentes é:

x_i	$f(x_i)$	$\Delta f(x)$	$\Delta^2 f(x)$	$\Delta^3 f(x)$	$\Delta^3 f(x)$
0	1				
		0,214			
0,2	1,2214		0,049		
		0,2704		0,0109	
0,4	1,4918		0,0599		0,0023
		0,3303		0,0132	
0,6	1,8221		0,0731		
		0,4034			
0,8	2,2255				

Tomando $x_0 = 0$ e fazendo s = (0,33 – 0) / 0,2 = 1,65:

$$P_3(0{,}33) = 1 + (1{,}65)(0{,}2214) + \frac{(1{,}65)(0{,}65)}{2!}(0{,}049) +$$
$$\frac{(1{,}65)(0{,}65)(-0{,}35)}{3!}(0{,}0109)$$

$P_3(0,33) = \quad 1 + 0,36531 + 0,02628 - 0,00068$

$P_3(0,33) = \quad 1,3909044$

$$Erro = \frac{(1,65)(0,65)(-0,35)(-1,35)}{4!}(0,2)^4\, e^{\xi}$$

O valor do erro de truncamento não pode ser calculado porque não se conhece o valor do ponto ξ; apenas sabemos que ele se encontra entre 0 e 0,6. Mas o erro pode ser delimitado usando o valor do intervalo inferior e superior:

$$Erro \geq 3,37837x10^{-5}(e^{0}) = 3,37837x10^{-5}$$

$$Erro \leq 3,37837x10^{-5}(e^{0,6}) = 6,1558x10^{-5}$$

O erro verdadeiro é 6,0 x 10^{-5} trabalhando com cinco casas decimais e ainda se encontra como esperávamos no intervalo considerado. O erro obtido é denominado de truncamento e, normalmente, aparece porque não trabalhamos com polinômios de grau infinito.

Por outro lado, o erro de arredondamento aparece de forma embutida no resultado final das operações. Ele é produto do efeito acumulativo dos erros de arredondamento cometidos na execução das operações aritméticas e no tabelamento dos dados iniciais. Esse erro de arredondamento poderá ser reduzido se trabalhássemos com um número suficientemente grande de casas decimais.

Em geral, o erro de truncamento produzido na interpolação de um número poderá ser reduzido quando a tabuada de valores está centralizada no valor a interpolar ou quando se incrementa o grau do polinômio. Em contra partida, nessa última situação, o erro de arredondamento tende a perturbar as diferenças na tabela de dados conforme aumenta a ordem das diferenças divididas.

Normalmente, no processo de interpolação, a função não é conhecida e portanto difícil de encontrar os limites de $f^{n+1}(\xi)$. A seguinte expressão pode ser utilizada para calcular o erro na interpolação pelo desconhecimento da função f(x) e quando a amplitude das (n+1) diferenças não é grande;

$$f^{n+1}(x) = \frac{\Delta^{n+1} f(x)}{h^{n+1}} \tag{4.15}$$

Usando a expressão 4.15 no exemplo 7.7 para um polinômio de terceiro grau no intervalo de x0 = 0 a x4 = 0,6, obtemos:

$$Erro = \frac{(1{,}65)(0{,}65)(-0{,}35)(-1{,}35)}{4!}(0{,}0023)$$

Erro = 4,855641 x 10^{-5}

Observamos que o valor do erro obtido está mais perto do valor verdadeiro, por isso é recomendado trabalhar com essa expressão, pois para as expressões 4.6 e 4.14 são necessárias às derivadas da função.

Para concluir, o erro de truncamento poderá ser reduzido de duas formas: quando fazemos o intervalo da função f(x) simétrico com relação a um ponto de interpolação e quando trabalhamos com um polinômio de mais alto grau.

4.5 A interpolação Inversa

Uma ferramenta básica na solução de uma equação não linear (f(x)) é a interpolação inversa. A solução de uma função zero é um exemplo de um problema comum numérico em engenharia. Outro caso ocorre no processo de integração numérica de uma equação diferencial ordinária, onde procuramos conhecer o valor de uma variável, na qual a dependente é zero. A interpolação inversa conceitualiza uma forte metodologia para encontrar os zeros ou algum valor das funções.

Consideremos uma função f(x), cujo zero (ou zeros) desejamos encontrar e suponhamos que f(x) está representada numa tabuada de valores, os quais não necessariamente estão espaçados uniformemente. Assim, temos:

x_i	x_1	x_2	...	x_{n-1}	x_n
$y = f(x_i)$	$f(x_1)$	$f(x_2)$	...	$f(x_{n-1})$	$f(x_n)$

Suponhamos que no intervalo $[x_n, x_n]$, f(x) satisfaça as condições do teorema da função inversa (por exemplo, em particular $f^{'}(x) \neq 0$), onde x = g(y), de tal forma que g(α) é o mesmo que achar o valor de α de f(x). Para estimar $g(\alpha)$, vamos reescrever a tabuada de nós de interpolação da seguinte forma:

y_i	$f(x_1)$	$f(x_2)$	...	$f(x_{n-1})$	$f(x_n)$
$x = g(y_i)$	x_1	x_2	...	x_{n-1}	x_n

Na tabela reformulada, observamos no contexto da interpolação, que $f(x_1)$, $f(x_2)$, ..., $f(x_n)$ são os pontos tabulados da variável independente y (em geral, com espaços diferenciados irregularmente) e x_1, x_2,..., x_n são os valores da função nesses pontos. Existem duas abordagens para tratar este problema. No primeiro caso, podemos usar o polinômio interpolador de Lagrange ou de diferenças divididas para aproximar f(y) a uma função polinomial e logo, interpolando num ponto *y* encontramos a aproximação desejada para a função g(y). Essas duas abordagens são bem qualificadas, mas em certos casos, os resultados obtidos não se ajustam ao valor real, pois o valor *x* considerado como a função de *y* não são bem aproximadas pelo polinômio.

A segunda abordagem consiste em representar *y* como um polinômio em função de *x* e logo, aplicar qualquer método desenvolvido neste capitulo para encontrar esse polinômio.

O erro na interpolação inversa pode ser representado em termos de g(y), utilizando a expressão do erro na interpolação de Lagrange:

$$E(y) = \left[\frac{P_n(y)}{n!}\right] g^n(\xi)$$

As derivadas da função g(y) podem ser expressas em termos de f(x), embora este relacionamento não seja simples, existe a força de $f'(x)$ no denominador de cada derivada de g(y). Exemplo;

$$g'(y) = \frac{1}{f'(x)} \qquad g''(y) = -\frac{f''(x)}{[f'(x)]^3}$$

Exemplo 4.8: A tabela seguinte representa os pontos de uma função y = f(x). Achar o valor aproximado de *x* para seu correspondente valor da função y = 1, utilizando a interpolação inversa:

x_i	0	1	2	3	4
$y = f(x_i)$	-1,53	-2,34	0,41	0,88	1,85

Solução: Para resolver o problema, vamos aplicar o método das diferenças divididas utilizando x_0 = 0:

x_i	$f(x_i)$	$\Delta f(x)$	$\Delta^2 f(x)$	$\Delta^3 f(x)$	$\Delta^4 f(x)$
0	-1,53				
		-0,81			
1	-2,34		3,56		
		2,75		-5,84	
2	0,41		-2,28		8,62
		0,47		2,78	
3	0,88		0,50		
		0,97			
4	1,85				

Logo, o polinômio formado de diferenças divididas será:

$$P_4(x) = -1{,}53$$

$$-0{,}81(x)$$

$$1{,}78(x)\,(x-1)$$

$$-0{,}97333(x)\,(x-1)\,(x-2)$$

$$0{,}35917(x)\,(x-1)\,(x-2)\,(x-3)$$

Ou:

$$P_4(x) = 0{,}35917x^4 - 3{,}12835x^3 + 8{,}65085x^2 - 6{,}69168x - 1{,}53$$

A solução do problema encontra-se quando achamos a raiz do polinômio $P_4(x)$ perto de 3,5:

f(x) = 1 - P_4(x) = 0

O algoritmo do método de Newton-Raphson é utilizado para achar o valor da raiz tomando como valor inicial 3,5. Os resultados são mostrados na Tabela 4.5.

PROGRAMA QUE CALCULA AS RAÍZES DE UMA EQUAÇÃO
PELO MÉTODO DE NEWTON-RAPHSON
Escrever o valor inicial (x_0): 3,5;
Fornecer o máximo erro absoluto: 0,001
RESULTADOS:

N	x	$x_n - x_{n-1}$	$f(x)$
1	3,50000	0,42020	-0,20803
2	3,92020	-0,15641	0,54100
3	3,76379	-0,05405	0,11242
4	3,70974	-0,00648	0,01091
5	3,70326	-0,00009	0,00015

Nesse intervalo, encontramos a raiz: 3,70326
O numero de iterações feitas é: 5
O valor do Erro (X) é: -0,00009
O valor do Erro (Y) é: 0,00015

Tabela 4.5: Resultados de aplicar o M. de Newton-Raphson ao Exemplo 4.8.

A Tabela (4.5) mostra que a raiz obtida usando cinco algarismos significativos, é 3,70326. Assim, para um valor de y = 1 encontramos um valor a x = 3,70326.

4.6 A interpolação de Hermite

Seja um $T = \{x_i\}_{i=0}^{n}$ um conjunto de valores com suas respectivas associações em f(x) e derivadas $f'(x)$ nos (n+1) pontos da tabela de dados. Portanto são conhecidos $f(x_0), f'(x_0), f(x_1), f'(x_1), \ldots f(x_n), f'(x_n)$ de forma que existem 2(n+1) valores reais, tais que:

$$y_i = f(x_i) \quad e \quad y'(x_i) = f'(x_i) \quad \forall\, i = 1, 2, \ldots, n$$

A interpolação Hermite, consiste em encontrar um polinômio de um determinado grau que interpole uma função e sua derivada numa tabuada de valores, isto é, a metodologia representa um polinômio, tal que:

$$(a) \quad p(x_i) = f(x_i) \quad \forall\, i = 0, 1, 2, \ldots, n$$

$$(b) \quad p'(x_i) = f'(x_i) \quad \forall\, i = 0, 1, 2, \ldots, n$$

As condições a e b são independentes no processo de interpolação. Como temos 2n+2 valores, então, o polinômio que procuramos é de grau menor ou igual a P_{2n+1}. Esse polinômio é único e denominado Hermite. Ele pode ser representado da seguinte forma:

$$H_n(x) = \sum_{i=0}^{n} y_i\, h_i(x) + \sum_{i=0}^{n} y_i'\, \widetilde{h}_i(x) \tag{4.16}$$

Onde $h_i(x)\ e\ \widetilde{h}_i(x)\ \varepsilon\ P_{2n+1}$, $\forall i = 0, 1, \ldots n$, tais que:

$$\forall i = 0, 1, \ldots n \quad e \quad \forall k = 0, 1, \ldots n \begin{cases} h_i(x_k) = \delta_{ik} \\ h_{ii}'(x_k) = 0 \\ \widetilde{h}_i(x_k) = 0 \\ \widetilde{h}_i'(x_k) = \delta_{ik} \end{cases}$$

E são expressados como funções polinomiais básicas de Lagrange definidos em 4.1 e 4.3:

$$h_i(x) = [1 - 2\,L_i(x)(x - x_i)]\,(L_i(x))^2 \quad \forall\, i = 1, 2, \ldots, n$$

$$\widetilde{h}_i(x) = (x - x_i)\,(L_i(x))^2 \qquad \forall i = 1, 2, \ldots, n \tag{4.17}$$

A unicidade do polinômio de Hermite pode ser demonstrada da seguinte forma:

Seja os polinômios p(x) e q(x) ε P_{2n+1} tal que:

$$p(x_i) = y_i = q(x_i)$$

$$p'(x_i) = y_i' = q'(x_i) \qquad \forall i = 1, 2, \ldots, n$$

Se g(x) = p(x) – q(x) ε P_{2n+1} de forma que g(x_i) = 0, para i = 0, 1, ..., n, ou seja, os pontos x_i são as raízes da função g(x_i), então a função g(x) pode ser fatorizada:

$$g(x) = \prod_{i=0}^{n}(x - x_i)\,h(x), \qquad h\,\varepsilon\,P_n$$

De forma que:

$$g'(x) = w'(x)h(x) + w(x)h'(x)$$

Onde $w(x) = \prod_{i=0}^{n}(x - x_i)$.

Uma das características da interpolação é (condição do erro da função):

g(x) = p(x) – q(x)

Aplicando a derivada, teríamos:

$$g'(x_i) = p'(x_i) - q'(x_i) = y_i' - y_i' = 0, \qquad \forall i = 1, 2, \ldots, n$$

Como w(x_i) = 0 $\forall i = 0, 1, \ldots n$, então temos:

$$g'(x_i) = w'(x_i)h'(x_i) = 0, \qquad \forall i = 1, 2, \ldots, n \qquad (4.18)$$

Mais:

$$w'(x) = \sum_{k=0}^{n}\prod_{\substack{j=0\\ j\neq k}}^{n}(x - x_j) \quad e \quad w'(x_i) = \prod_{\substack{j=0\\ j\neq i}}^{n}(x_i - x_j) \neq 0, \qquad \forall i = 1, 2, \ldots, n \qquad (4.19)$$

Da expressão 4.18, deduzimos que h(x) = 0, ou seja, os (n+1) pontos (x_i) também são raízes de h(x) ε P_n. Esta condição implica que:

$$g(x) = w(x)h(x) = 0, \qquad \forall x$$

O que equivale a dizer que:

$$p(x) = q(x), \qquad \forall x$$

Da expressão 4.19 juntamente com a função auxiliar (w(x)) podemos escrever o i-ésimo polinômio de Lagrange:

$$L_i(x) = \frac{w(x)}{(x - x_i)\, w'(x_i)}, \qquad \forall i = 1, 2, \ldots, n \tag{4.20}$$

Assim, obtemos a expressão de outro polinômio que resolve o problema de Hermite, como um polinômio de Newton com pontos repetidos:

x_i :	x_0	x_0	x_1	x_1	...	x_n	x_n
$f(x_i)$:	y_0	y_0	y_1	y_1	...	y_n	y_n

Da mesma forma como foi deduzida a expressão do erro de truncamento para o polinômio interpolador de Lagrange e das diferenças definidas, a expressão 4.6 também serve para os mesmos propósitos na função interpoladora de Hermite. Assim, f(x) : [a, b] → $\Re$, contínua em todo o domínio da função, então existe ξ ε [a, b] tal que:

$$E(x) = f(x) - H(x) = \prod_{i=0}^{n} (x - x_i)^2 \frac{f^{2n+2}(\xi)}{(2n+2)!}, \qquad \xi\, \varepsilon\, [x_0, x_n] \tag{4.21}$$

Exemplo 4.9: Dada a seguinte tabela de valores da função $f(x) = e^{x/2}$:

x_i :	0	1	2	3
$f(x_i)$:	1	1,6487	2,7183	4,4817

a) Determine o polinômio pela interpolação de Hermite de maior grau que passa pelos pontos tabelados, pela forma de Hermite;

b) Determine o valor de $P_3(1,5)$;

c) Delimite o erro de truncamento no calculo $P_3(1,5)$.

Solução: A nova tabela de dados, incluindo a primeira derivada da função f(x), será:

x_i	0	1	2	3
$f(x_i)$	1	1,6487	2,7183	4,4817

$f'(x_i)$	0,5	0,8236	1,3591	2,2408

A função polinômica de Hermite é:

$$H_n(x) = \sum_{i=0}^{n} y_i \; h_i(x) + \sum_{i=0}^{n} y_i' \; \widetilde{h}_i(x)$$

Como o polinômio interpolador depende de $h_i(x) \, e \, \widetilde{h}_i(x)$ e das funções básicas de Lagrange ($L_i(x)$) e de suas derivadas ($L_i'(x)$), então vamos representar essas funções básicas na Tabela 4.6:

i	$L_i(x)$	$L_i'(x)$	$(L_i(x))^2$
0	$-0{,}1\widehat{6}x^3 + x^2 - ,8\widehat{3}x + 1$	$-0{,}5x^2 + 2x - 1{,}8\widehat{3}$	$0{,}25x^4 - 2x^3 + 5{,}8\widehat{3}x^2 - 7{,}\widehat{3}x + 3{,}3611$
1	$0{,}5x^3 - 2{,}5x^2 + 3x$	$1{,}5x^2 - 5x + 3$	$0{,}25x^6 - 2{,}5x^5 + 9{,}25x^4 - 15x^3 + 9x^2$
2	$-0{,}5x^3 + 2x^2 - 1{,}5x$	$-1{,}5x^2 + 4x - 1{,}5$	$0{,}25x^6 - 2x^5 + 5{,}5x^4 - 6x^3 + 2{,}25x^2$
3	$0{,}1\widehat{6}x^3 - 0{,}5x^2 + 0{,}\widehat{3}$	$x^2/2 - x + 1/3$	$0{,}02\widehat{7}x^6 - 0{,}1\widehat{6}x^5 + 0{,}36\widehat{1}x^4 - 0{,}\widehat{3}x^3 + 0{,}\widehat{1}x^2$

Tabela 4.6: Tabela das funções básicas de Lagrange.

Utilizando a Tabela 4.6 e realizando as operações algébricas correspondentes, com cinco algarismos significativos, observamos que o polinômio interpolador de Hermite tem a seguinte representação:

$$H(x) = 1 + 0{,}5x + 0{,}14878x^2 + 0{,}02620x^3 + 0{,}00468x^4 - 0{,}00035x^5 + 0{,}00045x^6 - 0{,}00021x^7$$

Para P3(1,5) = 2,11659;

O erro de truncamento pode ser delimitado pela expressão 4.21:

$$|E(x)| = (x-x_0)^2(x-x_1)^2(x-x_2)^2(x-x_3)^2(x-x_4)^2 \frac{\max\limits_{\xi \varepsilon [x_0, x_n]} f^{2(n+1)}(\xi)}{(2n+2)!}$$

Como $f(x) = e^{x/2}$, $f^8(x) = \dfrac{e^{x/2}}{256}$. Então:

$$\max_{\xi \varepsilon [x_0, x_n]} \left| f^8(\xi) \right| = \frac{e^{3/2}}{256} = 0{,}01707$$

A função é crescente no intervalo [0, 3], logo:

$$| E(x) | = (1{,}5)^2 (1{,}5-1)^2 (1{,}5-2)^2 (1{,}5-3)^2 \frac{\max_{\xi \varepsilon [x_0, x_n]} f^8(\xi)}{(8)!}$$

$$| E(x) | = 1{,}33915x10^{-7}$$

4.7 Aproximação de funções por pedaços de polinômios: funções Splines

O processo de extrapolar um conjunto de dados, exige o uso de ferramentas matemáticas eficientes que produzam predições precisas ou com um mínimo de erro.

Os métodos tradicionais de interpolação polinomial (Linear, Lagrange, Gregory-Newton, etc.) apresentam uma série de dificuldades na predição de valores futuros. No caso de um polinômio interpolante de pequeno grau, o erro de truncamento é alto e no sentido oposto, ou seja, quando a representação de dados se produz com um polinômio de alto grau, o comportamento da função tende a ser muito oscilante.

Em muitas aplicações de engenharia, se precisa que a função interpolante seja diferenciada ou segmentada de forma que a função resultante seja tão suave como possível, a mais plana possível.

Uma forma ideal de interpolar ou extrapolar um conjunto de dados $\{x_i, y_i\}_{i=0}^{n}$ de forma precisa é unindo os pontos das abscissas ou nós interpolantes por meio de retas. A diferença de usar esta abordagem é que existirá uma série de pontos descontínuos onde as retas se interceptam. A função resultante é uma função linear continua, denominada função interpolante Splines ou aproximação polinômica por segmentos. Essa função é diferenciada e sua aproximação à novos valores é bem próxima..

A função splines é um braço de alavanca ou braço de momento flexível, orientada por pesos que passam por todos os pontos de cada intervalo estabelecido ($[x_i, x_{i+1}]$, para cada i = 0, 1,..., n) segundo a teoria de flexões elásticas. Esta teoria conceitualiza que a energia potencial em um intervalo é consideravelmente reduzida e alcança um equilíbrio indiferente em um sistema de um grau de liberdade quando todas suas derivadas forem nulas, ou seja, a energia potencial é minimizada e diretamente proporcional aos pontos extremos de sua curvatura, que tem como característica principal flexões pequenas no intervalo $[x_0, x_n]$.

Fundamentalmente, o polinômio Splines é uma função de aproximação no processo de interpolação ou extrapolação, que consiste em dividir o intervalo de trabalho $[x_0, x_n]$ em uma série de subintervalos ($[x_i, x_{i+1}]$), de tal forma que sejam construídos polinômios interpoladores de pequeno grau da forma mais suave possível, para evitar fortes oscilações da função (ver Figura 4.3).

Na Figura 4.3 são representadas diferentes posições de um móvel no espaço (x). A derivada do espaço em relação ao tempo corresponde à sua velocidade (V(x)). Os vértices agudos ou oscilantes correspondentes à função são pontos de descontinuidades da primeira derivada quais correspondem às mudanças de velocidade no espaço:

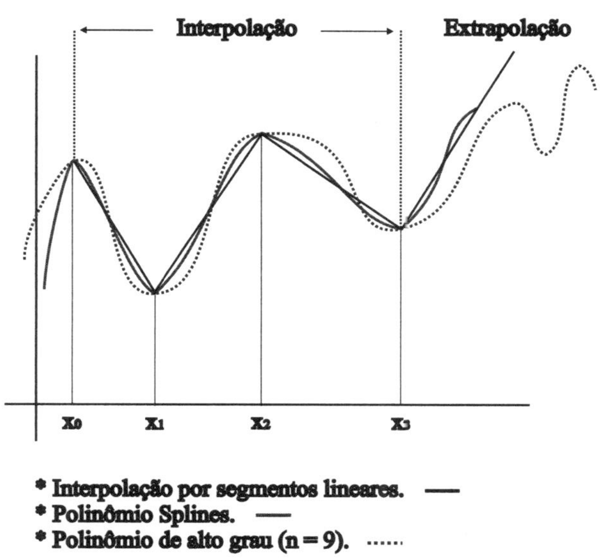

Figura 4.3: Representação esquemática de funções interpolantes.

Definição 4.2: Dada uma tabuada de valores $T = \{x_i\}_{i=0}^{n}$ no intervalo [a, b] e os valores da função y_i para i = 0, 1,..., n. Se define uma função splines interpolante (S(x)) de grau *k*, sendo *k* um número inteiro ε [0, n], a um conjunto de polinômios, cada um definido num intervalo [x_i, x_{i+1}] e unidos sob certas condições de continuidade. A função $S_k(x):[a, b] \rightarrow \Re$ tem as seguintes condições:

- $S(x_i) = y_i \qquad \forall\, i = 0, 1, \ldots n$;
- Em cada intervalo [x_i, x_{i+1}], S(x) é um polinômio interpolador de grau menor ou igual a *k*;
- Para i = 1, 2, ..., n-1:
    - $S_k(x)\ \varepsilon\ P_{n-1}$ no intervalo [a, x_i];
    - $S_k(x)\ \varepsilon\ P_{2n-1}$ no intervalo [x_i, x_{i+1}];
    - $S_k(x)\ \varepsilon\ P_{n-1}$ no intervalo [x_{n-1}, b].
- A função S(x) tem derivadas contínuas de ordem *k-1* no intervalo [a, b], ou seja, $S(x), S^{'}(x)\ e\ S^{"}(x)$ são funções contínuas em [a, b].

Observe que todos os polinômios criados dentro da tabuada de valores são de grau ímpar.

A função espaço (função linear) representada na Figura 4.3 satisfaz a definição 4.2, quando *k* = 1. Em geral, podem criar-se muitas funções Splines de diferentes graus, mas a interpolação mais utilizada é a cúbica (grau três), isto é, a Splines cúbica (*k* = 2).

Na Figura 4.4, mostra-se um gráfico de como são representadas as funções Splines num determinado intervalo:

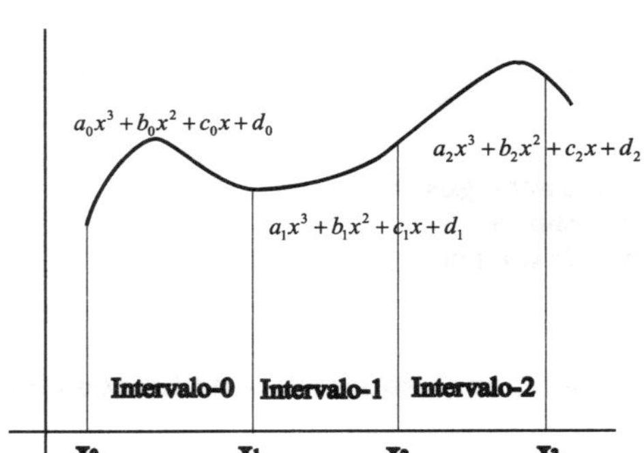

Figura 4.4: Representação gráfica da função Splines cúbica.

Nessa seção, mostramos um procedimento matemático adaptado a esta ideia. Posteriormente, essa representação será utilizada para facilitar a interpretação do modelo para outras funções.

4.7.1 Splines Linear

O caminho mais perto entre dois pontos é por meio de uma reta. No caso de funções splines de primeira ordem, para um conjunto de nós interpolantes, são definidas como um conjunto de suportes ou funções lineares entre os nós:

$$P_0(x) = y_0 + m_0(x - x_0) \text{ onde } m_0 = \frac{y_1 - y_0}{x_1 - x_0} \text{ e } x_0 \leq x \leq x_1;$$

$$P_1(x) = y_1 + m_1(x - x_1) \text{ onde } m_1 = \frac{y_2 - y_1}{x_2 - x_1} \text{ e } x_1 \leq x \leq x_2;$$

$$P_2(x) = y_2 + m_2(x - x_2) \text{ onde } m_2 = \frac{y_3 - y_2}{x_3 - x_2} \text{ e } x_2 \leq x \leq x_3;$$

$$\ldots$$

$$P_{n-1}(x) = y_{n-1} + m_n(x - x_{n-1}) \text{ onde } m_n = \frac{y_n - y_{n-1}}{x_n - x_{n-1}} \text{ e } x_{n-1} \leq x \leq x_n \qquad (4.22)$$

Dessa forma, o spline linear interpolante é dividido, assim:

$S(x) = P_k(x)$ para $x\, \varepsilon\, [x_k, x_{k+1}]$ sendo k= 0, 1,...n-1.

Isto é, essas equações lineares podem ser usadas para avaliar a função em qualquer ponto do intervalo $[x_0, x_n]$. Como podemos observar, esse método é semelhante ao método de interpolação linear de Lagrange ou de Newton. A diferença radica em que o spline linear trabalha em intervalos pequenos.

Exemplo 4.10: Consideremos a função de Runge $f(x) = \dfrac{1}{1+25x^2}$, tal que $x\, \varepsilon\, [-1, 1]$. Elabore uma tabela que represente a função f(x) no intervalo [-1, 1] com uma amplitude de 0,5 e calcule:

a) Dois polinômios interpoladores de grau dois e quarto que se ajustem aos valores da função no intervalo [-1, 1], pelo método de Lagrange;

b) Determine os diferentes Splines lineares nos diferentes intervalos [x_i, x_{i+1}] que representam a função no intervalo [-1, 1];

c) Determine as áreas de cada polinômio no intervalo [-1, 1] e faça sua representação gráfica em relação à f(x).

Solução: A seguinte tabela é construída a partir das condições iniciais do problema;

x_i :	-1	-0,5	0	0,5	1
$f(x_i)$:	0,03846	0,13793	1	0,13793	0,03846

A área da função de Runge no intervalo [-1, 1], é:

$$A_{f(x)} = \int_{-1}^{1} \frac{1}{1+25x^2}\,dx = 0{,}549360$$

Para representar um polinômio na forma de Lagrange aplicamos a expressão 4.3 à tabela construída. Os pontos considerados na construção do polinômio são equidistantes no intervalo [-1, 1] e, estes formam o seguinte conjunto de valores {-1, 0, 1}. Assim:

$$P_2(x) = 1 - 0{,}96154x^2$$

A área que abrange $P_2(x)$ é:

$$A_{P(x)} = \int_{-1}^{1} P_2(x)dx = 1{,}35897$$

E o módulo do erro calculado no cálculo da área é 0,80961.

Para representar o polinômio de grau quarto, consideramos todos os pontos da tabela, assim obtemos:

$$P_4(x) = 1 - 4{,}27719x^2 + 3{,}31565x^4$$

A área que abrange o polinômio ($P_4(x)$) e seu erro calculado em relação a f(x) é 0,4748 e 0,07456, respectivamente.

Os diferentes splines lineares são baseados na expressão 4.22:

$$S_1(x) = y_0 + \frac{y_1 - y_0}{x_1 - x_0}(x - x_0) = 0{,}03846 + \frac{0{,}13793 - 0{,}03846}{-0{,}5+1}(x+1)$$

$$S_1(x) = 0{,}19894x + 0{,}2374 \text{ onde } -1 \le x \le -0{,}5$$

E a área correspondente de $S_1(x)$ é 0,0441:

$$S_2(x) = y_1 + \frac{y_2 - y_1}{x_2 - x_1}(x - x_1) = 0{,}13793 + \frac{1 - 0{,}13793}{0+0{,}5}(x+0{,}5)$$

$$S_2(x) = 1{,}72414x + 1 \text{ onde } -0{,}5 \le x \le 0$$

E a área correspondente de $S_2(x)$ é 0,28449.

Como existe uma similaridade entre as funções $S_1(x)$ e $S_4(x)$ e, $S_2(x)$ e $S_3(x)$, então:

$$S_3(x) = 1 - 1{,}72414x \text{ onde } 0 \le x \le 0{,}5$$

E sua área é 0,28449.

$$S_4(x) = 0{,}2374 - 0{,}19894x \text{ onde } 0{,}5 \le x \le 1$$

E sua área é 0,0441.

Logo:

$$A_T = S_1(x) + S_2(x) + S_3(x) + S_4(x) = 0{,}65717$$

A área total dos diferentes splines lineares é 0,65717 e seu erro calculado é 0,10181:

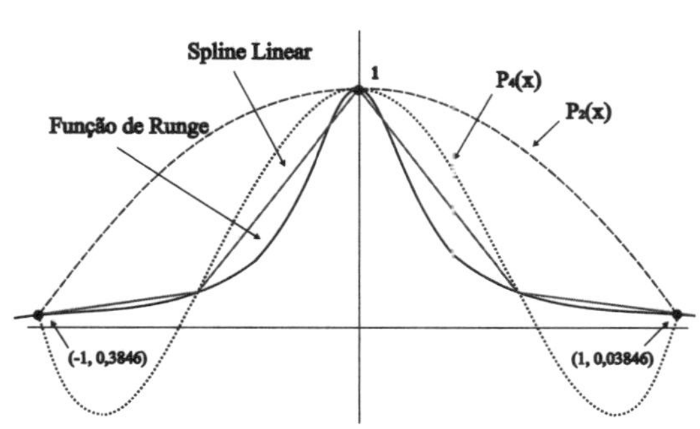

Figura 4.5: Representação de $P_2(x)$, $P_4(x)$ e o Spline linear com relação à função de Runge.

Na Figura 4.5 estão representados os polinômios de segundo e quarto graus, na forma de Lagrange e o spline linear com relação à função de Runge. Em todos os casos, observa-se que a função f(x) não bem representada por nenhuma das funções mas, no cálculo da área, a função $P_4(x)$ se aproxima do valor real no intervalo [-1, 1].

4.7.2 Splines cúbico

Definição 4.3: Dado um conjunto de valores $T = \{x_i\}_{i=0}^{n}$ no intervalo [a, b], de tal forma que $\mathrm{T} = \{a = x_0 < x_1 < x_2 < ... < x_n = b\}$, então dizemos que a função S(x) é um spline cúbico se cumpre as seguintes condições:

a) $S_{[x_i,x_{i+1}]}(x)\ \varepsilon\ P_3[x]$, onde $P_3[x]$ representa o conjunto de polinômios de grau menor ou igual a três;

b) $S_{[x_i,x_{i+1}]}(x)\ \varepsilon\ C^2[a,b]$, isto é, S(x) é uma função contínua, duas vezes derivável e contínua no intervalo [a, b].

Definição 4.4: A função $S_{[a,b]}(x)$ é um Spline de interpolação no conjunto de valores $T = \{x_i\}_{i=0}^{n}$ no intervalo [a, b], se:

a) $S_{[a,b]}(x)$ é um Spline cúbico associado ao intervalo [a, b];

b) $S_{[a,b]}(x) = y_i = f(x_i) \qquad \forall i = 1,2,...,n$.

Antes de fazer uma representação algébrica do spline cúbico, apresentaremos as condições que deve cumprir a função S(x).

Em cada par de nós de interpolação ou partição $[x_i, x_{i+1}]$, construiremos um polinômio de grau três que se aproxime à função, assim temos quatro incógnitas a calcular (os quatro coeficientes do polinômio interpolador de grau três) no intervalo, isto é, 4*n* incógnitas. Por outro lado, as seguintes condições devem ser cumpridas pelos polinômios no intervalo:

$$S_{[x_{i-1},x_i]}(x_i) = S_{[x_i,x_{i+1}]}(x_i) \qquad (4.23)$$

$$S'_{[x_{i-1},x_i]}(x_i) = S'_{[x_i,x_{i+1}]}(x_i) \qquad \forall i = 1,2,..,n-1$$

$$S_{[x_{i-1},x_i]}(x_i) = S''_{[x_i,x_{i+1}]}(x_i)$$

Ou seja, devem ser cumpridas 3(n-1) condições, além das (n+1) condições de interpolação:

$$S_{[a,b]}(x_i) = f(x_i) \qquad \forall i = 0,1,2,...,n$$

O total de incógnitas é 4n e de condições 4n-2. Como o sistema não pode ser resolvido, adicionaremos mais duas condições para poder determinar os coeficientes da função. Segundo as condições que adicionemos ao sistema se determinará o tipo de função spline.

a) Se as segundas se anulam nos extremos:

   $S''_{[a,b]}(a) = S''_{[a,b]}(b) = 0$,

   E isto é equivalente a dizer que a cúbica nos terminais da função cúbica é linear. Esta função é denominada de spline natural.

b) Se $S'_{[a,b]}(a) = S'_{[a,b]}(b)$ e $S''_{[a,b]}(a) = S''_{[a,b]}(b)$ então,

   A função cúbica é um spline periódico.

c) Se $S''_{[a,b]}(x_0) = S''_{[a,b]}(x_1)$ e $S''_{[a,b]}(x_n) = S''_{[a,b]}(x_{n-1})$ então, assumimos que o início e o final da função cúbica são parábolas em suas extremidades.

d) Se assumirmos $S''_0(x)$ como uma extrapolação de $S''_1(x)$ e $S''_2(x)$, e $S''_n(x)$ como uma extrapolação de $S''_{n-1}(x)$ e $S''_{n-2}(x)$, então, usando esta condição para o conjunto de dados ajustados a uma simples equação cúbica, as splines cúbicas serão a mesma cúbica. As outras condições não se adaptam a esta condição.

As relações para as extremidades da condição são:

- Na extremidade esquerda:

$$\frac{S_1'' - S_0''}{h_0} = \frac{S_2'' - S_1''}{h_1} \text{ então, } S_0'' = \frac{(h_0 + h_1)S_1'' - h_0 S_2''}{h_1}$$

- Na extremidade direita:

$$\frac{S_n'' - S_{n-1}''}{h_{n-1}} = \frac{S_{n-1}'' - S_{n-2}''}{h_{n-2}} \text{ então, } S_n'' = \frac{(h_{n-2} + h_{n-1})S_{n-1}'' - h_{n-1} S_{n-2}''}{h_{n-2}}$$

Para construir e representar o spline cúbico de interpolação, consideraremos que S(x) seja um polinômio cúbico no intervalo $[x_i, x_{i+1}]$ e:

$$h_i = [x_{i+1} - x_i] \qquad \forall i = 0, 1, 2, ..., n-1$$

Consideremos três nós interpolantes consecutivos (x_{i-1}, y_{i-1}), (x_i, y_i) e (x_{i+1}, y_{i+1}) numa tabuada de valores $T = \{x_i\}_{i=0}^{n}$ no intervalo [a, b], de forma que, x_0 = a e x_n = b. Definimos o polinômio interpolador $S_i(x)$ pelas seguintes *restrições*:

- $S_i(x)$ é um polinômio de terceiro grau da forma:

$$S_i(x) = a_i + b_i(x - x_i) + c_i(x - x_i)^2 + d_i(x - x_i)^3$$

- $S_i(x_i) = y_i \;\; e \;\; S_i(x_{i+1}) = y_{i+1}$; Esta restrição assegura a continuidade da função de interpolação em [a, b].

- $S_{i-1}'(x_i) = S_i'(x_i) \;\; e \;\; S_i'(x_{i+1}) = S_{i+1}'(x_{i+1})$; esta restrição assegura a continuidade da derivada da função de interpolação no intervalo [a, b].

$S_i(x)$ é um polinômio de grau três e sua segunda derivada é uma reta, então para fazer a curvatura da função contínua terá que cumprir:

$$M_i = S_{i-1}''(x_i) = S_i''(x_i) \qquad \forall i = 1, 2, ..., n$$

$$M_{i+1} = S_i''(x_{i+1}) = S_{i+1}''(x_{i+1}) \qquad \forall i = 1, 2, ..., n$$

Onde os valores de M_i e M_{i+1} são os momentos da flexão e eles determinaram a estrutura do spline cúbico.

O conjunto de retas ($S_i''(x_i)$) representando dentro de cada intervalo [x_i, x_{i+1}] devem interceptar-se de tal forma que, o início de uma curvatura seja contínua. Por exemplo, na Figura 4.6, $S_i''(x_i)$ deve passar pelos pontos (x_i, M_i) e (x_{i+1}, M_{i+1}):

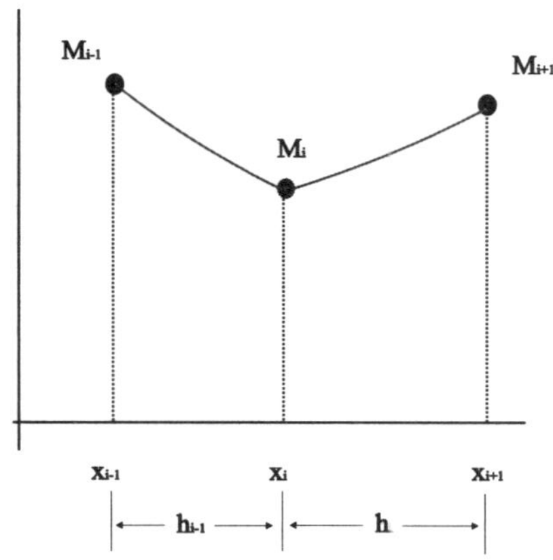

Figura 4.6: Estrutura das retas e amplitudes do Spline cúbico.

Em geral, a equação da reta paramétrica que passa por dois pontos é:

$$S_i''(x) = a + b(x - x_i)$$

Sendo *b*, o coeficiente angular da função no intervalo definido.

Substituindo as variáveis da Figura 4.6 na expressão da reta, temos:

$$S_i''(x) = M_i + \frac{M_{i+1} - M_i}{h_i}(x - x_i) \tag{4.24}$$

A expressão 4.24 reduzida à forma de Lagrange tem a seguinte forma:

$$S_i''(x) = \frac{x_{i+1} - x}{h_i} M_i + \frac{(x - x_i)}{h_i} M_{i+1} \tag{4.25}$$

A primeira derivada do Spline cúbico no intervalo [x_i, x_{i+1}] é obtida integrando a expressão 4.24 com respeito a *x*:

$$S_i'(x) = -\frac{M_i}{2}\frac{(x_{i+1} - x)^2}{h_i} + \frac{M_{i+1}}{2}\frac{(x - x_i)^2}{h_i} + A_i \tag{4.26}$$

Onde A_i é a constante de integração.

Para obter a função Spline cúbico, devemos integrar de novo a expressão 4.26 com respeito a *x*, assim obtemos:

$$S_i(x) = \frac{M_i}{6}\frac{(x_{i+1}-x)^3}{h_i} + \frac{M_{i+1}}{6}\frac{(x-x_i)^3}{h_i} + A_i(x-x_i) + B_i \qquad (4.27)$$

Agora aplicaremos a segunda restrição do polinômio interpolador spline cúbico, para obter duas relações que nos permitam determinar o valor das constantes de integração A e B:

Para $S_i(x_i) = y_i$

$$y_i = \frac{M_i}{6}\frac{(x_{i+1}-x)^3}{h_i} + B_i$$

Como $h_i = x_{i+1} - x_i$, então:

$$y_i = \frac{M_i}{6}\frac{(h_i)^3}{h_i} + B_i$$

Logo:

$$B_i = y_i - \frac{M_i}{6}h_i^2$$

Para $S_i(x_{i+1}) = y_{i+1}$

$$y_{i+1} = \frac{M_{i+1}}{6}\frac{(x_{i+1}-x_i)^3}{h_i} + A_i\,(x_{i+1}-x_i) + y_i - \frac{M_i}{6}h_i^2$$

$$y_{i+1} - y_i = \frac{M_{i+1}}{6}h_i^2 + A_i\,h_i - \frac{M_i}{6}h_i^2$$

Logo:

$$A_i = \frac{y_{i+1}-y_i}{h_i} - \frac{h_i}{6}(M_{i+1} - M_i)$$

Substituindo os valores de A e B na expressão 4.27, obtemos o polinômio interpolador Spline cúbico:

$$S_i(x) = \frac{M_i}{6}\frac{(x_{i+1}-x)^3}{h_i} + \frac{M_{i+1}}{6}\frac{(x-x_i)^3}{h_i} + \left[\frac{y_{i+1}-y_i}{h_i} - \frac{h_i}{6}(M_{i+1}-M_i)\right](x-x_i) \qquad (4.28)$$
$$+ y_i - \frac{M_i}{6}h_i^2$$

Assim, o problema se reduz a calcular os momentos de flexão em cada um dos intervalos estabelecidos. Para realizar esta operação, utilizamos a *restrição* três do spline cúbico:

$$S'_{i-1}(x_i) = S'_i(x_i) \qquad \forall i = 1, 2, ..., n-1$$

Essa condição nos fornecerá (n-2) relações para i = 1, 2,...,n-1. Assim, temos:

$$M_{i-1}h_{i-1} + 2M_i(h_i + h_{i+1}) + M_{i+1}h_i = 6\left(\frac{y_{i+1}-y_i}{h_i} - \frac{y_i - y_{i-1}}{h_{i-1}}\right) \qquad (4.29)$$

Para resolver este sistema de equações é necessário conhecer dois valores. Nesse sentido, foi formulado cinco condições que determinam as diferentes splines cúbicas no intervalo [a, b].

Para n = 1:

$$M_0h_0 + 2M_1(h_1+h_2) + M_2h_1 = 6\left(\frac{y_2-y_1}{h_1} - \frac{y_1-y_0}{h_0}\right)$$

Para n = 2:

$$M_1h_1 + 2M_2(h_2+h_3) + M_3h_2 = 6\left(\frac{y_3-y_2}{h_2} - \frac{y_2-y_1}{h_1}\right)$$

Para n = 3:

$$M_2h_2 + 2M_3(h_3+h_4) + M_4h_3 = 6\left(\frac{y_4-y_3}{h_3} - \frac{y_3-y_2}{h_2}\right)$$

...

Para i = n-2:

$$M_{n-3}h_{n-3} + 2M_{n-2}(h_{n-2} + h_{n-1}) + M_{n-1}h_{n-2} = 6\left(\frac{y_{n-1} - y_{n-2}}{h_{n-2}} - \frac{y_{n-2} - y_{n-3}}{h_{n-3}}\right)$$

Para i = n-1:

$$M_{n-2}h_{n-2} + 2M_{n-1}(h_{n-1} + h_n) + M_n h_{n-1} = 6\left(\frac{y_n - y_{n-1}}{h_{n-1}} - \frac{y_{n-1} - y_{n-2}}{h_{n-2}}\right)$$

O sistema de equações de forma matricial, tem a seguinte forma:

$$\begin{bmatrix} 1 & & & & & & & \\ h_0 & 2(h_0+h_1) & h_1 & & & & & \\ & h_1 & 2(h_1+h_2) & h_2 & & & & \\ & & h_2 & 2(h_2+h_3) & h_3 & & & \\ & & & \dots & \dots & \dots & & \\ & & & & \dots & \dots & \dots & \\ & & & & & h_{n-2} & 2(h_{n-2}+h_{n-1}) & h_{n-1} \\ & & & & & & & 1 \end{bmatrix} \begin{bmatrix} M_0 \\ M_1 \\ M_2 \\ M_3 \\ \dots \\ \dots \\ M_{n-1} \\ M_n \end{bmatrix} =$$

$$= 6\begin{bmatrix} \left(\frac{y_2 - y_1}{h_1} - \frac{y_1 - y_0}{h_0}\right) \\ \left(\frac{y_3 - y_2}{h_2} - \frac{y_2 - y_1}{h_1}\right) \\ \dots \\ \dots \\ \dots \\ \dots \\ \left(\frac{y_{n-1} - y_{n-2}}{h_{n-2}} - \frac{y_{n-2} - y_{n-3}}{h_{n-3}}\right) \\ \left(\frac{y_n - y_{n-1}}{h_{n-1}} - \frac{y_{n-1} - y_{n-2}}{h_{n-2}}\right) \end{bmatrix} = 6\begin{bmatrix} f[x_1,x_2] - f[x_0,x_1] \\ f[x_2,x_3] - f[x_1,x_2] \\ f[x_3,x_4] - f[x_2,x_3] \\ \dots \\ \dots \\ f[x_{n-1},x_n] - f[x_{n-2},x_{n-1}] \end{bmatrix} \quad (4.30)$$

No sistema de equações formado, existem n-1 equações e n+1 variáveis desconhecidas. Os momentos de flexão inicial e final (M_0 e M_n) assumem diferentes valores, segundo as relações que correspondem as condições das extremidades da função. Nos quatro primeiros casos, o vetor S para n-1 elementos, a matriz torna-se quadrada de tamanho n-1 por n-1. De qualquer forma, a matriz sempre será tridiagonal (mesmo no caso e).

Os coeficientes da matriz tornam-se, para cada condição, da seguinte forma:

Condição (a): $M_0 = M_n = 0$:

$$\begin{bmatrix} 2(h_0+h_1) & h_1 & & & \\ h_1 & 2(h_1+h_2) & h_2 & & \\ & h_2 & 2(h_2+h_3) & h_3 & \\ & & & & \\ & & & h_{n-2} & 2(h_{n-2}+h_{n-1}) \end{bmatrix}$$

Condição (b): $S'(x_0) = S'(x_n)$ e $M(x_0) = M(x_n)$

$$\begin{bmatrix} & & & & & & & \\ h_0 & 2(h_0+h_1) & h_1 & & & & & \\ & h_1 & 2(h_1+h_2) & h_2 & & & & \\ & & h_2 & 2(h_2+h_3) & h_3 & & & \\ & & & \cdots & \cdots & \cdots & & \\ & & & & \cdots & \cdots & \cdots & \\ & & & & & h_{n-2} & 2(h_{n-2}+h_{n-1}) & h_{n-1} \\ & & & & & & & \end{bmatrix}$$

Condição (c): $M_0 = M_1$ e $M_n = M_{n-1}$:

$$\begin{bmatrix} (3h_0+2h_1) & h_1 & & & \\ h_1 & 2(h_1+h_2) & h_2 & & \\ & h_2 & 2(h_2+h_3) & h_3 & \\ & & & \cdots & \\ & & & \cdots & \\ & & & h_{n-2} & (2h_{n-2}+3h_{n-1}) \end{bmatrix}$$

Condição (d): M_0 e M_n são extrapolações lineares:

$$\begin{bmatrix} \frac{(h_0+h_1)(h_0+2h_1)}{h_1} & \frac{(h_1^2+h_0^2)}{h_1} & & & & \\ h_1 & 2(h_1+h_2) & h_2 & & & \\ & h_2 & 2(h_2+h_3) & h_3 & & \\ & & & \dots & & \\ & & & & \dots & \\ & & & & \frac{(h_{n-2}^2+h_{n-1}^2)}{h_{n-2}} & \frac{(h_{n-1}+h_{n-2})(h_{n-1}+2h_{n-2})}{h_{n-2}} \end{bmatrix}$$

Condição (e): $f'(x_0)=a$ e . $f'(x_n)=b$:

$$\begin{bmatrix} 2h_0 & h_1 & & & & \\ h_0 & 2(h_0+h_1) & h_1 & & & \\ & h_1 & 2(h_1+h_2) & h_2 & & \\ & & \dots & \dots & & \\ & & & \dots & \dots & \\ & & & & h_{n-2} & 2h_{n-1} \end{bmatrix}$$

Os cinco conjuntos de sistemas de equações podem ser resolvidos aplicando-se um método direto (Gauss ou Gauss-Jordam), obtendo-se os momentos de flexão Mi(x) para i = 0, 1, 2, ..., n.

Na condição (d), depois de resolver o sistema de equações, os valores de M_0 e M_n devem ser calculados usando as expressões declaradas na condição. Para o resto das condições, nenhum cálculo adicional é necessário realizar. Para as primeiras quatro condições, o vetor da direita é sempre o mesmo (expressão 4.30).

Como havíamos mencionado, a condição para ajustar um conjunto de pontos $T=\{x_i\}_{i=0}^{n}$ à uma spline cúbica, consiste em representar uma função cúbica em cada intervalo. Neste sentido, a curvatura e a inclinação devem ser a mesma para os pares de cúbicas que se encontram em cada ponto.

A Spline cúbica no intervalo i-ésimo que liga os pontos (x_i, y_i) e (x_{i+1} , y_{i+1}) tem a seguinte forma:

$$Y_i = S_i(x) = a_i(x-x_i)^3 + b_i(x-x_i)^2 + c_i(x-x_i) + d_i \qquad (4.31)$$

Como o ajuste se produz no ponto inicial e final do intervalo, temos:

$$Y_i = a_i(x_i - x_i)^3 + b_i(x_i - x_i)^2 + c_i(x_i - x_i) + d_i = d_i \qquad (4.32)$$

$$Y_{i+1} = a_i(x_{i+1} - x_i)^3 + b_i(x_{i+1} - x_i)^2 + c_i(x_{i+1} - x_i) + d_i$$

$$Y_{i+1} = a_i h_i^3 + b_i h_i^2 + c_i h_i + d_i \qquad (4.33)$$

Para obter as inclinações e a curvaturas que juntam os diferentes polinômios, devemos aplicar a primeira e segunda derivadas à equação 4.31:

$$Y' = 3a_i(x - x_i)^2 + 2b_i(x - x_i) + c_i$$

$$Y'' = 6a_i(x - x_i) + 2b_i \qquad (4.34)$$

Da expressão 4.34, obtemos:

$$Y'' = S_i''(x_i) = M(x_i) = 6a_i(x_i - x_i) + 2b_i$$

$$M_i(x_i) = 2b_i$$

E:

$$M_{i+1}(x_i) = 6a_i(x_{i+1} - x_i) + 2b_i = 6a_i(h_i) + 2b_i$$

Desta forma, temos:

$$b_i = \frac{M_i}{2} \qquad (4.35)$$

$$a = \frac{(M_{i+1} - M_i)}{6h_i} \qquad (4.36)$$

Para achar o valor de c_i, substituímos as expressões de a_i, b_i e d_i dadas pelas equações 4.36, 4.35 e 4.32 em 4.33:

$$Y_{i+1} = \left(\frac{M_{i+1} - M_i}{6h_i}\right) h_i^3 + \frac{M_i}{2} h_i^2 + c_i h_i + Y_i$$

$$c_i = \left(\frac{Y_{i+1} - Y_i}{h_i} \right) - \frac{2h_i M_i + h_i M_{i+1}}{6} \tag{4.37}$$

Assim, depois de calcular os valores para os diferentes momentos de flexão, obtemos os coeficientes a_i, b_i c_i e d_i das funções cúbicas, nos diferentes intervalos da função, utilizando as expressões 4.32, 4.35, 4.36 e 4.37.

Exemplo 4.11: A tabela seguinte mostra um conjunto de valores (x_i, y_i) equidistantes para a função:

x_i:	-3	-1	1	3	5
$f(x_i)$:	-14,05	3,632	3,282	19,914	5,587

Pede-se:

a) Calcular o polinômio interpolador (Spline cúbico) de quarto grau que aproxime à função no intervalo [-3, 5], pelo método das diferenças divididas;

b) Determine o polinômio spline cúbico natural que se aproxime à função f(x) no intervalo [-3, 5].

Solução:

a) Ao aplicar conceito de diferenças divididas à tabela no intervalo [-3, 5], obtemos a seguinte representação da função:

-14,04949

8,84096(x+3)

-2,25404(x+3)(x+1)

0,72949(x+3)(x+1)(x-1)

-0,21604(x+3)(x+1)(x-1)(x-3)

Logo, a estrutura do polinômio interpolador por diferenças divididas, é:

$$P_4(x) = 1{,}57853 - 0{,}90469x + 2{,}09483x^2 + 0{,}72949x^3 - 0{,}21604x^4$$

b) Para calcular o Spline cúbico que se aproxima à função, devemos formar um sistema de equações, segundo a expressão 4.30, assumindo um valor para n = 4. Assim, temos:

$$\begin{bmatrix} 2(h_0+h_1) & h_1 & 0 \\ h_1 & 2(h_1+h_2) & h_2 \\ 0 & h_2 & 2(h_2+h_3) \end{bmatrix} \begin{bmatrix} M_1 \\ M_2 \\ M_3 \end{bmatrix} = 6 \begin{bmatrix} \frac{Y_2-Y_1}{2} - \frac{Y_1-Y_0}{2} \\ \frac{Y_3-Y_2}{2} - \frac{Y_2-Y_1}{2} \\ \frac{Y_4-Y_3}{2} - \frac{Y_3-Y_2}{2} \end{bmatrix}$$

Sendo $h_i = x_{i+1} - x_i = 2$ para i = 0, 1, 2, ...n-1:

$$\begin{bmatrix} 2(h_0+h_1) & h_1 & 0 \\ h_1 & 2(h_1+h_2) & h_2 \\ 0 & h_2 & 2(h_2+h_3) \end{bmatrix} \begin{bmatrix} M_1 \\ M_2 \\ M_3 \end{bmatrix} = 6 \begin{bmatrix} \frac{3{,}28172-3{,}63212}{2} - \frac{3{,}63212+14{,}04979}{2} \\ \frac{19{,}91446-3{,}28172}{2} - \frac{3{,}28172-3{,}63212}{2} \\ \frac{5{,}58684-19{,}91446}{2} - \frac{19{,}91446-3{,}28172}{2} \end{bmatrix}$$

$$\begin{bmatrix} M_1 \\ M_2 \\ M_3 \end{bmatrix} = \begin{bmatrix} -9{,}89402 \\ 12{,}5276 \\ -14{,}7419 \end{bmatrix}$$

A expressão simples do spline cúbico natural tem a seguinte forma:

$$S_i(x) = a_i(x-x_i)^3 + b_i(x-x_i)^2 + c_i(x-x_i) + d_i$$

Logo, Para n = 0 (intervalo [-3, -1]):

$$c_i = \frac{Y_1 - Y_0}{h_0} - \frac{2h_0M_0 - h_0M_1}{6} = \frac{3{,}63212 - 14{,}04979}{2} - \frac{2(-9{,}89402)}{6} = 12{,}13896$$

$$b_0 = \frac{M_0}{2} = 0$$

$$a_0 = \frac{M_1 - M_0}{6h_0} = \frac{-9{,}89402}{12} = -0{,}82450$$

Temos a função spline:

$$S_0(x) = -82450(x+3)^3 + 12{,}13896(x+3) - 14{,}04979$$

De igual forma procedemos com outros intervalos. Assim:

Para n = 1 (intervalo [-1, 1]):

$$S_1(x) = 1{,}86847(x+1)^3 - 4{,}94701(x+1)^2 + 2{,}24495(x+1) + 3{,}63212$$

Para n = 2 (intervalo [1, 3]):

$$S_2(x) = -2{,}27246(x-1)^3 + 6{,}2638(x-1)^2 + 4{,}87860(x-1) + 3{,}28172$$

Para n = 3 (intervalo [3, 5]):

$$S_3(x) = 1{,}22849(x-3)^3 - 7{,}37095(x-3)^2 + 2{,}66412(x-3) + 19{,}91446$$

Na Figura 4.7 pode-se observar que para este caso, o polinômio interpolador por diferenças divididas representa uma melhor função que o spline natural. Acontece que o spline considerado (natural) é a função menos confiável que os outros modelos splines considerados. De qualquer forma, o spline natural incorre em grandes imprecisões nos intervalos extremos, pois o momento de flexão nesses pontos é nulo:

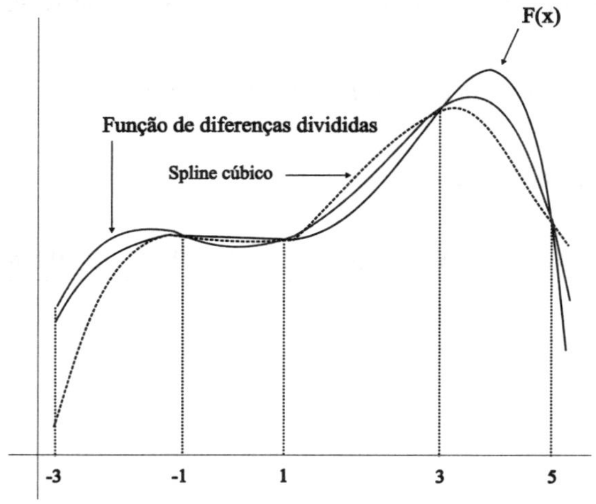

Figura 4.7: Representação gráfica de funções interpolantes.

4.8 Exercícios e Aplicações

1. Encontrar o grau do polinômio que pode representar o conjunto de dados da seguinte tabela:

x_i	5	2	1	4
$f(x_i)$	0	15	18	15

a) Encontrar o polinômio de Lagrange que define a função;

b) Encontrar o valor da função em x = 5.

2. Dada a seguinte tabela de dados:

x_i	1,5	1,8	2,1	2,4	2,7
$f(x_i)$	3,1	2,48	3,7	4,3	5,1

Calcular aproximadamente f(1,89), usando o polinômio interpolador de Newton.

3. Dada a seguinte tabela de dados:

x_i	1,2	1,5	1,8	2,1	2,4
$f(x_i)$	0,55	0,75	0,37	0,43	0,51

Achar aproximadamente f(1,35), usando o método de diferenças divididas ascendentes.

4. A seguinte tabela de dados representa uma função y = f(x). Determinar , aproximadamente, o valor objetivado em cada caso, encontrando antes $g(x) \approx f(x)$ conforme o método indicado:

x_i	1	2,3	3,6	4,9	6,2
$f(x_i)$	-1,2	0	2,4	3,5	5,7

$g(x)$: polinômio de Lagrange; $\int_2^3 f(x)dx$;

$g(x)$: polinômio de Newton: $f'(1,8)$;

$g(x)$: polinômio de diferencias divididas ascendentes $f'(2,4)$;

$g(x)$: polinômio de terceiro grau ajustado; raiz de f(x).

5. Determinar o polinômio interpolador de terceiro grau que passa pelos pontos:

- (0, 2), (1, 4), (2, 5) e (3, 0);
- (1, 5), (2,7), (3, 19) e (4, 34);
- (0, 0), (1, 1) e (2, 5).

Obs. Utilize o método de Lagrange e de Newton.

6. Determine a área aproximada entre o eixo das abscissas e a curva dada pelos pontos, (3, 5), (4, 7) e (5, 8):

- No intervalo de 3 a 5;
- No intervalo de 3,5 a 4,5;
- No intervalo de 4 a 5;

Obs. Escolha o método mais apropriado na solução do problema.

7. Determinar a derivada do polinômio dado pelos pontos (3, 5), (5, 8), (7, 9) e (9, 6):

- No ponto x = 5;
- No ponto x = 3.

Obs. Utilize o método de Lagrange, Diferenças divididas ascendentes e de Newton.

8. Dada à função $f(x) = \dfrac{\sqrt{x+1}}{x+2}$ com valores de f(0, 1/2) e f(3, 2/5). Determinar $P_n(1,5)$:

   Calcular a cota máxima de erro de truncamento cometido no cálculo anterior.

Obs. Escolha o método mais apropriado na solução do problema.

9. Utilizando os valores da função *f(x)*, dados pela tabela abaixo, determinar a função cúbica, que se aproxima de:

$$f(x) = \frac{2Sin^2(x)}{x+1}$$

X	*Sin(x)*	*F(x)*
0	0	0
$\pi/6$	1/2	0.328
$\pi/4$	$\sqrt{2}/2$	0.560

Obs. Trabalhe com três casas decimais.

10. Calcular o número aproximado de habitantes de Belo Horizonte em 1975 usando os valores da tabela, para 1970-1980:

Ano	1950	1960	1970	1980
Habitantes	352.724	683.908	1.235.030	1.814.990

Obs. Escolha o método mais apropriado na solução do problema.

11. O calor específico de água como uma função da temperatura, em termos da temperatura de 15°, é:

Temperatura, °C	Calor específico
20	0.99907
25	0.99852
30	0.99826
35	0.99818

a) Use a interpolação linear para estimar o calor específico em 37 °C;

b) Use a interpolação quadrática para estimar o calor específico em 37 °C;

c) Use a cúbica de splines para estimar o calor específico em 37 °C.

12. De uma tabela de sin$x$ para x dado em radianos com passo 0.1, interpolar sin(3,756) pela fórmula de Gregory-Newton e pela fórmula de Lagrange:

13. Os dados contidos na seguinte tabela foram coletados de um experimento com um foguete disparado verticalmente da superfície da terra:

Tempo (seg)	0	60	120	180	240	240
Velocidade (Km/seg)	0	0,0824	0,2147	0,6502	1,3851	3,2229

a) Calcular a velocidade do foguete quando o tempo seja 90 seg, utilizando um polinômio interpolador de terceiro grau;

b) Em que momento o foguete alcança uma velocidade de 0,1 Km por segundo?

c) Calcular a aceleração do foguete depois de 150 seg;

d) Calcular o deslocamento do foguete no instante x = 260 seg.

14. A cada dez anos se faz um censo na população dos Estados Unidos de América. Na continuação, mostra-se uma tabela de dados em milhares de pessoas desde 1930 até 1890:

Ano	1930	1940	1950	1960	1970	1980
População (milhares)	123,203	131,669	150,697	179,323	203,212	226,505

a) Utilizando o conceito de interpolação de Lagrange, estime a população dos EEUU em 1965 com um polinômio de terceiro grau;

b) Use o método de diferenças divididas para estimar a população no ano 1975, a partir de um polinômio de terceiro grau. Calcule a população nesse ano pela interpolação de Lagrange e compare seus resultados;

c) A população em 1920 foi de aproximadamente, 105,711 milhões de pessoas. Encontre o valor estimado por algum método de interpolação e o erro de truncamento da estimação.

15. Uma resistência elétrica *R* se submeteu à diferentes temperaturas e se obtiveram as seguintes medições de sua resistência:

x_i	10	15	20	25	30	35	40
$F(x_i)$	98	99.5	103	108	113	116	122

Determinar o valor mais provável da resistência à uma temperatura de 30 ºC, utilizando um polinômio interpolador de terceiro grau pelo método de Newton.

16. A população de gados no México, durante vários anos foi a seguinte:

Ano	1965	1966	1967	1968	1969	1970
População (milhares de cabeças)	143.5	155.1		201.8	211.0	216.5

Determine a população de cabeças de gado para o ano 1967, por meio de um polinômio interpolador de terceiro e quarto graus. Compare seus resultados com a população real de 163.6 milhares de cabeças.

17. A quantidade de madeira cresce em um bosque virgem, segundo a tabela seguinte. Os dados foram determinados pelo IBAMA. Deseja-se predizer a quantidade de madeira que poderemos obter ao final de 10 anos:

Ano	1	2	3	4	5	6
Quantidade de madeira (m^3).	100	103	107	110	114	118

Determine um polinômio interpolador de alto grau, por qualquer método, que melhor represente os dados.

18. Prove que cos((N+1) θ) é um polinômio de grau (N+1) em cos(θ):

[Sugestão: $e^{i\theta}$=cos(θ) + (i).sin(θ)]

19. Considere a seguinte tabuada de dados:

x_i	0,20	0,21	0,22	0,23	0,24	0,25	0,26	0,27
$f(x_i)$	0.20134	0.21155	0.22178	0.23203	0.24231	0.25261	0.26294	0.27329

i) Construa uma tabela de diferenças divididas;

ii) Qual fórmula você utilizaria para calcular *f(0.234)* com um erro de truncamento de ε?

iii) Qual fórmula você utilizaria para calcular *f(0.234)* usando três diferenças?

iv) O erro de arredondamento na parte (d) é determinado por *f(x)* = *sinh(x)* que determina a função e seu erro.

20. Encontre o erro de um polinômio cúbico de Hermite para um conjunto de pontos arbitrários;

21. Assuma que desejamos tabular a função $f(x) = \dfrac{1}{1+9x^2}$ para *x=0, 1, 2, 3, 4, 5*:

a) Aproxime a função *f(1,5),* usando exatamente um polinômio cúbico que passe pelos pontos internos tabulados;

b) Aproxime a função *f(1,5),* usando uma cúbica de spline, assumindo que a função só é tabulada pelos pontos em (a);

c) Aproxime a função *f(1,5),* usando uma cúbica de spline, assumindo que a função é tabulada por todos os pontos.

22. Dada a função $f(x) = \dfrac{3+x^2}{x+2}$ pede-se:

a) Calcular um polinômio interpolador usando a cúbica de splines que aproxime à função no intervalo [0, 3];

b) Obter o valor aproximado da integral da função f(x) no intervalo [0, 3], através do polinômio interpolador obtido em (a).

24. Dada a seguinte tabuada de dados de uma função *f(x):*

x_i	0,2	0,3	0,4	0,5	0,6
$f(x_i)$	0,234	0,215	0,178	0.203	0.231

Suponhamos que *f(x)* seja uma função irreversível, calcule α tal que $f(\alpha) = 0$.

25. Em 1969, todas as tentativas e sucessos de gol foram analisados pela Liga Nacional de Futebol. As porcentagens de sucesso são mostradas na seguinte Tabela (Os dados foram resumidos: toas às tentativas entre 10 e 19 jardas de gol estão listadas a 14,5 jardas de distância, etc.):

Distância (em jardas) à trave do gol, x	14,5	24,5	34,5	44,5	52,0
Fração de tentativas bem sucedidas, y.	0,90	0,75	0,54	0,29	0,15

a) Determine um polinômio interpolador de quarto grau que determine a taxa de sucesso para a uma distância de 45 jardas;

b) Aproxime a função à uma cúbica de spline e determine a probabilidade de sucesso para uma distância de 34 metros.

5

Mínimos Quadrados

Pesquisadores, continuamente, buscam entender como um sistema pode ser afetado por fatores internos e externos, utilizando métodos para padronizar e controlar as causas e efeitos desses fatores. Frequentemente, ferramentas estatísticas são aplicadas para quantificar e manipular os componentes de um sistema e ainda que inúmeras outras sejam de significativa importância, a análise de regressão tem sido a mais influente e amplamente utilizada em diversos campos de estudo. Partindo de uma coleta de dados, onde propriedades do objeto de estudo serão processadas em escala numérica e transformadas em informações, é possível criar e testar hipóteses sobre o comportamento do mundo real. O princípio da análise de regressão é pesquisar a relação entre uma ou mais variáveis, com o objetivo de determinar o efeito causal que uma exerce sobre outra. Por exemplo, podemos estudar o efeito do aumento dos preços sobre a demanda de um produto ou como os hábitos alimentares influenciam na saúde do ser humano.

5.1 Introdução

Neste capítulo, consideramos o problema de aproximação de uma função cujos valores, sequências de pontos (x, y), são ou não conhecidos empiricamente e, portanto, sujeitos a inerentes erros.

O objetivo deste capítulo, consiste em tratar um conjunto de dados funcionais por meio de um conjunto de princípios e técnicas, para fazer uma aproximação fina (*ajuste de curvas*). Esta aproximação pode ser usada, por exemplo, para unir pontos intermediários derivados da função com precisão.

Uma abordagem básica do ajuste de curvas é o método dos mínimos quadrados aplicados à funções contínuas num intervalo [a, b]. No capítulo estudaremos sucintamente, as diferentes ferramentas metodológicas que se aplicam a funções conhecidas para ajustar um conjunto de pontos experimentais discretos. De qualquer forma, o desenvolvimento da metodologia nesta seção para um conjunto de pontos discretos é precisamente análogo ao caso contínuo.

A análise de regressão consiste na relação entre uma variável dependente e uma ou mais variáveis independentes, denominadas preditoras. No modelo de regressão, as variáveis dependentes são projetadas como uma função de variáveis independentes, seus coeficientes de regressão correspondentes e um parâmetro de erro que representa a variação no comportamento das variáveis que não pode ser explicada pelo modelo. Se o modelo de regressão refletir adequadamente a verdadeira relação entre a variável resposta e as variáveis preditoras, esse modelo pode ser usado para prever o comportamento de variáveis dependentes, estabelecer a relação causal desejada entre as variáveis, etc.

5.2 A Aproximação de funções ou o ajuste de curvas

O exemplo mais típico de um ajuste de funções é a aproximação de f(x) por N termos da expansão da série de Taylor. A aproximação pelo método de mínimos quadrados, orienta como ajustar um conjunto de dados a uma linha reta em termos de critérios estatísticos. O objetivo deste método, é minimizar a integral do quadrado das diferenças entre f(x) e sua aproximação (talvez multiplicado por uma função peso útil) no intervalo [a, b] ou mais comumente, minimizar a soma dos quadrados dos erros num conjunto discreto ou contínuo de pontos em [a, b]. Outro familiar exemplo, ocorre na regra trapezoidal na qual f(x) é aproximada por uma sequência de linhas. No exemplo que se apresenta, para cada linha reta trapezoidal, a aproximação é uma combinação linear de funções do tipo $f(x_i) = x_i$, onde i = 0,1, ..., n. Mais precisamente, podemos considerar o tipo $P_n(x)$, onde esta função polinômica de grau n pode ser, por exemplo, um polinômio racional ou de Chebyshev. Outra classe sugerida, por sua importância de funções periódicas é a transformada de Fourier {sin(nx), cos(nx), onde n = 0, 1,...}. Existem, claro, outros casos de funções – funções exponenciais, quais levam a úteis aproximações para casos particulares. Mas, para aplicações gerais, os polinômios e a transformada de Fourier são as mais aplicadas.

5.3 A Aproximação pelo método de mínimos quadrados

Antes mesmo de formular um problema, é necessário estudar cautelosamente o sistema real para determinar se o mesmo se enquadra no escopo da análise de regressão e pode ser resolvido através dessa metodologia. A definição do problema envolve a determinação das questões a serem respondidas pela análise, trata-se da primeira e mais importante etapa do processo. Um problema mal formulado pode levar a uma seleção de variáveis irrelevantes ou a escolha de um modelo inadequado, sem alcançar o objetivo do estudo. Uma vez definido o problema, o pesquisador segue para a seleção das potenciais variáveis relevantes, aquelas que devem explicar ou prever o comportamento da variável resposta. O próximo passo é a coleta de dados do objeto de estudo que serão utilizados na análise. Frequentemente, os dados são coletados em condições não experimentais, onde se tem pouco controle sobre o sistema. Os dados consistem em amostras de n observações de cada uma das variáveis selecionadas na etapa anterior.

Depois de definir se o modelo utilizado na regressão é linear ou não linear, simples ou múltiplo, os parâmetros de regressão devem ser estimados por um método de estimação. Com esses parâmetros já se tem a equação de regressão, mas antes de utilizar o resultado para solucionar o problema, é preciso validar o modelo, verificar novamente a acurácia dos dados e constatar que todas as suposições feitas sobre a natureza do sistema estejam corretas.

Por exemplo, para determinadas condições de corte, a operação de fresagem favorece a formação de trincas térmicas ao longo da aresta de corte da ferramenta. Estas trincas estendem-se em alta velocidade, perpendicularmente à aresta de corte, sobre as superfícies de saída e folga da ferramenta. Isto leva ao desenvolvimento de sulcos em forma de pente e, em alguns casos, quebra da aresta de corte. Numerosos estudos (Abrão, 1995) afirmam que a formação dessas trincas deve-se à uma variação cíclica da temperatura de corte, com aquecimentos durante o tempo ativo e resfriamento durante o tempo inativo, o que leva a uma variação também cíclica das tensões impostas sobre a ferramenta. A variação gera fadiga nas ferramentas durante o corte interrompido.

Os fluidos de corte são geralmente aplicados na usinagem dos metais. Algumas vezes podem aumentar a produção, reduzir os custos e gerar lucros. Em outras, podem gerar novos problemas e complicações.

Um estudo feito no laboratório visou pesquisar o comportamento desses fluidos no corte interrompido.

A temperatura de corte foi medida durante o corte contínuo do aço, AISI1020, utilizando a condição de resfriamento emulsionável na concentração de 5% (solúvel) e à seco, através do método termopar ferramenta-peça.

Fresagem em seco	
Tempo (min)	Desgaste (mm)
5,95	0,072
6,67	0,097
7,62	0,120
16,19	0,180
19,52	0,190
26,19	0,302
30,00	0,398
31,90	0,471

Tabela. 5.1: Desgaste da ferramenta em função do tempo de corte.

Fresagem Solúvel (5%)	
Vc (m/min)	Temperatura (°C)
40	330
62	400
93	575
125	623
157	713
185	800

Tabela. 5.2: Efeito da velocidade de corte na temperatura média da interface cavaco-ferramenta.

A Tabela 5.1 apresenta os resultados de um experimento sobre o desgaste da ferramenta em seco e a Tabela 5.2 relaciona a velocidade de corte com temperatura mèdia da ferramenta. Neste caso, os dados obtidos representados num eixo cartesiano sugerem um relacionamento linear entre as duas variáveis consideradas. As seguintes condições foram consideradas em ambos resultados:

Vc = 104,94 m/min;

Fz = 0,231 avanço/dente;

Ap = 1,523 mm.

Para pesquisar a relação entre a velocidade de corte e o desgaste da ferramenta, devemos construir um modelo estatístico que constitua a base de uma análise quantitativa. Em nosso exemplo, o desgaste médio da ferramenta representada pela média condicional E(y/x) depende do tempo de corte (x). Assim, podemos supor que nosso modelo estatístico, ilustrado na Figura 5.1, é:

$$E(y/x) = \mu_{y/x} = b_1 + b_2 x \tag{5.1}$$

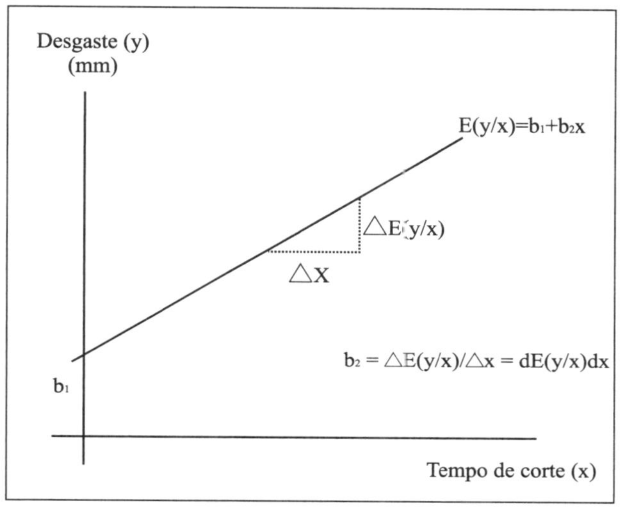

Figura 5.1: Modelo linear que relaciona a velocidade de corte e o desgaste da ferramenta.

A média condicional E(y/x), na expressão 5.1 é chamada função de regressão simples. É denominada assim, porque a variável dependente (y) depende só de uma variável independente (x). Os parâmetros de regressão b_1 e b_2, desconhecidos, representam o intercepto e o coeficiente angular da função de regressão.

Os dados do problema e o modelo estatístico proposto, constituem a base para tratar uma amostra de dados com o objetivo de estudar o parâmetro intercepto e o coeficiente angular da reta.

Para estimar os parâmetros do modelo, admitimos que o modelo de regressão linear simples e as seguintes hipóteses concisas descrevem as observações do experimento, isto é, os dados do desgaste da ferramenta mostrados na Tabela 5.2, são valores observados da variável aleatória x_i que satisfazem as seguintes condições:

- $y_i = b_1 + b_2 x_i + e_i$;

- $E(e_i) = 0 \Longleftrightarrow E(yi) = b_1 + b_2x_i$;
- $Var(e_i) = \sigma_i = Var(y_i)$;
- $x_i \neq k$ para cada observação.

O modelo teórico apresentado tenta explicar em toda sua dimensão as observações amostrais do experimento, assim nosso objetivo é utilizar a informação apresentada $(x_i,\ y_i)$ para estimar os parâmetros b_1 e b_2 que representam os coeficientes da relação amostral.

Os dados da amostra podem ser representados num eixo cartesiano obtendo-se *o diagrama de dispersão,* mostrado na Figura 5.2. O objetivo é determinar a posição da reta de desgaste média:

$$E(y) = b_1 + b_2x$$

O comportamento médio da reta poderia ser assumido passando por quase todos os pontos médios amostrais. Assim, para estimar b_1 e b_2, poderíamos traçar uma linha reta que passe pelo centro de dois pontos. Desta forma, o intercepto e o coeficiente angular da reta seriam determinados. Mas, como observadores poderiam traçar diferentes retas, iremos normalizar este procedimento por meio de fórmulas.

5.4 O princípio dos mínimos quadrados

5.4.1 Regressão Linear Simples

Um modelo de regressão é dito linear, quando seus parâmetros são lineares e comumente denotado pela função $y = \beta_0 + \beta_1 x + \varepsilon$, que consiste de uma parte determinística e uma parte aleatória. A parte determinística da equação, $\beta_0 + \beta_1 x$, especifica que para qualquer valor da variável independente x, a média populacional da variável dependente y é descrita por uma função reta. De acordo com as propriedades de uma função linear, o parâmetro β_0, também chamado de coeficiente linear ou intercepção, é o valor de y quando x se iguala à zero. Graficamente, esse coeficiente representa o ponto onde a reta de regressão irá interceptar o eixo y. O parâmetro β_1, conhecido como coeficiente angular ou inclinação, é a variação no eixo y associada à variação de uma unidade no eixo x. Finalmente, ε é a parte aleatória do modelo e utilizada para explicar a variabilidade das respostas em relação à média real. Esse parâmetro de erro é assumido como normalmente distribuído, com média zero e desvio padrão constante.

Os parâmetros de regressão β_0 e β_1, devem ser estimados com base nos dados coletados das variáveis estudadas para encontrar a reta que faz o melhor ajuste dos pontos no gráfico. O método mais popular para estimar os valores desses coeficientes e determinar a equação de regressão é o de mínimos quadrados, que busca fornecer a reta que minimiza a soma dos quadrados das distâncias verticais de cada ponto em relação à reta. Essas distâncias representam o erro na variável de resposta, a diferença entre a resposta real e os valores estimados. A equação obtida pelo método dos mínimos quadrados se dá como $\hat{y} = \hat{\beta}_0 + \hat{\beta}_1 x + \varepsilon$, onde a diferença entre o valor estimado $\hat{y}$ e a resposta real y é chamada de valor residual e denotada por e. Valores residuais de regressão têm um papel importante no diagnóstico porque são observáveis, diferentes do erro ε. O erro da regressão é quando uma observação se distancia de seu valor esperado, baseado na população total da qual as unidades foram escolhidas aleatoriamente. Em contra partida, o valor residual é uma estimativa observável de um erro não observável, que pode ser utilizado para estimar o erro do modelo.

Depois de encontrar uma equação linear que relacione as variáveis, a análise não se interessa apenas em descobrir se essa relação existe, mas também em mensurar a qualidade da equação encontrada. A qualidade do modelo pode ser avaliada analisando os coeficientes linear e de correlação, quanto maior for o valor absoluto desses coeficientes, mais forte será a relação entre as variáveis. A representação gráfica da reta de regressão também pode ser usada para determinar a qualidade do modelo, quanto mais próximos os pontos da amostra estiverem da reta, melhor será a regressão.

5.4.2 Regressão Linear Múltipla

Quando uma variável de resposta pode se relacionar linearmente com mais de uma variável preditora, temos um modelo linear múltiplo. A função desse modelo se dá como $y = (\beta_0 + \beta_1 x_1 + \beta_2 x_2) + \cdots + (\beta_n x_n + \varepsilon)$. Enquanto a equação de regressão linear simples era dada por uma reta, essa equação se dá como uma superfície e é chamada de regressão linear múltipla. Nesse tipo de regressão, o coeficiente β_0 é o valor de y para $x_1 = x_2 = x_n = 0$. Os coeficientes β_n são coeficientes parciais de regressão porque representam a contribuição de x_n para a resposta y depois de ambas variáveis terem sido linearmente ajustadas para outras variáveis independentes.

Para encontrar os valores dos parâmetros de regressão, os modelos lineares múltiplos são comumente representados em forma matricial, como mostrado abaixo. A forma matricial do modelo nos permite discutir e apresentar suas propriedades de maneira mais conveniente e eficiente:

$$x = \begin{pmatrix} x_{11} & x_{12} & \cdots & x_{1n} \\ x_{21} & x_{22} & \ldots & x_{2n} \\ \vdots & \vdots & & \vdots \\ x_{n1} & x_{n2} & \cdots & x_{nn} \end{pmatrix}$$

Os parâmetros de modelos de regressão múltipla são diferentes da regressão simples, uma vez que as variáveis independentes estão correlacionadas. Casos de variáveis independentes não correlacionadas são possíveis, mas extremamente raros em situações reais. A fim de avaliar a qualidade da regressão múltipla, além dos coeficientes já utilizados na regressão simples, é possível calcular o coeficiente de relação múltipla que mede a força da relação entre todas as variáveis do sistema.

Geralmente, é impossível estimar os efeitos exclusivos que as variáveis preditoras exercem individualmente na equação. Os parâmetros são muito sensíveis à mudanças nos dados e inclusão ou exclusão de variáveis. Os coeficientes de regressão possuem erros amostrais que podem afetar diretamente nas afirmações e previsões baseadas no modelo. As variáveis independentes de um modelo de regressão múltipla, são independentes apenas no que diz respeito à variável de resposta, mas isso não quer dizer que elas não podem depender de outras variáveis. Não obstante, variáveis preditoras podem ser dependentes umas das outras e essa relação é necessária para que os parâmetros de regressão possam ser interpretados corretamente. Contudo, algumas variáveis possuem uma relação tão forte que podem prejudicar o resultado da análise.

A relação muito forte entre variáveis preditoras também é conhecida como multicolinearidade, um problema difícil de detectar. Não se trata de um erro de especificação ou do modelo. Multicolinearidade é um problema de dados deficientes, associada à coeficientes de regressão instáveis. Na verdade, a fonte do problema pode ser muito mais sutil que a simples relação entre variáveis. Um dos sinais da presença de multicolinearidade são mudanças significativas nos coeficientes estimados quando um ponto ou variável é adicionado ou retirado. Quando coeficientes de variáveis, que são consideradas muito importantes possuem erros elevados, também poderá indicar um problema. Para verificar a multicolinearidade, é preciso calcular o coeficiente de relação entre as variáveis. Aquelas que se mostrarem muito relacionadas, deverão ser substituídas ou excluídas do modelo de regressão.

No caso da regressão linear, a definição heurística para determinar os parâmetros b_1 e b_2 de uma reta de regressão está baseado no método dos mínimos quadrados. O princípio do método diz: a soma dos valores absolutos dos resíduos ou a soma dos quadrados de um ponto

(x_i) a reta deve ser mínima, sendo o resíduo a diferença entre o valor observado de y_i e seu valor dado pela linha reta, para o mesmo valor de x_i:

$$e_i = y_i - \hat{y}_i$$

$$E = \sum_{i=1}^{N} e_i = e_1 + e_2 + \ldots + e_N$$

$$E = \sum_{i=1}^{N} (y_i - b_1 - b_2 x_i)^2$$

A Figura 5.2 mostra a relação entre a reta de regressão e os resíduos:

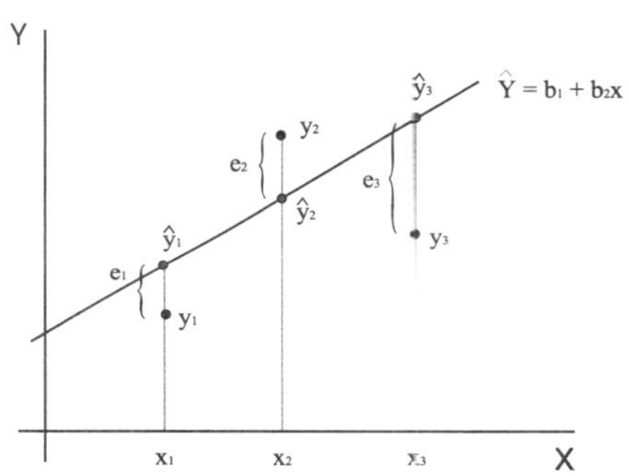

Figura 5.2: Relação entre y_i, e_i e a reta de regressão linear.

A função soma de quadrados dos erros é uma quadrática em função dos parâmetros b_1 e b_2 desconhecidos. A representação da função, numa forma tridimensional, pode ser observada na Figura 5.3. A superfície que gera a função tem uma forma de tigela:

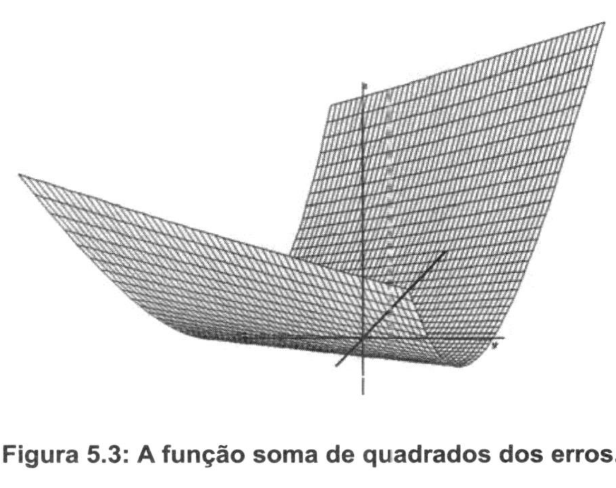

Figura 5.3: A função soma de quadrados dos erros.

Os valores b_1 e b_2 que se encontram no fundo da tigela irão determinar que a função soma de quadrados dos erros $E(b_1, b_2)$ seja mínima.

A minimização de $E(b_1, b_2)$ requer que as derivadas parciais com respeito a b_1 e b_2 sejam nulas, isto é, no fundo da tigela, na direção de cada eixo, a função é zero e em conseqüência, é mínima:

$$\frac{\partial E(b_1, b_2)}{\partial b_1} = 0 \qquad \frac{\partial E(b_1, b_2)}{\partial b_2} = 0$$

Assim, quando realizamos a derivada parcial em relação a b_1, temos:

$$\frac{\partial}{\partial b_1} \sum_{i=1}^{N} (y_i - b_1 - b_2 x_i)^2 = \sum_{i=1}^{N} 2(y_i - b_1 - b_2 x_i) = 0$$

Dividindo por (–2) e rearranjando os termos:

$$\sum y_i - N b_1 - b_2 \sum x_i = 0 \tag{5.2}$$

Aplicando a derivada parcial à expressão 5.1 com respeito à b_2:

$$\frac{\partial}{\partial b_2} \sum_{i=1}^{N} (y_i - b_1 - b_2 x_i)^2 = \sum_{i=1}^{N} 2(-x_i)\,(y_i - b_1 - b_2 x_i) = 0$$

$$\frac{\partial}{\partial b_2} \sum_{i=1}^{N} (y_i - b_1 - b_2 x_i)^2 = \left(\sum x_i\right)\left(y_i - b_1 - b_2 x_i\right) = 0$$

Rearranjando os termos:

$$\sum x_i y_i - b_1 \sum x_i - b_2 \sum x_i^2 = 0 \tag{5.3}$$

Reordenando as expressões 5.2 e 5.3, obtemos duas expressões conhecidas denominadas equações normais:

$$N b_1 + b_2 \sum x_i = \sum y_i \tag{5.4}$$

$$b_1 \sum x_i + b_2 \sum x_i^2 = \sum x_i y_i \tag{5.5}$$

O conjunto de equações lineares (expressões 5.4 e 5.5) com duas incógnitas nos vai permitir obter as estimativas (b_1 e b_2) pelo método de mínimos quadrados. As fórmulas obtidas são:

$$b_2 = \frac{N\sum x_i y_i - \sum x_i \sum y_i}{N\sum x_i^2 - \left(\sum x_i\right)^2} \tag{5.6}$$

$$b_1 = \overline{y} - b\overline{x} \tag{5.7}$$

Onde $\overline{y} = \sum y_i / N$ e $\overline{x} = \sum x_i / N$ são as médias amostrais das observações de y e x.

A expressão 5.6 nos mostra porque tivemos que levantar a hipótese de que os valores de x_i não podem ser iguais à uma constante nas observações. No caso de ser verdadeiro, o denominador da expressão seria zero e o coeficiente b_2 também seria igual a zero.

Por outro lado, as expressões 5.2 e 5.3 podem ser representadas de forma matricial:

$$\begin{bmatrix} N & \sum x_i \\ \sum x_i & \sum x_i^2 \end{bmatrix} \begin{bmatrix} b_1 \\ b_2 \end{bmatrix} = \begin{bmatrix} \sum y_i \\ \sum x_i y_i \end{bmatrix} \tag{5.8}$$

No caso de uma função parabólica (função não linear) com uma variável independente da forma:

$$y = b_0 + b_1 x + b_2 x^2$$

Podemos proceder da mesma forma como na reta de mínimos quadrados, as constantes b_0, b_1, b_2 são calculadas através de um sistema de equações com três incógnitas, equações obtidas aplicando as derivadas parciais à função $E(b_0, b_1, b_2)$ com relação a b_0, b_1, e b_2. Assim, temos:

$$\begin{bmatrix} N & \sum x_i & \sum x_i^2 \\ \sum x_i & \sum x_i^2 & \sum x_i^3 \\ \sum x_i^2 & \sum x_i^3 & \sum x_i^4 \end{bmatrix} \begin{bmatrix} b_0 \\ b_1 \\ b_2 \end{bmatrix} = \begin{bmatrix} \sum y_i \\ \sum x_i y_i \\ \sum x_i^2 y_i \end{bmatrix} \tag{5.9}$$

Esse conjunto de equações é denominado *equações normais da parábola de mínimos quadrados.*

Seguindo essa linha de raciocínio, para um polinômio de grau n da forma:

$$P_n(x) = b_0 + b_1x + b_2x^2 + ... + b_nx^n$$

Suas equações normais teriam a seguinte representação:

$$\begin{bmatrix} N & \sum x_i & \sum x_i^2 & \dots & \sum x_i^N \\ \sum x_i & \sum x_i^2 & & & \sum x_i^{N+1} \\ \sum x_i^2 & & \sum x_i^3 & & \dots \\ \dots & & & \dots & \dots \\ \sum x_i^N & \sum x_i^{N+1} & & & \sum x_i^{N+1} \end{bmatrix} \begin{bmatrix} b_0 \\ b_1 \\ b_2 \\ \dots \\ b_N \end{bmatrix} = \begin{bmatrix} \sum y_i \\ \sum x_i y_i \\ \sum x_i^2 y_i \\ \dots \\ \sum x_i^N y_i \end{bmatrix} \quad (5.10)$$

Exemplo 5.1: Considere os dados da experiência realizada na formação de trincas térmicas ao longo da aresta de corte da ferramenta (ver Tabela 5.2) para estimar o intercepto (b_1) e o coeficiente angular (b_2) da reta de regressão linear:

Solução: A fim de encontrar as somas e médias nas expressões 5.6 e 5.7, tabularemos o trabalho, como segue:

N	x	y	xy	x^2
1	40	330	13200	1600
2	62	400	24800	3844
3	93	575	53475	8649
4	125	623	77875	15625
5	157	713	111941	24649
6	185	800	148000	34225
$\sum$	$\sum x = 662$	$\sum y = 3441$	$\sum xy = 429291$	$\sum x^2 = 88592$

Tabela. 5.3: Operações aritméticas para representar as equações normais de uma reta.

Onde a variável x representa a velocidade de corte (m/mm) e y a temperatura de corte (°C).

Sistema de equações normais da tabuada de dados:

$$\begin{bmatrix} 6 & 662 \\ 662 & 88592 \end{bmatrix} \begin{bmatrix} b_0 \\ b_1 \end{bmatrix} = \begin{bmatrix} 3441 \\ 429291 \end{bmatrix}$$

Resolvendo esse sistema de equações lineares, obtemos a equação de mínimo quadrado linear :

$$y = 221{,}3601 + 3{,}1916x$$

Os modelos obtidos por este tipo de análise exigem cuidados especiais, tanto na sua utilização para previsão como para interpretação dcs polinômios. No primeiro caso, devemos tomar precauções principalmente nas extrapolações, pois, fora do intervalo analisado, o fenômeno pode comportar-se bem diferente do que dentro do intervalo observado. No segundo, precisamos lembrar que na maioria dos casos interessa-nos a relação do modelo original e não no transformado (linearizado) e devido à complexidade do modelo, a interpretação torna-se mais difícil do que nos modelos lineares. Cabe ainda, observar para este modelo a análise de resíduos.

5.5 Ajuste de curvas não lineares pelo método de mínimos quadrados

Em muitas aplicações ou experimentos, os pontos tabulados não estão separados uniformemente. Ainda mais, sua representação gráfica, quando são representados num exio cartesiano, mostra que o modelo é não linear. Neste sentido, nosso objetivo é ajustar outras funções com variáveis explicativas e parâmetros desconhecidos para funções polinomiais de primeiro grau. Por exemplo, as seguintes funções são normalmente analisadas:

$y = a e^{bx}$	Curva exponencial
$y = \dfrac{1}{ax - b}$	Curva hipérbole
$y = ax^b$	Curva geométrica
$y = p q^{b^x}$	Curva de Gompertz
$y = \dfrac{1}{ab^x}$	Curva Logística
$y = a w^b k^c$	Curva de Cobb-Douglas que relaciona o produto (y) com o trabalho (w) e o capital (k).

Nessas funções, y representa a variável dependente e x, a variável explicativa ou independente. As constantes a, b e c são os parâmetros a estimar e os e_i são os erros estocásticos não-correlacionados, com média zero e variância σ_e^2.

A mesma metodologia utilizada no método de mínimo quadrado linear (fazendo as respectivas derivadas parciais e posteriormente igualando-as a zero), pode ser aplicada à essas funções não lineares com o objetivo de obter as equações normais. A solução desse conjunto de equações simultâneas não é fácil de resolver, devido ao fato de que normalmente as formas exponenciais são linearizadas pela função logarítmica antes de obter os parâmetros. Por exemplo, para a primeira curva, temos:

$y' = a + bx'$ onde y' = ln(y) e x'= x.

Para a segunda expressão, temos:

$y' = a - bx'$ onde $y' = 1/y$, $x' = 1/x$, $y \neq 0$ e $x \neq =0$.

Nessa metodologia, vamos minimizar a soma dos quadrados dos erros ln(y) ou 1/y e não da curva y. Uma vantagem dessas formas linearizadas é que os pontos representados num eixo cartesiano log-log ou semilog representam uma linha reta.

Em muitos casos, quando não se encontra nenhum método de linearização, os métodos gráficos são frequentemente usados. Por outro lado, a transformação de funções a formas lineares e outras formas não polinomiais, pode representar em curvas finas ou lisas.

Exemplo 5.2: Ajustar os dados obtidos no experimento de corte interrompido em seco (ver Tabela 5.1), a uma função polinomial quadrática pelo método de mínimo quadrado.

Solução: Assumiremos que a variável y represente o desgaste da ferramenta (mm) e x, o tempo de corte (min).

A equação da parábola de mínimo quadrado utilizado para ajustar os dados do experimento é:

$$y = b_0 + b_1 x + b_2 x^2$$

As operações necessárias para representar as equações normais do modelo são:

$\sum x = 144,04$ $\qquad \sum y = 1,830$ $\qquad \sum xy = 43,4871$

$\sum x^2 = 3384,6284$ $\qquad \sum x^3 = 90057,1113$ $\qquad \sum x^4 = 2536504,0977$

$\sum x^2 y = 1178,0498$

Usando esses resultados, o sistema de equações normais em forma matricial, torna-se:

$$\begin{bmatrix} 8 & 144,04 & 3384,6284 \\ 144,04 & 3384,6284 & 90057,1113 \\ 3384,6284 & 90057,1113 & 2536504,0977 \end{bmatrix} \begin{bmatrix} b_0 \\ b_1 \\ b_2 \end{bmatrix} = \begin{bmatrix} 1,830 \\ 43,4871 \\ 1178,0498 \end{bmatrix}$$

Realizando as operações respectivas obtemos: $b_0 = 105,162x10^{-3}$, $b_1 = -4,53722x10^{-3}$ e $b_2 = 0,4852x10^{-3}$. Logo, a equação desejada é:

$$y = 0,00105162 - 0,00453722x + 0,0004852x^2$$

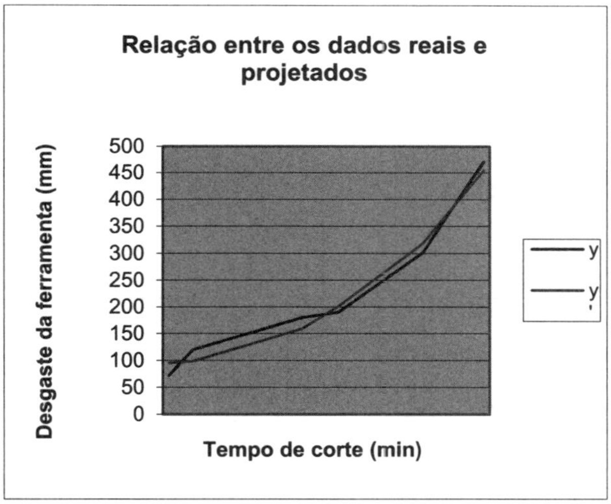

Figura 5.4: Relação entre os dados da Tabela 5.1 e da curva ajustada.

O ajuste de dados a um polinômio de alto grau reduz as desviações de cada ponto do experimento (x_i) à curva, até quando o grau do polinômio n, seja menor ou igual a N-1. Nesta etapa, pode existir um bom casamento de dados e assim, encontramos no capítulo anteriormente estudado: interpolação polinomial.

A decisão de incrementar o grau de aproximação polinomial é avaliada por uma redução significativa da variância, σ^2, que pode ser calculada da seguinte forma:

$$\sigma^2 = \frac{\sum e_i^2}{N - n - 1} \tag{5.11}$$

Para o exemplo 5.2, o grau polinômio pode variar de 1 até 7, obtendo-se um conjunto de polinômios como é mostrado na Tabela 5.4. Todos os termos dos polinômios foram calculados com quatro casas decimais e multiplicados por 0,001:

Grau	Expressão	$\sum e_i^2$	σ_i^2
1	$-11{,}0615 + 13{,}3191x$	0,00997	0,04077
2	$105{,}162 - 4{,}5372x + 0{,}4851x^2$	0,00221	0,02103
3	$-78{,}9291 + 38{,}0624x - 2{,}1088x^2 + 0{,}457x^3$	0,00045	0,01057
4	$-324{,}2765 + 108{,}0727x - 8{,}4831x^2 + 0{,}2778x^3 - 0{,}00294x^4$	0,00013	0,00656
5	$-455{,}8224 + 157{,}7048x - 15{,}2667x^2 + 0{,}6995x^3 - 0{,}015x^4 + 0{,}00013x^5$	0,00264	0,03635
6	$62{,}97 - 80{,}478x + 26{,}355x^2 - 2{,}839x^3 + 0{,}142x^4 - 0{,}0033x^5 + 0{,}00003x^6$	3,14968	1,77473

Tabela 5.4: Família de polinômios deduzidos a partir dos dados da Tabela 5.1.

Os polinômios determinados na Tabela 5.4, foram avaliados pela expressão 5.11 e se determinou que o melhor ajuste está na função de quarto grau. É importante ressaltar que na avaliação dos polinômios, o numerador da expressão 5.11, a soma dos resíduos ao quadrado decresce conforme o grau do polinômio aumenta. Por outro lado, o denominador faz que o desvio padrão (σ^2) se incremente conforme chegamos ao polinômio de ótimo grau. No exemplo 5.2, este comportamento é observado para n = 5. Os coeficientes dos polinômios determinados pelo método de mínimo quadrado não têm muita precisão devido ao mal condicionamento dos dados do experimento. Nesse sentido, não existe uma expectativa de que o valor de σ^2 se incremente significativamente.

Mostraremos um exemplo de como podemos utilizar esses métodos a outro tipo de funções.

Exemplo 5.3: Foi realizada uma experiência com a finalidade de medir os esforços, no sentido de eliminar os fluídos de refrigeração. No corte de metais, se determinou que a vida da ferramenta pode atingir uma largura de desgaste na superfície de saída de até 0,3mm (curvas de desgaste), sem sofrer mudanças radicais. Este fato se dá pelo fato das curvas de desgaste encontrarem-se muito próximas e começarem a divergir apenas com o aumento do desgaste. Nesta tecnologia, a função de lubrificação é assegurada pelo óleo e a refrigeração, principalmente pelo ar comprimido. No experimento, a ferramenta resfriada por inundação e lubrificada com uma mistura de óleo e ar, apresenta uma vida cerca de 10% mais longa da que recebeu lubrificação padrão. Os dados do experimento são mostrados na Tabela 5.5. Realize o ajuste dos dados, utilizando as funções exponenciais pelo método de mínimos quadrados:

Comprimento de corte (m)	Largura da superfície de desgaste (Vc - μmm).
469	120
857	140
1343	170
1714	202
2114	240
2600	295
3486	445
3914	520

Tabela. 5.5: Desenvolvimento do desgaste do flanco da ferramenta no torneamento com éter como fluido refrigerante.

Solução: Façamos y ser a variável que represente a largura da superfície de desgaste (μmm) e x, o comprimento de corte (m).

Para determinar a equação que relacione as variáveis definidas anteriormente devemos representar o conjunto de dados coletados no experimento em sistema de coordenadas cartesianas (diagrama de dispersão).

Na Figura 5.5, observamos que os dados representados no diagrama têm uma relação não linear e estão bem próximos do comportamento de uma curva exponencial:

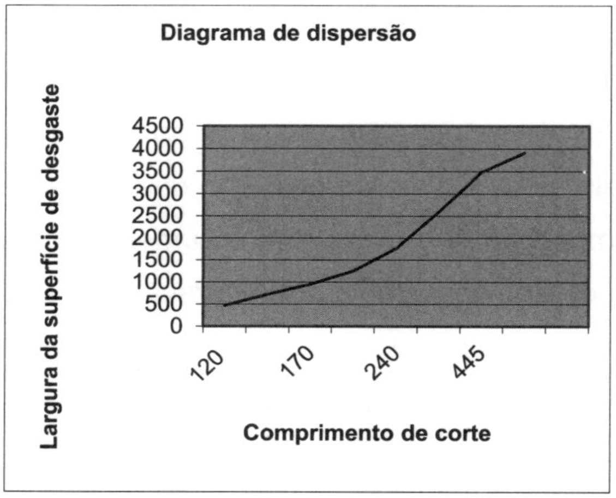

Figura 5.5: Ajuste de uma curva à partir do diagrama de dispersão.

Assim, a melhor curva de ajustamento dos dados pode ser representada pela seguinte expressão:

$$y = ae^{bx}$$

Aplicando o logarítmo natural à expressão, temos:

$$\ln(y) = \ln(a) + bx$$

Fazendo:

$$y' = \ln(y) \text{ e } x' = x$$

A equação da reta pode ser escrita sob a forma:

$$y' = b_0 + b_1 x'$$

Em que $b_0 = \ln(a)$ e $b_1 = b$.

A Tabela 5.6 relaciona x'= x e y' = ln(y), correspondentes aos valores de *x* e *y* da Tabela 5.5 e indica os cálculos necessários para a determinação de mínimos quadrados:

N	x'= x	y' = ln(y)	$(x')^2$	x'y'
1	469	4,78749	219961	56280
2	857	4,94164	734449	119980
3	1343	5,13580	1803649	228310
4	1714	5,30827	2937796	346228
5	2114	5,48064	4468996	507360
6	2600	5,68698	6760000	767000
7	3486	6,09807	1252196	1551270
8	3914	6,25383	15319396	2035280
	$\sum x' = 16497$	$\sum y' = 43{,}69272$	$\sum x^2 = 44396443$	$\sum x'y' = 94583{,}6489$

Tabela. 5.6: Cálculos realizados na pesquisa da função exponencial.

As equações normais correspondentes àquela curva são:

$$\begin{bmatrix} 8 & 16497 \\ 16497 & 44396443 \end{bmatrix} \begin{bmatrix} b_0 \\ b_1 \end{bmatrix} = \begin{bmatrix} 43{,}69272 \\ 94583{,}64884 \end{bmatrix}$$

Resolvendo o sistema de equações temos que $b_0 = 4{,}57061$ e $b_1 = 0{,}00043$. Logo:

$$y = 4{,}57061 + 0{,}00043x$$

Como $b_0 = 4{,}57061 = \ln(a)$, então $a = 96{,}60302$; $b_1 = b = 0{,}00043$.

Assim, a equação desejada expressada em função de x, y, pode ser escrita sob a forma:

$$y = 96{,}60302\, e^{0{,}00043x}$$

5.6 Os Polinômios de Chebyshev

Um problema que se apresenta no desenvolvimento de programas no computador é a representação e avaliação de funções para a determinação de algarismos com um mínimo de erro, economia no tempo de processamento e redução de esforço computacional. Neste sentido, consideramos funções comuns e as técnicas de interpolação como eficientes aproximações de uma tabela de valores. Sabemos que os computadores são máquinas que processam operações aritméticas, ou seja, funções estruturadas como polinômios comuns ou frações de polinômios. Nesta seção, o desenvolvimento é restrito a esses tipos de funções.

Nossa motivação para o uso de polinômios de Chebyshev, fundamenta-se no problema que se apresenta ao aproximar uma função utilizando a série de Maclaurin (série de Taylor truncada). Nessa série, o erro centrado em zero é extremamente uniforme e pequeno perto do centro, mas cresce rapidamente conforme se afasta do ponto de expansão. Por isso, ela não é muito precisa em muitos casos. Assim, é mais razoável usar polinômios cujo comportamento fora do intervalo selecionado sejam mais uniforme.

No processamento de uma função por meio do computador, não temos um controle exato sobre o intervalo que será utilizado para produzir sua aproximação, por isso, a série de Taylor não é apropriada. No exemplo 5.2, a Tabela de dados foi aproximada à um polinômio de segundo grau, em que presumimos que ele seja uma boa aproximação. O esboço do polinômio b_0, b_1, b_2,..., b_n que produziram um erro pequeno perto de zero, mas substancial nos extremos do intervalo (x perto $\pm$ 1). Agora, a ideia é encontrar a maior precisão no centro do intervalo a fim de reduzir os erros nos extremos.

A aproximação polinomial deve-se aproximar à certas funções f(z) que mostrem uma distribuição do erro sobre determinados intervalos ($-1 \leq z \leq 1$). Em particular, observamos que a aproximação de uma função usando uma combinação linear de tais funções, o erro na aproximação é bem distribuído sobre o intervalo. O objetivo é fazer aproximações de funções que gerem e reduzam o máximo erro para um valor mínimo (ou perto do mínimo).

Na trigonometria, por exemplo, existe a função cosseno: $\cos\alpha$, $\cos 2\alpha$, $\cos 3\alpha$,..., $\cos n\alpha$, que têm seus valores máximos e mínimos distribuídos com regularidade sobre um determinado intervalo: $0 \leq \alpha \leq \pi$. Essa função é uma boa candidata para nossos propósitos. Em particular, os valores extremos para duas funções $\cos(n\alpha)$ e $\cos(m\alpha)$ para $n \neq m$ não produzem o mesmo valor de *x* (ver Figura 5.6):

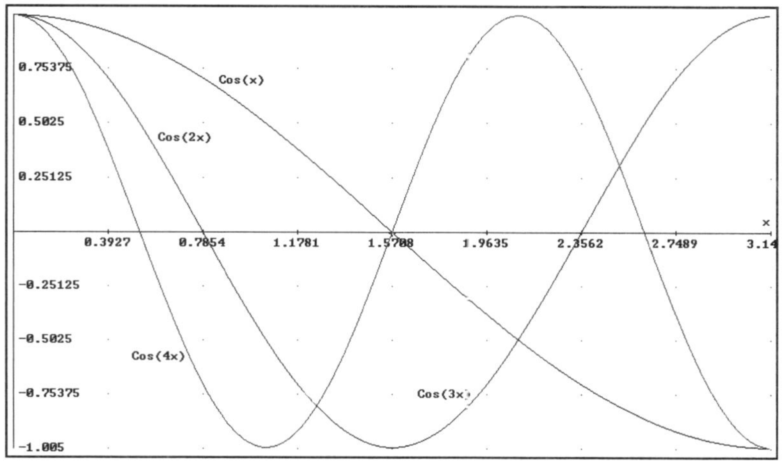

Figura 5.6: Função cosseno (cosnx, n = 1, 2, 3, 4 no intervalo [0, π]).

A transformação mais simples e útil de um polinômio de grau *n*, no intervalo [-1, 1], é por meio da função cosseno (cos(nα)) no intervalo [0, π]. O conjunto de polinômios $T_n(x)$ = cosnα (para n = 0, 1, 2,...), gerados da sequência de funções cosseno, usando a transformação:

$$\alpha = \cos^{-1}x \tag{5.12}$$

É conhecido como os polinômios de Chebyshev. É claro que $T_0(x)$ = cos0 = 1. Usemos a expressão 5.13 para representar o primeiro polinômio de Chebyshev.

$$T_1(x) = \cos(\alpha) = \cos(\cos^{-1} x) = x \tag{5.13}$$

Para encontrar $T_2(x)$, o polinômio de Chebyshev de segundo grau, utilizamos a identidade trigonométrica cos2α = 2cos$^2\alpha$-1. Assim:

$$\cos(2\alpha) = \cos(2\cos^{-1} x)$$

$$= 2\cos^2(\cos^{-1} x) - 1$$

Ou:

$$T_2(x) = 2x^2 - 1 \tag{5.14}$$

Em geral, repetindo infinitamente a identidade trigonométrica, temos:

$$\cos n\alpha = 2\cos\alpha\cos(n-1)\alpha - \cos(n-2)\alpha$$

Que pode ser utilizada para calcular o polinômio de Chebyshev de grau *n*, utilizando a relação de recursão, temos:

$$T_n(x) = 2xT_{n-1}(x) - T_{n-2}(x) \tag{5.15}$$

Esses polinômios têm propriedades em comuns. Eles formam um conjunto ortogonal expressado na seguinte forma:

$$\int_{-1}^{1} \frac{T_n(x)T_m(x)}{\sqrt{1-x^2}}\,dx = \begin{cases} 0, & n \neq m \\ \pi & n = m = 0, \\ \pi/2, & n = m \neq 0. \end{cases} \tag{5.16}$$

A Tabela 5.7 mostra os dez primeiros polinômios de Chebyshev:

$$T_0(x) = 1$$
$$T_1(x) = x$$
$$T_2(x) = 2x^2 - 1$$
$$T_3(x) = 4x^3 - 3x$$
$$T_4(x) = 8x^4 - 8x^2 + 1$$
$$T_5(x) = 16x^5 - 20x^3 + 5x$$
$$T_6(x) = 32x^6 - 48x^4 + 18x^2 - 1$$
$$T_7(x) = 64x^7 - 112x^5 + 56x^3 - 7x$$
$$T_8(x) = 128x^8 - 256x^6 + 160x^4 - 32x^2 + 1$$
$$T_9(x) = 256x^9 - 576x^7 + 432x^5 - 120x^3 + 9x$$
$$T_{10}(x) = 512x^{10} - 1280x^8 + 1120x^6 - 400x^4 + 50x^2 - 1$$

Tabela 5.7: Polinômios de Chebyshev.

Os polinômios de Chebyshev podem ser expressos como monômios por uma simples transformação (ver Tabela 5.7), isto é, uma potencia de *x* como uma combinação linear de $T_n(x)$:

$$x_0 = T_0$$
$$x_1 = T_1$$
$$x_2 = \frac{1}{2}(T_2 + T_0)$$
$$x_3 = \frac{1}{4}(T_3 + 3T_1)$$
$$x_4 = \frac{1}{8}(T_4 + 3T_2 + 3T_0)$$
$$x_5 = \frac{1}{16}(T_5 + 5T_3 + 10T_1)$$
$$x_6 = \frac{1}{32}(T_6 + 6T_4 + 15T_2 + 10T_0)$$
$$x_7 = \frac{1}{64}(T_7 + 7T_5 + 21T_3 + 35T_1)$$
$$x_8 = \frac{1}{128}(T_8 + 8T_6 + 28T_4 + 56T_2 + 35T_0)$$
$$x_9 = \frac{1}{256}(T_9 + 9T_7 + +36T_5 + 84T_3 + 126T_1)$$
$$x_{10} = \frac{1}{512}(T_{10} + 10T_8 + +45T_6 + 120T_4 + +210T_2 + 126T_0)$$

Tabela 5.8: Série de Chebyshev.

Observe que os polinômios de Chebyshev, por causa de sua origem na função cosnα, têm uma sucessão de valores máximos e mínimos com sinais alternados de valor absoluto igual a unidade, no intervalo [-1, 1]. Na Figura 5.7, esboçamos os três primeiros polinômios da Tabela 5.7:

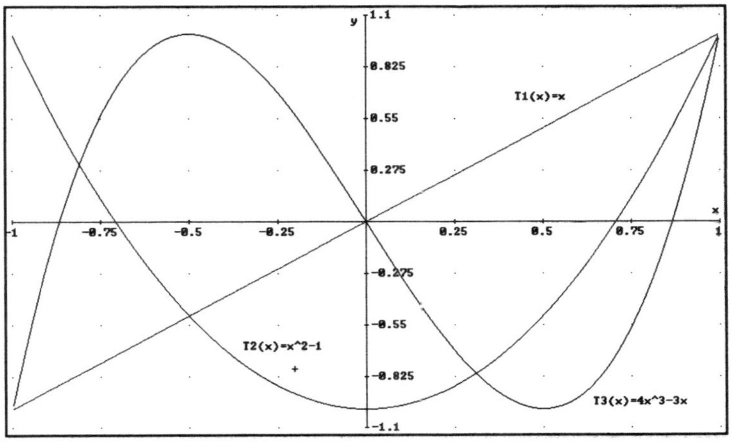

Figura 5.7: Polinômios de Chebyshev de grau 0, 1, 2.

As raízes do polinômio $T_n(x)$ são reais, se encontram no intervalo [-1, 1] e são determinados pela expressão:

$$R_i = \cos\left[\frac{(2i-1)\pi}{2n}\right], \qquad i = 1, 2, \ldots n \tag{5.17}$$

Uma propriedade desse conjunto de polinômios é que todo $T_n(x)$ de grau *n* cujo coeficiente do termo x^n é unitário, o polinômio:

$$\phi_n(x) = \frac{T_n(x)}{2^{n-1}} \tag{5.18}$$

Tem o valor absoluto máximo mais baixo no intervalo [-1, 1] que qualquer outro.

A Tabela 5.7, mostra que o coeficiente do n-ésimo polinômio de Chebyshev é 2^{n-1}, assim $\phi_n(x)$ é simplesmente o n-ésimo polinômio de Chebyshev normalizado, ou seja, $T_n(x)$ dividido por seu coeficiente de alto grau. Como a máxima magnitude (valor absoluto) de $T_n(x)$ é a unidade no intervalo [-1, 1] então, o máximo valor de $\phi_n(x)$ é $1/2^{n-1}$ em [-1, 1]. O esboço da função $\phi_n(x)$, num eixo cartesiano no intervalo [-1, 1], mostra que todos os valores extremos tem o mesmo valor, isto é, $1/2^{n-1}$, e que existem exatamente n+1 períodos alternados (máximos e mínimos relativos). Esta propriedade chamada de *minimax* é importante, pois nos permite representar séries de funções cujos erros máximos sejam representados em termos do limite superior.

5.7 Redução de uma série por meio dos polinômios de Chebyshev

Depois de conhecer os polinômios de Chebyshev, podemos utilizar este desenvolvimento para reduzir uma expansão, por exemplo, a série de Taylor ou de Maclaurin. O objetivo da redução é representar uma série na forma de um polinômio minimizado de tal forma que, os cálculos realizados sejam reduzidos ao máximo, mas, conservando a precisão. Considere a série de Maclaurin para a função $f(x) = (e^x + e^{-x})/2$, no intervalo [0, 1], com uma precisão de 0,001.

Temos:

$$f(x) = \frac{e^x + e^{-x}}{2} \qquad \text{então } f(0) = 1$$

$$f'(x) = \frac{e^x - e^{-x}}{2}$$ então f(0) = 0

$$f''(x) = \frac{e^x + e^{-x}}{2}$$ então f(0) = 1

$$f'''(x) = \frac{e^x - e^{-x}}{2}$$ então f(0) = 0

De modo que o polinômio de Maclaurin seja:

$$\frac{e^x + e^{-x}}{2} = 1 + \frac{x^2}{2!} + \frac{x^4}{4!} + \frac{x^6}{6!} + \ldots$$

Essa série poderia ser truncada no termo x^6, o erro no termo x^4 é 0,00143 e no termo x^6 é 0,00003. Subtraímos o termo:

$$\frac{1}{720}\left(\frac{T_6}{32}\right) \qquad (5.19)$$

da série truncada. A Tabela 5.7 mostra os monômios em função dos polinômios de Chebyshev. A substituição do polinômio $T_6(x)$ na expressão (5.19) eliminaria o termo x^6 e realizando as operações correspondentes, os outros coeficientes da série de Maclaurin seriam ajustados. Como o máximo valor absoluto de $T_6(x)$ no intervalo [-1, 1] é igual à unidade, então essa operação é depreciável, pois a soma da série truncada vai mudar por:

$$\frac{1}{720}\left(\frac{1}{32}\right) \leq 0{,}000043$$

Que é um valor muito pequeno em relação a nossa precisão (0,001). Executando os cálculos, temos:

$$\frac{e^x + e^{-x}}{2} = 1 + \frac{x^2}{2!} + \frac{x^4}{4!} + \frac{x^6}{6!} - \left(\frac{1}{720}\right).\left(\frac{1}{32}\right)\left(32x^6 - 48x^4 + 18x^2 - 1\right)$$

$$\frac{e^x + e^{-x}}{2} = 0{,}04375x^4 + 0{,}49921x^2 + 1{,}00004 \qquad (5.20)$$

A expressão 5.20 mostra que o polinômio que se aproxima a $f(x) = (e^x + e^{-x})/2$, no intervalo [0, 1] é de quarto grau e representa um polinômio tão próximo como aquele de sexto grau, determinado pela série de Maclaurin. O erro máximo do polinômio reduzido de quarto grau é 0,000073 e do polinômio de sexto grau é 0,00003. Consequentemente, mantendo quase a mesma precisão, temos reduzido a série de Maclaurin em um grau.

Poderíamos considerar o caso de eliminar (1/24)(T_4/8) à série de Maclaurin, reduzindo o grau do polinômio de quarto grau para segundo grau, obtendo-se a mesma precisão na estimação da função. O cálculo fica como um exercício para o aluno. Este desenvolvimento é frequentemente usado para aproximar funções pela redução de uma série e, a sua vez, é mais eficiente que as séries truncadas do mesmo grau obtidas pelas séries de Taylor ou de Maclaurin. A Tabela 5.9 compara esses dois desenvolvimentos:

x	$(e^x + e^{-x})/2$	Maclaurin de sexto grau	Série reduzida de quarto grau	Série reduzida de segundo grau	Maclaurin de segundo grau.
0,1	1,00500	1,00500	1,00503	1,00020	1,00500
0,2	1,02006	1,02006	1,02007	1,01645	1,02000
0,3	1,04533	1,04533	1,04532	1,04354	1,04500
0,4	1,08107	1,08107	1,08103	1,08145	1,08000
0,5	1,12762	1,12762	1,12757	1,13020	1,125
0,6	1,18546	1,18546	1,18542	1,18979	1,18000
0,7	1,25516	1,25516	1,25516	1,26020	1,24500
0,8	1,33743	1,33743	1,33745	1,34145	1,32000
0,9	1,43308	1,43307	1,43311	1,43354	1,40500
1	1,54308	1,54305	1,54300	1,53645	1,50000
Módulo do erro		0,00003	0,00031	0,03364	0,0671
Erro máximo		0,00004	0,00013	0,00002	0,10829

Tabela 5.9: Comparação da série de Maclaurin e da série reduzida de Chebyshev.

A soma dos erros (erro máximo) do polinômio de quarto grau reduzido pelos polinômios de Chebyshev, é ligeiramente maior que o polinômio de sexto grau da série de Maclaurin. O polinômio de segundo grau reduzido tem o erro máximo menor que a série expandida de sexto grau e muito menor que o limite estabelecido que proporciona a expansão de Maclaurin de segundo grau. Esta redução produz uma economia no esforço computacional na avaliação da função. Assim, existirá um maior espaço na memória do computador para armazenar outros valores ou produzir uma maior velocidade no processamento de dados. Por outro lado, a série de segundo grau de Maclaurin tem um erro máximo aproximado 5400 vezes maior que o polinômio reduzido do mesmo grau e 108 vezes maior que precisão estabelecida:

x	$(e^x + e^{-x})/2$	Maclaurin de quarto grau	Erro	Série reduzida de quarto grau	Erro
0,1	1,00500	1,00500	0,00000	1,00503	0,00003
0,2	1,02006	1,02007	0,00001	1,02007	0,00001
0,3	1,04533	1,04534	0,00001	1,04532	0,00001
0,4	1,08107	1,08107	0,00000	1,08103	0,00004
0,5	1,12762	1,12760	0,00002	1,12757	0,00005
0,6	1,18546	1,18540	0,00006	1,18542	0,00004
0,7	1,25516	1,25500	0,00016	1,25516	0,00000
0,8	1,33743	1,33707	0,00036	1,33745	0,00002
0,9	1,43308	1,43234	0,00074	1,43311	0,00003
1	1,54308	1,54167	0,00141	1,54300	0,00008

Tabela 5.10. Comparação dos erros da série de Chebyshev e de Maclaurin no polinômio de quarto grau.

A Figura 5.8 compara o erro produzido pelos polinômios de quarto grau da série de Maclaurin à expansão reduzida pelos polinômios de Chebyshev. Na figura, o gráfico mostra como a expansão de Chebyshev atinge o erro máximo mais baixo na origem e vai incrementando conforme se afasta do centro de coordenadas. Os erros podem ser considerados como mais ou menos distribuídos uniformemente ao longo do intervalo. Em contrapartida, a expansão de Maclaurin representa pequenos erros perto da origem e a maior concentração encontra-se nos extremos do intervalo:

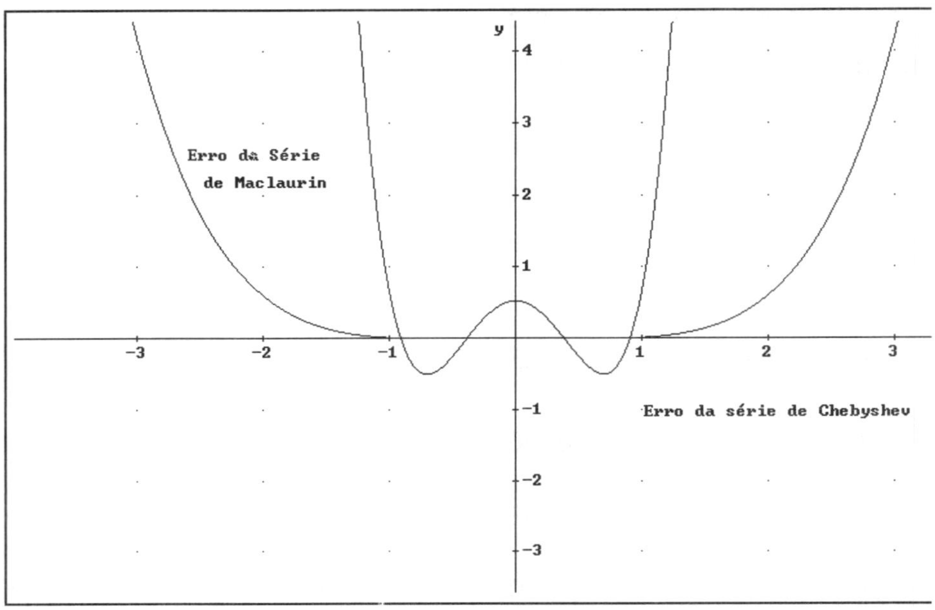

Figura 5.8: Relação do erro na expansão de Maclaurin e na série reduzida de Chebyshev.

Se desejarmos expressar uma função como uma expansão dos polinômios de Chebyshev, os coeficientes podem ser obtidos por integração. Baseado na propriedade de ortogonalidade desses polinômios, os coeficientes podem ser calculados da seguinte forma:

$$a_i = \frac{2}{\pi}\int_{-1}^{1}\frac{f(x)T_i(x)}{\sqrt{1-x^2}}dx \qquad i = 0, 1, 2,... \tag{5.21}$$

E a série pode ser expressada como:

$$f(x) = \frac{a_0}{2} + \sum_{i=1}^{\infty} a_i T_i(x) \qquad i = 0, 1, 2,... \tag{5.22}$$

Nosso primeiro objetivo é aproximar f(x) pelo truncamento de sua expansão (expressão 5.22) depois de um número finito de termos. Logo, chamamos todas as aproximações formadas pelo truncamento de $T_i(x)$ para i =1, 2,... e, finalmente, calculamos f(x) usando os $T_i(x)$ convertendo a força da série em sua forma polinômica.

Uma forma fácil de mecanizar com mais precisão a integral da expressão 5.21 (cálculo dos coeficientes na expansão de Chebyshev), é usando a expansão de Maclaurin de f(x). Este procedimento pode ser feito substituindo a série de Maclaurin na expressão 5.21 e logo, integramos termo por termo. A série infinita resultante para a_i usualmente converge rapidamente fazendo seu cálculo facilmente.

Usualmente, os coeficientes dos termos da expansão de Chebyshev decrescem muito rapidamente que os termos da expansão de Maclaurin. Assim, podemos estimar o módulo do erro do termo não-zero depois que os anteriores forem obtidos. Para a série de Chebyshev na função $(e^x + e^{-x})/2$, expandida em termos de $T_i(x)$, o termo $T_4(x)$ seria:

$$\left(\frac{1}{24}\right)\left(\frac{T_4}{8}\right) \approx 0{,}00521$$

Como o máximo valor de $T_4(x)$ no intervalo [-1,1] é a unidade, então, o erro máximo estimado do polinômio de quarto grau reduzido é 0,00521. O erro máximo mostrado na Tabela 5.9 para esse polinômio é 0,00008. Esse ajuste é produzido pelo rápido decrescimento dos coeficientes no exemplo mostrado.

A economia computacional ganha na redução da expansão de Maclaurin ou usando a série de Chebyshev é dramática quando a série de Maclaurin é lentamente convergente. No exemplo visto para a função f(x), a série de Maclaurin converge rapidamente.

O processo de redução de uma série pelo desenvolvimento de Chebyshev para um polinômio de grau *n* num determinado intervalo [a, b], sempre conduz a uma aproximação de um polinômio de grau n-1. O erro máximo para as aproximações de baixo grau gerado por esse processo, pode ser encontrado pela soma das magnitudes dos coeficientes do $T_i(x)$ determinados na expansão em termos dos polinômios de Chebyshev. A economia do processo, frequentemente conduz à úteis aproximações polinomiais.

5.8 Exercícios

1. Ao longo dos últimos quatro anos, o responsável pelas inscrições em uma universidade compilou os seguintes dados (em milhares), relacionando os números de catálogos da

universidade requisitados por estudantes do segundo grau em 1° de janeiro com o número de inscrições efetivamente realizadas em 1° fevereiro:

Catálogos solicitados	4,6	3,6	4,1	5,1
Inscrições recebidas	0,9	0,7	0,9	1,4

a) Determine a equação da reta de mínimos quadrados;

b) Use a reta dos mínimos quadrados para prever o número de inscrições que serão recebidas em 1° de fevereiro, se 4800 catálogos forem requisitados em 1° de janeiro.

2. Em um estudo de cinco áreas industriais, um pesquisador obteve os seguintes dados relacionando o número médio de unidades de um certo poluente na atmosfera e a incidência (por 100.000 pessoas) de certa doença:

Unidades de poluente	3,5	4,6	5,3	8,0	10,8
Incidência de doença	49	52	59	77	98

a) Determine a equação da reta de mínimos quadrados;

b) Use a reta dos mínimos quadrados para estimar a incidência da doença na área com um nível de poluição médio de 7,3 unidades.

3. Em um dia de eleição, a urna de um certo estado abre às 8:00. A cada duas horas após a abertura, um mesário determina que o percentual de eleitores registrados já votou. Os dados coletados estão mostrados a seguir:

Hora	10:00	12:00	14:00	16:00	18:00
Percentual de eleitores	13	20	25	31	38

a) Determine a equação da reta de mínimos quadrados;

b) Use a reta dos mínimos quadrados para estimar qual percentual dos eleitores registrados terá votado até a hora do fechamento da urna, às 19h.

4. Ajuste os dados da tabela abaixo por y = a + bx e pelo polinômio da forma a +bx + cx^2 segundo o método dos mínimos quadrados:

x	1	3	5	7	9
y	0,205	0,306	0,401	0,587	0,714

5. Como resultado de algum experimento, suponha que obtivemos os seguintes valores para a função y = f(x):

x	1	2	3	4	5
y	0,3	1,3	1,4	5,2	7,5

Determine a melhor função que melhor se ajuste à esta função, segundo o método dos mínimos quadrados:

6. A seguinte tabela mostra como a terra fértil nos EUA estava distribuída entre os fazendeiros em 1964:

Fração de terra	0	0,1	0,2	0,3	0,4	0,5	0,6	0,7	0,8	0,9	1
Fração de proprietários	0	0,025	0,05	0,075	0,1	0,13	0,18	0,22	0,28	0,42	1

a) Pelo método dos mínimos quadrados, ajuste a tabela às funções:

$f_1(x) = ax^2+bx$ e $f_2(x) = gx^2 + k$

b) Qual função fornece melhor ajuste segundo o critério dos mínimos quadrados?

7. Na década de 30, o sociólogo soviético G.F. Gause[1] estudou o crescimento populacional do levedo. Ajuste os dados da tabela à uma curva logística:

[1] Dados adaptados de *The Struggle for Existence*, de G.F. Gause (Nova York: Hafner Publishing Company, 1969).

Tempo (horas)	0	10	18	23	34	42	47
População do lêvedo (m)	0,37	8,87	10,66	12,5	13,27	12,87	12,70

8. Os dados populacionais de um outro experimento com levedo do ecologista G.F. Gause são mostrados na seguinte tabela:

Tempo (horas)	0	13	32	56	77	101	125
População do lêvedo (m)	1	1,7	2,73	4,87	5,67	5,8	5,83

Você acha que a população está crescendo exponencialmente, logarítmicamente ou logisticamente? Justifique sua resposta.

9. Nas seguintes funções, determine o polinômio otimizado em torno de b. Utilize uma aproximação de 0,01:

$1/x, \quad b=1$ $\qquad\qquad \cos(b), \quad b=\pi/4$

$1/x, \quad b=2$ $\qquad\qquad x/\sqrt{1+x}, \quad b=0$

10. Determine as aproximações polinomiais otimizadas de grau n para as funções dadas em torno de x = 0 e uma precisão de 0,01:

$1/(1-x), \quad n=3,4$ $\qquad\qquad \sqrt[3]{1-x}, \quad n=2,5$

$\sqrt{x+1}, \quad n=2,4$ $\qquad\qquad 1/(1+x), \quad n=3,4,6$

11. Determine o polinômio otimizado de quarto grau para $f(x) = 4x^2 - 7x + 2$ em torno de x = 0. O que você observa?

12. Determine o polinômio otimizado de quinto grau para $f(x) = 4x^3 + 7x^2 - 5x + 1$ em torno de zero. O que você observa?

13. Determine o polinômio aproximado para a função $f(x) = e^{-2x}$ em x = 0 com um erro de 0,01:

14. Determine o polinômio otimizado das seguintes funções, se são expandidas pela série de Maclaurin no intervalo [0, 1] com uma precisão de 0,001:

$$f(x) = e^x - 1 - x$$

$$f(x) = x^2 e^{x^2}$$

$$f(x) = \ln(1 + x^2)$$

15. Determine os quatro primeiros termos não-nulos de um polinômio otimizado em torno de zero, para seguintes funções:

$$f(x) = e^{-x} \qquad f(x) = \sqrt{1 - 2x}$$

$$f(x) = x/_{1+x} \qquad 1/_{\sqrt{1-x^2}}$$

$$\sqrt{1 + x}\ \mathrm{sen}(t) \qquad \ln(1 - 2x)$$

16. Para valores de x próximos de zero, coloque as seguintes funções em ordem descrente, usando o conceito de polinômios otimizado:

$$\ln(1 + 2x) \qquad \mathrm{sen}(x^2) \qquad 1 - \cos(x)$$

17. Determine as expansões otimizadas pelos polinômios de chebyshev e decida qual das seguintes funções é a menor e qual é a maior para α pequeno e positivo:

$$1 + \mathrm{sen}(\alpha) \qquad \cos(\alpha) \qquad 1/_{1-\alpha^2}$$

18. Use as expansões otimizadas pelos polinômios de chebyshev para valores próximos de zero, que façam correspondência entre gráficos e fórmulas das seguintes funções:

$$(1 + x)^{1/4} \qquad \sqrt{1 + x/2}\ \cos(\alpha) \qquad 1/_{1-x^2}$$

5.9 Aplicações

1. Considerando os dados de velocidade e tempo da tabela a seguir, obtenha uma estimativa da distância total per[illegible] entre o instante t = 0,5 e o instante t = 6,5:

(min)	0	1	2	3	4	5	6	7	8
v (m/min)	2	4	6	5	7	8	11	13	16

2. A circunferência do tronco de uma certa árvore, para diversas alturas acima do solo, é dada na seguinte tabela:

Altura (m)	0	1	2	3	4	5	6	7	8
Circunferência (m)	2	4	6	5	7	8	11	13	16

Suponha que todas as seções transversais do tronco sejam círculos. Faça uma estimativa para o volume do tronco para um raio de 7,5 m:

3. Seja P(x) a função acumulativa para a distribuição de renda no Brasil em 1985 (a renda é medida em milhares de dólares). Alguns valores de P(x) estão na tabela seguinte:

Renda x (milhares)	1	0,4	1,2	1,6	2,8	3,5	5,2	10,2
P(x) (%)	1	8	17	35	43	56	78	84

Qual é a fração da população que ganhou entre R$1.000,00 e R$2.000,00?

4. Imagine um páraquedista saltando de um avião. Quando ele salta, sua velocidade é igual a zero. Depois a atração da gravidade entra em ação, fazendo com que a velocidade aumente. Mas, à medida que a velocidade aumenta, a resistência do ar também aumenta. Como a resistência do ar equilibra parcialmente a atração da gravidade quando o páraquedista acelera, a força que faz com que ele acelere diminui. Desse modo, a velocidade deve ser uma função crescente do tempo e deve estar crescendo à uma taxa de variação decrescente. Se a resistência do ar aumenta até que equilibre a força da gravidade, então a velocidade do páraquedista para de aumentar – a velocidade atinge um valor limite. Portanto, esperamos que a velocidade aumente e que tenha um gráfico côncavo para baixo com uma assíntota horizontal. Alguns dados são mostrados para a velocidade do pára-quedista na Tabela seguinte:

t (s)	0	5	11	16	21	26	31	36	41
v (m/seg)	0	31,5	44,2	47,4	49,2	49,8	49,9	50[illegible]	[illegible],1

Determine uma fórmula para a função velocidade que se ajuste a esses dados e esboce seu gráfico:

5. Na tabela a seguir, listamos a densidade D (g/cm^3) da Terra à uma profundidade de *x* Km abaixo de sua superfície. O raio da Terra é aproximadamente 6.370 Km. Encontre a massa da Terra á uma profundidade de 3.500 m:

x (m)	0	1.000	2.000	2.900	3.000	4.000	5.000	6.000	6.370
D (g/cm^3)	3,3	4,5	5,1	5,6	10,1	11,4	12,6	13,0	13,0

6. O departamento de estradas está planejando construir uma área de piquenique para motoristas ao longo de uma grande autoestrada. Ela deve ser retangular ser cercada nos três lados não adjacentes à autoestrada. Na Tabela seguinte se expressa a dimensão de uma distância em função do número de metros de cerca requeridos (F):

x (m)	20	40	60	80	100	120	140	160	180
F (m)	520	290	227	210	205	208	211	223	236

Calcular qual deve ser a dimensão do terreno para utilizar 200 m de cerca.

7. Foi observado que o número de estrídulos feitos por um grilo a cada minuto depende da temperatura. Os grilos não estridularão se a temperatura for 38°F ou menor, e as observações produziram os seguintes dados:

Número de estrídulos (C)	0	5	11	16	21
Temperatura (m/seg)	0	31,5	44,2	47,4	49,2

a) Expresse T como uma função linear de C;

b) Quantos estrídulos você esperaria ouvir se a temperatura fosse de 75°F? Se você ouvisse 37 estrídulos em um período de 30 segundos, qual seria a temperatura aproximada?

8. A **alometria** é o estudo do modo como o crescimento influencia as várias partes de um organismo. A fórmula alométrica diz que $y = mx^n$, onde *x* e *y* são as características a serem comparadas e *n* e *m* são constantes (as constantes alométricas).

A tabela a seguir, relaciona o peso *x* do corpo de um caranguejo chama-maré sem a sua grande garra com o peso *y* da grande garra sozinha:

Peso x (mg) do corpo	57,6	109,2	99,7	300,2	355,2	420,1
Peso y (mg) da garra	5,1	13,5	38,1	78,0	104,2	137,0

a) Determine as constantes alométricas *m* e *n*;

b) Use a fórmula alométrica para estimar o peso da garra para um caranguejo que pesa 1.000 mg;

c) Usando o fórmula alométrica, determine os valores para *x* e *y* tal que o peso do corpo seja exatamente três vezes o peso da garra:

6

Diferenciação e Integração Numérica

6.1 Introdução

Superficialmente, podemos observar que não existe nenhuma dificuldade em calcular a derivada de uma função f(x) usando um polinômio de interpolação, em vista que uma função pode ser aproximada por um polinômio interpolador. Mas numa análise minuciosa, observamos que o erro de arredondamento na determinação do polinômio de interpolação é pouco significativo, porém desastroso no processo de diferenciação numérica. Nesta seção vamos tratar a diferenciação numérica usando a fórmula de Lagrange e o polinômio interpolador de Gregory-Newton, considerando um conjunto de pontos equidistantes numa tabuada de valores. Qualquer destas deduções podem ser facilmente estendida para a fórmula de diferenciação de diferenças finitas. Posteriormente, vamos apresentar técnicas para avaliações numéricas de:

$$I = \int_a^b f(x)\,dx$$

Onde a e b são constantes e a função f(x) é dada como uma função contínua e derivável ou discretamente, por exemplo, para cada valor específico de x existe f(x). Nas avaliações, assumimos que integral existe, é finita e acontece no intervalo da integração. No estudo das técnicas avaliadas, exigimos que elas satisfaçam dois grandes critérios como a precisão nos resultados e que a técnica realize um pequeno número de avaliações da função.

6.2 A diferenciação numérica e suas fórmulas

Abordagem básica para derivar uma função numéricamente consiste em diferenciar um polinômio interpolador, estudado no capítulo 4. Esses polinômios foram obtidos a partir de uma tabuada de valores equidistantes. A fórmula de interpolação de Lagrange tem a seguinte forma:

$$f(x) = P_n(x) + E(x)$$

$$= \sum_{i=1}^{n} l_i(x) f(x_i) + E(x)$$

$$= \sum_{i=1}^{n} l_i(x) f(x_i) + (x - x_0)(x - x_1)....(x - x_n) \frac{f^{(n+1)}(\xi)}{(n+1)!} \qquad x_0 \le \xi \le x_n \tag{6.1}$$

Onde $P_n(x)$ é o polinômio aproximado da função e E(x), a função erro produto da aproximação.

A derivada da expressão 6.1 para *k* períodos é:

$$f^{(k)}(x) = \sum_{i=1}^{n} l_i^{(k)}(x) f(x_i) + \frac{d^k}{dx^k}\left[\frac{P_n(x)}{(n+1)!} f^{(n+1)}(\xi)\right] \tag{6.2}$$

$$= P_n^{(k)}(x) + \frac{d^k}{dx^k}[E(x)]$$

Onde ξ depende de *x*. A expressão 6.2 significa que a derivada de uma tabuada de pontos pode ser calculada pela diferenciação da fórmula de Lagrange sendo ξ constante.

Em particular para *k* = 1, a expressão 6.2 se torna:

$$f'(x) = \sum_{i=1}^{n} l_i'(x) f(x_i) + \frac{d}{dx}\left[\frac{P_n(x)}{(n+1)!} f^{(n+1)}(\xi)\right] \tag{6.3}$$

A função $l_i(x)$ pode ser calculada da seguinte forma:

$$l_i(x) = \frac{P_n(x)}{(x - x_i)\, P_n'(x_i)}; \quad P_n'(x_i) = \left.\frac{dP_n(x)}{dx}\right|_{x=x_i} \tag{6.4}$$

Onde:

$$P_n(x) = \prod_{i=1}^{n} (x - x_i)$$

A determinação do erro da expressão 6.2 ou 6.3 apresenta problemas, pois ξ é uma variável desconhecida no intervalo *x*. De qualquer forma, derivando o termo erro da expressão 6.1, obtemos o erro do polinômio de interpolação $P_n'(x)$:

$$Erro\ de\ P_n'(x) = \frac{f^{(n+1)}(\xi)}{(n+1)!}\sum_{k=0}^{n}\frac{(x-x_0)(x-x_1)....(x-x_n)}{(x-x_k)}$$

$$+\frac{(x-x_0)(x-x_1)....(x-x_n)}{(n+1)!}\cdot\frac{d}{dx}\left[f^{(n+1)}(\xi)\right] \quad (6.5)$$

Onde ξ depende de x. Fazendo x = x_0. A expressão 6.5 se tornará:

$$Erro\ de\ P_n'(x) = (x_0-x_1)(x_0-x_2)....(x_0-x_n)\frac{f^{(n+1)}(\xi)}{(n+1)!} \quad (6.6)$$

Exemplo 6.1: Dada a seguinte tabela de dados:

x_i	4,8	5,0	5,2	5,4
y_i	12	16	13	15

Calcule a derivada da função no ponto 5,3 que passa pelos quatro pontos dados, usando o polinômio de interpolação pela forma de Lagrange.

Solução. A derivada do polinômio de interpolação na forma de Lagrange tem a seguinte forma:

$$P_3(x) = f(x_0)\,l_0'(x) + f(x_1)\,l_1'(x) + f(x_2)\,l_2'(x) + f(x_3)\,l_3'(x)$$

$$= \sum_{i=0}^{3} f(x_i)\,l_i(x)$$

Assim, realizando os cálculos necessários segundo a expressão 6.3, obtemos os seguintes resultados:

$$l_0(x) = \frac{P_3(x)}{(x-4{,}8)\,P_3'(4{,}8)} = -20{,}8333x^3 + 325x^2 - 1689{,}16x + 2925$$

$$l_0'(x) = -62{,}5x^2 + 650x - 1689{,}16$$

$$l_1(x) = \frac{P_3(x)}{(x-5)\,P_3'(5)} = 62{,}5x^3 - 962{,}5x^2 + 4935x - 8424$$

$$l_1'(x) = 187{,}5x^2 - 1925x + 4935$$

$$l_2(x) = \frac{P_3(x)}{(x - 5{,}2)\; P_3'(5{,}2)} = -63{,}1867x^3 + 960{,}438x^2 - 4860{,}32x + 8189$$

$$l_2'(x) = -189{,}56x^2 + 1920{,}87x - 4860{,}32$$

$$l_3(x) = \frac{P_3(x)}{(x - 5{,}4)\; P_3'(5{,}4)} = 20{,}7654x^3 - 311{,}481x^2 + 1556{,}57x - 2591{,}52$$

$$l_3'(x) = 62{,}2961x^2 - 622{,}962x + 1556{,}57$$

O polinômio na forma de Lagrange de terceiro grau tem a seguinte representação:

$$P_3'(x) = \sum_{i=0}^{3} l_i'(x)\; f(x_i) = 720{,}160x^2 - 7373{,}11x + 18854{,}3$$

Logo, a derivada do polinômio no ponto 5,3 é:

$$P_3'(5{,}3) = 6{,}1114$$

De forma similar, podemos diferenciar outras fórmulas de interpolação expressadas no capítulo 4, por exemplo, a derivada de Gregory-Newton para frente. A representação tem a seguinte forma:

$$f(x_s) = P_n(x_s) + E(x)$$

$$= f_0 + s\,\Delta f_0 + \binom{s}{2}\Delta^2 f_0 + \ldots\ldots + \binom{s}{n}\Delta^n f_0 + E(x) \qquad (6.7)$$

E a função erro da expressão 6.7 é dada pela expressão (6.8):

$$E(x)\ de\ P_n(x_s) = \binom{s}{n+1} h^{(n+1)} f^{(n+1)}(\xi) \qquad (6.8)$$

Sabemos que:

$$\frac{dy}{dx} = \frac{dy}{ds} \cdot \frac{ds}{dx} = \frac{1}{h} \cdot \frac{dy}{ds} \qquad (6.9)$$

Logo, se derivamos a expressão 6.7 utilizando o artifício da expressão 6.9 e lembrando que todos os termos f_0 e Δ são constantes, temos:

$$f'(x_s) = P_n'(x_s) = \frac{d}{dx}[P_n(x_s)] = \frac{d}{ds}[P_n(x_s)] \cdot \frac{ds}{dx} = \frac{1}{h} \cdot \frac{d}{ds}[P_n(x_s)] \qquad (6.10)$$

$$= \frac{1}{h}(\Delta f_0 + \frac{1}{2}(s - 1 + s)\Delta^2 f_0 + \frac{1}{6}[(s-1)(s-2) + (s)(s-2) + s(s-1)]\Delta^3 f_0 +$$

$$+ \frac{1}{24}[(s-1)(s-2)(s-3) + (s)(s-2)(s-3) + s(s-1)(s-3) + (s)(s-1)(s-2)]\Delta^4 f_0 + ..)$$

A derivada dos fatoriais em *s* são difíceis de obter algébricamente. Assim, se considerarmos s = 0, obtemos a derivada corresponcente em x_0 para s = 0. Logo, a expressão 6.10 se torna:

$$f'(x_0) = \frac{1}{h}\left(\Delta f_0 - \frac{1}{2}\Delta^2 f_0 + \frac{1}{3}\Delta^3 f_0 - \frac{1}{4}\Delta^4 f_0 + \ldots \pm \Delta^n f_0 \right) \qquad (6.11)$$

A expressão 6.11, representa uma função aproximada da derivada de uma função pelo método de Gregory-Newton. Este polinômio de grau *n* passa pelo ponto (x_0, y_0) e adiciona *n* pontos a sua direita, tendo como ponto de avaliação x = x_0. Esta função é chamada de diferenciação aproximada por diferenças ascendentes, pois envolve somente diferenças dos valores da função ascendente de f(x_0).

A função erro da expressão 6.11 é obtida pela derivada da expressão 6.8:

$$E(x) \; de \; P_n'(x_s) = \frac{d}{dx}\binom{s}{n+1} h^{(n+1)} f^{(n+1)}(\xi)$$

$$= h^{(n+1)} f^{(n+1)}(\xi) \frac{d}{ds}\left[\binom{s}{n+1}\right] \cdot \frac{ds}{dx} + \binom{s}{n+1} h^{(n+1)} \frac{d}{dx}\left[f^{(n+1)}(\xi)\right]$$

$$= \frac{h^{(n+1)}}{h} f^{(n+1)}(\xi) \frac{d}{ds}\left[\binom{s}{n+1}\right] + \binom{s}{n+1} h^{(r+1)} \frac{d}{dx}\left[f^{(n+1)}(\xi)\right]$$

$$= h^{(n)} f^{(n+1)}(\xi) \frac{d}{ds}\left[\binom{s}{n+1}\right] + \binom{s}{n+1} h^{(n+1)} \frac{d}{dx}\left[f^{(n+1)}(\xi)\right] \quad (6.12)$$

O desenvolvimento do fatorial é:

$$\binom{s}{n+1} = \frac{1}{(n+1)!} \frac{(s)(s-1)(s-2)(s-3).....(s-n)(s-n-1)!}{(s-n-1)!}$$

O segundo termo da expressão 6.12 não pode ser avaliado, pois ξ é função de x e desconhecido. Mas, se assumirmos s = 0 então, o segundo termo dessa expressão é zero. Logo, somente precisamos avaliar seu primeiro termo. A derivada do fatorial é:

$$\frac{d}{ds}\binom{s}{n+1} = \frac{(s-1)(s-2)...(s-n) + (s)(s-2).....(s-n) + ... + (s)(s-1)...(s-n+1)}{(n+1)!}$$

Para s = 0, somente a primeira expressão permanece no numerador. Assim, a expressão 6.12 se torna a expressão (6.13):

$$E(x) \; de \; P_n'(x_s) = h^{(n)} f^{(n+1)}(\xi)\left[(-1)^n \frac{n!}{(n+1)!}\right]$$

$$= \frac{(-1)^n}{n+1} h^{(n)} f^{(n+1)}(\xi) \quad (6.13)$$

O polinômio de interpolação (expressão 6.10) representa exatamente a derivada da função em *s*. Mas, essa expressão que calcula sua derivada está sujeita à um erro G(h^n) a menos que $f^{(n+1)}(\xi) = 0$.

Exemplo 6.2: Dada a seguinte tabuada de valores:

x_i	1	2	3	4	5	6	7
Ln(x_i)	0	0,69315	1,09861	1,38629	1,60944	1,79176	1,94591

Estime o valor da derivada da função no ponto 2 usando o método de diferenciação de Gregory-Newton e delimite o erro de truncamento para o valor interpolado, utilizando aritmética de ponto flutuante com quatro algarismos significativos. No desenvolvimento do método utilize cinco termos da fórmula.

Solução. O valor h = $x_{i+1} - x_i = 1$ para i = 0, 1, 2,..., 6. Utilizando a expressão 6.11, calculamos $f'(2)$:

x_i	$f(x_i)$	Δy	$\Delta^2 y$	$\Delta^3 y$	$\Delta^4 y$	$\Delta^5 y$	$\Delta^6 y$
1	0						
		0,69315					
2	0,69315		-0,28769				
		0,40546		0,16991			
3	1,09861		-0,11778		-0,11666		
		0,28768		0,05325		0,08711	
4	1,38629		-0,06453		-0,02955		-0,06992
		0,22315		0,0237		0,01719	
5	1,60944		-0,04083		-0,12359		
		0,18232		0,01134			
6	1,79176		-0,029489				
		0,152831					
7	1,94591						

Tabela 6.1: Desenvolvimento de diferenças divididas.

Para n = 1 (utilizando um termo da expressão 6.11):

$$f'(2) = \frac{1}{1}(0{,}40546) = 0{,}40546$$

Para n = 2:

$$f'(2) = [0{,}40546 - (1/2)(-0{,}11778)] = 0{,}46435$$

Para n = 3:

$$f'(2) = [0{,}40546 - (1/2)(-0{,}11778) + (1/3)(0{,}05325)] = 0{,}4821$$

Para n = 4:

$$f'(2) = [0{,}40546 - (1/2)(-0{,}11778) + (1/3)(0{,}05325) - (1/4)(-0{,}02955)] = 0{,}48949$$

Para n = 5:

$$f'(2) = [0{,}40546 - (1/2)(-0{,}11778) + \ldots - (1/4)(-0{,}02955) + (1/5)(0{,}01719)]$$

$$f'(2) = 0{,}49293$$

Os elementos calculados na Tabela 6.1, correspondem à função f(x) = ln(x) com cinco algarismos significativos. O cálculo do erro na estimação da derivada da função é pequeno em relação ao valor real (0,5) e o valor estimado (0,49293) para o polinômio de cinco termos.

A delimitação do erro de truncamento é dada pela expressão 6.13:

$$\left|E(x)\ de\ P_n'(x_s)\right| \leq \frac{(-1)^n}{n+1} h^{(n)} \max_{\xi \varepsilon x} f^{(n+1)}(\xi)$$

Para n = 1 (um termo):

Como f(x) = ln(x), então $f^2(x) = -\dfrac{1}{x^2}$.

$$|E(x)| = \frac{(-1)}{2} f^2(\xi) \qquad 2 \leq \xi \leq 3$$

$$= \left(-\frac{1}{2}\right) \cdot \begin{Bmatrix} -\dfrac{1}{2^2} \\ -\dfrac{1}{3^2} \end{Bmatrix} = \begin{Bmatrix} 0{,}125 & (\max) \\ 0{,}05556 & (\min) \end{Bmatrix}$$

O erro calculado é: 0,5 – 0,40546 = 0,09454.

Para n = 2 (dois termos):

$$f'''(x) = \frac{1}{x^3}$$

$$|E(x)| = \frac{(-1)^2}{2} f'''(\xi) \qquad\qquad 2 \leq \xi \leq 4$$

$$= \left(\frac{1}{2}\right) \cdot \begin{Bmatrix} \dfrac{1}{2^3} \\ \dfrac{1}{4^3} \end{Bmatrix} = \begin{Bmatrix} 0{,}0625 & (\max) \\ 0{,}00781 & (\min) \end{Bmatrix}$$

O erro calculado é: 0,5 – 0,46435 = 0,03565.

Para n = 3 (três termos):

$$f^{IV}(x) = -\frac{1}{x^4}$$

$$|E(x)| = \frac{(-1)^3}{2} f^{IV}(\xi) \qquad\qquad 2 \leq \xi \leq 5$$

$$= \left(-\frac{1}{2}\right) \cdot \begin{Bmatrix} -\dfrac{1}{2^4} \\ -\dfrac{1}{5^4} \end{Bmatrix} = \begin{Bmatrix} 0{,}03125 & (\max) \\ 0{,}0008 & (\min) \end{Bmatrix}$$

O erro calculado é: 0,5 – 0,4821 = 0,0179.

Para n = 4 (quatro termos):

$$f^{V}(x) = \frac{1}{x^5}$$

$$|E(x)| = \frac{(-1)^4}{2} f^{V}(\xi) \qquad\qquad 2 \leq \xi \leq 6$$

$$=\left(\frac{1}{2}\right)\cdot\begin{Bmatrix}\dfrac{1}{2^5}\\ \dfrac{1}{6^5}\end{Bmatrix}=\begin{Bmatrix}0{,}015625 & (\max)\\ 0{,}000257 & (\min)\end{Bmatrix}$$

O erro calculado é: 0,5 – 0,48949 = 0,01051.

Para n = 5 (cinco termos):

$$f^6(x)=-\frac{1}{x^6}$$

$$|E(x)|=\frac{(-1)^5}{2}f^6(\xi)\qquad 2\leq\xi\leq 7$$

$$=\left(-\frac{1}{2}\right)\cdot\begin{Bmatrix}-\dfrac{1}{2^6}\\ -\dfrac{1}{7^6}\end{Bmatrix}=\begin{Bmatrix}0{,}0078125 & (\max)\\ 0{,}00000425 & (\min)\end{Bmatrix}$$

O erro calculado é: 0,5 – 0,49293 = 0,00707.

Como podemos observar, em todos os casos, o erro calculado sempre se encontra no limite do erro de truncamento. Por outro lado, o erro de arredondamento é pouco significativo nos cálculos realizados.

6.3 Fórmulas para derivadas de ordem superior

Esta seção trata, principalmente, sobre as taxas de variação de uma grandeza. Estas taxas surgem por diversas razões. Por exemplo, a taxa de variação da velocidade em relação ao tempo, definida como a aceleração de um objeto.

Por outro lado, utilizamos o processamento numérico para encontrar uma aproximação absoluta entre as derivadas e a taxa de variação. A discussão começa com uma situação familiar, a derivada $f'(x)$, que servirá como modelo para o caso geral.

Nesse sentido, as derivadas de ordem superiores (por exemplo, a segunda derivada) de uma função e seu erro podem ser obtidas diferenciando as expressões 6.10 e 6.13, respectivamente:

$$f''(x_s) = P''_n(x_s) = \frac{1}{h^2}\frac{d^2}{ds^2}\left[P''_n(x_s)\right]$$

$$= \frac{1}{h^2}\left(\frac{1}{2}(2)\Delta^2 f_0 + \frac{1}{6}\left[(s-2)+(s-1)+(s-2)+s+(s-1)+s\right]\Delta^3 f_0 + \ldots\right)$$

Para s = 0:

$$f''(x_0) = \frac{1}{h^2}\left(\Delta^2 f_0 - \Delta^3 f_0 + \Delta^4 f_0 - \Delta^5 f_0 + \ldots\right) \qquad (6.14)$$

No caso da derivada para a função erro da segunda, temos:

$$\Delta f(x_0) = f(x_0 + h) - f(x_0)$$

$$\Delta f(x_0) = E(x_0) \cdot f(x_0) - f(x_0)$$

$$Ef_0 = \Delta f_0 + f_0 = f$$

Ou:

$$f_s = E^s \cdot f_0 \qquad (6.15)$$

$$f'_s = \frac{d}{dx}\left(E^s \cdot f_0\right) = \frac{1}{h} \cdot \frac{d}{ds}\left(E^s \cdot f_0\right)$$

Como a derivada da função é:

$$y = a^x \quad (a > 0, a \neq 0) \quad é \quad y' = a^x \cdot \ln(a) \cdot x'$$

Logo:

$$f'_s = \frac{1}{h}\ln(E) \cdot E^s \cdot f_0$$

Para s = 0:

$$f'_0 = \frac{1}{h}\ln(E) \cdot f_0 = \frac{1}{h}\ln(1 + \Delta) f_0 \qquad (6.16)$$

Desenvolvendo o termo série de Maclaurin, temos:

$$\ln(1+\Delta) = \left(\Delta - \frac{1}{2}\Delta^2 + \frac{1}{3}\Delta^3 - \frac{1}{4}\Delta^4 + ...\right)$$

Assim:

$$f_0' = \frac{1}{h}\left(\Delta f_0 - \frac{1}{2}\Delta^2 f_0 + \frac{1}{3}\Delta^3 f_0 - \frac{1}{4}\Delta^4 f_0 + ...\right) \tag{6.17}$$

Denominemos o símbolo *D* ser o operador da derivada de uma função. Assim, a expressão 6.16 se torna a expressão (6.18):

$$Df_0 = \frac{1}{h}\ln(1+\Delta)f_0 \tag{6.18}$$

Transformando a expressão 6.18 para operadores simbólicos, temos:

$$D = \frac{1}{h}\ln(1+\Delta) \tag{6.19}$$

Como toda operação ou relação de operadores simbólica proporciona resultados válidos em operações algébricas. Então:

$$D^2 = \frac{1}{h^2}\cdot\ln^2(1+\Delta)$$

$$D^3 = \frac{1}{h^3}\cdot\ln^3(1+\Delta)$$

...

$$D^n = \frac{1}{h^n}\cdot\ln^n(1+\Delta) \tag{6.20}$$

As expressões 6.20 representam as fórmulas de derivação de ordem superior que podem ser obtidas pela multiplicação das séries da expressão 6.17. Por exemplo, para o caso da segunda derivada, seria:

$$D^2 f_0 = \frac{1}{h^2}\left(\Delta - \frac{1}{2}\Delta^2 + \frac{1}{3}\Delta^3 - \frac{1}{4}\Delta^4 + \frac{1}{5}\Delta^5 - \ldots\right)^2 f_0$$

$$= \frac{1}{h^2}\left(\Delta^2 - \Delta^3 + \frac{11}{12}\Delta^4 - \frac{5}{6}\Delta^5 + \frac{137}{180}\Delta^6 - \frac{7}{10}\Delta^7 + \right) f_0$$

$$f_0' = \frac{1}{h^2}\left(\Delta^2 f_0 - \Delta^3 f_0 + \frac{11}{12}\Delta^4 f_0 - \frac{5}{6}\Delta^5 f_0 + \frac{137}{180}\Delta^6 f_0 - \frac{7}{10}\Delta^7 f_0 + \right) f_0 \qquad (6.21)$$

A partir da expressão 6.18, podemos generalizar uma expressão para estimar as derivadas de ordem superior para as fórmulas de diferenças divididas ascendentes:

$$D^n f = \frac{1}{h^n}\ln^n(1+\Delta) + Erro(h) \qquad (6.22)$$

Exemplo 6.3: Determine a segunda derivada $f''(2)$ e estime seu erro de truncamento para os dados da Tabela 6.1.

Solução:

$$f'(2) = \frac{1}{1^2}\left[(-0{,}11778) - (0{,}05325) + \frac{11}{12}(-0{,}02955) - \frac{5}{6}(0{,}01719)\right]$$

$$f'(2) = -0{,}21244$$

O verdadeiro valor da segunda derivada é –0,25. O erro de truncamento é delimitado pela expressão:

$$Erro = \frac{1}{h^2}\left[\frac{137}{180} h^6 f^6(\xi)\right], \qquad 2 \le \xi \le 5$$

Como $f^6 = -\frac{1}{x^6}$. Então:

$$Erro\ \text{max.} = \frac{137}{180}\left(-\frac{1}{2^6}\right) = -0{,}01189$$

$$Erro\ \min. = \frac{137}{180}(-\frac{1}{5^6}) = -0{,}0000487$$

Como podemos observar, o erro calculado é -0,25 + 0,21244 = -0,03756 não pertence ao intervalo estimado para o erro de truncamento por três motivos: Primeiro, pelo efeito do erro de arredondamento. Segundo, a função erro é desconhecida e na sua ausência usamos o quinto termo da diferença ($h^6 f^6(\xi)$) para estimar o erro máximo e mínimo que abrange o cálculo da segunda derivada e terceiro, as diferenças entre os valores da tabuada (amplitude) variam em grandes proporções, diminuindo assim a precisão da fórmula.

6.4 Arredondamento e precisão no processo de diferenciação

A análise do efeito do erro de arredondamento na precisão de derivadas por métodos numéricos, pela fórmula de Gregory-Newton é importante. Como foi mencionado anteriormente, o decrescimento do valor de *h* ou o aumento do grau do polinômio incrementa a precisão das regras de derivação e, como consequência, o erro de truncamento também é reduzido.

No processo de diferenças finitas, como *h* é reduzido, a subtração de valores da função f(x) que estão mais longe do valor calculado, produzem um erro elevado devido ao erro de truncamento. O incremento do erro de arredondamento, com *h* pequeno, pode produzir uma melhor precisão no início ou em algum ponto intermediário. Os dados da Tabela 6.2 ilustram este fenômeno. O teste foi realizado com uma aritmética de simples precisão (utilizando cinco algarismos significativos). Duas funções foram analisadas: $f(x) = \ln(x)$ para x = 2, sendo o valor verdadeiro de $f_1'(x) = 0{,}5$ e, $f_2(x) = \ln(x) - 3x^2 + x$ para x = 2,5, sendo o valor

real de $f_2'(x) = -13{,}60$. O processo de diferenças finitas para frente foi utilizado no estudo:

Valores reais:					
2,0	0,50	-0,25	2,5	-13,60	-6,16
X	D1	D2	x	D1	2

0,1	0,52632	-0,27700	0,1	-13,60000	-6,15900
0,2	0,55555	-0,30843	0,2	-12,98333	-6,73577
0,3	0,55500	-0,37590	0,3	-12,98334	-6,17342
0,4	0,49988	-0,24838	0,4	-12,98342	-6,17302
0,5	0,49906	-0,24456	0,5	-13,60081	-6,15650
0,6	0,55303	-0,29464	0,6	12,98492	-6,16712
0,7	0,70454	-0,45509	0,7	-11,12768	-6,21096
0,8	0,61186	0,33356	0,8	-12,99079	-6,15375
0,9	0,53567	-0,24456	0,9	-9,26433	-6,24456

(a) $f(x) = \ln(x)$ (b) $f_2(x) = \ln(x) - 3x^2 + x$

Tabela 6.2: Resultados do processo de diferenciação numérica.

No teste, a melhor precisão para a primeira função, na primeira e segunda derivadas de *h* está entre 0,4 ou 0,5 e, na segunda função, o valor ótimo de *h* foi 0,5 tanto na primeira como na segunda derivada. Esses valores podem ser melhorados usando a aritmética de dupla precisão. Podemos observar também, que o erro cresce ou sofre oscilações na segunda derivada, quando *h* se torna maior que o valor ótimo. Assim, podemos esperar que o erro de arredondamento vai ter uma grande influência nas derivadas de ordem superior.

Existem muitos modelos ou esquemas que foram informatizados e que se diferenciam uns dos outros pelo número de dígitos na precisão que fornecem, ou seja, os modelos apresentam diferentes estruturas no armazenamento de dados quando realizam operações de ponto flutuante.

Por outro lado, não existe uma forma analítica para predizer exatamente os efeitos do erro de arredondamento num processo numérico. Por isso, em todo cálculo diferenciável numérico é preciso ter muita cautela, pois o processo de diferenciação é instável pelos pequenos erros que acontecem durante seu desenvolvimento, produzindo grandes erros nos resultado final.

Esse problema pode ser encontrado quando diferenciamos uma função a partir de uma tabuada de dados difusos. Se os dados são obtidos de testes experimentais ou de observações sujeitas a distorções, então, o fator erro vai influenciar diretamente o valor da derivada, calculado pelo processo numérico. A recomendação é uniformizar essa tabuada de valores passando uma função interpolante (por exemplo, a cúbica de Splines) ou utilizando a técnica dos mínimos quadrados e logo, proceder a derivar a função como uma aproximação desses dados.

Essa estratégia tem sentido desde que os dados representados numa função e o ajuste dos erros tenham uma tendência dos dados originais. Isto é, aproximamos os dados de um experimento à uma curva uniforme com o objetivo de obter valores mais uniformizados, de forma que, os erros sejam praticamente eliminados.

6.5 Integração numérica

Muitas vezes, é difícil obter a antiderivada de uma função, pois ela é dimensionada na forma de uma tabuada de valores experimentais ou como uma função, cuja primitiva é difícil encontrar analiticamente. Por exemplo, as integrais elípticas.

Neste sentido, iremos desenvolver e analisar algumas técnicas baseadas em métodos numéricos que poderão ser utilizadas para calcular a integral definida de uma função. Uma expressão que forneça um valor numérico aproximado da integral de uma função é denominada de *Quadratura numérica ou fórmula de integração numérica*. O primeiro caso se aplica à funções com valores conhecidos em pontos predeterminados, não necessariamente equidistantes, e são denominados de fórmulas de Gauss. O segundo caso se aplica à funções com valores conhecidos em pontos igualmente espaçados e são denominadas fórmulas de Newton-Cotes. Estas fórmulas podem ser fechadas ou abertas. Nesta seção, estudaremos as fórmulas fechadas, ou seja, fórmulas que usam valores da função nos extremos do intervalo de integração.

O processo de integração numérica supõe sempre que f(x) seja não negativa e contínua em [a, b] e com muitas derivadas contínuas no intervalo. O processo é simples: determinamos um polinômio interpolador $P_n(x)$ que se ajuste aos dados de uma tabela (ou usamos f(x)) e logo, calculamos numericamente a integral de $P_n(x)$ como uma aproximação da função. Quando os pontos na tabuada de valores são equidistantes, a fórmula de Gregory-Newton é a mais ideal para começar este processo. Assim:

$$I_n(f) = \int_a^b f(x)\,dx = F(a) - F(b) = \int_a^b P_n(x_s)\,dx \qquad (6.23)$$

Onde *F* é a antiderivada de *f*.

A expressão 6.23 não é exata, pois o polinômio $P_n(x_s)$ é uma aproximação de f(x). Logo, esta expressão contém um erro que pode ser da seguinte forma:

$$Erro = \int_a^b \binom{s}{n+1} h^{n+1} f^{(n+1)}(\xi)\, dx \qquad x_0 \le \xi \le x_n$$

Nas fórmulas de Gregory-Newton são usadas, normalmente, as de grau baixo, pois as de alto grau produzem um erro de arredondamento sobre dimensionado.

Os métodos numéricos para integrar funções são úteis porque podem integrar uma função conhecida a partir de uma tabuada de valores ou de uma expressão matemática. A maioria dos programas desenvolvidos para estes fins utiliza estas técnicas no lugar de métodos analíticos. De qualquer forma, a integração numérica pode ser aplicada a um conjunto de formas complexas de funções definidas.

A seguir, desenvolveremos as três primeiras fórmulas de Newton-Cotes. Dentre estas, veremos as fórmulas dos Trapézios, de Simpson e de Poncelet. Estas fórmulas formam um conjunto de regras de integração que correspondem a diferentes graus de um polinômio de integração: um, dois e três, respectivamente. Por outro lado, elas têm uma queda em uma das duas situações. Primeiro, são fórmulas fechadas onde os pontos extremos do intervalo estão no eixo das abscissas e segundo, são fórmulas abertas onde os pontos extremos não estão no eixo das abscissas e os pontos restantes são simetricamente colocados no eixo das abscissas com respeito aos pontos extremos. Como o polinômio deve ser expressado em função de *s*, então mudaremos a variável *x* por *s*. Lembremos que $h \cdot ds = dx$.

Para n = 1, temos um único subintervalo em $[x_0, x_n]$. Logo:

$$\begin{cases} x_0 & f_0 \\ & & \Delta f_0 \ \text{ e } \ h = x_1 - x_0 \\ x_1 & f_1 \end{cases}$$

$$I_1(f) = \int_{x_0}^{x_1} f(x)\,dx = \int_{x_0}^{x_1} (f_0 + s\Delta f_0)\,dx = h\int_0^1 (f_0 + s\Delta f_0)\,ds$$

$$= h\, f_0 s \Big|_0^1 + h\,\Delta f_0 \left.\frac{s^2}{2}\right|_0^1$$

$$= h f_0 + h(f_1 - f_0)$$

$$I_1(f) = \frac{h}{2}(f_0 + f_1) \tag{6.24}$$

A fórmula do termo erro para a expressão 6.24 é:

$$Erro = \int_{x_0}^{x_1} \frac{s(s-1)}{2} h^2 f''(\xi)\,dx = h^3 f''(\xi)\left[\frac{s^3}{6} - \frac{s^2}{4}\right]\Bigg|_0^1$$

$$Erro = -\frac{1}{12} h^3 f''(\xi) \qquad x_0 \le \xi \le x_1 \tag{6.25}$$

Para n = 2:

$$\begin{cases} x_0 & f_0 & & \\ & & \Delta f_0 & \\ x_1 & f_1 & & \Delta^2 f_0 \\ & & \Delta f_1 & \\ x_2 & f_2 & & \end{cases} \quad \text{e} \quad h = \frac{x_2 - x_0}{2}$$

E a integral será:

$$I_2(f) = \int_{x_0}^{x_2} f(x)\,dx = \int_{x_0}^{x_2} (f_0 + s\Delta f_0 + \frac{s(s-1)}{2}\Delta^2 f_0)\,dx$$

$$= h\int_0^2 \left(f + s\Delta f_0 + \frac{s(s-1)}{2}\Delta^2 f_0 \right) ds$$

$$= hf_0 s\Big|_0^2 + h\Delta f_0 \frac{s^2}{2}\Bigg|_0^2 + h\Delta^2 f_0\left(\frac{s^3}{6} - \frac{s^2}{4}\right)\Bigg|_0^2$$

$$= 2hf_0 + 2h\Delta f_0 + \frac{h}{3}\Delta^2 f_0$$

$$I_2 = \frac{h}{3}(f_0 + 4f_1 + f_2) \tag{6.26}$$

O erro é calculado pela integral do termo seguinte. Como:

$$\int_{x_0}^{x_2} \frac{s(s-1)(s-2)}{6} \Delta^3 f_0 \, dx = 0$$

Logo, a expressão do erro é:

$$Erro = \int_{x_0}^{x_2} \frac{s(s-1)(s-2)(s-3)}{24} h^4 f^{(4)}(\xi)\, dx \qquad x_0 \le \xi \le x_2 \tag{6.27}$$

Resultado da integração:

$$\int_0^2 \frac{s(s-1)(s-2)(s-3)}{24} ds = -\frac{1}{90}$$

Assim:

$$Erro = -\frac{1}{90} h^5 f^{(4)}(\xi_1) \qquad x_0 \le \xi \le x_2 \tag{6.28}$$

O polinômio de interpolação de segundo grau na qual se deriva a expressão 6.26 está sujeito à um erro que depende da terceira derivada de f(x), isto é, o erro é nulo se f(x) for um polinômio de segundo grau. Se f(x) é um polinômio de terceiro grau, o polinômio de interpolação de segundo grau antes mencionado estará sujeito à um erro, mas sua integral será exatamente igual a $I(f)$.

Neste momento, aparece uma questão interessante e própria das fórmulas de integração de Newton-Cotes, para *n* ímpar e equidistante. O erro de truncamento que incorre ao aproximar uma função polinomial de grau *n* por um polinômio de interpolação de grau (n-1), tem a integral nula e portanto, o erro da fórmula de integração dependerá da derivada seguinte, ou seja, $f^{(n+1)}(x)$.

Para n = 3:

$$\begin{cases} x_0 & f_0 & & & \\ & & \Delta f_0 & & \\ x_1 & f_1 & & \Delta^2 f_0 & \\ & & \Delta f_1 & & \Delta^3 f_0 \\ x_2 & f_2 & & \Delta^2 f_1 & \\ & & \Delta f_2 & & \\ x_3 & f_3 & & & \end{cases} \quad \text{e } h = \frac{x_3 - x_0}{3}$$

A integral será:

$$I_3(f) = \int_{x_0}^{x_3} (f_0 + s\Delta f_0 + \frac{s(s-1)}{2}\Delta^2 f_0 + \frac{s(s-1)(s-2)}{6}\Delta^3 f_0)dx$$

$$= hf_0 s\Big|_0^3 + h\Delta f_0 \frac{s^2}{2}\Big|_0^3 + h\Delta^2 f_0\left(\frac{s^3}{6} - \frac{s^2}{4}\right)\Bigg|_0^3 + h\Delta^3 f_0\left(\frac{s^4}{24} - \frac{s^3}{6} + \frac{s^2}{6}\right)\Bigg|_0^3$$

$$= 3hf_0 + \frac{9}{2}h\Delta f_0 + \frac{9}{4}h\Delta^2 f_0 + \frac{3}{8}\Delta^3 f_0 \tag{6.29}$$

Como:

$$\Delta^2 f_0 = \Delta f_1 - \Delta f_0 = f_2 - 2f_1 + f_0$$

E:

$$\Delta^2 f_1 = \Delta f_2 - \Delta f_1 = f_3 - 2f_2 + f_1$$

Logo:

$$\Delta^3 f_0 = \Delta^2 f_1 - \Delta^2 f_0 = f_0 - 3f_2 + 3f_1 - f_0$$

Substituindo na expressão 6.29 e recalculando todos os termos, temos:

$$I_3 = \int_{x_0}^{x_3} f(x)dx = \int_{x_0}^{x_3} P_3(x_s)dx = \frac{3}{8}h\left(f_0 + 3f_1 + 3f_2 + f_3\right) \tag{6.30}$$

A expressão do termo erro para a expressão 6.30 é:

$$Erro = \int_{x_0}^{x_3} \frac{s(s-1)(s-2)(s-3)}{24} h^5 f^{iv}(\xi)\,dx \qquad x_0 \le \xi \le x_3$$

$$Erro = -\frac{3}{80} h^5 f^{iv}(\xi)\,dx \qquad x_0 \le \xi \le x_3 \tag{6.31}$$

Assim, as fórmulas de Newton-Cotes para os três primeiros polinômios são as seguintes:

1) $I_1(f) = \int_{x_0}^{x_1} f(x)dx = \frac{h}{2}(f_0 + f_1) - \frac{1}{12}h^3 f''(\xi)$

2) $I_2(f) = \int_{x_0}^{x_2} f(x)dx = \frac{h}{3}(f_0 + 4f_1 + f_2) - \frac{1}{90}h^5 f^{iv}(\xi)$

3) $I_3(f) = \int_{x_0}^{x_3} f(x)dx = \frac{3h}{8}(f_0 + 3f_1 + 3f_2 + f_3) - \frac{3}{80}h^5 f^{v}(\xi)$

No sumário das fórmulas de Newton-Cotes, podemos colocar algumas anotações. Primeiro, o termo erro no polinômio, tanto de segundo como de terceiro graus, é uma função de $\phi(h^5)$. Essa igualdade de termos significa que a integração de uma função quadrática é igual à uma cúbica e, segundo, o coeficiente do erro na função quadrática, é menor que o coeficiente da função cúbica, o que nos permite afirmar que o polinômio de segundo grau é mais preciso.

6.5.1 Regra do Trapézio

A primeira fórmula de Newton-Cotes (expressão 6.24), baseada na aproximação de f(x) em (x_0, x_1) por linhas secantes é chamada de regra do Trapézio. Esta regra pode ser adaptada à definição de uma integral, ou seja, como a soma das áreas dos trapézios desenhadas abaixo da curva. Para avaliar $\int_a^b f(x)dx$ subdividiremos o intervalo [a, b] em *n* subintervalo iguais de comprimento Δx e x_i, é o início do i-ésimo subintervalo. Logo, traçamos *n* secantes entre dois pontos diferentes da curva. Assim, a base do i-ésimo trapézio seja o i-ésimo subintervalo e a altura do i-ésimo seja f(x_i). É importante ressaltar que os intervalos não necessariamente devem ter a mesma largura (Figura 6.1):

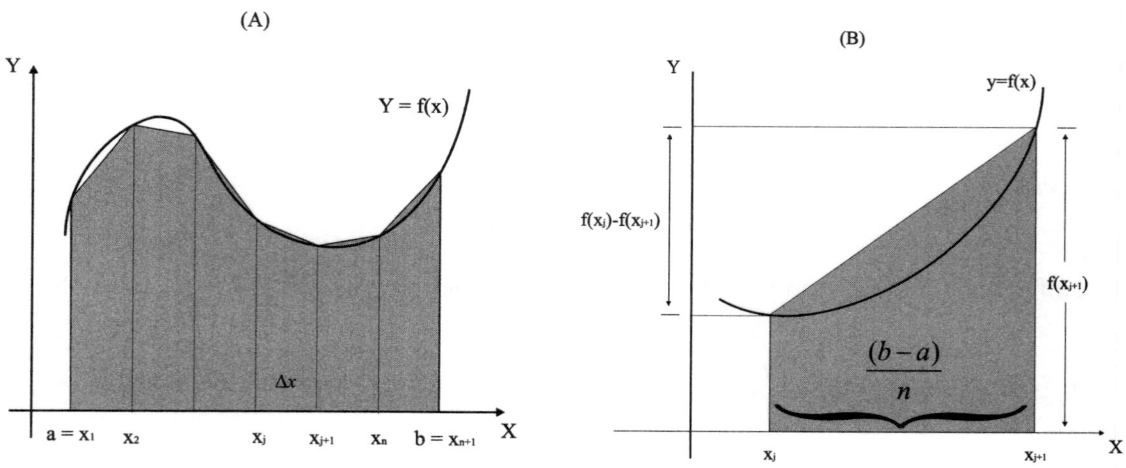

Figura 6.1: (a) Aproximação da curva por trapézios. (b) O i-ésimo trapézio.

Façamos *h* ser igual a Δx . Então, a área do i-ésimo trapézio no i-ésimo intervalo é dada por:

$$\int_{x_i}^{x_{i+1}} f(x)dx = \frac{1}{2}\left[f(x_i) + f(x_{i+1})\right]\Delta x$$

$$= \frac{h}{2}\left[f_i + f_{i+1}\right] \tag{6.32}$$

A soma das áreas de todos os *n* trapézios de largura *h* é:

$$\sum_{i=1}^{n} \frac{h}{2}\left(f_i + f_{i+1}\right) \approx \frac{h}{2}\left(f_1 + f_2 + f_2 + f_3 + \ldots + f_n + f_n + f_{n+1}\right)$$

Esta soma é uma aproximação da área total sob a curva em [a, b] e, assim é uma aproximação da integral definida correspondente $\int_a^b f(x)dx$. Logo, temos:

$$\int_a^b f(x)dx \approx \frac{h}{2}\left(f_1 + 2f_2 + 2f_3 + \ldots + 2f_n + f_{n+1}\right) \tag{6.33}$$

Essa aproximação melhora à medida que o número de subintervalos cresce. Assim, se esse número crescer infinitamente, a soma das áreas dos trapézios se aproxima da área real sob a curva, quando $n \to \infty$.

A fórmula da regra dos trapézios (expressão 6.33), é simples e útil no cálculo da integral de uma função determinada por valores experimentais, embora os valores tenham diferentes espaçamentos.

O erro incorrido no cálculo da integral por essa regra melhora à medida que o número de retângulos aumenta. De qualquer forma, valores muito grandes de *n* são normalmente necessários para atingir uma precisão razoável com este método.

Exemplo 6.4: João deseja saber a área de uma chácara que tem uma forma muito irregular. Assim, ele começa a determinar um conjunto de pontos críticos em intervalos de 15 m ao longo da fazenda. Use a regra do trapézio para estimar a área da chácara (Figura 6.2):

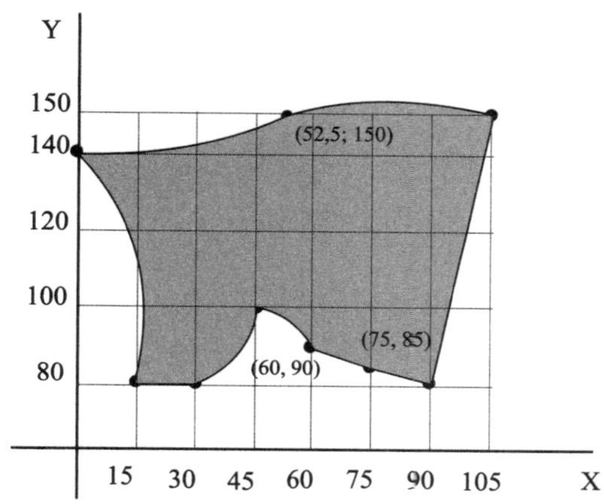

Figura 6.2: Área da chácara.

Solução: A forma do terreno torna quase impossível encontrar duas funções f(x) (para a parte de cima) e g(x) (para a parte de baixo), para determinar a área da chácara aplicando o conceito de integral pelo teorema fundamental de cálculo. Assim, aplicando a regra do trapézio, temos:

Para a parte de cima:

$$A_{sup} = \int_0^{105} f(x)dx = \frac{52{,}5}{2}[140 + 2(150) + 150]$$

$$\approx 15.225\, m^2.$$

Para a parte de baixo:

$$A_{Inf} = \int_0^{105} f(x)dx = \frac{15}{2}[140 + 2(80) + 2(80) + 2(100) + 2(90) + 2(85) + 2(80) + 150]$$

$$\approx 9.900\,m^2.$$

Logo, a área da chácara é aproximadamente 15.225 – 9.900 = 5.325 m. O erro derivado no cálculo pode ser obtido pela expressão 6.25:

$$Erro = -\frac{1}{12}h^3 f''(\xi_1) \qquad x_0 \le \xi_1 \le x_1$$

Essa expressão para o termo erro é enfatizada para um simples subintervalo, por isso ela é chamada de *erro total*. Mas, como normalmente aplicamos a regra dos Trapézios para um conjunto de subintervalos de x_1 = a até x_n = b, então devemos estimar o erro total denominado *erro global ou total*.

O erro total é a soma dos erros locais:

$$E_G = -\frac{1}{12}h^3[f''(\xi_1) + f''(\xi_2) + f''(\xi_3) + ... + f''(\xi_n)] \qquad (6.34)$$

O valor de E_G na expressão 6.34 é determinado em cada um dos subintervalos. Se assumirmos que $f''(x)$ é contínua no intervalo [a ,b], então podemos afirmar que existe um valor x = ξ_i tal que pertença a [a, b], de forma que a soma dos termos $f''(\xi)$ na expressão 6.34 seja igual a $n.f''(\xi)$. Como $nh = b - a$ então, a fórmula do erro global se torna:

$$E_G = -\frac{1}{12}h^3 nf''(\xi) = -\frac{(b-a)}{12}h^2 f''(\xi) \qquad (6.35)$$

No caso do exemplo 6.4, temos que encontrar uma função interpolante (por exemplo, uma spline cúbica) que passe pelos pontos da curva e logo, calcular o valor do termo erro.

A expressão do erro global é uma função de $\phi(h^2)$ enquanto a do erro local é $\phi(h^3)$. Essa conclusão é razoável, pois se *h* é dividido em partes iguais em diferentes condições, os subintervalos se duplicam e assim esperamos como máximo que o erro se duplique.

A expressão 6.35 nos dá uma estimativa do erro pela regra do trapézio, isto é, nos permite calcular o valor máximo e mínimo do erro de $f''(x)$ no intervalo [a, b]. Por outro lado, a partir da estimativa do erro podemos decidir previamente quantos subintervalos utilizar para atingir o grau de precisão desejado. Vejamos o seguinte exemplo:

Exemplo 6.5: Quantos subintervalos devem ser utilizados para prever que o erro seja menor do que 0,0001 na aproximação de $\int_1^3 \ln(x)dx$ usando a regra dos Trapézios?

Solução: Sabemos que:

$$E_G = -\frac{(b-a)}{12} h^2 f''(\xi)$$

Sabemos que $|f''(\xi)|$ é o valor máximo da função em [a, b]. Como *n.h = (b - a).* Então:

$$E_G = -\frac{(b-a)^3}{12n^2} f''(\xi)$$

Observamos que o valor máximo de $|f''(\xi)|$ para $1 \leq \xi \leq 3$ é $|f''(3)| = 1/9$. Logo:

$$|E_n| \leq \left(\frac{1}{9}\right)\frac{(3-1)^3}{12n^2} = \frac{2}{27n^2}$$

O objetivo é encontrar o menor número inteiro positivo *n* para o qual:

$$\frac{2}{27n^2} < 0{,}0001$$

Ou:

$$n \approx 27{,}216$$

O menor número inteiro é para n = 27, assim 27 subintervalos são necessários para assegurar a precisão desejada.

Dois critérios importantes podemos mencionar para medir a qualidade de um método numérico, a velocidade de convergência, medido por $\phi(h^p)$ e a precisão, ou seja, o espaço de funções na qual o método não comete erros. Por exemplo, o método dos Trapézios é exato para todo polinômio de grau menor ou igual a um. No entanto, o método de Simpson é exato para todo polinômio de grau menor ou igual a três.

Na continuação, apresentamos um procedimento para melhorar. No primeiro caso, a velocidade de convergência e no segundo caso, a precisão.

6.5.2 A Integração de Romberg

Existe uma estratégia inteligente para acelerar a convergência da fórmula dos Trapézios quando a função é conhecida em intervalos equidistantes ou quando a função é explícita. Este método é conhecido como a *integração de Romberg* ou *extrapolação para o limite*. A metodologia considera a execução de *M* cálculos, cada um com valores diferentes para *h* (número diferente de subintervalos no contexto da avaliação) e logo, são eliminados os primeiros M-1 termos da função erro. A aplicação do método não toma vantagem em fazer *h* menor para melhorar o estimado da integral. Então, não nos causaria surpresa se este método não convergir.

Seja $I_i^0(f)$, a fórmula dos Trapézios que aproxima $T = \int_a^b f(x)dx$ em [a, b] com passo $h = \dfrac{b-a}{2^i}$, isto é, com 2^{i+1} `pontos equidistantes, onde $x_j = a + jh$ para j = 0,1,..., 2^i.

As fórmulas dos Trapézios para $I_i^0(f)$ e $I_{i+1}^0(f)$ com passo $2h = \dfrac{b-a}{2^i}$ e *h* serão:

$$I_i^0(f) = h\{f(a) + 2f(a+2h) + 2f(a+4h) + ... + 2f(a+2^i h) + f(b)\} + E(2h) \quad (6.36)$$

E:

$$I_{i+1}^0(f) = \frac{h}{2}\{f(a) + 2f(a+h) + 2f(a+2h) + ... + 2f(a+(2^{i+1}-1)h) + f(b)\} + E(h) \quad (6.37)$$

Essas fórmulas contêm erros, segundo a expressão 6.35 de $\phi(4h^2)$ e $\phi(h^2)$, respectivamente.

Definamos:

$I_i'(f) = \frac{1}{3}\left[4I_{i+1}^0(f) - I_i^0(f)\right]$ para i = 0, 1,..., k-1.

Pode ser demonstrado facilmente a aproximação da equação 6.38 pelas fórmulas dos Trapézios $T = \int_a^b f(x)dx$. Usando espaçamentos $h_1 = \frac{b-a}{2^{i+1}}$ e $h_2 = \frac{b-a}{2^i}$, obteremos o termo erro na ordem de $\phi(h^4)$ se $f(\xi)\varepsilon f^{(4)}(\xi)$. Nos indica que essa expressão converge muito mais rapidamente conforme *h* decresce.

O desenvolvimento da expressão 6.38 é análogo à da expressão 6.35. A aproximação $I_i'(f)$ é, de fato, precisamente a fórmula parabólica (regra de Simpson) para 2^i subintervalos. Isto é, a regra de Simpson pode ser obtida como uma combinação linear de $I_i^0(f)$ e $I_{i+1}^0(f)$. A questão é a seguinte: Existe alguma possibilidade de fazer uma combinação linear de duas fórmulas de Simpson para aumentar ainda mais a convergência? Isto poderia ser possível se a função tivesse uma certa uniformidade no intervalo definida.

Em geral, podemos definir o seguinte procedimento recursivo:

$$I_i^j(f) = \frac{4^j I_{i+1}^{j-1}(f) - I_i^{j-1}(f)}{4^j - 1} \text{ para } 1 \le j \le k, \quad 0 \le i \le k-j. \qquad (6.38)$$

A aproximação $I_i^2(f)$ é uma fórmula composta que poderá ser encontrada usando a fórmula fechada de Newton-Cotes para n = 4 e 2^i subintervalos. Mas para j > 2, não existe uma relação direta entre $I_i^j(f)$ e as fórmulas compostas de Newton-Cotes.

Assim, podemos afirmar que cada $I_i^j(f)$ é uma combinação linear das fórmulas dos Trapézios usando 2^i, 2^{i+1},..., 2^{i+j} subintervalos. Também podemos mostrar que a partir da expressão 6.35, o termo erro de $I_i^j(f)$, como uma aproximação da regra dos Trapézios, é da ordem $\left[\frac{(b-a)}{2^i}\right]^{2(j+1)}$. Logo, arranjando os cálculos podemos formar a esquema de Romberg:

$h = b - a$	I_0^0

		I_0^1			
$h=\dfrac{b-a}{2}$	I_1^0		I_0^2		
		I_1^1		$\ddots$	
$h=\dfrac{b-a}{4}$	I_2^0		I_1^2		
		I_2^1		$\ddots$	I_0^k
$h=\dfrac{b-a}{8}$	I_3^0		I_2^2		
$\cdots$	$\cdots$	$\cdots$	$\cdots$	$\cdots$	
$\cdots$	$\cdots$	$\cdots$	I_{k-2}^2		
		I_{k-1}^1			
$h=\dfrac{b-a}{2^k}$	I_k^0				

Tabela 6.3: Esquema de Romberg.

No esquema de Romberg, em cada coluna *j* se tem um conjunto de regras ou expressões que convergem com h^{2j+2} se $f(\xi)\varepsilon \underset{[a,b]}{f^{2j+2}}(\xi)$. Ou seja, usando (j+1) avaliações da regra dos Trapézios na primeira coluna, podemos calcular as diferenças divididas da Tabela 6.2. Por outro lado, se a segunda derivada de f(x) é definida em [a, b] e $i \to \infty$ então, I_i^0 para i = 1, 2, ..., k converge com a integral T. Observamos que a expressão I_0^j produz um erro de $\left[\dfrac{(b-a)}{2^i}\right]^{2(j+1)}$ enquanto que I_i^0 é $\left[\dfrac{(b-a)}{2^i}\right]^2$ para $1 \leq j \leq k,\ \ 0 \leq i \leq k-j$. Assim, esperamos que se I_0^j converge, então sua convergência deve ser mais rápida que I_i^0.

No exemplo 6.6 consideramos o problema na qual I_0^j converge muito mais rapidamente que I_i^0.

Exemplo 6.6: Use a regra dos trapézios e a convergência de Romberg para avaliar a integral $T = \int_1^5 \frac{dx}{x^2}$ utilizando um erro menor ou igual a 0,001. Trabalhe com cinco casas decimais:

Solução: Como as I_i^0 são as integrais obtidas na regra dos Trapézios e os elementos do esquema de Romberg, então vamos utilizar a expressão 6.33 para calcular todas elas no intervalo [1, 5]. Assim, temos:

Para j = 1 (2^i para i = 0). Logo, $h = \frac{5-1}{1} = 4$.

x_i	1	5
y	1	0,04

Logo:

$$I_0^0 = \int_1^5 f(x)dx = \frac{h}{2}(f_0 + f_1)$$

$$= \frac{4}{2}(1 + 0{,}04) = 2{,}08$$

Para j = 2 (2^i para i = 1). Então, $h = \frac{5-1}{2} = 2$.

x_i	1	3	5
y	1	0,11111	0,04

Logo:

$$I_1^0 = \int_1^5 f(x)dx = \frac{h}{2}(f_0 + 2f_1 + f_2) = 1{,}26222$$

Para j = 4 (2^i para i = 2). Então, $h = \dfrac{5-1}{4} = 1$.

x_i	1	2	3	4	5
y	1	0,25	0,11111	0,0625	0,04

Logo:

$$I_2^0 = \int_1^5 f(x)dx = \frac{h}{2}(f_0 + 2f_1 + 2f_2 + 2f_3 + f_4) = 0{,}94361$$

A continuação mostra os cálculos realizados para i = 3, 4 e 5:

i	$h = {(b-a)}/{2^i}$	Estimado da integral utilizando a regra do Trapézio. Erro = $\phi(h^2)$.	Valores extrapolados. Erro = $\phi(h^4)$.
3	8	0,3895355	
4	16	0,8102085	
5	32	0,8025753	

Tabela 6.4: Valores da integral obtidos pela regra dos Trapézios.

Logo, o esquema de Romberg é cristalizado usando a expressão 6.38.

Para j = 1 e i = 0:

$$I_0^1 = \frac{4(I_1^0 - I_0^0)}{4-1} = \frac{[4(1{,}26222) - 2{,}08]}{3} = 0{,}9896296$$

Para j = 1 e i = 1:

$$I_1^1 = \frac{4(I_2^0 - I_1^0)}{4-1} = \frac{[4(0{,}9436111) - 1{,}26222]}{3} = 0{,}8374074$$

...

Continuando com estes cálculos, temos:

i	I_i^0	I_i^1	I_i^2	I_i^3	I_i^4	I_i^5
0	2,08000					
		0,98963				
1	1,26222		0,82726			
		0,83741		0,80228		
2	0,94361		0,80267		0,80009	
		0,80484		0,80005		0,8000015
3	0,83954		0,80014		0,800002	
		0,80043		0,80002		
4	0,81021		0,800004			
		0,80004				
5	0,80258					

Tabela 6.5: Valores obtidos pelo esquema de Romberg.

O valor 0,8000015 representa o valor mais fechado do esquema de Romberg, portanto, é o valor exato da integral da função no intervalo [1, 5].

6.5.3 A Regra de Simpson

A regra de Simpson é baseada na aproximação da área sob a curva por colunas mais a diferença com a regra dos Trapézios, que usa parábolas em vez de retas na parte de cima das colunas e exige um número de subintervalos menor para atingir uma determinada precisão. Assim, o número de cálculos significativamente é reduzido.

Especificamente, a aproximação de uma integral definida pela regra de Simpson usando parábolas, tem a seguinte característica: o intervalo é dividido em um número par de subintervalos de forma que os intervalos adjacentes são agregados na avaliação. Na Figura 6.3, à parte do gráfico que se situa abaixo do primeiro par de subintervalos pela parábola que contém os três pontos (x_1, $f(x_1)$), (x_2, $f(x_2)$) e (x_3, $f(x_3)$), é utilizada para aproximar a área correspondente sob a curva, isto é, a área sob a parábola entre x_1 e x_3 (Figura 6.3):

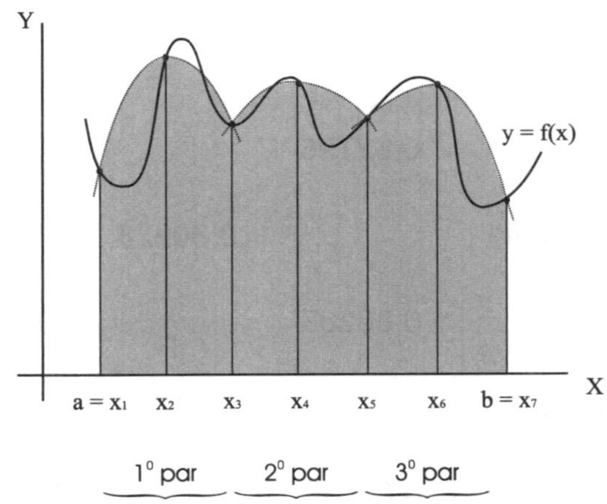

Figura 6.3: Aproximação da curva por quadráticas.

Considerando a expressão 6.26, a área formada no i-ésimo intervalo é dada pela seguinte expressão:

$$\int_{x_i}^{x_{i+2}} f(x)dx = \frac{1}{3}[f(x_i) + 4f(x_{i+1}) + f(x_{i+2})]\Delta x$$

$$= \frac{h}{3}(f_i + 4f_{i+1} + f_{i+2}) \qquad (6.39)$$

A soma de todas as áreas formadas em cada intervalo [x_{i-1}, x_{i+1}], representa a integral do polinômio que corresponde à fórmula de Newton-Cotes com três pontos equidistantes:

$$\int f(x)dx = \frac{h}{3}[f_0 + 4f_1 + f_2] + \frac{h}{3}[f_2 + 4f_3 + f_4] + \ldots + \frac{h}{3}[f_{n-1} + 4f_n + f_{n+1}]$$

$$= \frac{h}{3}[f_0 + 4f_1 + 2f_2 + 4f_3 + 2f_4 + \ldots + 2f_{n-1} + 4f_n + f_{n+1}]$$

Adicionando o termo erro (expressão 6.28), nos *n/2* intervalos de [a, b] e simplificando como foi realizado com o fator erro na regra dos Trapézios, obtemos que $f^{(4)}$ é continua no intervalo [a, b]. Logo:

$$\int_a^b f(x)dx = \frac{h}{3}[f_0 + 4f_1 + 2f_2 + 4f_3 + 2f_4 + \ldots + 2f_{n-1} + 4f_n + f_{n+1}] -$$

$$\frac{b-a}{180}h^4 f^{iv}(\xi) \qquad x_1 \leq \xi \leq x_{n+1} \tag{6.40}$$

Na expressão 6.40, a variável x_1 = a e x_{n+1} = b. Por outro lado, na expressão do erro total representamos $\sum_{i=1}^{n} f^{iv}(\xi) = nf^{iv}(\xi)$; o que supõe que exista, implicitamente, uma continuidade na quarta derivada da função. O valor de *n* representa o número de períodos que o método utiliza, na qual cada passo Δx do intervalo é formado por três pontos para calcular a integral da função. Por isso, o coeficiente do denominador muda de 90 para 180.

Exemplo 6.7: Aplique a regra de Simpson para estimar o valor da integral $\int_0^{1,2} 3e^{-x^2} dx$ para n = 6.

Solução: Quando n = 6, a amplitude (h) de cada subintervalo é $\frac{1,2-0}{6} = 0,2$ e os pontos extremos são:

x_0	3	x_4	1,58188
x_1	2,88237	x_5	1,10364
x_2	2,55643	x_6	0,71078
x_3	2,09303		

Portanto, pela regra de Simpson temos:

$$\int_0^{1,2} 3e^{-x^2} dx = \frac{0,2}{3}[3 + 4(2,88237) + 2(2,55643) + 4(2,09303) +$$

$$+ 2(1,581880 + 4(1,10364) + 0,71078)]$$

$$= 2,4202373$$

Lembramos que o valor exato desta integral é 2,4202342.

Na avaliação com seis subintervalos, obtivemos uma aproximação correta a menos de – 0,0000131 = - 1,31x10^{-5}.

O valor do termo erro é:

$$Erro = -\frac{(12-0)}{180}(0,2)^4 \begin{cases} 3e^{(-0)^2} & (\min) \\ 3e^{(-1,2)^2} & (\max) \end{cases} \begin{cases} -3,2x10^{-5} \\ -0,758x10^{-5} \end{cases}$$

A estimativa do valor do termo erro, nos permite determinar com muita precisão o intervalo do erro calculado. Neste caso, ele encontra-se dentro do intervalo calculado. Em outras situações, pode encontrar-se fora do intervalo devido à influencia do erro de arredondamento nos cálculos realizados.

Exemplo 6.8: Aplique a regra dos Trapézios de Simpson e a integração de Romberg para aproximar o valor da integral definida: $\int_2^3 \left(e^x/x\right)dx$. Compare os resultados de forma que o erro de aproximação seja inferior a 0,001.

Solução: Iniciamos nossos cálculos achando as diferentes derivadas da função f(x) = e^x/x:

$$f'(x) = e^x(x-1)/x^2$$

$$f''(x) = e^x(x^2-2x+2)/x^3$$

$$f'''(x) = e^x(x^3-3x^2+6x-6)/x^4$$

$$f^{iv}(x) = e^x(x^4-4x^3-12x^2-24x+24)/x^5$$

a) Regra do Trapézio. Realizando os cálculos, verificamos que $f''(x)$ não tem pontos críticos no intervalo [2, 3], é crescente e o número máximo valor de $|f''(x)|$ neste intervalo é $|f''(3)| = 3,71954.$

O termo erro (E) decorrente da aplicação da fórmula dos Trapézios é cotado por:

$$Erro = -\frac{b-a}{12}h^2 f''(\xi) \qquad 2 \le \xi \le 3$$

Ou:

$$|Erro| \leq \frac{b-a}{12} h^2 \left[\underset{[2,3]}{Max} f''(\xi) \right]$$

Então:

$$|Erro| \leq \left(\frac{3-2}{12} \right) \left(\frac{3-2}{n} \right)^2 [3{,}71954]$$

$$|Erro| \leq \frac{3{,}71954}{12 n^2}$$

Para assegurar que a aproximação tem um erro inferior a 0,001 devemos escolher *n,* tal que:

$$\frac{3{,}71954}{12 n^2} \leq 0{,}001$$

Resolvendo a inequação, observamos que *n* deve ser no mínimo 18.

Dividindo o intervalo [2, 3] em 18 subintervalos conforme a expressão 6.33, obtemos:

$$\int_2^3 f(x)dx = \frac{1}{18x2} \left[\frac{e^e}{2} + 2 \cdot \frac{e^{1/18}}{1/18} + 2 \cdot \frac{e^{2/18}}{2/18} + \ldots .. + 2 \cdot \frac{e^{17/18}}{17/18} + \frac{e^3}{3} \right]$$

$$\approx 4{,}98027$$

Portanto, com um erro inferior a 0,001, temos:

$$4{,}97927 \leq \int_2^3 \frac{e^x}{x} dx \leq 4{,}98127$$

O valor exato desta integral é 4,97960.

b) Regra de Simpson. Neste caso, observamos que segundo a expressão 6.40, a função erro depende de $\phi(h^4)$ e $f'^v(\xi)$. A função $f'^v(\xi)$ é continua, positiva e crescente no intervalo [2, 3] e o valor máximo de $\left| f'^v(\xi) \right|$ neste intervalo é 2,72766.

O erro na aproximação da integral é limitado por:

$$|Erro| = \frac{b-a}{180} h^4 f^{IV}(\xi) \qquad 2 \le \xi \le 3$$

Ou:

$$|Erro| = \frac{b-a}{180} h^4 \left[\underset{[2,3]}{Max} f^{IV}(\xi) \right]$$

Logo:

$$|Erro| \le \left(\frac{3-2}{180} \right) \left(\frac{(3-2)}{n} \right)^4 [2{,}72766]$$

$$|Erro| \le \frac{2{,}72766}{180 n^4}$$

A condição necessária para que a aproximação tenha um erro inferior a 0,001 é:

$$\frac{2{,}72766}{180 n^2} \le 0{,}001$$

Logo, resolvendo a inequação, obtemos que *n* deve ser como mínimo 2.

Dividindo o intervalo [2, 3] em dois subintervalos conforme a seqüência da expressão 6.40, obtemos:

$$\int_2^3 f(x)dx = \frac{1}{2x2} \left[\frac{e^e}{2} + 4 \cdot \frac{e^{2,5}}{2{,}5} + \frac{e^3}{3} \right]$$

$$\approx 4{,}97964$$

Portanto, com um erro inferior a 0,001, temos:

$$4{,}97864 \le \int_2^3 \left(e^x / x \right) dx \le 4{,}98064$$

Observe que com a aplicação desta regra, o estimado da integral, em relação ao método dos Trapézios, é obtido com um número menor de subintervalos.

Nossos resultados podem ser melhorados utilizando o esquema de Romberg. Assim, obtemos:

I	I_i^0	I_i^1	I_i^2
0	5,19453		
		4,98028	
1	5,03393		4,97960
		4,97964	
2	4,99321		

Tabela 6.6: Valores obtidos pelo esquema de Romberg.

Assim, o valor mais fechado da Tabela 6.6 é 4,97960 que corresponde ao valor da integral de $f(x) = \left(e^x/x\right)$ no intervalo [2, 3]. Observe que este valor é ótimo em relação ao valor verdadeiro.

6.5.4 A Regra de Poncelet (Simpson 3/8)

A fórmula dos Trapézios para integrar uma função f(x) em um intervalo [a, b] foi deduzida a partir da integral de um polinômio interpolador de primeiro grau e a regra de Simpson utiliza um polinômio de segundo grau. Na regra de Poncelet, o processo é repetido usando um polinômio interpolador de terceiro grau $P_3(x)$ que passa pelos pontos $(x_0, f(x_0))$, $(x_1, f(x_1))$, $(x_2, f(x_2))$ e $(x_3, f(x_3))$, ou seja, cada intervalo avaliado é dividido em três subintervalos de forma semelhante, como foi realizado no métodos de Simpson.

Segundo a expressão 6.30, podemos determinar a área do i-ésimo intervalo de integração:

$$\int_{x_i}^{x_{i+3}} f(x)dx = \frac{3}{8}h\left[f(x_i) + 3f(x_{i+1}) + 3f(x_{i+2}) + f(x_{i+3})\right] -$$

$$\frac{3}{80}h^5 f^{iv}(\xi) \qquad x_i \le \xi_i \le x_{i+3} \text{ par i = 0, 1, ..., n} \tag{6.41}$$

A soma de todas as áreas representadas na expressão 6.42 no intervalo x_0 = a e x_{n+1} = b, representa a integral da função neste intervalo.

$$\int_a^b f(x)dx = \frac{3}{8}h[f_0 + 3f_1 + 3f_2 + f_3] + \frac{3}{8}h[f_3 + 3f_4 + 3f_5 + f_6] + ...$$

$$+\frac{3}{8}h[f_{n-2} + 3f_{n-1} + 3f_n + f_{n+1}] - \sum_{i=1}^{n}\left[\frac{3}{80}h^5 f^{\prime v}(\xi)\right] \qquad a \le \xi \le b$$

$$\int_a^b f(x)dx = \frac{3}{8}h[f_0 + 3f_1 + 3f_2 + 2f_3 + +3f_4 + 3f_5 + 2f_6 + ...$$

$$+2f_{n-2} + 3f_{n-1} + 3f_n + f_{n+1}] - \frac{b-a}{80}h^4 f^{\prime v}(\xi) \qquad x_0 \le \xi \le x_{n+1} \qquad (6.42)$$

O coeficiente do termo erro local tem um coeficiente de 3/80. A soma de todos os erros locais produz um coeficiente para o termo do erro global de 1/80 devido à aplicação da regra a cada n/3 períodos (amplitude) em todo o intervalo.

A regra de Simpson não pode ser aplicada quando *n* é ímpar. E ainda impossível, quando se têm dados tabulados de um experimento. Em tais casos, é aconselhável aplicar uma combinação de duas regras de integração. Por exemplo, podemos começar com a regra de Simpson e deixar os três últimos subintervalos para aplicar a regra de Poncelet. Outra alternativa poderia se iniciar com o método dos Trapézios e posteriormente, aplicar a regra de Simpson. Essa última estratégia envolve um erro em função de $\phi(h^2)$ sobre o intervalo calculado, o que produz uma menor precisão.

Exemplo 6.9: João e Cleci estão viajando em um carro com o odômetro quebrado. De forma a determinar a distância que viajam entre 16h e 17h, João (o passageiro) anota as leituras do velocímetro a cada 10 minutos:

x_i	0	5	10	15	20	25	30	35	40	45
$f(x_i)$	45	48	37	39	56	61	62	55	51	68

Onde:

- x_i representa os minutos após as 16h;

- $f(x_i)$ é a leitura do velocímetro.

Estime a distância total percorrida pelo casal durante o intervalo de avaliação pelos métodos da regra dos Trapézios, de Poncelet e de Simpson:

Solução: A solução do problema consiste primeiro, encontrar um polinômio interpolador de grau *n* que passe pelos *n* pontos de forma que o erro de truncamento seja mínimo e, segundo, aplicar uma regra ou uma combinação de regras de integração para achar a área baixo a curva no intervalo [a, b].

Na Tabela de dados, observamos que a regra de Simpson(1/3) não pode ser aplicada sozinha, pois o número de valores é ímpar. Assim, devemos formular várias alternativas para resolver o problema:

1. Pelo método dos Trapézios (n = 9) em [0, 45];
2. Pelo método de Poncelet (R. de Simpson (3/8) para n = 9) em [0, 45];
3. Pelo método de Simpson (1/3) em [0, 40] para n = 8 e, a regra dos Trapézios em [40, 45] para n = 1;
4. Pelo método de Poncelet em [0, 30] para n = 6, a regra de Simpson (1/3) em [30, 40] para n = 2 e a regra dos Trapézios em [40, 45] para n = 1.

Aplicando o método de interpolação de Lagrange aos dados da tabela, obtemos que o polinômio que melhor se ajusta aos dados é de grau cinco ($P_5(x)$). Os coeficientes obtidos do polinômio são:

$A_0 \rightarrow 45{,}802797$	$A_3 \rightarrow 0{,}0564843$
$A_1 \rightarrow 2{,}0344$	$A_4 \rightarrow -0{,}0016689$
$A_2 \rightarrow -0{,}6803846$	$A_5 \rightarrow 0{,}00001629$

A continuação mostramos os cálculos realizados para as quatro alternativas.

Primeira alternativa:

$$I_T = \int_0^{45} P_5(x)dx = 2328{,}0469$$

Segunda alternativa:

$$I_P = \int_0^{45} P_5(x)dx = 2312{,}4042$$

Terceira alternativa:

$$I_{S(1/3)} = \int_0^{40} P_5(x)dx = 2036{,}2263$$

$$I_T = \int_{40}^{45} P_5(x)dx = 296{,}01138$$

$$A_T = I_{S(1/3)} + I_T = 2332{,}237$$

Quarta alternativa:

$$I_P = \int_0^{30} P_5(x)dx = 1472{,}4774$$

$$I_{S(1/3)} = \int_{30}^{40} P_5(x)dx = 563{,}7877$$

$$I_T = \int_{40}^{45} P_5(x)dx = 296{,}01138$$

$$A_T = I_P + I_{S(1/3)} + I_T = 2332{,}2765$$

Os resultados mostram que para este exemplo, a melhor alternativa é a segunda. Mas normalmente as melhores soluções encontram-se quando se realizam combinações de regras de integração.

6.5.5 O problema da Quadratura Gaussiana

Nos métodos de integração analisados anteriormente (formulas de Newton-Cotes), as ordenadas utilizadas no intervalo de integração são equidistantes e os pesos respectivos associados a cada função f(x) são determinados de tal forma que as expressões obtidas atingem a mais alta precisão. Por outro lado, Gauss observou que essa restrição fosse retirada (avaliação de uma função por valores predeterminados). Uma expressão de três termos teria seis parâmetros (três valores (x_i) e seus respectivos pesos não conhecidos) e a função corresponderia a um polinômio de grau 5. As fórmulas baseadas neste princípio são denominadas de *fórmulas da quadratura de Gauss*. Essas fórmulas somente poderão ser aplicadas quando a função f(x) é conhecida.

Nesse sentido, o propósito desta seção é estudar sistematicamente uma forma na qual a integral definida de uma função f(x) pode ser aproximada pela combinação linear de valores pesos (w_i) com os f(x_i), sendo os x_i valores das abscissas adequadamente distribuídos dentro dos limites de integração. Os extremos do intervalo de integração (a, b) podem ser finitos ou infinitos. O problema consiste em pesquisar a existência e determinação de um conjunto discreto de abscissas x_i e seus correspondentes w_i com a finalidade de obter a precisão desejada e poder fazer a expressão:

$$\int_a^b f(x)\,dx = \sum_{i=1}^{n} w_i\, f(x_i) \tag{6.43}$$

Exata para polinômios de um determinado grau.

A expressão 6.43 pode ser facilmente derivada fazendo a integração da fórmula de interpolação de Lagrange no intervalo [a, b]. A expressão determinada deverá ser uma função dos coeficientes x_i e w_i e seu grau não deve exceder de (2n-1). Assim, temos:

$$\int_a^b f(x)\,dx = \int_a^b \left[\sum_{i=0}^{n} L_i(x) f(x_i)\right] + \int_a^b \prod_{i=0}^{n} (x - x_i)\frac{f^{(n+1)}(\xi)}{(n+1)!}\,dx \tag{6.44}$$

Onde $L_i(x)$ são os polinômios de Lagrange e ξ ε [a, b].

A aproximação da integral é:

$$\int_a^b f(x)\,dx \cong \sum_{i=0}^{n} f(x_i).\int_a^b L_i(x)dx = \sum_{i=0}^{n} w_i\, f(x_i) \tag{6.45}$$

Os coeficientes w_i (expressão 6.45) dependem somente dos valores x_i considerados. Mas, o que determina que um polinômio interpolador de alto grau tenha um erro de truncamento próximo de zero? Devemos lembrar que o grau de um polinômio é o fator que determina a precisão de uma aproximação. Por isso, esses pontos (x_i) são arbitrários e tendem a tornar o erro nulo quando integramos uma função.

Dado uma tabuada de valores x_1, x_2,...,x_n, podemos encontrar um conjunto de constantes w_1, w_2,...,w_n, tais que:

$$I_G = \int_a^b w(x) f(x) dx = \sum_{i=1}^{n} w_i f(x_i) + R(f) \tag{6.46}$$

Onde:

$w(x)$ = É a função peso.

$E(f,h)$ = É o resíduo ou a função erro definido para uma amplitude h.

Os pontos $x_1, x_2, ..., x_n$ na formula de Gauss são as raízes do polinômio interpolador da forma:

$$P_n(x) = x^n + a_{n-1}x^{n-1} + a_{n-2}x^{n-2} + \ldots + a_1 x + a_0 \tag{6.47}$$

Tal que:

$$\int_a^b w_i(x) P_n(x) Q_{n-1}(x) dx = 0 \tag{6.48}$$

Para qualquer função $Q_{n-1}(x)$ de grau (n-1). Na continuação, resumiremos as propriedades dos polinômios de Legendre:

1. Todos os polinômios de Legendre são ortogonais no intervalo [-1, 1]. Isto é:

$$\int_{-1}^{1} P_n(x) \cdot P_m(x) dx = \begin{cases} = 0 & se \quad n \neq m \\ > 0 & se \quad n = m \end{cases}$$

2. Qualquer polinômio de grau *n* pode ser escrito como uma combinação linear dos *n* primeiros polinômios ortogonais:

$$Q_n(x) = \sum_{i=1}^{n} w_i(x) P_i(x)$$

Assim, o polinômio $P_i(x)$ é dito ortogonal no intervalo [-1, 1] com respeito à função peso $w_i(x)$.

3. As raízes de $P_n(x)$ pertencem ao intervalo [-1, 1];
4. Os polinômios ortogonais sempre existem e são únicos.

A partir dessas propriedades mencionadas, podemos mostrar que a expressão 6.44 é exata para polinômios de grau (2n-1).

Por outro lado, como a expressão 6.43 é desejada exata, então é esperado que o número de termos *n* dependa do grau de f(x) ou de sua aproximação polinomial. Assumamos que o grau da aproximação de f(x) seja *m* e contínua em [a, b]. Pela teoria da interpolação, uma função pode ser aproximada por um polinômio de alto grau dentro de certos limites com uma determinada precisão.

O lado direito da expressão 6.43 contém *2n* constantes, isto é, nx_i e nw_i. Assim, podemos deduzir que a integral do polinômio é de grau (2n-1). Esse é um forte argumento para afirmar que a expressão é exata e que não existe nenhuma restrição no eixo das abscissas (por exemplo, que os x_i sejam igualmente espaçados) e nos w_i. Assim, se m = (2n-1) então, nenhuma das constantes x_i e w_i são arbitrárias e todas serão determinadas pelos requerimentos exigidos na precisão atribuída a respectiva fórmula da quadratura. Por outro lado, se m > (2n-1) ou (2n-1) > m então, os valores x_i e w_i são valores arbitrários e podem ser atribuídos por conveniência no processo ou por outras considerações.

Para certos intervalos especiais e funções peso, os polinômios ortogonais têm nomes especiais. Por exemplo, para [a, b] = [-1, 1] e $w(x)=1$ a fórmula é chamada de Gauss-Legendre; para [a, b] = [0, 1] e $w(x)=e^{-x}$ é chamada de Gauss-Legendre.

6.5.6 A Quadratura de Gauss-Legendre

A quadratura de Gauss-Legendre serve para achar a integral por métodos numéricos de uma função:

$$y=f(x) \qquad em \qquad -1\le x\le 1 \tag{6.49}$$

Para simplificar os cálculos, vamos fazer uma mudança no intervalo da expressão 6.43 ([a, b]) para [-1, 1]. A transformação é feita da seguinte forma:

Definamos *t* ε [a, b] de forma que $t=a+\dfrac{b-a}{2}(x+1)$

$$a\le a+\frac{b-a}{2}(x+1)\le b$$

$$2a \le 2a+(b-a)(x+1) \le 2b$$

$$0 \le (b-a)(x+1) \le 2(b-a)$$

$$0 \le (x+1) \le 2$$

$$-1 \le x \le 1$$

Como podemos observar, a definição adotada para *t* serve para os objetivos propostos na quadratura.

Logo, a integral (6.43) se transforma em:

$$I_G = \int_a^b f(t)\,dt = \int_{-1}^{1} \phi(x)\,dx \qquad (6.50)$$

Onde:

$$\phi(x) = \frac{(b-a)}{2} \cdot f\left[\frac{b-a}{2}x + \frac{(b+a)}{2}\right] \qquad (6.51)$$

Isto é:

$$I_G = \int_{-1}^{1} \phi(x)\,d(x) = \sum_{i=1}^{n} w_i\, f(x_i) + E(f,h) \qquad (6.52)$$

Onde:

n é o número de pontos considerados no cálculo da integral;

x_i são as raízes do polinômio $P_n(x)$;

$f(x_i)$ $P_n(x)\,Q_{n-1}(x)$.

A função erro pode ser avaliada pela seguinte fórmula:

$$E(f,n) = \frac{(b-a)^{2n-1}(n!)^4}{(2n+1)\left[(2n)!\right]^3} f^{2n}(\theta) \qquad -1 \le \theta \le 1 \qquad (6.53)$$

A integral que definimos (expressão 6.52) é representada como uma combinação linear de um conjunto de valores funcionais de forma semelhante, como foi realizado nas fórmulas de Newton-Cotes. Por exemplo, analisemos o caso para dois pontos (n = 2). A aplicação da regra dos trapézios no cálculo da integral de uma função, exige realizar duas avaliações nos pontos extremos do intervalo, considerando que a função é côncava para cima. Mas, se a função fosse côncava para baixo, o erro na aproximação é determinado pela região que se encontra entre a curva e o segmento de reta que une os extremos do intervalo (Figura 6.4).

Poderíamos determinar dois pontos (x_1 e x_2) dentro do intervalo [-1, 1] de maneira que o segmento $\overline{f(x_1)f(x_2)}$ atravesse a curva de tal forma que a área determinada abaixo da linha se aproxime da área abaixo da curva (Figura 6.4):

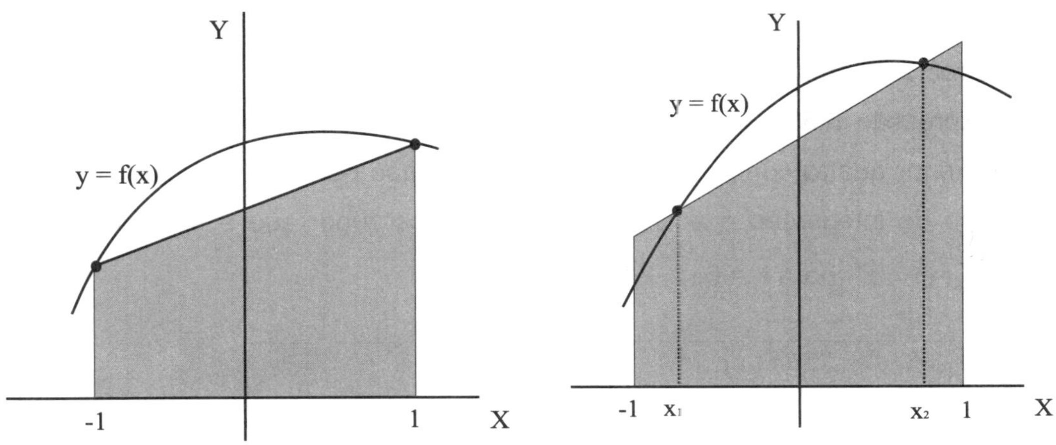

Figura 6.4: (a) Aproximação trapezoidal usando o intervalo [-1, 1]. (b) Aproximação trapezoidal usando as abscissas x_1 e x_2.

A equação do segmento de reta é:

$$y = f(x_1) + \frac{x - x_1}{x_2 - x_1}\left[f(x_2) - f(x_1)\right] \tag{6.54}$$

E a área do trapézio formado em [-1, 1] é:

$$A = \frac{2x_2}{x_2 - x_1} f(x_1) - \frac{2x_1}{x_2 - x_1} f(x_2) \tag{6.55}$$

Quando atribuímos valores à x_1 = -1 e x_2 = 1 a amplitude (h) é 2 e a expressão da área toma a forma de:

$$A = \frac{2}{2} f(x_1) - \frac{(-2)}{2} f(x_2) = f(x_1) + f(x_2) \tag{6.56}$$

Para encontrar as abscissas x_1 e x_2 e seus correspondentes pesos w_1 e w_2, usamos a fórmula do método dos coeficientes indeterminados (representada na expressão 6.52):

$$\int_{-1}^{1} \phi(x)\,dx \cong \sum_{i=1}^{n} w_i f(x_i) = w_1 f(x_1) + w_2 f(x_2) \tag{6.57}$$

A expressão 6.57 é exata para polinômios cúbicos, por exemplo: $a_3x^3 + a_2x^2 + a_1x + a_0$. Isto é, o erro de truncamento no processo de integração de um polinômio de grau menor ou igual a três é zero. Para outros polinômios de grau superior, pode-se esperar que o erro seja da forma representada pela expressão 6.53. Esta expressão apresenta quatro coeficientes a determinar. Logo, podemos selecionar quatro condições que sejam satisfeitas para achar esses valores. Por outro lado, o processo de integração é aditivo, então podemos supor que essa função é exata para a expressão $Q_{n-1}(x) = x^k$ para k = 0, 1, 2, ..., n-1:

K	$f(x)$	
0	1	$\int_{-1}^{1} 1\,dx = 2 = w_1 + w_2$
1	x	$\int_{-1}^{1} x\,dx = 0 = w_1x_1 + w_2x_2$
2	x^2	$\int_{-1}^{1} x^2\,dx = 2/3 = w_1x_1^2 + w_2x_2^2$
3	x^3	$\int_{-1}^{1} x^3\,dx = 0 = w_1x_1^3 + w_2x_2^3$

Resolvendo o sistema de equações não lineares, temos:

$$w_1 + w_2 = 2 \qquad [6.58]$$

$$w_1x_1 = -w_2x_2 \qquad [6.59]$$

$$w_1x_1^2 + w_2x_2^2 = 2/3 \qquad [6.60]$$

$$w_1 x_1^3 = -w_2 x_2^3 \qquad [6.61]$$

Dividimos a expressão 6.61 por 6.59:

$$x_1^2 = x_2^2 \qquad ou \qquad x_1 = -x_2 \qquad (6.62)$$

Usamos 6.62 em 6.59:

$$w_1 = w_2 \qquad (6.63)$$

Substituindo 6.63 em 6.58:

$$w_1 = w_2 = 1 \qquad (6.64)$$

Usando as expressões 6.64 e 6.62 em 6.60, obtemos:

$$w_1 x_1^2 + w_2 x_2^2 = x_2^2 + x_2^2 = 2/3 \qquad ou \qquad x_2 = 1/\sqrt{3} \qquad (6.65)$$

Finalmente, da expressão 6.65 e 6.62 podemos obter:

$$-x_1 = x_2 = 1/\sqrt{3} \qquad (6.66)$$

A expressão 6.57 tem a forma:

$$I_G = \int_{-1}^{1} \phi(x)\,dx = f(-1/\sqrt{3}) + f(1/\sqrt{3}) \qquad (6.67)$$

E representa a quadratura de Gauss-Legendre para dois pontos.

A aproximação da integral de f(x) pode ser escrita:

$$\int_{-1}^{1} \phi(x)\,dx \cong \sum_{i=1}^{n} w_i f(x_i) + E(f, h) \qquad (6.68)$$

Onde o erro de truncamento E(f, 2) tem a forma (segundo a expressão 6.53):

$$E(f, 2) = \frac{1}{135}\left(\frac{b-a}{2}\right)^5 f^4(\theta) \qquad -1 \le \theta \le 1 \qquad (6.69)$$

Exemplo 6.10: Use a fórmula desenvolvida para dois pontos pela Quadratura de Gauss-Legendre para aproximar:

$$\int_{-2}^{2} \frac{dx}{1+x^2}$$

E compare seus resultados com a regra do Trapézio e de Simpson para h = 1.

Solução: Apliquemos primeiro a regra dos Trapézios utilizando h = 1:

$$T(f,1) = \int_{-2}^{2} f(x)dx = \frac{h}{2}\left[f(-2) + 2f(-1) + 2f(0) + 2f(1) + f(2)\right]$$

$$T(f,1) = \frac{1}{2}\left[1/5 + 2(1/2) + 2(1) + 2(1/2) + 1/5\right]$$

$$T(f,1) = 2{,}2$$

Os seguintes resultados são obtidos pela aplicação da regra de Simpson para h = 1:

$$S(f,1) = \int_{-2}^{2} f(x)dx = \frac{h}{3}\left[f(-2) + 4f(-1) + 2f(0) + 4f(1) + f(2)\right]$$

$$S(f,1) = \frac{1}{3}\left[1/5 + 4(1/2) + 2(1) + 4(1/2) + 1/5\right]$$

$$S(f,1) = 2{,}13333$$

A integração da função pela regra de Gauss-Legendre com dois pontos requer a avaliação de:

$$I_G = w_1 f(t_1) + w_2 f(t_2)$$

Onde:

$$f(t) = \frac{b-a}{2} \cdot f\left[\frac{b-a}{2}x + \frac{b+a}{2}\right]$$

$$f(t) = 2f(2x)$$

$$f(x) = \frac{2}{1+4x^2}$$

Então temos:

$$I_G = \frac{2}{1+4(-0{,}57735)^2} + \frac{2}{1+4(0{,}57735)^2}$$

$$I_G = 1{,}71429$$

O valor real da integral é 2.21428. Assim, o erro de truncamento pela aplicação da regra dos Trapézios é 0,01428, pela regra de Simpson 0,08095 e pela quadratura de Gauss-Legendre 0.49999.

A partir desse simples exemplo, não podemos derivar fatos conclusivos à respeito da precisão dos métodos. Porém, na Tabela (6.7) repetimos os cálculos para vários tipos de amplitude e diferentes tipos de pontos para as fórmulas de Newton-Cotes e a quadratura de Gauss:

Regra Trapezoidal	H	I_T	Erro
	0,8	2,19505	0,01923
	0,5	2,20769	0,00659
	0,40 (n = 10)	2,21263	0,00423
	0,25	2,21263	0,00165
	0,1 (n = 40)	2,21403	0,00025
Regra de Simpson	**H**	I_S	**Erro**
	1	2,13333	0,08095
	0,5	2,21026	0,00402
	0,4 (n = 10)	2,21505	0,00077
	2/7 (n = 14)	2,21432	0,00004
Quadratura de Gauss	**Número de pontos**	I_G	**Erro**
	2	1,71428	0,50000
	3	2,43137	0,21709

4	2,13465	0,07963
5	2,24540	0,03112
6	2,20246	0,01182
7	2,21884	0,00456
8	2,21256	0,00172
9	2,21496	0,00068
10	2,21404	0,00024

Tabela 6.7: Resultados da aplicação das fórmulas de Integração para o Exemplo 6.10.

A Tabela 6.7 mostra as diferentes regras e a amplitude utilizada no cálculo da integral de uma função e seu respectivo erro. Os cálculos foram realizados utilizando um erro teórico de 0,001. Observamos que a fórmula dos Trapézios e de Simpson requerem de 40 e 14 pontos respectivamente para ter uma aproximação real do valor da integral. No entanto, a regra de Gauss-Legendre é considerada a mais eficiente porque somente precisa de 10 pontos.

A regra geral da quadratura de Gauss-Legendre para *n* pontos é exata para polinômios de grau menor ou igual a 2n-1 e a formula é a seguinte:

$$G(f,n) = w_{n,1}f(x_{n,1}) + w_{n,2}f(x_{n,2}) + ... + w_{n,n}f(x_{n,n}) \qquad (6.70)$$

As abscissas $x_{n,k}$ e os pontos $w_{n,k}$ (para k = 1, 2, ..., n) estão tabulados na Tabela 6.7. Nessa tabela se inclui a forma do erro de truncamento E(f, h) que corresponde a G(f, n) e pode ser utilizada para determinar a precisão da fórmula de integração de Gauss-Legendre.

Em geral, os valores da Tabela 6.7 não são fáceis de determinar. Por isso, o método não é muito utilizado na prática, principalmente quando os cálculos são realizados numa calculadora. Os pontos (x_i) representam as raízes do polinômio de Legendre e seus correspondentes pesos podem ser obtidos resolvendo um sistema de equações. Por exemplo, a continuação mostramos uma série de cálculos para encontrar o polinômio de Legendre e suas raízes para, posteriormente, achar os valores pesos (w_i) e assim, poder representar a regra de Gauss-Legendre para três pontos.

Os coeficientes do polinômio podem ser determinados da seguinte forma:

$$w(x) = 1 \text{ e } Q(x) = x^K \quad para \quad K = 0, 1, 2, \ldots, n-1$$

A expressão 6.49 seria:

$$\int_{-1}^{1} (a_0 + a_1 x + a_2 x^2 + \ldots + x^n)\, x^K dx = 0 \qquad\qquad K = 0, 1, 2, \ldots, n-1$$

$$a_0 \int_{-1}^{1} x^K dx + a_1 \int_{-1}^{1} x^{K+1} dx + \ldots + a_{n-1} \int_{-1}^{1} x^{K+n-1} dx + \int_{-1}^{1} x^{n+K} dx = 0$$

Para k = 0:

$$a_0 c_0 + a_1 c_1 + \ldots + a_{n-1} c_{n-1} + c_n = 0$$

Para k = 1:

$$a_0 c_1 + a_1 c_2 + \ldots + a_{n-1} c_n + c_{n+1} = 0$$

...

Para k = n-1:

$$a_0 c_{n-1} + a_1 c_n + a_2 c_{n+1} + \ldots + a_{n-1} c_{2n-2} + c_{2n-1} = 0$$

O sistema formado é linear, não singular e com solução única.

Para encontrar o polinômio de Legendre de terceiro grau (n = 3) e suas raízes, temos:

$$a_0 c_{n-1} + a_1 c_n + a_2 c_{n+1} + \ldots + a_{n-1} c_{2n-2} + c_{2n-1} = 0$$

O sistema linear é formado considerando diferentes valores para k = 0, 1, 2:

$$a_0 c_0 + a_1 c_1 + a_2 c_2 + c_3 = 0$$

$$a_0 c_1 + a_1 c_2 + a_2 c_3 + c_4 = 0$$

$$a_0 c_2 + a_1 c_3 + a_2 c_4 + c_5 = 0$$

Os valores das integrais para c_i (i = 0, 1, 2, 3, 4 e 5) são:

$$C_0 = \int_{-1}^{1} x^0 dx = 2 \quad ; \qquad C_1 = \int_{-1}^{1} x\, dx = 0 \quad ; \qquad C_2 = \int_{-1}^{1} x^2 dx = 2/3 \quad ;$$

$$C_3 = 0\,; \qquad C_4 = 2/5; \qquad C_5 = 0\,;$$

Logo:

$$2a_0 + 0a_1 + \frac{2a_2}{3} = 0$$

$$0a_0 + \frac{2a_1}{3} + 0a_2 = -2/3$$

$$\frac{2a_0}{3} + 2a_1 + \frac{2a_2}{5} = 0$$

A solução do sistema de equações apresenta os seguintes resultados:

$$\begin{cases} a_0 = 0. \\ a_1 = -3/5. \\ a_2 = 0. \end{cases}$$

Logo, o polinômio interpolador de terceiro grau formado é:

$$P_3(x) = x^3 - \frac{3x}{5}$$

E o valor de cada raiz é:

$$\begin{cases} x_0 = -\sqrt{3/5}. \\ x_1 = 0. \\ x_2 = \sqrt{3/5}. \end{cases}$$

Para obter os coeficientes pesos (w_k) das fórmulas Gaussianas, procedemos a fórmula de Gauss para três pontos :

$$I_G = \int_{-1}^{1} x^K dx = \sum_{k=1}^{3} w_k\, f(x_k)$$

Para n = 3:

$$I_G = w_1 f(x_1) + w_2 f(x_2) + w_3 f(x_3)$$

Para k = 1:

$$I_G = \int_{-1}^{1} x^0 dx = 2 = w_1 x_1^0 + w_2 x_2^0 + w_3 x_3^0$$

Para k = 2:

$$I_G = \int_{-1}^{1} x\, dx = 0 = w_1 x_1 + w_2 x_2 + w_3 x_3$$

Para k = 3:

$$I_G = \int_{-1}^{1} x^2 dx = 2/3 = w_1 x_1^2 + w_2 x_2^2 + w_3 x_3^2$$

Formando um sistema de equações não lineares, o sistema tem por solução:

$$w_1 = w_3 = 5/9.$$
$$w_2 = 8/9.$$

Logo a integral é:

$$I_G = \int_{-1}^{1} f(x)dx = 5/9 f\left(-\sqrt{3/5}\right) + 8/9 f(0) + 5/9 f\left(\sqrt{3/5}\right)$$

A Tabela 6.8 mostra os valores de x_i *e* w_i até que *n* toma o valor de oito pontos:

n	*i*	x_i	w_i	*Válido para grau*
1	0	0	2	
2	1 ; 0	± 0,57735027	1	3
3	0 ; 1	± 0,77459667	5/9 = 0,55555556	
	2	0	8/9 = 0,88888889	5
4	0 ; 1	± 0,86113631	0,34785484	7
	2 ; 3	± 0,33998104	0,65214516	

5	0 ; 1	± 0,90617985	0,23692688	9
	2 ; 3	± 0,53846931	0,47862868	
	4	0	0,56888889	
6	0 ; 1	± 0,93246951	0,17132450	11
	2 ; 3	± 0,66120939	0,36076158	
	4 ; 5	± 0,23861919	0,46791394	
7	0 ; 1	± 0,94910791	0,12948496	13
	2; 3	± 0,74153119	0,27970540	
	4 ; 5	± 0,40584515	0,38183006	
	6	0	0,41795918	
8	0 ; 1	± 0,96028986	0,10122854	15
	2 ; 3	± 0,79666648	0,22238104	
	4 ; 5	± 0,52553242	0,31370664	
	6 ; 7	± 0,18343464	0,36268378	

Tabela 6.8: Abscissas e pesos na fórmula de quadratura de Gauss-Legendre.

6.6 Exercícios e Aplicações

Para Diferenciação numérica:

1. Considere $f(x) = x^2 - x + 1$

(a) Calcule pelo método de Lagrange a aproximação de $f'(0{,}4)$ com h = 0,1, h = 0,01. Trabalhe com cinco casas decimais;

(b) Compare o resultado do item (a) com o valor $f'(0{,}75) = \cos(0{,}75)$;

(c) Calcule o limite para o erro de truncamento. Use a fórmula abaixo para todos os casos:

$$|f'''(c)| \leq \cos(0,7) \approx 0,764842187$$

2. Considere a expressão $f(x) = \ln x + x^2$:

(a) Calcule a aproximação pelo método de Gregory-Newton de $f'(2,5)$ com h = 0,1, h = 0,01. Trabalhe com cinco casas decimais;

(b) Calcule o limite para o erro de truncamento. Use a fórmula abaixo para todos os casos:

$$|f'''(c)| \leq \ln(2,5) + 2,5^2 \approx 7,166290732$$

3. Considere a expressão $f(x) = \dfrac{3x^2 + 5x - 1}{\ln x + x^2}$:

(c) Calcule a aproximação por um método de derivação de $f''(2,5)$ com h = 0,1 e h = 0,01. Trabalhe com cinco casas decimais;

(d) Determine o intervalo do erro de truncamento no ponto x = 2,5.

4. Encontrar a equação da reta tangente à curva $y = \dfrac{3x+1}{4x-4}$ no ponto de abscissa x = -1:

5. Encontrar as equações das retas tangentes à curva $y = \dfrac{5x+7}{2x+2}$ que sejam paralelas à reta $y = x$:

6. No instante t = 0, um corpo inicia um movimento em linha horizontal. Sua posição no instante *t* é dada por $S(t) = \dfrac{6x-1}{x^2+1}$:

(a) A velocidade do corpo no intervalo t = 3;

(b) A aceleração no instante t = 3;

(c) Determine o intervalo do erro de truncamento nesse ponto.

7 Uma peça de carne foi colocada num freezer no instante t = 1. Após *t* horas, sua temperatura, em graus centígrados, é dada por:

$$T(t) = 25 - 15t + \frac{3}{1+2x^2}, \qquad t\varepsilon[1, 5]$$

Calcule a velocidade de redução de sua temperatura após 2 horas.

8. As taxas de vendas, em número por mês de um dispositivo antifurto de carro são dadas na tabela seguinte.

x_i	1	2	3	4	5	6
$f(x_i)$	145	358	457	620	550	485

(a) Quando é atingido o ponto de retornos em queda?

(b) Quais são as vendas totais nesse ponto?

9. Duas indústrias A e B necessitam de água potável. A Figura 6.5 esquematiza a posição das indústrias, bem como a posição de um encanamento retilíneo *l*, já existente. Em que ponto do encanamento deve ser instalado um reservatório de modo que a metragem de cano a ser construída seja mínima?

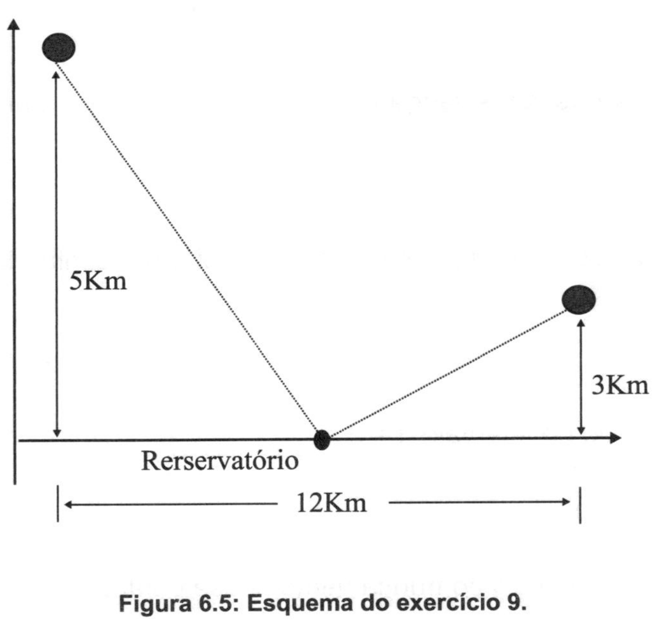

Figura 6.5: Esquema do exercício 9.

10. Uma fábrica produz *x* milhares de unidades mensais de um determinado artigo. Se o custo de produção é dado por $C(q) = 2q^3 + 7q^2 + 19q + 58$ e o valor obtido na venda é dado por $V(q) = 58q - 13q^2$, determinar o número ótimo de unidades que maximiza o lucro *L* = *V* – *C:*

11. Se o tempo *t* em horas e a concentração C é em ng/ml, a curva de concentração para uma certa droga é dada por:

$$C(t) = 13{,}7te^{-0{,}05t}$$

(a) Quantas horas são necessárias para que a droga atinja seu pico de contração? Qual é a concentração nesse tempo?

(b) Se a concentração eficaz mínima é 13 ng/ml, durante qual período de tempo a droga é eficaz?

Para a regra dos Trapézios

Nos exercícios 12 à 14, aplique a regra dos Trapézios com n = 1, 2, 3 e 4 para obter uma aproximação da área da região. Compare seus resultados com a área exata obtida com uma integral definida:

12. $f(x) = -3{,}5x + 2, \quad [1,$

13. $f(x) = x^3 + 2, \quad [2, 3]$

14. $f(x) = 1 - 2x + x^3, \quad [1,$

15. Delimite o erro que se comete ao calcular:

$$\int_0^1 \sqrt{x}\sqrt{1-x}\, dx$$

Pela fórmula dos Trapézios com h = 0,1.

Nos exercícios 16 e 18, calculae:

(16) $\int_0^1 \sqrt{1-x^2}\, dx$ (17) $\int_0^2 \frac{1}{\sqrt{1+x^3}}\, dx$ (18) $\int_0^2 (1+x^3)\, dx$

Utilizando a regra dos Trapézios com um erro de 1/2500 e a fórmula dos Trapézios. Qual deve ser o passo escolhido?

Nos problemas 19 e 20, encontre o volume do sólido de revolução formado pela rotação da região R em torno do eixo *x*.

19. R é a região sob a curva $y = x^2 + 1$ de *x* = -1 até *x* = 2:

20. R é a região sob a curva $y = \dfrac{1}{2x^2 + 1}$ de *x* = 1 até *x* = 4:

21. Em uma certa comunidade, a fração de casas postas à venda que permanecem não vendidas por pelo menos *t* semanas é de aproximadamente $f(t) = 2xe^{-0,4t}$. Se 250 casas estão atualmente à venda e se as adicionais são colocadas à venda a uma taxa de 8 por semana, aproximadamente quantas casas estarão à venda daqui a 10 semanas?

22. Suponha que o tempo *x* (em minutos) entre as chegadas sucessivas de automóveis em um pedágio seja medida por uma variável aleatória *X* que tem distribuição exponencial com função de densidade:

$$f(x) = \begin{cases} 0{,}6\, e^{-0{,}6x} & se\ x \geq 0 \\ 0 & se\ x < 0 \end{cases}$$

(a) Encontre a probabilidade de que um par de automóveis sucessivos selecionados ao acaso chegará no pedágio com pelo menos 6 minutos de diferença;

(b) Encontre o intervalo de tempo médio entre as chegadas sucessivas de automóveis no pedágio.

23. Um objeto parte da origem, movendo-se ao longo do eixo *y* positivo (ver Figura 6.6). No mesmo instante, um perseguidor parte do ponto (1, 0), dirigindo-se sempre para o objeto. Se a velocidade do perseguidor é o dobro do objeto, a equação da trajetória do perseguidor é:

$$f(x) = \frac{1}{3}(x^{3/2} - 2{,}5x^{0,5} + 3)$$

Ache a distância percorrida pelo perseguidor, integrando no intervalo [0, 1]:

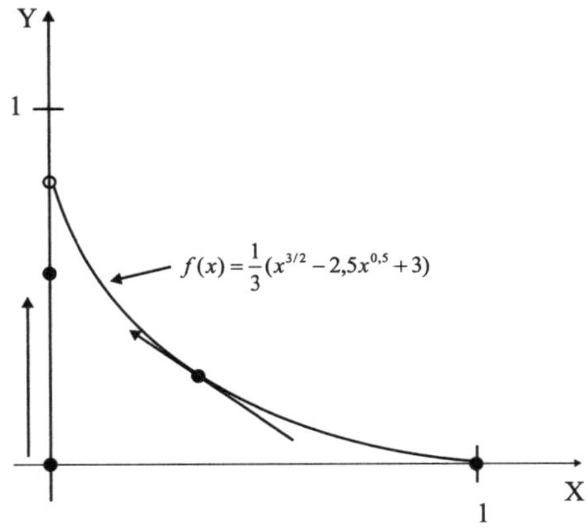

Figura 6.6

24. Um corpo assimila um comprimido para resfriado com efeito em 10 horas, à uma taxa cujo modelo, é:

$$\frac{dC}{dt}=13-\ln(t^2-3{,}5t+3), \qquad t\ \varepsilon\,[0,10]$$

Onde dC/dt é dada em gramas por hora e *t* é o tempo (em horas). Ache a quantidade total de remédio absorvida pelo corpo durante as 12 horas.

Para a Integração Romberg

25. Utilize os exercícios 7 à 11 e aplique o método de Romberg para obter a área do sub a curva:

26. [Teorema sobre a precisão da integração de Romberg]. Se *f(x)* é um polinômio de grau *M* e *N* é um inteiro que satisfaz $M \le 2N+1$, então:

$$\int_a^b f(x)dx = R(N,N)$$

Aplique o teorema descrito e mostre que:

$$\int_a^b 10x^9dx = 1{,}024 = R(4,4)$$

27. No exercício seguinte, complete a tabela de integração de Romberg para aproximar a integral dada:

$$\int_{-2}^{2} 7x^6 dx = 256$$

j	*R(j, 0)* *Regra dos Trapézios*	*R(j, 1) Regra de Simpson.*	*R(j, 2) regra de Boole.*	*R(j, 3) terceiro melhoramento.*
0	1792,00000			
1	896,00000	....		
2	462,00000	....	....	
3	310,84375	....	....	....

28. A integração de Romberg pode ser usada para avaliar a seguinte integral imprópria se o valor da função integrando é definida *f(0) = 1:*

$$\int_{0}^{1} \frac{sin(x)}{x} dx \approx 0{,}9460831$$

j	*R(j, 0) Regra dos Trapézios*	*R(j, 1) Regra de Simpson.*	*R(j, 2) regra de Boole.*	*R(j, 3) terceiro melhoramento.*
0	0,9207355			
1	0,9397933	....		
2	0,9445135	....	....	
3	0,9456909	....	....	....

29. Algumas integrais são usadas para definir funções matemáticas especiais. A função de Bessel de ordem zero $J_0(x)$ satisfaz:

$$J(x) = \pi^{-1} \int_{0}^{\pi} \cos[X\ sin(t)]\ dt$$

A seguinte tabela de Romberg é usada para encontrar $J_0(0{,}6)$ = 0,9120049:

j	*R(j, 0) Regra dos Trapézios*	*R(j, 1) Regra de Simpson.*	*R(j, 2) regra de Boole.*	*R(j, 3) terceiro melhoramento.*
0	1,0000000			
1	0,9126678	....		
2	0,9120049	....	....	
3	0,9120049	....	....	....

Para a integração de Simpson

Nos exercícios 30 e 31, utilize a regra de Simpson para aproximar a integral:

(30) $\int_1^5 x\sqrt{x+3}$ (31) $\int_1^3 x^3\sqrt{x+1}$

32. Prove que a regra de Simpson é exata quando utilizada para aproximar a integral de uma função polinomial cúbica e demonstre o resultado para:

$$f(x) = \int_0^2 (x^3 + x - 1)\,dx, \text{ n = 4.}$$

33. Quantos pontos são necessários para calcular com uma precisão de 0,001 pela regra dos Trapézios e quantos pela regra de Simpson, a integral $\int_0^1 e^x sin(3x)\,dx$? Calcule em ambos os métodos com seis pontos equidistantes e compare com o valor exato.

34. A concentração *M* (em gramas por litro) de um antialérgico de 8 horas em um corpo admite o modelo:

$$M = 15 - 4\ln(t^3 - 2t + 6), \qquad 0 \le t \le 8$$

Onde *t* é o tempo em horas decorrido desde o momento em que o remédio foi tomado. Ache o nível de concentração no corpo durante o período de 8 horas.

35. A taxa de variação S de assinantes de uma revista recém-lançada tem como modelo:

$$\frac{dS}{st} = 15000t^2 e^{-2t} \qquad 0 \le t \le 6$$

Onde *t* é o tempo em anos. Ache o aumento total no número de assinantes durante os primeiros 5 anos.

36. Um clínica de saúde mental acabou de ser inaugurada. A clínica inicialmente aceita 300 pessoas para tratamento e planeja aceitar novos pacientes à uma taxa de 10 por mês. Chame de *f(t)* a fração de pessoas que recebem tratamento continuamente por pelo menos *t* dias. Durante os primeiros 60 dias, faz-se uma monitoração e os seguintes valores de *f(t)* são obtidos:

x_i	0	10	15	20	25	30	35	40	45	50
$f(x_i)$	1	3/4	3/5	1/2	1/3	3/10	1/5	1/6	1/7	1/9

Supondo que os resultados deste período de 60 dias sejam típicos, quantos pacientes adicionais à clínica deve esperar receber a cada mês?

37. Use a regra de Simpson com n = 12 subintervalos para estimar:

$$\int_{1}^{3} \frac{1}{\sqrt{2\pi}} e^{-x^2/2} dx$$

Note que o integrando é uma função de densidade de probabilidade. Que probabilidade esta integral representa?

38. Um fabricante de automóveis anuncia que seus novos carros mantêm uma média de 35 milhas por galão de consumo no trânsito urbano. Suponha que a propaganda do fabricante seja verdadeira e que as distâncias percorridas por galão tenham uma distribuição normal com desvio-padrão de 4 milhas por galão.

(a) Monte uma integral para a probabilidade de que um carro selecionado ao acaso fará menos de 25 milhas por galão;

(b) Estime o valor da integral do item (a), usando a regra de Simpson. Escolha um número de subintervalos suficientes para garantir uma precisão de quatro casas decimais.

Para a integração de Poncelet

Nos problemas 39 à 42, aproxime a integral dada e estime o erro de truncamento com o número especificado de subintervalos:

(39) $\int_{-2}^{3} \frac{1}{x^2+1} dx$, n = 8 (40) $\int^{2} \frac{e^x}{x} dx$, n = 12

(41) $\int^{3} \sqrt{3x-2}\, dx$, n = 6 (42) $\int^{4} \sqrt{x}\, dx$, n = 10

43. Encontre o melhor estimado da integral da função $f(x) = 3\sqrt{x} + \frac{1}{x+1}$ em x ε [1, 3]. Considere n = 11:

44. Use a regra de Simpson e a de Poncelet para aproximar a área da superfície de um sólido obtido por rotação de $y = sin(x)$, x ε [0, 4/5] ao redor do eixo das abscissas:

(*Observe que a função sin(x) deve ser avaliada com x em radianos).*

(a) Use n = 6;

(b) Use n = 8.

45. Considere a integral seguinte, sugerida por Scarborough:

$$\int^{1} \frac{x^7 \sqrt{1-x^2}\, dx}{(2-x)^{13/2}}$$

Escreva um programa de computador para avaliar a integral utilizando a regra de Poncelet e prepare de forma que tenha como dados de entrada a amplitude do intervalo (*h*). Execute o programa para *h* = 0,30, depois com *h* = 0,10 e 0,020. Explique os resultados conforme *h* decresce.

Para a Quadratura de Gauss.

Use um método adequado da Quadratura de Gauss para aproximar as seguintes integrais com fórmulas exatas para $P_3(x)$ e logo em $P_4(x)$:

(46) $\int_{-2}^{3} \frac{1}{(x^2+1)^2}\,dx$ (47) $\int_{0}^{1} \frac{x^2}{\sqrt{x(1-x)}}\,dx$

(48) $\int_{-1}^{0} \sqrt{x^2+1}\,dx$ (49) $\int_{0}^{3} \sqrt{(1-x^2)}\,dx$

50. Use a quadratura de Gauss para estimar a área delimitada pela curva $y=\sqrt{x^3+1}$, pelo eixo x e pelas retas $x = 0$ e $x = 1$. Utilize n = 3, 4:

51. Uma padaria faz biscoitos de chocolate a cada 50 minutos. Você chega (ao acaso) na padaria, esperando comprar um biscoito fresco. Use uma função de densidade de probabilidade uniforme adequada para descobrir que você chegue entre 5 minutos antes e 5 minutos após a hora exata em que uma leva de biscoitos sai do forno:

52. Uma pedra de granizo, com massa de $4{,}8x10^{-4}$ Kg e raio de 0,5 cm, cai na atmosfera e sofre uma força resultante pela seguinte expressão:

$$m\frac{dv}{dt} = mg - kv^2$$

Onde $k = C\rho A/2$, $\rho = 1{,}29$ Kg/m^3 e C = 0,5. a) Qual é a velocidade terminal do granizo? b) Usar um método de integração numérica, a fim de achar a velocidade e a posição do granizo em intervalos de 1 seg, tomando $v_0 = 0$. Fazer os cálculos até chegar à velocidade terminal.

53. Uma partícula de 0,178 Kg se move sobre o eixo dos X de x = 12,8 m até x = 23,7 m, sob a influência de uma força dada por:

$$F = \frac{375}{x^3 + 3{,}75x}$$

Onde F está em Newton e x em metros. Usar um método de integração numérica para estimar o trabalho total efetuado por essa força durante o deslocamento. Os cálculos devem ter uma exatidão de pelo menos 2%.

54. Uma partícula move-se com aceleração variável. A velocidade é medida a cada 0,55 s de intervalo. Os dados são mostrados na Tabela seguinte. (a) Determinar a aceleração média em cada intervalo. (b) Usar um procedimento de integração numérica para determinar a posição da partícula no final de cada intervalo de tempo. Admitir que a posição inicial da partícula seja zero:

$t(s)$	0	0,5	1,0	1,5	2,0	2,5	3,0	3,5	4,0	4,5	5,0
$v(m/s)$	0	1	3	4,5	7	9,5	10,5	12	14	15	17,5

55. Uma partícula que se move sobre o eixo dos X, sofre uma aceleração dada por $a = \sqrt{3+t^3}$ m/s^2. Usar um método de integração numérica para achar a posição e a velocidade da partícula em t =5,7 s, com exatidão de 1%:

7

Equações diferenciais ordinárias

7.1 Introdução

As equações lineares de primeira ordem têm uma importância decisiva no estudo das equações diferenciáveis, por três motivos. O primeiro é de terem uma excelente estrutura teórica subjacente a outros métodos sistemáticos de solução de problemas. A fim de apresentar as idéias fundamentais no contexto mais simples possível, vamos discutir neste capítulo alguns métodos numéricos elementares para determinar uma aproximação de sua solução. Segundo, elas são essenciais para qualquer estudo sério das áreas clássicas da física, matemática e engenharia. Não se pode avançar muito no desenvolvimento das ciências físicas, biológicas e sociais sem encontrar a necessidade de pesquisar métodos alternativos ou aproximativos na solução de problemas matemáticos complexos. Finalmente, em um grande número de aplicações práticas, algumas funções de uma equação diferencial são não lineares ou estão representadas sob a forma de um conjunto de valores tabulados (produto de um experimento), o que elimina a possibilidade de obter uma solução clássica.

7.2 Equações diferenciáveis ordinárias

Problemas que envolvem a taxa de variação em relação à outra, são modelados por meio de uma equação diferencial ou de uma equação de diferenças, ou seja, uma solução da equação:

$$\frac{dy}{dt} f(t,y) \qquad (7.1)$$

Sujeita à condição inicial:

$$y(t_0) = y_0 \qquad (7.2)$$

Técnicas básicas nos conduzem a uma solução clássica da forma:

$$y = ce^{rt}$$

Onde *c* e *r* são constantes arbitrárias. O comportamento geral da solução depende principalmente do sinal do parâmetro *r*. Nesse contexto, para diferentes valores de *c*, uma família de curvas é formada (Figura 7.1), de maneira que todas satisfaçam a equação diferencial (expressão 7.1). Isto é, o valor da função em cada ponto da curva é igual ao valor de sua derivada:

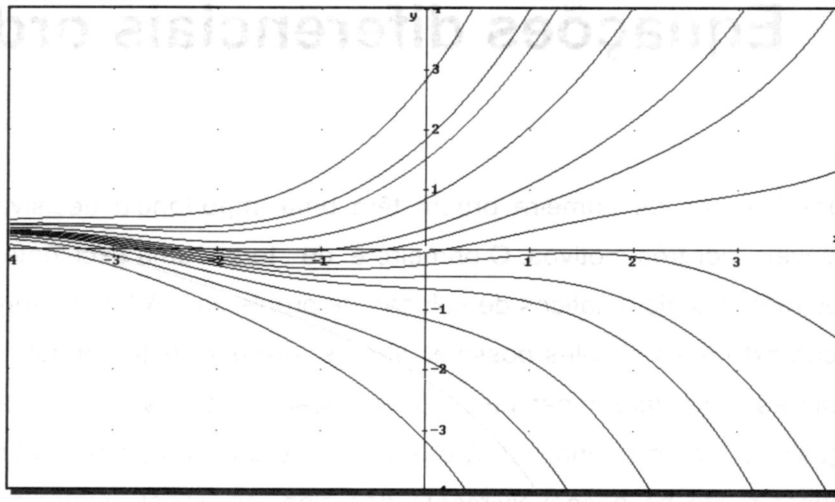

Figura 7.1: Campo de direções e soluções da equação $3y' - 2y = \cos t$ em y(0) = 1.

Um procedimento numérico na solução de um determinado problema de valor inicial, é um algoritmo utilizado para calcular os valores aproximados do conjunto solução $\phi = [\phi_i]_{i=0}^{n}$ num conjunto de pontos $T = [t_i]_{i=0}^{n}$.

Pela teoria das equações diferenciáveis, existe uma única solução $y = \phi(t)$ para um determinado problema num certo intervalo em torno de t_0. Por outro lado, os $y_0, y_1, y_2,...y_n$ obtidos num conjunto de pontos $t_0 < t_1 < t_2 < ..... < t_n$, na resolução de um determinado problema pela aplicação de um procedimento numérico, são valores aproximados de ϕ. Em toda nossa discussão, usaremos um espaçamento uniforme (*h*) sobre o eixo dos T. Assim, $t_1 = t_0 + h$, $t_2 = t_0 + 2h$, em geral $t_n = t_0 + nh$.

A seguir, explicamos o que é a solução das equações (7.1 e 7.2) e o que entendemos por solução numérica. A equação (7.1) pode ser compreendida como a representação de uma curva num plano cartesiano T-Y, na qual cada ponto da curva determina a derivada da função de *t* e *y*. Em geral, existe uma família de curvas que satisfazem (7.1) e a equação (7.2) especifica uma curva particular que passa por um ponto específico.

A solução numérica de uma equação diferencial considera a função da equação e seu ponto inicial (t_0). O traçado de tangentes esquemáticas sobre a curva e a determinação das diferentes curvas y_i permitem uma aproximação à curva solução. Esse método é conhecido como Euler.

7.3 Método de Euler

Este método é conhecido como da tangente e consiste em aproximar uma curva mediante uma sequência de linhas retas. Como t_0 e y_0 são conhecidos, então o coeficiente angular da reta tangente à curva solução em $t = t_0$, ou seja, $\phi(t_0) = f(t_0, y_0)$ também é conhecida. Assim, podemos encontrar um valor aproximado y_1 de $\phi(t_1)$ ao avançar uma pequena distância (*h*) ao longo da reta tangente correspondente, isto é, de t_0 a t_1 (Figura 7.2) e a partir da pendente da tangente, obtida da equação diferencial obtemos um novo valor de y_1:

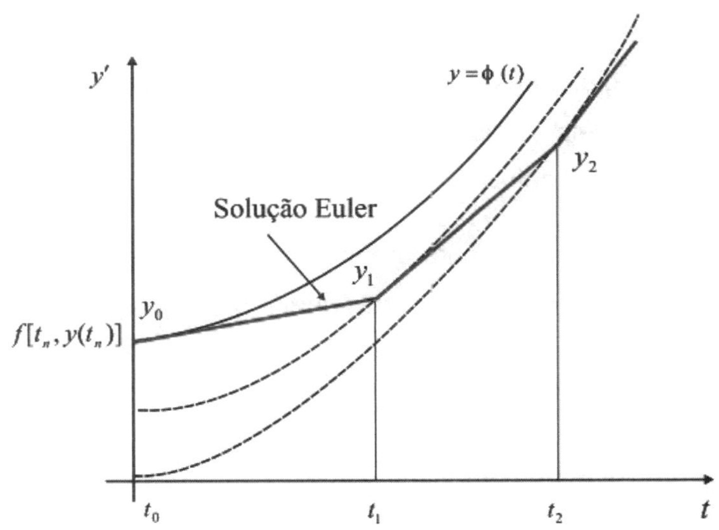

Figura 7.2: Método das aproximações de Euler.

$$y_1 = y_0 + \phi(t_0)(t_1 - t_0)$$

$$y_1 = y_0 + f(t_0, y_0)(t_1 - t_0)$$

A partir de y_1 podemos calcular $y_1 = f(t_1, y_1)$ e utilizar este coeficiente angular para uma nova aproximação ao deslocarmos de t_1 até t_2. Assim:

$$y_2 = y_1 + \phi(t_1)(t_2 - t_1)$$

$$y_2 = y_1 + f(t_1, y_1)(t_2 - t_1)$$

Procedendo dessa forma, vamos obter uma sequência de linhas retas curtas e em cada passo determinamos aproximadamente o coeficiente angular do passo seguinte. Em geral, $y_1 \neq \phi(t_1)$, de igual forma, $f(t_1, y_1)$ é diferente de $f[t_1, \phi(t_1)]$, que é o coeficiente angular da solução em t_1. A expressão de aproximação de Euler é:

$$y_{n+1} = y_n + f(t_n, y_n)(t_{n+1} - t_n) \tag{7.3}$$

Como já supomos que o espaçamento entre os pontos é uniforme, então a expressão tem a seguinte forma:

$$y_{n+1} = y_n + h\, f(t_n, y_n) \tag{7.4}$$

A Figura (7.2) mostra que a aproximação de uma curva é realizada por uma sequência de linhas retas. Essa metodologia, apesar de realizar-se em segmentos de reta curtos, poderá conduzir a erros consideráveis, pois a sequência de retas tangentes pode desviar-se consideravelmente da curva verdadeira.

Exemplo 7.1: Utilize o método de Euler com um incremento de h = 0.1, para determinar um valor aproximado da solução $y = \phi(t)$ em t = 2 para o seguinte problema de valor inicial:

$2y' + y = t - 1$ em $y(0) = 1$.

Solução: A equação diferencial pode ser escrita como:

$$y' + \left(\frac{1}{2}\right)y = \left(\frac{t-1}{2}\right)$$

Então para t = 0 e y = 1, temos:

$$y_0' = f(t_0, y_0) = f(0,1) = -1$$

Logo:

$$y_1 = y_0 + h\, f(0,1)$$

$$y_1 = 1 + (0{,}1)(-1) = 0{,}90$$

Na etapa seguinte, t_1 = 0,1:

$$y_2 = y_1 + h\,f(t_1, y_1)$$

$$y_2 = 0{,}90 + (0{,}1)\,f(0{,}1; 0{,}90) = 0{,}81$$

Na última etapa, $t_2 = t_1 + 1$, ou t_2 = 0,2:

$$y_3 = y_2 + h\,f(t_2, y_2)$$

$$y_3 = 0{,}81 + (0{,}1)\,f(0{,}2; 0{,}81) = 0{,}7295$$

Facilmente pode verificar-se que a solução da equação diferencial dada é:

$$y = 4e^{(-t/2)} + t - 3 \qquad (7.5)$$

A curva da equação diferencial é mostrada na Figura (7.3) pela curva mais grossa:

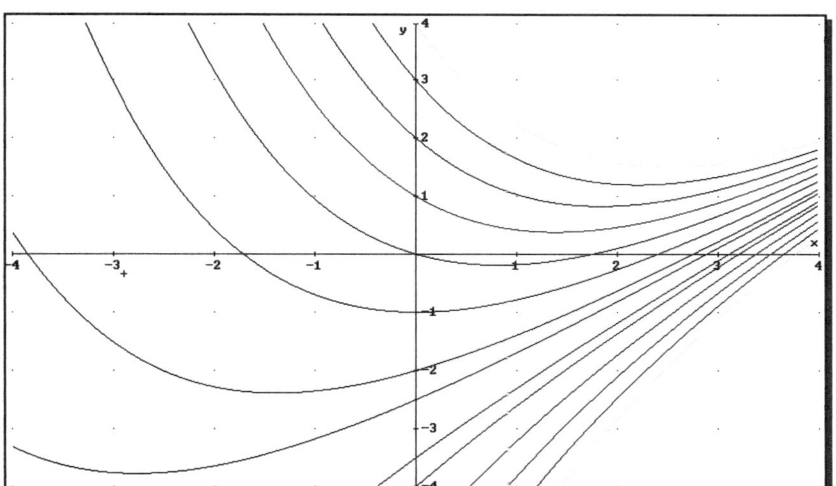

Figura 7.3: Campo de soluções da equação diferencial $y' - 0{,}5y = 0{,}5(t-1)$ **em y(0) = 1.**

A Figura (7.3) mostra a curva solução pelo método de Euler. A solução encontrada é comparada com o valor exato de $\phi(0{,}2)$ da equação (7.5), que é $\phi(0{,}2) = 0{,}819349$. O erro de truncamento é aproximadamente 0,819349 – 0,7295 = 0,089849.

Um melhor resultado poderá ser obtido se o incremento (h) for menor. Assim, para h = 0,1 e com dois passos para chegar até t = 0,2, obtemos o valor estimado 0,81000 para $\phi(0{,}2)$, com um percentual de 0,9349%. A Tabela (7.1) mostra os resultados obtidos quando as variáveis t e h assumem diferentes valores. A última coluna apresenta os valores correspondentes de $\phi(t)$ com cinco casas decimais significativos:

T	h = 0,1	h = 0,05	h = 0,025	h = 0,0125	Solução Exata
0,1	0,90000	0,90250	0,90372	0,90432	0,90492
0,2	0,81000	0,81475	0,81707	0,81821	0,81935
0,3	0,72950	0,73627	0,73958	0,74121	0,74283
0,4	0,65802	0,66661	0,67080	0,67287	0,67492
0,5	0,59512	0,60532	0,61030	0,61276	0,61520
0,6	0,54037	0,55199	0,55768	0,56048	0,56327
0,7	0,49335	0,50624	0,51254	0,51566	0,51875
0,8	0,45368	0,46768	0,47453	0,47792	0,48128
0,9	0,42100	0,43596	0,44329	0,44691	0,45051
1,0	0,39495	0,41075	0,41849	0,42232	0,42612

Tabela 7.1: Resultados da aplicação do método de Euler, com diferentes incrementos (*h*), na solução numérica de $y' - 0{,}5y = 0{,}5(t-1)$ em y(0) = 1.

Para fazer os cálculos da Tabela (7.1) mais exatos, duas alternativas podem ser formuladas. Primeiro, reduzir o valor da amplitude (*h*) para valores bem menores, o que traria um maior esforço computacional e um incremento nas iterações no intervalo de avaliação e segundo, deduzir uma outra fórmula mais exata que possa substituir a equação (7.4) por sua exatidão. Em termos científicos, a segunda alternativa é mais viável, pois outros métodos com maior precisão que o método de Euler podem ser incorporados na solução deste tipo de problemas.

O Algoritmo (7.1), descreve um conjunto de procedimentos de solução para o método de Euler com o objetivo de mostrar o comportamento das soluções de uma equação diferencial. As instruções podem ser codificadas e listadas na tela do computador e posteriormente impressas. A instrução *Fx(T1, Y1)* representa a função da equação diferencial.

Algoritmo para o método de Euler.

1. Definir a equação diferencial – *f(t, y);*
2. Entrada. Atribuir valores a T1, Y1, H, Número de passos (N);
3. Para K = 1 até N, faça:

    K = Fx(T1, Y1)

    Y = Y1 + H1 * K

    Y1 = YS

    TS = T1 + H1

    T1 = TS

4. Saída (T1, Y1);
5. Fim.

Algoritmo 7.1: Procedimento de solução para o método de Euler.

7.4 O desenvolvimento pela série de Taylor

Seja uma equação diferencial (7.1), ordinária de primeira ordem e com um valor inicial (expressão 7.2). Uma condição da derivada da equação (7.1) é:

$$f(t_0, y_0) = \frac{y(t_1) - y(t_0)}{h}$$

Para qualquer ponto n, a aproximação é:

$$f(t_n, y(t_n) \cong \frac{y(t_{n+1}) - y(t_n)}{h} \qquad (7.6)$$

Obtendo-se a fórmula de Euler.

Como *Y(t)* representa uma solução do problema de valor inicial (7.1 e 7.2), integrando de t_n até t_{n+1}, obtemos:

$$\int_{n}^{n+1} y(t)dt = \int_{n}^{n+1} f[t, y(t)]dt$$

Ou:

$$y(t_{n+1}) = y(t_n) + \int_{t_n}^{t_{n+1}} f[t, y(t)]dt \qquad (7.7)$$

A equação (7.7) representa a integral da curva $f(t, y)$ entre t_n e t_{n+1} (Figura 7.4). Se aproximarmos a integral, pela substituição de $f(t, y(t))$ por seu valor $f[t_n, y(t_n)]$ em t_n, estaremos aproximando a área real pela soma dos retângulos formados entre t_n e t_{n+1}, ou seja, estaremos aproximando a área real pela soma de todas que integram o retângulo formado entre t_i e t_{i+1} (t_i e t_{i+1} ε [t_n e t_{n+1}]. Desta forma, obtemos:

$$y(t_{n+1}) \cong y(t_n) + f[t_n, y(t_n)](t_{n+1} - t_n)$$

Ou:

$$y(t_{n+1}) \cong y(t_n) + h\, f[t_n, y(t_n)] \qquad (7.8)$$

Finalmente pela fórmula de Euler, temos:

$$y_{n+1} = y_n + h\, f(t_n, y_n) \qquad (7.9)$$

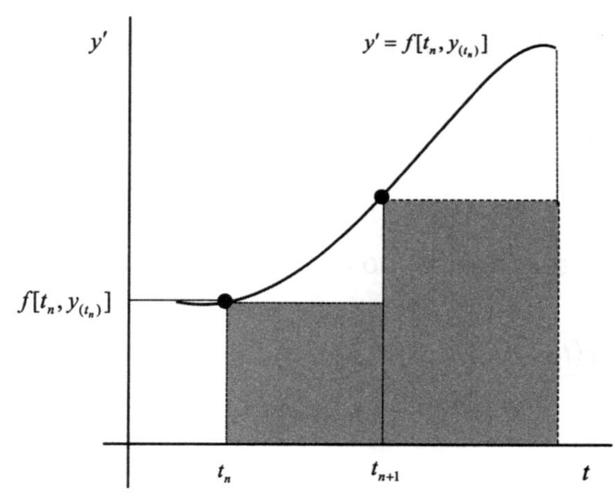

Figura 7.4: Aproximação do método de Euler por integrais.

Suponhamos que a solução da equação diferencial seja $\phi(t)$, definida dentro do intervalo $[t_0, t_n]$ para dois termos pela série de Taylor, em torno do ponto t para valores pequenos de h, encontramos:

$$\phi(t+h) = \phi(t) + \phi(t)\,h + \phi(t)\frac{h^2}{2!} \tag{7.10}$$

Se considerarmos o ponto t_n no domínio do intervalo, temos:

$$\phi(t_n+1) = \phi(t_n) + \phi(t_n)\,h + \phi(t_n)\frac{h^2}{2!} + \phi(t_n)\frac{h^3}{3!} + \ldots. +$$

A expressão (7.10) truncada no segundo termo representa a fórmula de Euler. Essa expressão é muito mais precisa quando consideramos mais termos da série. Assim, por meio da série de Taylor ainda podemos estimar a magnitude do erro da fórmula.

Exemplo 7.2: Use o método da série de Taylor para resolver numericamente o seguinte problema de valor inicial:

$y' + 2y = 2e^{-t} + t$ em $y(0) = 1$.

No intervalo [0; 0,3]. Use h = 0,1.

Solução: A equação diferencial pode ser reescrita da seguinte forma:

$$y' = 2e^{-t} + t - 2y$$

Os quatro primeiros termos da série de Taylor serão usados na solução do problema Desta forma, a série tem seguinte estrutura:

$$y(t_1) = y(t_0) + y(t_0)\,h + y(t_0)\frac{h^2}{2!} + y(t_0)\frac{h^3}{3!}$$

Por outro lado:

$$y'' = -2e^{-t} + 1 - 2y'$$

$$y''' = 2e^{-t} - 2y''$$

Para t_0 = 0, y_0 = 1, $y_0' = 0,\ y_0'' = -1\ e\ y_0''' = 4$. Calculamos $y(t_1)$ para t_1 = 0,1:

$$y_{(0,1)} = 1 + (0,1)(0) + \frac{(0,1)^2}{2}(-1) + \frac{(0,1)^3}{3}(4),$$

$$y_1 = y_{(0,1)} = 0,99567.$$

$$y'_{(0,1)} = y'_1 = y'_{(0,1;\,y_1)} = 2e^{-t} + t - 2y$$

$$= 2e^{0,1} + 0,1 - 2(0,99567),$$

$$= -0,08167.$$

Para $t_2 = 0,2$:

$$y''(0,1) = y''_1 = y''_{(0,1;\,y'_1)} = -2e^{-t} + 1 - 2y'_{(0,1)},$$

$$= -0,64633.$$

$$y'''_{(0,1)} = y'''_{(0,1;\,y''_1)} = -2e^{-t} - 2y''_{(0,1)},$$

$$= -0,51701.$$

Então, para $y(0,2)$, temos:

$$y_2 = y_{(0,2)} = y_{(0,1)} + hy'_{(0,1)} + \frac{h^2}{2}y''_{(0,1)} + \frac{h^3}{6}y'''_{(0,1)},$$

$$= 0,99567 - (0,1)(-0,08167) + \frac{(0,1)^2}{2}(-0,64633) + \frac{(0,1)^3}{6}(-0,51701),$$

$$= 0,98419.$$

$$y'_{(0,2)} = y'_2 = y'_{(0,2;\,y_2)} = 2e^{-0,2} + 0,2 - 2(0,98419),$$

$$= -0,13092.$$

Para $t_3 = 0,3$:

$$y''_{(0,2)} = y''_2 = y''_{(0,2;\,y'_2)} = -2e^{-0,2} + 1 - 2(-0,13042),$$

$$= -0,37662.$$

$$y'''_{(0,2)} = y'''_{(0,2;\,y''_2)} = -2e^{-0,2} - 2(-0,37662),$$

$$= -0,88422.$$

Logo, para *y*(0,3), temos:

$$y_3 = y_{(0,3)} = y_{(0,2)} + hy'_{(0,2)} + \frac{h^2}{2}y''_{(0,2)} + \frac{h^3}{6}y'''_{(0,2)},$$

$$= 0,98419 - (0,1)(-0,13092) + \frac{(0,1)^2}{2}(-0,37662) + \frac{(0,1)^3}{6}(-0,88422),$$

$$= 0,96907.$$

A solução exata da equação diferencial dada é:

$$y = -0,75e^{-2t} + 2e^{-t} + 0,5t - 1/4$$

O valor exato de $\phi(0,3)$ é 0,97003 e o erro de arredondamento é aproximadamente 0,97003 – 96097 = 0,00906, um erro bem mais aceitável que o erro que se produz no método de Euler.

Esse desenvolvimento pela série de Taylor não é prático do ponto de vista computacional, uma vez que a solução da equação diferencial exige a dedução e aproximação das diferentes derivadas da função. Assim, o esforço computacional é grande quando se quer obter uma maior precisão no cálculo.

7.5 Os erros nas aproximações numéricas

A aplicação da fórmula de Euler:

$$y_{n+1} \cong y_n + h\,f(t_n, y_n), \quad t_n = t_0 + nh$$

Para resolver o problema de valor inicial, podemos tornar a aproximação mais confiável quando *n* é grande e, prin nte, quando t_n não está suficientemente perto de t_0. Esse problema é denominado de *convergência numérica*. Isto é, a determinação de fazer h tender à zero não garante que os valores da solução numérica se aproximem aos valores da solução exata. O que desejamos é fazer os decrescimentos para h suficientemente pequenos de tal forma que garanta uma aproximação com um mínimo de erro. Por outro lado, o valor não pode ser muito pequeno porque o esforço computacional é alto.

A Figura (7.5) mostra o segmento de reta da linha tangente, no ponto (t_n, y_n) que se afasta da curva neste ponto. Este segmento representado por um valor real é denominado *erro local* no método de Euler. Ele acontece em cada passo, na qual é traçada uma reta tangente do ponto (t_n, y_n) até (t_{n+1}, y_{n+1}):

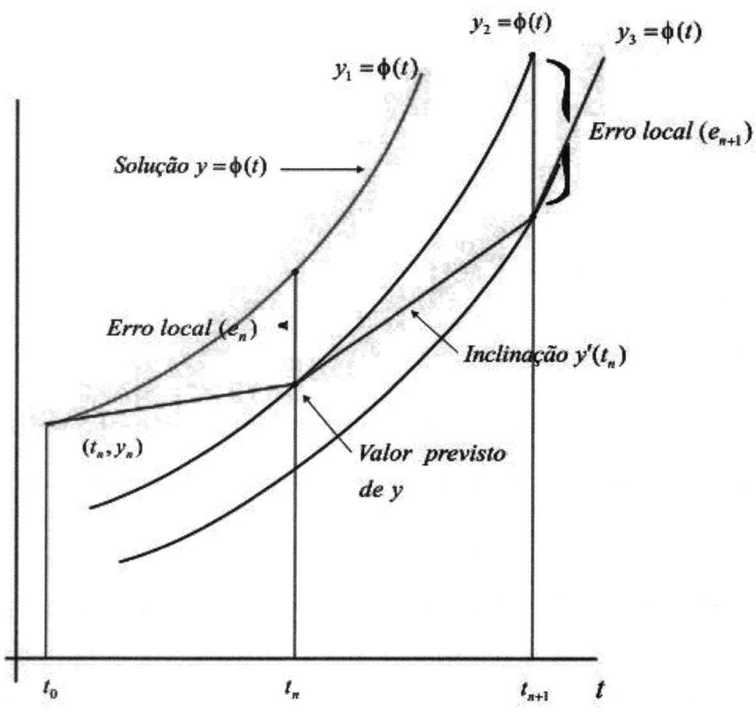

Figura 7.5: Erro local no método de Euler.

O erro que se produz pelo traçado da reta tangente do ponto t_0 até t_{n+1} é denominado de erro total quando o valor de y_n é exato. Na Figura (7.5), observamos que quanto maior for h, as tangentes traçadas podem se afastar da solução verdadeira. Ou seja, em cada passo, a reta tangente à curva passa de uma solução errada para outra se afastando da solução real:

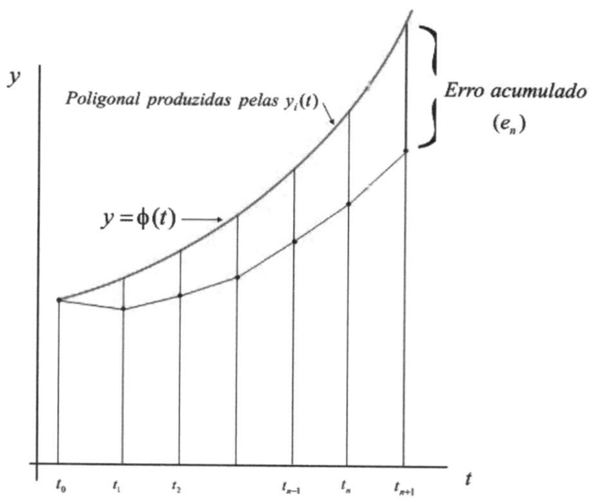

Figura 7.6: A poligonal formada no método de Euler.

Na Figura (7.6), visualizamos como os erros locais vão se acumulando em cada passo pela aplicação do método de Euler. A poligonal que se forma, pode afastar-se da solução real quando *h* é grande ou quando as constantes que delimitam a equação geral do problema da equação diferencial variam de forma não proporcional.

Uma forma convencional de reduzir o erro acumulado é diminuindo o passo *h*. O exemplo (7.3), mostra como a precisão melhora na aproximação da solução do problema de valor inicial quando *h* assume valores cada vez menores.

Exemplo 7.3: Considere o seguinte problema de valor inicial:

$$ty' - y = t^2 e^{-t} \text{ em } y(1) = 1.$$

a) Use o método de Euler com *h* = 0,1, a fim de encontrar valores aproximados em *t* = 0,5;

b) Simule e analise o comportamento da solução correspondente para diferentes valores inferiores a *h*.

Solução: Nesse caso, a função diferencial pode ser transformada em $f(t, y) = \dfrac{y}{t} + te^{-t}$, de modo que a fórmula iterativa (expressão 7.4) toma a forma:

$$y_{n+1} = y_n + h\left(\frac{y}{t} + te^{-t}\right)$$

Para usar a aproximação de Euler, calculamos $y_0' = f(1,1) = 1{,}36788$, então começando com t_0 = 1, y_0 = 1 e arredondando os valores para cinco casas decimais, as cinco primeiras aplicações dadas pela expressão (7.4), são:

$$y_1 = y_0 + h\,y_0' = h\,f(t, y_0),$$

$$= y_0 + h\left(\frac{y_0}{t} + te^{-t}\right),$$

$$= 1 + (0{,}1)(1{,}36788),$$

$$= 1{,}13679.$$

$$y_2 = y_1 + h\,y_1' = h\,f(1{,}1; y_1),$$

$$= y_1 + h\left(\frac{y_1}{t} + te^{-t}\right),$$

$$= 1{,}13679 + (0{,}1)(1{,}39960),$$

$$= 1{,}27675.$$

$$y_3 = 1{,}27675 + (0{,}1)f(1{,}2; 1{,}27675),$$

$$= 1{,}411929.$$

$$y_4 = 1{,}41929 + (0{,}1)f(1{,}3; 1{,}41929),$$

$$= 1{,}56639.$$

$$y_5 = 1{,}56390 + (0{,}1)f(1{,}4; 1{,}56390),$$

$$= 1{,}71013.$$

t	h = 0,1	h = 0,05	h = 0,025	h = 0,0125	Solução Exata
1,1	1,13679	1,13764	1,13807	1,13829	1,13851
1,2	1,27675	1,27837	1,27920	1,27961	1,28002
1,3	1,41929	1,42161	1,42278	1,42336	1,42395
1,4	1,56389	1,56683	1,56831	1,56905	1,56980
1,5	1,71012	1,71361	1,71536	1,71624	1,71712
1,6	1,85760	1,86157	1,86357	1,86457	1,86557
1,7	2,00600	2,01041	2,01262	2,01373	2,01483
1,8	2,15506	2,15984	2,16224	2,16344	2,16464
1,9	2,30454	2,30966	2,31222	2,31351	2,31479
2,0	2,45425	2,45967	2,46238	2,46373	4,46509

Tabela 7.2: Comparação dos resultados na solução numérica de $f(t,y)=\dfrac{y}{t}+te^{-t}$ pelo método de Euler, com diferentes incrementos (*h*).

A Tabela (7.2) mostra os resultados obtidos usando o método de Euler, na qual o passo (*h*) assume diferentes valores. A última coluna mostra os valores da solução exata de $f(t,y)=\dfrac{y}{t}+te^{-t}$. Para esse caso particular, os dados mostram que conforme diminui o passo, os resultados são mais precisos e em consequência, o erro de truncamento local é menor em cada avaliação.

Em todo o processo de avaliação numérica de um problema, existem dois tipos de erros, o de truncamento e o de arredondamento. No primeiro caso, é definido como a diferença entre a solução exata ($\phi(t)$) e a solução aproximada do problema (y_i) ao de valor inicial. Esse erro provém, principalmente, da fórmula de Euler (esta fórmula não é precisa) e segundo, em cada solução encontrada (y_{n+1}), os resultados não são exatos. Por conseguinte, um erro cada vez maior se acumula ao final do processo de aproximação.

O erro de arredondamento acontece pelas limitações encontradas nos computadores em determinar exatamente y_{n+1} à partir da fórmula de Euler. Da mesma forma, podemos alcançar melhores estimações nos cálculos, se utilizarmos um computador que trabalhe com muitos algarismos de ponto flutuante.

O erro total na aproximação de uma solução por métodos numéricos, é uma função da soma dos valores absolutos de erros de truncamento e de arredondamento.

A seguir, veja como podemos dimensionar o erro de truncamento local pelo método de Euler. Primeiro, suporemos que a solução $\phi(t)$ do problema de valor inicial admita que a segunda derivada num intervalo considerado seja contínua. Essa hipótese está condicionada quando admitimos que f_1, f_t e f_y sejam funções contínuas no intervalo de avaliação. Assim:

$$\phi'(t) = f[t, \phi(t)]$$

Aplicando a derivada da regra da cadeia, temos:

$$\phi''(t) = f_t[t, \phi(t)] + f_y[t, \phi(t)]\phi'(t)$$

$$\phi''(t) = f_t[t, \phi(t)] + f_y[t, \phi(t)]f[t, \phi(t)] \qquad (7.11)$$

Como todas as funções da expressão (7.11) são contínuas, então $\phi''(t)$ também é contínua. Logo, o desenvolvimento de $\phi(t)$ em torno de t_n pela série de Taylor com resto, é:

$$\phi(t_n + h) = \phi(t_n) + h\phi'(t_n) + \frac{h^2}{2}\phi(\bar{t}_n) \qquad (7.12)$$

Onde $\bar{t}_n$ é um ponto do intervalo $t_n < \bar{t}_n < t_{n+h}$. Como havíamos mencionado, o erro de truncamento é definido como $\phi(t+h)$, que é igual a $\phi(t_n + 1)$, menos y_{n+1}.

Ao subtrair a expressão 7.2 da 7.12, obtemos a expressão (7.13):

$$\phi(t_{n+1}) - y_{n+1} = [\phi(t_n) - y_n] + h\{f[t_n, \phi(t_n)] - f[t, y_n]\} + \frac{1}{2}\phi''(\bar{t}_n)h^2 \qquad (7.13)$$

Essa é a expressão do erro de truncamento local e_{n+1}. Agora, se considerarmos os cálculos corretos (em *n* passos), temos:

$$\phi(t) = y_n$$

Logo:

$$e_{n+1} = \phi(t_{n+1}) - y_{n+1} = \frac{1}{2}\phi''(\bar{t}_n)h^2 \qquad (7.14)$$

A expressão (7.14) representa a fórmula do erro de truncamento local e depende diretamente do passo *(h)* elevado ao quadrado e do valor da segunda derivada de $\phi(t)$.

O limite da expressão (7.14), no intervalo [a, b] é a expressão (7.15):

$$|e_n| \leq \frac{M\,h^2}{2} \qquad (7.15)$$

Onde, *M* representa o valor máximo de $\phi''(t)$ no intervalo [a, b]. A expressão (7.15) pode ser utilizada para calcular o passo *(h)* a partir de um determinado erro de truncamento local que não exceda de um valor limite (tolerância).

Exemplo 7.4: Estime a precisão pelo método de Euler quando aproximamos a solução ao problema de valor inicial:

$y' + y = te^{-t} + 1$ em $y(0) = 1$,

No intervalo [0, 1], sabendo que o erro de truncamento local é 0,01.

Solução: A solução da equação diferencial, podemos obtê-la da seguinte forma:

$$y = ce^{-t} + 1 + \frac{t^2e^{-t}}{2}$$

Onde *c* é uma constante.

A fim de atender à condição inicial, substituímos *t* = *0* e *y* = 1 na expressão solução $y = \phi(t)$. Assim, o valor para *c* = 1. Então, a solução do problema de valor inicial é dada implicitamente pela expressão:

$$y = e^{-t} + 1 + \frac{t^2e^{-t}}{2}$$

Portanto:

$$y' = -e^{-t} + \left(\frac{t^2}{2}\right)(-1)\left(e^{-t}\right) + \left(\frac{e^{-t}}{2}\right)(2t)$$

$$y' = -e^{-t} - \frac{t^2}{2}e^{-t} + te^{-t}$$

E:

$$y'' = e^{-t} - \left[\left(\frac{t^2}{2}\right)\left(-e^{-t}\right) + \left(\frac{e^{-t}}{2}\right)(2t)\right] + \left[-te^{-t} + e^{-t}\right],$$

$$y'' = e^{-t} + \frac{-t^2e^{-t}}{2} - te^{-t} - te^{-t} + e^{-t},$$

$$y'' = 2e^{-t} + \frac{-t^2e^{-t}}{2} - 2te^{-t}.$$

Observe que o valor máximo de $|\phi''(t)|$ para *t* em [0,1] é $|\phi''(1)| = \dfrac{1}{2e}$, onde *e* = 2,71828182.

Aplicando a fórmula do erro (expressão 7.15) com *h* = 0,1 e *M* = ½, obtemos:

$$h \leq \sqrt{{2e_t}/{M}}$$

$$,h \leq \sqrt{2x(0{,}01)xe^1/0{,}5}$$

$$h \leq 0{,}32974$$

Ou seja, o valor da precisão na aproximação da solução do exemplo (7.4) não pode ser maior que 0,32974.

Exemplo 7.5: Estime o erro de truncamento local pelo método de Euler em termos da solução exata $y\phi(t)$:

$y' = 2y - 1$ em *y*(0) = 1.

a) Obtenha uma expressão limite para e_{n+1} em termos de *t* e de $\phi(t)$ no intervalo [0, 1];

b) Mediante a solução exata, calcule o erro mais exato para e_{n+1};

c) Com *h* = 1, calcule um limite para *e*, e compare este limite com o erro local em *t* = 0,1;

d) Calcule um limite para o erro e_4 no quarto passo.

Solução: Como o problema admite uma solução correta de ordem *n*, então $y_n = \phi(t_n)$. Logo:

$$\phi'(t_n) = 2\phi(t_n) - 1\,,$$

$$\phi''(t_n) = 2\phi'(t_n)$$

$$\phi''(t_n) = 2[2\phi(t_n) - 1].$$

De acordo com a expressão (7.13), temos:

$$e_{t+1} = \frac{1}{2}\phi''(\bar{t}_n)\,h^2\,,$$

$$e_{n+1} = [2\phi(\bar{t}_n) - 1]h^2$$

(b) O limite da função erro encontrada, é:

$$|\,e_{n+1}| \le \left[2\lim_{0\le t\le 1}|\phi(t)| - 1\right]h^2$$

(c) A expressão que representa o limite mais exato é:

$$e_{n+1} = \frac{1}{2}\phi''(\bar{t}_2)\,h^2$$

Como a solução do problema de valor inicial, é:

$$\phi(t) = \frac{1}{2}\left(e^{2t} + 1\right)$$

Portanto:

$$\phi'(t) = e^{2t}\,,$$

$$\phi''(t) = 2e^{2t}\,,$$

Logo:

$$e_{n+1} = e^{2\bar{t}_n} h^2$$

(d) O valor de e_1 pode ser calculado por:

$$e_1 = \phi(t_1) - y_1 = e^{2\bar{t}_n} h^2 \text{ em } 0 < \bar{t}_n < 0{,}1.$$

Então:

$$e_1 = e^{2(0{,}1)}(0{,}1)^2 = 0{,}0122.$$

(e) O limite para o erro de truncamento local e_4, no quarto passo é:

$$e^{3[2\bar{t}_n]} h^2 \leq e_4 \leq e,$$

$$e^{3[2\bar{t}_n]} h^2 \leq e_4 \leq e^{4[2\bar{t}_n]} h^2$$

Substituindo os valores para $\bar{t}_n$ e h, temos:

$$0{,}01822 \leq e_4 \leq 0{,}02226.$$

7.6 O método de Euler melhorado

Este método é conhecido como a fórmula de Heun's. Por outro lado, o método de Euler é um procedimento inexato na resolução de problemas com equações diferenciáveis, pela assimetria de suas aproximações. Existem outros métodos que descreveremos com maior precisão. Considere a equação diferencial (expressão 7.1) prescrita na condição inicial (expressão 7.2), de forma que seja uma solução do sistema. Anteriormente, havíamos determinado que a integração da expressão (7.1) no intervalo $[t_n, t_{n+1}]$ nos conduz a expressão (7.16):

$$y(t_{n+1}) = y(t_n) + \int_{t_n}^{t_{n+1}} f[t, y(t)]\, dt \tag{7.16}$$

Suponha agora que calculemos o valor verdadeiro $\phi(t_n)$ de y_n do sistema, após efetuar n passos com passo h.

A fórmula de Euler se obtém pela substituição de $f(t_n, \phi(t))$, na expressão (7.14) por seu valor aproximado $f(t_n, y_n) = y'_n$, partindo do intervalo inferior de integração:

$$y_{n+1} = y_n + h\,f(t_n, y_n) \tag{7.17}$$

Como uma predição da inclinação da curva $y(t) = \phi(t)$ em $t = t_{n+1}$.

A ideia da fórmula de Euler melhorada, consiste em substituir o integrando da expressão (7.16) pela média de suas inclinações, a fim de obter uma estimativa mais precisa da curva solução ao longo de todo o intervalo [t_n, t_{n+1}], ou seja, por: $\{f[t_n, \phi(t_n)] + f[t_{n+1}, \phi(t_{n+1})]\}/2$.

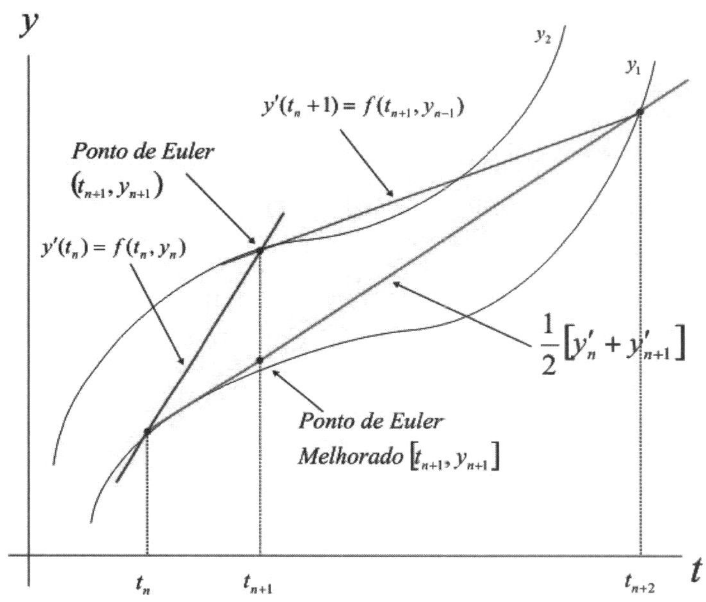

Figura 7.7: Representação gráfica do método de Euler melhorado.

A Figura (7.7) mostra a geometria por trás desse método. Logicamente, depois substituiremos os valores aproximados de $\phi(t_n)$ e $\phi(t_{n+1})$ por y_n e y_{n+1}. Assim, obtemos:

$$y_{n+1} = y_n + \frac{f(t_n, y_n) + f(t_{n+1}, y_{n+1})}{2}h \tag{7.18}$$

Substituindo a expressão (7.17) no segundo membro da equação (7.18) e t_{n+1} por t_{n+h}, obtemos a seguinte expressão para o termo y_{n+1}:

$$y_{n+1} = y_n + \frac{f(t_n, y_n) + f[t_{n+h}, y_n + hf(t_n, y_n)]}{2}h \tag{7.19}$$

A expressão (7.19) determina o valor y_{n+1}, valor aproximado de $\phi(t_{n+1})$ em termos de t_n e representa a fórmula melhorada de Euler.

O erro de truncamento do método de Euler melhorado pode ser calculado da mesma forma que o método de Euler simples, ou seja, pelo desenvolvimento da série de Taylor com respeito ao ponto *t*.

Admitamos que a solução $\phi(t)$ do problema de valor $y' = f(t,y)$ e $y(t_0) = y_0$ tenha derivadas contínuas até a terceira ordem. Logicamente, a função *f* terá suas derivadas parciais segundas contínuas. Então:

$$\phi(t_{n+h}) = \phi(t_n) + h\phi'(t_n) + \frac{h}{2!}\phi''(t_n) + \frac{h}{3!}\phi'''(t_n) \tag{7.20}$$

Onde $t_n < \bar{t}_n < t_{n+h}$ e $\phi^i(t_n)$ é a i-ésima derivada de $\phi(t_n)$ em $t = t_n$. Nesse caso, a função *f* e suas derivadas respectivas até $i = 3$ são contínuas.

Por outro lado, pode-se estimar a aproximação da solução y_{n+1} pelo desenvolvimento de Taylor:

$$y_{n+1} = y_n + hf(t_n, y_n) + \frac{1}{2}h^2 f'(t_n, y'_n) \tag{7.21}$$

Para $t_n = t_0 + nh$.

Subtraindo a expressão (7.21) da equação (7.20), temos:

$$\phi(t_{n+1}) - y_{n+1} = [\phi_n - y_n] + h\{f[t_n, \phi_n] - f[t_n, y_n]\} + \tag{7.22}$$

$$\frac{h^2}{2}\{f[t_n, \phi'_n] - f[t_n, y_n]\} + \frac{1}{6}h^3\phi'''(\bar{t}_n)$$

O erro de truncamento local ($O(h^3)$) toma o valor do resto da expressão (7.22) quando admitimos que a aproximação y_n obtido em *n* passos é igual à $\phi(t)$ solução do problema . Então, a fórmula do erro local é:

$$\phi(t_{n+1}) - y_{n+1} = \frac{h^3}{6}\phi'''(\bar{t}_n) \tag{7.23}$$

A expressão (7.23) mostra que o erro de truncamento local do método de Euler melhorado, depende diretamente da cúbica do passo (*h*) e do fator da terceira derivada da solução $\phi(t)$. Simplificando, temos:

$$|e_n| \leq \frac{Mh^3}{6} \tag{7.24}$$

Onde *M* é o valor máximo de $|\phi'''(\bar{t}_n)|$ no intervalo [a, b].

O Algoritmo (7.2) foi construído para o método de Euler melhorado a partir da expressão (7.19).

> *Algoritmo para o método de Euler melhorado.*
>
> 1.Definir a equação diferencial – *f(t,y)*;
>
> 2.Entrada. Atribuir valores a:
>
> T1, Y1, H0, número de passos (N).
>
> 3.Para i = 1 até N, faça:
>
> K = Fx(T1, Y1)
>
> K1 = Fx(T1+H0, Y1+H0*K)
>
> YS = Y1+ (H/2) * (K + K1)
>
> Y1 = YS
>
> TS = T1 + H0
>
> T1 = TS
>
> 4.Saída T1, Y1;
>
> 5. Fim.

Algoritmo 7.2: Procedimento de solução para o método de Euler melhorado.

Exemplo 7.6: a) Determine os valores aproximados da solução do problema de valor inicial em $t = t_0 + 0{,}1$ e $t = t_0 + 0{,}2$ usando o método de Euler melhorado com $h = 0{,}1$:

$y' - 2y = 3e^t$ em $y(0) = 1$.

b) Elabore uma tabela e compare os resultados obtidos pelo método de Euler, método de Euler melhorado e a solução do problema.

Solução: A equação diferencial do exemplo pode ser reescrita da seguinte forma:

$f(t,y) = 2y + 3e^t$ então:

$$f_n = 2y_n + 3e^{t_n}.$$

A expressão geral da fórmula iterativa, é:

$$f(t_n + h, y_n + hf_n) = 2(y_n + hf_n) + 3e^{(t_n+h)}.$$

Além disso, para $t_0 = 1$ e $y_0 = 1$, o valor de $y_0' = 2y_0 + 3e^{t_0} = 5$. Para $h = 0,1$, temos:

$$f(t_0 + h, y_0 + hf_0) = 2(y_0 + hf_0) + 3e^{(t_0+h)},$$

$$= 2[1 + (0,1)(5)] + 3e^{(0+0,1)},$$

$$= 6,31552.$$

Pela expressão (7.18), temos:

$$y_1 = y_0 + \frac{f(t_0, y_0) + f[t_0 + h, y_0 + hf(t_0, y_0)]}{2}h,$$

$$= 1 + \left(\frac{5 + 6,31551}{2}\right)(0,1),$$

$$= 1,56578.$$

No segundo passo vamos calcular y_2. Assim começamos a calcular:

$$f_1 = 2(y_1) + 3e^{(t_0+h)},$$

$$= 2(1,56578) + 3e^{0,1},$$

$$= 6,44707.$$

$$y \;\; + hf_1 = 1,56578 + (0,1)(6,44707),$$

$$= 2,210487.$$

E:

$$f_2 = f(t_2, y_1 + hf_1) = 2(y_1 + hf_1) + 3e^{t_0+2h},$$

$$= 2(2{,}210487) + 3e^{0{,}2},$$

$$= 8{,}085182.$$

Então, pela equação (7.19), temos:

$$y_2 = y_1 + \frac{f_1 + f[t_0 + 2h, y_1 + hf_1]}{2}h,$$

$$= 1{,}56578 + \frac{6{,}447073 + 8{,}085182}{2}(0{,}1),$$

$$= 2{,}292393.$$

Esses resultados são complementados com os cálculos obtidos que aparecem na Tabela (7.3), no intervalo [0,1], pela aplicação do método de Euler melhorado e com h = 0,1. A diferença fundamental entre ambos os métodos é que o primeiro exige o cálculo de duas estimativas de f em cada passo, enquanto que o segundo exige apenas uma. Isto é, o método de Euler melhorado com passo h, exige o mesmo número de estimativas de f do que o método de Euler com $h/2$. Na Tabela a seguir, observamos que o método de Euler melhorado com h = 0,01 produz melhores resultados que o outro método com h = 0,05. Desta forma, é verificado que o método de Euler melhorado é mais eficiente. Também observamos que com h = 0,05, o método de Euler melhorado leva a resultados que se assemelham bastante à solução exata:

	M. de Euler Simples		M. de Euler Melhorado	
t	h = 0,1	h = 0,05	h= 0,1	Solução Exata.
0,1	1,50000	1,53269	1,56578	1,57010
0,2	2,13155	2,21118	2,29239	2,30309
0,3	2,92428	3,06967	3,21904	3,23890
0,4	3,91410	4,14989	4,39398	4,42669
0,5	5,14446	5,50276	5,87649	5,92696
0,6	6,66797	7,19037	7,73941	7,81411
0,7	8,54820	9,28832	10,07213	10,17954

0,8	10,86197	11,88869	12,98430	13,13551
0,9	13,70202	15,10348	16,61038	16,81978
1,0	17,18031	19,06890	21,11514	21,40138

Tabela 7.3: Comparação dos resultados da aplicação do método de Euler simples e melhorado na solução numérica do problema.

7.7 Os Métodos de Runge-Kutta

Na seção precedente, mostramos que os métodos de Taylor que têm como característica principal o erro de trancamento global de ordem $O(h^n)$, de forma que, quando o valor de n é grande, o erro é pequeno. De qualquer forma, esses métodos exigem a determinação à priori de n e o cálculo de derivadas de alta ordem, que em alguns casos podem ser complicadas.

Os métodos de Runge-Kutta têm a finalidade de aproximar uma solução $y \approx \phi(t)$ ao problema de valor inicial (expressão 7.1 e 7.2).

O método de Runge-Kutta é denominado assim, devido ao trabalho realizado pelo físico matemático Carl D. Runge (1887-1994) e o engenheiro M. Wilhelm Kutta (1887-1994) sobre a resolução numérica de equações diferenciáveis.

O método de Runge-Kutta abrange uma família de fórmulas com diferentes graus (n) e é expressa em termos de n valores da função $f(t, y)$. O valor aproximado da solução, coincide com a equação do problema de valor inicial até os termos envolvendo h^n. Cada método de Runge-Kutta é derivado de um apropriado método de Taylor. A pesquisa de solução desses métodos é realizada executando e avaliando várias funções em cada passo, e desta forma, eliminando a necessidade de calcular derivadas de ordem superior.

Por exemplo, o método de Euler raramente é usado, pois contém um erro de truncamento relativamente grande. O método de Euler melhorado é de segunda ordem e mais preciso. O método mais popular de Runge-Kutta é de quarta ordem.

As principais propriedades dos métodos de Runge-Kutta são:

- O cálculo da função y_{n+1} depende exclusivamente de um ponto precedente (x_n, y_n);
- O erro de truncamento local (h^n) é calculado pela série de Taylor, onde o índice n representa a ordem do método;

- Os métodos requerem o cálculo da derivada da função propriamente dita e não da função *f(t, y)*.

Essas propriedades determinam que os métodos de Runge-Kutta sejam adaptativos e mais precisos, conforme aumenta o seu grau.

7.7.1 O método de Runge-Kutta de quarta ordem (RK04)

O método de Runge-Kutta de quarta ordem simula a precisão da série de Taylor de quarta ordem. A prova é algebricamente complicada e os resultados da fórmula envolvem uma combinação linear dos valores da função. Os coeficientes envolvidos são escolhidos assim que o método tenha um erro de truncamento local de ordem $O(h^5)$ e desde que o erro de truncamento global seja de ordem $O(h^4)$. O intervalo de avaliação é $[a, b]$ e é dividido em M subintervalos de igual amplitude (h). O processo começa no ponto (t_0, y_0) e quatro funções de avaliação em cada iteração são requeridas para calcular as aproximações (t_k, y_k):

$$y_{n+1} = y_n + \frac{h}{6}\left[f_1 + 2f_2 + 2f_3 + f_4\right] \tag{7.25}$$

Onde:

$$f_1 = f(t_n, y_n),$$

$$f_2 = f\left(t_n + \frac{h}{2}, y_n + \frac{h}{2}f_1\right),$$

$$f_3 = f\left(t_n + \frac{h}{2}, y_n + \frac{h}{2}f_2\right),$$

$$f_4 = f(t_n + h, y_n + hf_3).$$

Observe que cada fator nas expressões (7.25) pode ser interpretado como um coeficiente angular médio. Assim, o primeiro representa o coeficiente angular em t_n; o segundo, o coeficiente angular no ponto central do intervalo $[t_n, t_{n+1}]$ estimado pelo método de Euler simples para predizer a ordenada nesse ponto; o terceiro, é outra aproximação do coeficiente angular no ponto médio estimado pelo método de Euler melhorado e, finalmente o último, o coeficiente angular em t_{n+1} estimado pelo método de Euler usando a inclinação aperfeiçoada do terceiro termo, no ponto médio do segmento que termina em t_{n+1}.

O rigoroso desenvolvimento das equações (7.25) pode ser encontrado em textos avançados. Suponha que *f(t, y)* seja uma função não negativa e contínua no intervalo $[t_n, t_{n+1}]$. Considere também que $y(t_i)$ é o valor aproximado do valor verdadeiro $\phi(t_i)$ num conjunto de pontos $T = [t_i]_{i=0}^{N}$. O valor $y_{n+1} \cong y(t_{n+1})$ pode ser calculado pela relação entre duas equações diferenciáveis consecutivas, delimitadas por seus limites. Assim, pelo teorema fundamental de cálculo, temos:

$$y_{n+1} - y_n = \int_{n}^{n+1} y'(t)dt = \int_{n}^{n+h} f(t, y(t))dt \tag{7.26}$$

Aplicando a regra de Simpson (ver capítulo 6, seção 6.5.3) com passo *h*/2, temos:

$$y_{n+1} - y_n \cong \frac{h}{6}\left[f(t_n, y(t_n)) + 4f\left(t_n + \frac{h}{2}, y\left(t_n + \frac{h}{2}\right)\right) + f(t_{n+1}, y(t_{n+1}))\right], \tag{7.27}$$

$$\cong \frac{h}{6}[f_n + 2f_{n2} + 2f_{n3} + f_{n4}].$$

Onde $t_{n/2}$ é o ponto médio do intervalo. O processo necessita de três valores da função assim fazemos $f(t_n, y(t_n)) \cong f_1$ e $f(t_{n+1}, y(t_{n+1})) \cong f_4$. Para o valor no ponto médio, escolhemos a media de f_2 e f_3:

$$f\left(t_n + \frac{h}{2}, y\left(t_n + \frac{h}{2}\right)\right) \approx \frac{f_2 + f_3}{2} \tag{7.28}$$

Esses valores são substituídos em (7.27), que são usados na equação (7.26) para encontrar y_{n+1}:

$$y_{n+1} = y_n + \frac{h}{6}\left[f_1 + 4\frac{(f_2 + f_3)}{2} + f_4 \right] \tag{7.29}$$

Num contexto geral, a expressão (7.29) representa a inclinação média aproximada no intervalo $[t_n, t_{n+1}]$.

A equação (7.29) é construída a partir da regra de Simpson, para a estimativa de $y' = f(t, y)$. O erro de truncamento local desta regra é proporcional a h^5. Portanto, a expressão do erro de truncamento acumulado para a solução (ϕ) de uma equação diferencial de primeira ordem deve ser proporcional a h^4. Daí a denominação em (7.27) ser chamada de expressão de Runge-Kutta de quarta ordem e a partir dela é possível, desenvolver expressões de Runge-Kutta de outras ordens. Isto é, $|y(t_n) - \phi(t_n)| < Kh^4$, onde a constante *k* depende da função *f(t, y)* e do intervalo [a, b], mas não depende do passo *h*.

A simplificação da expressão (7.29) nos conduz à expressão (7.1) para *f* = 0. O gráfico para integral (7.29) é mostrado na Figura (7.8):

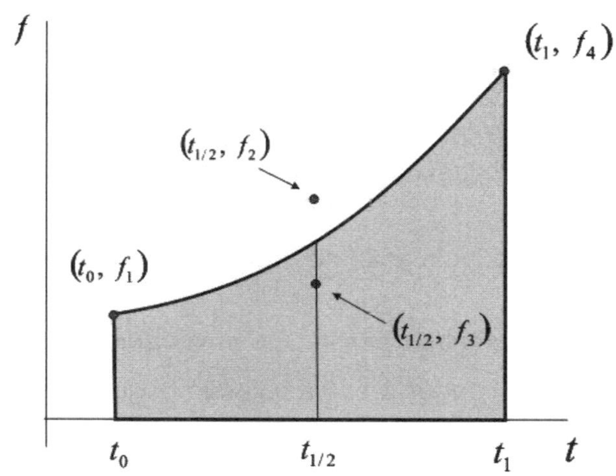

Figura 7.8: Aproximação da integral $y_{n+1} = y_n + \frac{h}{6}\left[f_1 + \frac{4(f_2 + f_3)}{2} + f_4\right]$.

O termo erro na regra de Simpson com passo *h/2,* é:

$$-y^4(t_1)\frac{h^5}{2880} \tag{7.30}$$

O erro em cada iteração do processo é calculado pela expressão (7.30) e depois de *M* iterações, o erro acumulado para o método de Runge-Kutta de quarta ordem é:

$$-\sum_{n=1}^{M} y^4(t_n)\frac{h^5}{2880} \cong -\frac{b-a}{5760}y^4(t)h^4 = O(h^4) \tag{7.31}$$

7.7.2 O erro de truncamento vs o tamanho do passo

É evidente que numa aplicação de um método numérico na solução de um problema de valor inicial, exista uma quantidade significativa de erro acumulado. Para entender o que esta acontecendo, começaremos definindo o conceito de erro de truncamento local (ETL). Por exemplo, na equação (7.4) do método de Euler simples, o termo abandonado em cada passo é denominado de erro de truncamento local:

$$\frac{1}{2}\phi''(\bar{t}_i)h^2 \tag{7.32}$$

O erro acumulado depois de *M* passos é a soma de todos os erros de truncamento locais que ocorrem em cada iteração:

$$\sum_{i=1}^{M}\frac{1}{2}\phi''(\bar{t}_i)h^2 \approx \frac{b-a}{2}\phi''(\bar{t}_i)h \approx O(h) \tag{7.33}$$

Na solução do problema, mais erros poderiam aparecer que os indicados pela expressão (7.33), pois o erro de truncamento local assume que cada valor estimado y_n é exato e $\left(\frac{h^2}{2}\right)\phi''(\bar{t}_i)$ é só o erro que se envolve no n-ésimo passo. Os erros adicionais são introduzidos porque os pontos calculados (t_n, y_n) não são ligados à curva solução (Figura 7.6).

Definição 7.1: Erro de truncamento global (ETG).

Se o erro de truncamento local para $y' = f(t,y)$ em $y(a) = y_0$ é encontrado aproximadamente em *M* passos no intervalo [a, b], então o erro na aproximação final $y_M = y(b)$ é o erro de truncamento global e é denotado por:

$$E_M = y(b) - y_M \tag{7.34}$$

O seguinte teorema é importante porque mostra o relacionamento entre o erro de truncamento global e o tamanho do passo. Este teorema é usado para ter uma ideia do volume de cálculo que deverá ser feito para obter uma precisão aproximada no intervalo [*a, b*].

Teorema 7.1: Se o método de Runge-Kutta de quarta ordem é usado para resolver o problema de valor inicial de uma equação diferencial (expressão 7.1) com passo (*h*) e o erro de truncamento global é da ordem $O(h^4)$, então:

$$E(y(b),h) = y(b) - y_M \approx Kh^4 \tag{7.35}$$

Onde *K* é o valor de uma constante. Os exemplos (7.8 e 7.9) ilustram a aplicação do teorema (7.1). Se a solução do problema de valor inicial é calculada usando *h* e *h/2*, então:

$$E(y(b),h) \approx Kh^4 \qquad (7.36)$$

Para um tamanho de passo cumprido, e:

$$E(y(b),h/2) \cong \frac{Kh^4}{16} \approx \frac{1}{16}E(y(b),h) \qquad (7.37)$$

O teorema (7.1) nos dá uma ideia à respeito do método de Runge-Kutta de quarta ordem. Quando o passo é reduzido pelo fator 1/2 e o erro de truncamento global é reduzido pelo fator 1/16.

Exemplo 7.7: Calcule os valores aproximados da solução $y = \phi(t)$ do problema de valor inicial pelo método de Runge-Kutta de quarta ordem:

$y' + 2ty = 2te^{-t^2}$, em $y(0) = 1$.

Para h = 0,1 no intervalo [0, 1]. Compare seus resultados com os obtidos pelos métodos de Euler simples e Euler melhorado.

Solução: A expressão da solução exata para o problema de valor inicial apresentado é:

$$y = t^2 e^{-t} + e^{-t^2}$$

O valor exato para $\phi(1) = 0{,}73576$. Por outro lado, sabemos que $f(t,y) = -2ty + 2te^{-t^2}$. Logo, se começamos com passo (h) 0,1 serão necessárias 10 iterações para ir de $t_0 = 0$ até $t_n = 1$.

No primeiro passo, usamos as fórmulas declaradas na expressão (7.25) para calcular:

$f_1 = f(0{,}1) = 0$,

$f_2 = f(0{,}05;1)$,

$f_2 = (-2)(0{,}05)(1) + 2(0{,}05)e^{-0{,}05^2} = -0{,}00024968778$.

$f_3 = f(0{,}05; 0{,}999998752)$,

$$f_3 = (-2)(0{,}05)(0{,}00008752) + (2)(0{,}05)e^{-0{,}05^2} = -0{,}0002484393.$$

$$f_4 = f(0{,}1; 0{,}9999751569),$$

$$f_4 = (-2)(0{,}1)(0{,}9999751569) + (2)(0{,}1)e^{-0{,}1^2} = -0{,}0019850645.$$

E daí:

$$y_1 = 1 + \frac{(0{,}1)}{6}\left[0 + 2(-0{,}0002496878) + 2(-0{,}0002484393) + (-0{,}0019850645)\right],$$

$$y_1 = 0{,}99995031.$$

Análogamente, o segundo passo fornece:

$$y_2 = 0{,}99922.$$

A Tabela (7.4) apresenta todos os resultados na aplicação dos métodos (Euler simples, Euler melhorado e Runge-Kutta) com passo 0,1. Observamos que com um mesmo passo, o método de Runge-Kutta nos dá (para este problema) mais precisão do que os outros métodos analisados:

	M. de Euler S.	M. de Euler M.	M. Runge-Kutta.	
t	h = 0,1	h = 0,1	h = 0,1	Solução Exata.
0,1	1,00000	0,99990	0,99995	0,99910
0,2	0,99980	0,99902	0,99922	0,99354
0,3	0,99824	0,99575	0,99618	0,98060
0,4	0,99318	0,98775	0,98849	0,95939
0,5	0,98190	0,97242	0,97350	0,93043
0,6	0,96159	0,94742	0,94884	0,89525
0,7	0,92992	0,91109	0,91281	0,85595
0,8	0,88550	0,86284	0,86476	0,81486
0,9	0,82819	0,80321	0,80519	0,77418
1,0	0,75919	0,73388	0,73576	0,73576

Tabela 7.4: Comparação dos resultados da aplicação do método de Euler simples, Euler melhorado e Runge-Kutta na solução numérica do problema $y' = 2te^{-t^2} - 2ty$.

O esforço computacional na resolução numérica, se mede contando o número de avaliações da função *f(t, y)* que são requeridos no processo. No exemplo, (7.7) tomando como passo 0,5, o método de Runge-Kutta exige oito avaliações (quatro em cada passo) para encontrar a solução próxima (0,73576) à solução verdadeira (0,73576), enquanto o método de Euler melhorado precisa realizar avaliações com passo 0,1, para obter uma solução (0,73388) próxima da verdadeira. Esse processo exige 20 avaliações (duas em cada passo). No caso de usar um passo de 0,5, a solução mais próxima é 0,87150. Assim, o método de Runge-Kutta é mais preciso que o método de Euler melhorado com um esforço de 40% do trabalho.

O Algoritmo (7.3) mostra uma listagem dos procedimentos utilizados no método de Runge-Kutta de quarta ordem. As quatro avaliações de *f(t, y)* são mostradas e também a fórmula de Simpson no cálculo de y_{t+1}.

Algoritmo para o método de Runge-Kutta de quarta ordem.

```
Definir a equação diferencial – f(t, y);
Entrada. Atribuir valores a: (T0, Y0, H0, número de passos - N);
H1 = H0/2.
TK = T0. YK = Y0.
Para K = 1 até N, faça:
    F1= Fx(TK YK).
    TK23 = TK + H1.
    YK2 = YK + H1 * F1.
    F2 = Fx(TK23, YK2).
    YK3 = YK + H1 * F2.
    F3 = Fx(TK23, YK3).
    TK4 = TK4 + H0.
    YK4 = YK +H0 * F3.
    F4 = Fx(TK4, YK4).
    YK1 = YK + (H0/6) [F1 + 2F2 + 2F3 + F4].
```

```
        YK = YK1.
        TK = TK + H0.
    Saída (T1, Y1),
    Fim.
```

Algoritmo 7.3: Procedimento de solução do método de Runge-Kutta de quarta ordem.

Exemplo 7.8: Use o método de Runge-Kutta de quarta ordem para resolver o seguinte problema de valor inicial:

$y' = -2y = t^2e^{2t}$ em [0, 1], com $y(0) = 1$.

Compare as soluções encontradas para h = 1, 1/2, 1/4 e 1/8.

Solução: A expressão da solução da equação diferencial é:

$$y = e^{2t} + \frac{t^3e^{2t}}{3}$$

A Tabela (7.5) mostra os resultados obtidos a partir de abscissas selecionadas. Por exemplo, para um passo de 1/2, o cálculo das expressões (7.25) é:

$$f_1 = f(0{,}1) = 2$$

$$f_2 = f(0{,}125;1{,}25),$$

$$f_2 = (2)(1{,}25) + (0{,}125)^2 e^{2(0{,}125)} = 2{,}520062897\,.$$

$$f_3 = f(0{,}125;1{,}31500786),$$

$$f_2 = (2)(1{,}31500786) + (0{,}125)^2 e^{2(0{,}125)} = 2{,}6500786\,.$$

$$f_4 = f(0{,}25;1{,}66251966),$$

$$f_2 = (2)(1{,}66251966) + (0{,}25)^2 e^{2(0{,}25)} = 3{,}4280844\,.$$

E daí:

$$y_1 = 1 + \frac{0,25}{6}\left[2 + 2(2,5200629) + 2(2,6500786) + 3,4280844\right],$$

$$y_1 = 1,65701531.$$

			Y_n		
t_n	h = 1	h = 0,5	h = 0,25	h = 0,125	Solução Exata.
0,125				1,28485	1,28486
0,250			1,65702	1,65729	1,65731
0,375				2,15417	2,15421
0,500		2,82078	2,83048	2,83146	2,83154
0,625				3,77425	3,77439
0,750			5,10896	5,11169	5,11193
0,875				7,03927	7,03965
1,000	9,36413	9,77662	9,84449	9,85147	9,85207

Tabela 7.5: Comparação dos resultados da aplicação do RK04 com diferentes passos na solução do problema $y' - 2y = t^2 e^{2t}$ em [0, 1] com *y*(0) = 1.

Exemplo 7.9: Compare o erro de truncamento global quando o método de Runge-Kutta de quarta ordem é usado para resolver a seguinte equação diferencial:

$y' - 2y = t^2 e^{2t}$ em [0, 1] com *y*(0) = 1.

Usando passos de 1, 1/2, 1/4 e 1/8.

Solução: A Tabela (7.6) apresenta os resultados para o erro de truncamento global para diferentes tamanhos de passo. Mostra que o erro na aproximação para *y*(1) decresce em 1/16 quando o tamanho do passo é reduzido pelo fator 1/2. O valor exato para *y*(1) é 0,9852075.

Aplicando o teorema (7.1) para um tamanho de passo bem pequeno, chegamos à seguinte conclusão:

$$E[y(1),h] = y(1) - y_M = O(h^4) \approx Ch^4,$$

Onde o valor de *C* é 3,355392.

t_n	N de passos (M)	Aprox. y(1) Y(M)	E.G.T. Erro / t= 1 y(1) =y_m	$O(h^4) \cong Ch^4$ onde C = 3,355392
1	1	9,364127	0,487948	3,355392
1/ 2	2	9,776617	0,075457	0,209712
1/4	4	9,844487	0,007588	0,013107
1/8	8	9,814710	0,000604	0,0008192
1/16	16	9,852032	0,000043	0,0000512
1/32	32	9,852072	0,000003	0,0000032
1/64	64	9,852075	0,000001	0,0000010

Tabela 7.6: Relação entre os diferentes tamanhos de passo e o ETG para as soluções do RK04 para o problema $y' - 2y = t^2 e^{2t}$.

A análise dos exemplos (7.8, 7.9 e 7.10) mostram o significado da expressão "O método do Runge-Kutta de quarta ordem simula as séries de Taylor da mesma ordem". Para esses exemplos, os dois métodos geram um conjunto de soluções idênticas no intervalo de avaliação. A vantagem do método de Runge-Kutta é que nenhuma derivada de nível superior necessita ser calculada e nem faz parte da estrutura do algoritmo.

Na verdade, não é fácil determinar a precisão do método de Runge-Kutta de quarta ordem na pesquisa na solução do problema. O tamanho do passo pode ser estimado de $y^4(t)$ usando a fórmula (7.33). Poderia ser outra forma usando um tamanho de passo bem pequeno no algoritmo e, posteriormente, comparar os resultados.

7.7.3 O método de Runge-Kutta-Fehlberg (RKF05)

Uma forma de garantir a precisão na solução de um problema de valor inicial é resolver o problema duas vezes, usando um passo de *h* e *h/2* e logo comparar as respostas no conjunto de pontos correspondentes para o passo mais cumprido. Mas esse processo requer uma grande quantidade de cálculo para o passo pequeno. Esse processo deve ser repetido se os dados obtidos não são significativos. O método é de quinta ordem.

O método de Runge-Kutta-Fehlberg é um processo utilizado na resolução de problemas de valor inicial. Em cada iteração, duas aproximações diferentes são realizadas e comparadas. Se as duas respostas são próximas, é aceita. Em caso contrário, o passo deve ser reduzido. Se as respostas encontradas definem mais dígitos significativos que os requeridos, então, o passo deve ser aumentado.

Cada passo requer o uso das seguintes seis expressões:

$$k_1 = hf(t_2, y_n); \qquad (7.38)$$

$$k_2 = hf\left(t_n + \frac{1}{4}h, y_n + \frac{1}{4}k_1\right);$$

$$k_3 = hf\left(t_n + \frac{3}{8}h, y_n + \frac{3}{32}k_1 + \frac{9}{32}k_2\right);$$

$$k_4 = hf\left(t_n + \frac{12}{13}h, y_n + \frac{1932}{2197}k_1 - \frac{7200}{2197}k_2 + \frac{7296}{2197}k_3\right);$$

$$k_5 = hf\left(t_n + h, y_n + \frac{439}{216}k_1 - 8k_2 + \frac{3680}{513}k_3 - \frac{845}{4104}k_4\right);$$

$$k_6 = hf\left(t_n + \frac{h}{2}, y_n - \frac{8}{27}k_1 + 2k_2 - \frac{3544}{2565}k_3 - \frac{1859}{4104}k_4 - \frac{11}{40}k_5\right).$$

Para aproximação da solução do problema de valor inicial é utilizado o método de Runge-Kutta de quarta ordem:

$$y_{n+1} = y_n + \frac{25}{216}k_1 + \frac{1408}{2565}k_3 + \frac{2197}{4104}k_4 - \frac{1}{5}k_5 \qquad (7.39)$$

Onde o valor de k_1, k_3, k_4 e k_5 são usados. Observe que a expressão de k_2 não é utilizada na expressão (7.39). O melhor valor para a solução do problema de valor inicial é determinado usando o método de Runge-Kutta-Fehlberg de quinta ordem:

$$z_{n+1} = y_n + \frac{16}{135}k_1 + \frac{6656}{12825}k_3 + \frac{28561}{56430}k_4 - \frac{9}{50}k_5 + \frac{2}{55}k_6 \qquad (7.40)$$

O passo ótimo (*sh*) pode ser determinado multiplicando *s* vezes o passo *h*. O escalar *s* é determinado pela seguinte expressão:

$$s = \left(\frac{Tol(h)}{2\left| z_{n+1} - y_{n+1} \right|} \right)^{1/4} \approx 0{,}84 \left(\frac{Tol(h)}{\left| z_{n+1} - y_{n+1} \right|} \right)^{1/4} \qquad (7.41)$$

Onde a variável *Tol* é o erro tolerado.

A dedução da expressão (7.41) pode ser encontrada em livros avançados de análise numérica. Não é uma boa estratégia fazer o passo fixo na avaliação de uma equação diferencial. Embora, na tabela de resultados apareçam valores significativos. A interpolação polinomial deve ser utilizada em casos que precisem de alguns valores que não apareçam na tabela de resultados.

Exemplo 7.10: Compare as soluções do método de RK04 com às apresentadas pelo método de RKF05, para o seguinte problema de valor inicial:

$y' = 3y + 3t$ em [0, 1] com $y(0) = 1$.

Solução: A equação diferencial do exemplo, é uma equação linear de primeira ordem e é fácil verificar que a solução que cumpre a condição $y(0) = 1$ é $y(t) = \frac{4}{3}e^{3t} - t - \frac{1}{3}$.

A equação anterior é usada nos programas RK04 (Algoritmo 7.3) e RKF05 (Algoritmo 7.4) para determinar o erro de truncamento na pesquisa da solução aproximada do problema de valor inicial.

Um programa de computador foi elaborado para simular o método de RKF05 com uma tolerância de $2x10^{-4}$. O programa foi desenhado de tal forma, que o tamanho de passo muda automaticamente ajustando os dados da solução do problema para sua otimização. O programa foi testado previamente para determinar as constantes ótimas do intervalo na qual *s* deve variar. Em todos os casos, se analisou uma redução e um aumento do passo (*h*) em 128 partes, respectivamente. O número de iterações para atingir a solução do problema foi de 8. Além disso, as estruturas do algoritmo estão confinadas a produzir um conjunto de aproximações da solução (Tabela 7.7). O esboço do programa é mostrado no Algoritmo (7.4):

i	t_n	*Aprox. RKF05* y_i	*Solução exata* $y(t)$	*Erro* $y(t) - y_i$
0	0,00	1,0000000	1,0000000	0,0000000
1	0,20	1,8961969	1,8961584	-0,0000385
2	0,40	3,6936296	3,6934892	-0,0001404
3	0,50	5,1424507	5,1422521	-0,0001986
4	0,60	7,1331437	7,1328633	-0,0002804
5	0,70	9,8552883	9,8548932	-0,0003951
6	0,80	13,5647909	13,5642352	-0,0005557
7	0,90	18,6070894	18,6063090	-0,0007804
8	1,00	25,4484768	25,4473826	-0,0010943

Tabela 7.7: Resultados da aplicação do método de RKF05 para a solução numérica de $y' = 3y + 3t$ **,** $y(0) = 1$**.**

O Algoritmo (7.3) para o método de Runge-Kutta de quarto grau foi usado com um passo inicial de 0,1. Uma sequência de avaliações é gerada pelo programa igualmente espaçado (Tabela 7.8).

As duas principais observações que realizamos são a comparação dos métodos no sentido de determinar o grau de aproximação à solução do problema e o erro avaliado no processo. As aproximações (com sete casas decimais) de y_i no ponto final, são:

$y(1,0) =\approx y_{10} = 25,4431555$ para o método de Runge-Kutta de quarta ordem;

$y(1,0) =\approx y_8 = 25,4484768$ para o método de Runge-Kutta-Fehlberg de quinta ordem.

Os erro produzidos no processo de avaliação são:

$E_8 = -0,00100943$ e $E_{10} = 0,0042270$

Para os métodos de RKF05 e MRK04, respectivamente. Um melhor resultado se consegue com a adoção do MRKF05, tanto no esforço computacional (número de iterações) como no erro produzido nos cálculos:

i	t_n	*Aprox. RK04* y_i	*Solução exata* *y(t)*	*Erro* $y(t) - y_i$
1	0,10	1,3664500	1,3664784	0,0000284
2	0,20	1,8960817	1,8961584	0,0000767
3	0,30	2,6459822	2,6461375	0,0001553
4	0,40	3,6932097	3,6934892	0,0002795
5	0,50	5,1417805	5,1422521	0,0004716
6	0,60	7,1320994	7,1328633	0,0007639
7	0,70	9,8536902	9,8548932	0,0012030
8	0,80	13,5623793	13,5642352	0,0018559
9	0,90	18,6034906	18,6063090	0,0028183
10	1,00	25,4431555	25,4473826	0,0042270

Tabela 7.8: Resultados da aplicação do método de RK04 para a solução numérica de $y' = 3y + 3t$ **, y(0)=1.**

O Algoritmo (7.4) lista um conjunto de instruções que determinam o procedimento de aproximação pelo método de Runge-Kutta-Fehlberg. As primeiras instruções definem a função *f(t, y)*. A solução *y(t)* corresponde à equação diferencial. Essas duas expressões somente devem ser mudadas para aproximar a solução de outra equação. As primeiras linhas pedem ao usuário que entre com os valores iniciais, tolerância, intervalo de avaliaçãoe número de passos a realizar. Logo, seguem um conjunto de instruções que calculam as diferentes aproximações de (y_{n+1}) para a solução $\phi(t)$. Finalmente, os dados são impressos a cada passo.

Os dados mostrados na Tabela 7.7 indicam que o método de RKF05 funciona mais aproximado à solução de $dy/dt = 3t + 3y$, *y(0)* = 1 no intervalo [0, 1], ou seja, para cada *t* fixo (evolução das iterações) os valores calculados se aproximam do valor verdadeiro

Algoritmo para o método de Runge-Kutta-Fehlberg.

Definir a equação diferencial – *f(t, y)*;

Definir a expressão-solução da equação diferencial - *f(t,y)*;

Entrada. Atribuir valores à: (Tolerância (T), intervalo [A, B], número de passos);

H = (B – A) / N.

H_{min} = H/64; H_{max} = H * 64.

T[0] = A; J = 0. T = A.

Enquanto T < A, faça:

Se (T + H) > B então H = B – T {último passo};

T = T[J].

Y = Y[J].

K_1 = H * Fx(T, Y).

K_2 = H * Fx(T + (H/4), Y + (K_1/4)).

K_3 = H * Fx(T + (3H/8), Y + (3 K_1/32) + (9 K_2/31).

K_4 = H * Fx(T + (12H/13), Y + (1932 K_1/2197) - (7200 K_2/2197) + (7296 K_3/2197)).

K_5 = H * Fx(Y + H, Y + (439 K_1/216) - (8 K_2) + (3680 K_3/513) - (845 K_4/4104).

K_6 = H * Fx(Y + H/2, Y - (8 K_1/27) + (2 K_2) - (3544 K_3/2565) + (1859 K_4/4104) - (11 K_5/40).

Erro = ((K_1/360) - (128 K_3/4275) - (2197 K_4/75240) + (K_5/50) - (2 K_6/55)).

Se (Erro < T) ou (H < 2 * H_{min}), Então:

Y[J + 1] = Y + (25 K_1/216) + (1408 K_3/2565) + (2197 K_4/4104) - (K_5/5)

T[J + 1] = T + H;

J = J + 1

Se Erro = 0, Então S = 0.

Senão:

```
        S = 0,84 * [T * (H/Erro]^(1/4).
        Se (S < 0,75) e (H > 2 * H_min) Então H = H/2.
        Se ( S > 1,5) e (2*H < H_max) então H = H * 2.
    Fim-Enquanto.
    Saída – Imprimir T(k), Y(k).
    Fim.
```

Algoritmo 7.4: Procedimento de solução do método de Runge-Kutta-Fehlberg.

7.8 Os métodos de passos múltiplos

Nas seções anteriores, discutimos vários métodos numéricos cujos procedimentos são aproximados na solução de um problema de valor inicial. Eles são chamados de métodos de passo simples, pois usam a informação de um ponto prévio $\{(t_n, y_n)\}$ para calcular um valor aproximado da solução $\phi(t+1)$ no ponto ($t = t + 1$). Isto é, só o ponto inicial (t_0, y_0) é usado para calcular um valor aproximado em (t_1, y_1) e, em geral, o valor mais próximo de $y_{n+1} \approx \phi_{n+1}$ em qualquer ponto depende somente do ponto precedente (y_n). Uma questão que surge nesses processos é a possibilidade de utilizar a informação obtida nos cálculos anteriores $[y_1, y_2, y_3, ..., y_n]$ para determinar um valor próximo da solução no seguinte ponto. Os métodos que usam a informação precedente (pontos calculados previamente) são denominados de métodos de passos múltiplos.

Uma característica visível dos métodos de passos múltiplos é que o erro de truncamento local pode ser determinado e o termo correção pode ser incluído na expressão geral, de forma que a resposta em cada passo seja mais precisa. Quando o passo é bastante pequeno, pode-se obter valores bem aproximados de ϕ_{n+1}. Esses métodos usam uma combinação de duas funções de avaliação de *f(t, y)* em cada passo. Elas são denominadas de preditor e corretor.

Como ilustração, descreveremos dois métodos de passos múltiplos, o método de Milne-Simpson e o método de Adams-Bashforth-Moulton. Na apresentação de cada método descrevemos o processo de aproximação à solução, o grau de precisão segundo o número de pontos precedentes que são utilizados e o algoritmo para uma futura informatização do método.

7.9 O método de Milne-Simpson

Este método melhora a eficiência do método de Runge-Kutta de quarta ordem (RK04). Por exemplo, suponha que só o valor inicial $y(t_0) = y_0$ seja dado como condição inicial no problema. Outros valores podem ser calculados pelo RK04 ou pelo método das séries de Taylor. A função preditor é baseada na integração $f(t, y(t))$ no intervalo $[t_{n-3}, t_{n+1}]$:

$$y(t_{n+1}) = y(t_{n-3}) + \int_{n-3}^{n+1} f(t, y(t))\,dt = \int_{n-3}^{n+1} P_3(t)dt \tag{7.42}$$

O elemento preditor usa a aproximação polinomial de Lagrange baseado nos pontos (t_{n-3}, f_{n-3}), $(t_{n-2}, f_{n-2}), (t_{n-1}, f_{n-1})$ e (t_n, f_n) para aproximar $f(t, y(t))$. A função $f(t, y)$ é integrada no intervalo $[t_{n-3},\, t_{n+1}]$ e, assim obtermos o preditor de Milne-Simpson:

$$p_{n+1} = y_{n-3} + \frac{4}{3}h(2f_{n-2} - f_{n-1} + 2f_n) + \frac{28}{90}h^5 y(\bar{\xi}_1) \tag{7.43}$$

Onde $t_{n-3} < \bar{\xi}_1 < t_{n+1}$.

A função corretor é construída de forma semelhante. O valor de p_{n+1} é utilizado na construção da equação. Assim, um novo polinômio interpolador de Lagrange para a função é construído baseado nos pontos (t_{n-2}, f_{n-2}), (t_{n-1}, f_{n-1}) e o novo ponto $(t_{n+1}, f(t_{n+1},\, p_{n+1}))$. O polinômio interpolador formado é integrado no intervalo $[t_{n-1},\, t_{n+1}]$ e o resultado é a fórmula familiar de Simpson (1/3):

$$y_{n+1} = y_{n-1} + \frac{h}{3}(f_{n-1} + 4f_n + f_{n+1}) - \frac{5}{90}y(\bar{\xi}_2) \tag{7.44}$$

Onde $t_{n-1} < \bar{\xi}_2 < t_{n+1}$.

Os termos erros para a função preditor corretor nas fórmulas de integração numérica são de ordem O(h^5). O erro de truncamento local para as expressões (7.43 e 7.44) são:

$$y(t_{n+1}) - p_{n+1} = \frac{28}{90}y^{(5)}(\alpha_{n+1})h^5 \qquad \text{(preditor)} \tag{7.45}$$

$$y(t_{n+1}) - y_{n+1} = \frac{-1}{90} y^{(5)}(\beta_{n+1}) h^5 \qquad \text{(corretor)} \tag{7.46}$$

Suponhamos que o tamanho do passo seja bastante pequeno de forma que $y^5(t)$ seja uma constante no intervalo $[t_{n-3}, t_{n+1}]$. Então, os termos envolvendo as quatro derivadas da expressão (7.45 e 7.46) podem ser eliminados e o resultado será:

$$y(t_{n+1}) - p_{n+1} \approx \frac{28}{29}(y_{n+1} - p_{n+1}) \tag{7.47}$$

Os valores do preditor (p_k) e corretor (y_k) poderão ser substituídos pelos valores p_{n+1} e y_{n+1}, caso assuma que eles variam muito pouco de um passo para outro. Assim, a expressão (7.47) pode ser modificada pela expressão (7.48):

$$m_{n+1} = p_{n+1} + \frac{28}{29}(y_n - p_n) \tag{7.48}$$

Esse valor modificado é usado no lugar de p_{n+1}, na correção do passo, assim a equação se torna:

$$y_{n+1} = y_{n-1} + \frac{h}{3}[f_{n-1} + 4f_n + f(t_{n+1}, m_{n+1})] \tag{7.49}$$

Portanto, a expressão do método de Milne-Simpson melhorado tem a forma:

$$p_{n+1} = y_{n-3} + \frac{4}{3}h(2f_{n-2} - f_{n-1} + 2f_n) \qquad \text{(Preditor).} \tag{7.50}$$

$$m_{n+1} = p_{n+1} + \frac{28}{29}\left(\frac{y_n - p_n}{29}\right) \qquad \text{(Fator de modificação).}$$

$$f_{n+1} = f(t_{n+1}, m_{n+1}).$$

$$y_{n+1} = y_{n-1} + \frac{h}{3}(f_{n-1} + 4f_n + f_{n+1}) \qquad \text{(Corretor).}$$

```
Algoritmo para o método de Milne-Simpson.
1. Definir a equação diferencial – f(t, y);
2. Entrada. Atribuir valores a: A, B, Y0, Número de passos (N):
H = (B-A)/N. TRK[0] = A. YRK[0] = Y0.
Para K = 1 até 3, faça:
        TRK[K] = A + K * H.
        YRK[K] ← Y[K] ------(Método de RK04).
        F[K] = Fx(TRK[K], YRK[K]).
Pvelho = 0. Yvelho = 0;
Para K = 3 até N-1, faça:
        Pnovo = YRK[K-3] + (4H/3) * (2F[1] - F[2] + 2F[3]).
        Pmod = Pnovo + (28/29) * [Yvelho – Pvelho].
        POS = K + 1. Ant = K – 1.
        TRK(POS) = A + H * POS.
        F[4] = Fx(TRK[POS], Pmod).
        YRK[POS] = YRK[Ant] + (H/3) * (F[2] +4F[3] + F[4]).
        Pvelho = Pnovo. Yvelho = Y(POS).
        F[1] = F[2].
        F[2] = F[3].
        F[3] = Fx(TRK(POS), YRK(POS)).
4. Saída (TRK[K], YRK[K]). K = 1..N;
5. Fim.
```

Algoritmo 7.5: Procedimento de solução do método de Milne-Simpson.

Exemplo 7.11: Use o método de Milne-Simpson para calcular os valores aproximados da solução $\phi(t)$ em h = 0,5 para o problema de valor inicial:

$$y' = 2y - t^2 e^{2t}, \; y(0) = 1.$$

Solução: Para usar a aproximação do método de Milne-Simpson necessitamos, inicialmente, calcular os valores de y_4, y_3, y_2 e y_1. Esses valores são obtidos pelo método de Runge-Kutta de quarta ordem (Tabela 7.9) e comparados com os valores-solução para diferentes *t*:

t	*M.de Runge-Kutta* *H = 0,1*	*Solução exata* $y = \phi(t)$
0,1	1,218071	1,2218099
0,2	1,4958959	1,4958079
0,3	1,8385046	1,835179
0,4	2,2729967	2,2730191
0,5	2,8315078	2,8315436

Tabela 7.9: Resultados obtidos pelo método de RK04 na solução do problema $y' = 2y + t^2 e^{2t}$ **, y(0) = 1.**

Os valores *f(t, y)* mostrados na Tabela (7.10) foram calculados a partir dos dados obtidos na Tabela (7.9):

i	T	y_i	f_i
1	0,1	1,2218071	2,4558282
2	0,2	1,4958959	3,0514648
3	0,3	1,885046	3,8409999
4	0,4	2,2729967	4,9020799

Tabela 7.10: Cálculo de *f(t, y)* para $\{y_i\}_{i=1,4}$ **da equação** $y' = 2y + t^2 e^{2t}$ **, y(0) = 1.**

A função preditor de Milne-Simpson (expressão 7.45) é utilizada para calcular o valor p_5. Assim:

$$p_5 = y_1 + \frac{4}{3}h[2f_2 - f_3 + 2f_4]$$

$$= 1{,}22807 + \frac{4}{3}(0{,}1)[2(3{,}051468) - 3{,}8409999 + 2(4{,}9020799)]$$

$$= 2{,}8306190.$$

O erro produzido pelo preditor (com sete algarismos significativos) é 0,0009246. O valor da função $f_5 = f(0{,}5;\ 2{,}8306190)$ é 6,3408085.

A função corretor de Milne-Simpson (expressão 7.46) adaptada às condições do problema é:

$$y_5 = y_3 + \frac{h}{3}(f_3 + 4f_4 + f_5)$$

Substituindo os valores respectivos para a função corretor, temos:

$$y_5 = 1{,}8385046 + \frac{0{,}1}{3}(3{,}84409999 + 4x4{,}9020799 + 6{,}3408085)$$

$$= 2{,}8316122.$$

O valor obtido pelo corretor contém um erro em módulo de 0,0000686.

Como podemos observar, um melhor resultado é obtido com a fórmula de Milne-Simpson. Ela contém um erro 25 vezes menor que a função preditor.

7.10 Método de Adams-Moulton-Bashforth

Este método está baseado em um procedimento de solução de passos múltiplos e tem mais estabilidade que o método de Milne-Simpson. A aplicação do mesmo, requer de um conjunto de valores calculados por alguma outra técnica. É mais preciso quando se utiliza um polinômio de graus elevado, ou seja, quando se trabalha a partir de uma grande quantidade de pontos. Nesse método, a função derivada representada na forma de um polinômio, é integrada segundo os princípios do teorema fundamental de cálculo:

$$y(t_{n+1}) = y(t_n) + \int_{t_n}^{t_{n+1}} f'(t, y(t))dt \tag{7.51}$$

Onde *y(t)* é uma aproximação da solução $\phi(t)$ do problema de valor inicial. A idéia fundamental do método é aproximar $y'(t)$ por uma função polinomial $P_k(t)$ de grau *k-1* e usar este polinômio para achar a integral da expressão (7.51).

A função preditor usa como aproximação de $y'(t)$ o polinômio interpolador de Lagrange para encontrar os coeficientes de uma função baseada nos pontos (t_{n-3}, f_{n-3}), (t_{n-2}, f_{n-2}), (t_{n-1}, f_{n-1}), e (t_n, f_n) no intervalo $[t_n, f_{n-3}]$. O erro total local dessa função de quarta ordem é proporcional a h^5. O polinômio formado é de terceiro grau. Substituindo-o por $y'(t)$ na expressão (7.51), calculando a integral e simplificando o resultado, obtemos a fórmula do preditor de Adams-Bashforth de quarta ordem:

$$P_{n+1} = y_n + \frac{h}{24}\left(55f_n - 59f_{n-1} - 37f_{n-2} - 9f_{n-3}\right) \tag{7.52}$$

A função corretor de Adams-Moulton pode ser obtida a partir de uma pequena modificação da função de Adams-Bashforth. O valor P_{n+1} é usado para construir um segundo polinômio de Lagrange baseado nos pontos (t_{n-2}, f_{n-2}), (t_{n-1}, f_{n-1}), (t_n, f_n) e o novo ponto $(t_{n+1}, f(t_{n+1}, P_{n+1}))$ para substituir o polinômio por $y'(t)$.

A função corretor de Adams-Moulton de quarta ordem é dada por:

$$y_{n+1} = y_n + \frac{h}{24}\left(f_{n-2} - 5f_{n-1} + 19f_n + 9f_{n+3}\right) \tag{7.53}$$

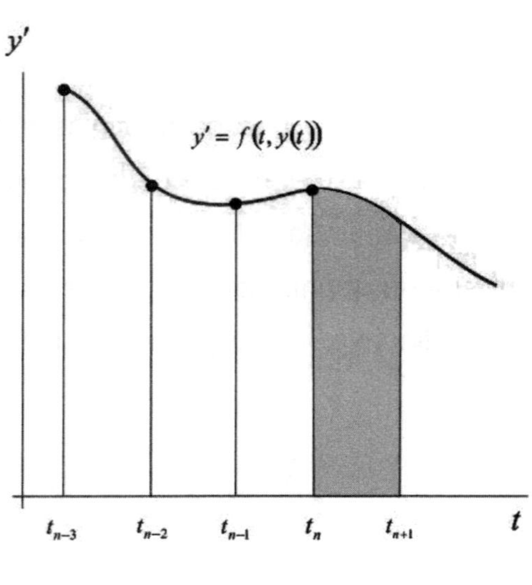

Figura 7.9: Integração no intervalo $[t_k, t_{k+1}]$ (extrapolação).

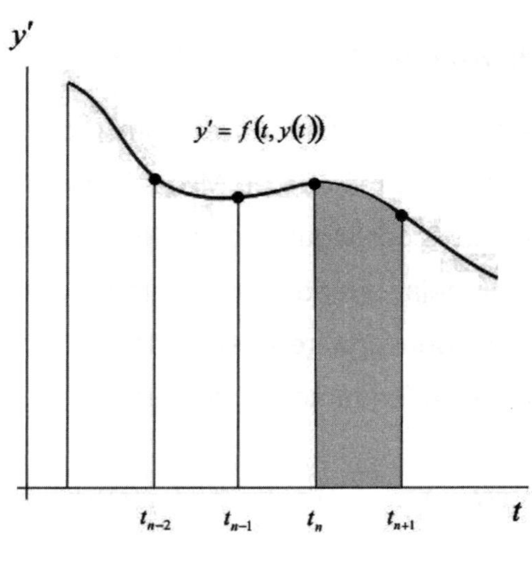

Figura 7.10: Integração no intervalo $[t_k, t_{k+1}]$ (interpolação).

Em resumo, duas funções (7.52 e 7.53) são combinadas para calcular os valores f_{n-3}, f_{n-2}, f_{n-1} e f_n. Logo, utilizamos a fórmula de previsão (Adams-Moulton) para encontrar um valor aproximado de P_{n+1}. Posteriormente, calculamos f_{k+1} e usamos a fórmula de correção (Adams-Moulton) para obter um valor mais preciso (y_{k+1}). A fórmula do corretor pode ser utilizada várias vezes se a variação de y_{k+1} for elevada e nestes casos, recomenda-se que o passo h seja reduzido.

As Figuras (7.9 e 7.10) mostram os quatro nós usados na determinação dos polinômios de Lagrange, no desenvolvimento das fórmulas (7.52 e 7.53) de Adams-Bashforth e Adams-Moulton, respectivamente.

O termo erro total local das funções de integração numérica usadas para obter o preditor (7.52) e o corretor (7.53) são de ordem $O(h^5)$. Elas estão expressas nas equações (7.54 e 7.55):

$$y(t_{n+1}) - P_{n+1} = \frac{251}{720} y^{(5)}(\alpha_{n+1})h^5 \qquad \text{(preditor)} \tag{7.54}$$

$$y(t_{n+1}) - y_{n+1} = \frac{-19}{720} y^{(5)}(\beta_{n+1})h^5 \qquad \text{(corretor)} \tag{7.55}$$

Se o passo (h) é pequeno e $y^{(5)}(t)$ é uma constante no intervalo, então os termos envolvendo a quinta derivada em 7.54 e 7.55 podem ser eliminados. Assim, teríamos:

$$y(t_{n+1}) - y_{n+1} \approx \frac{-19}{720}\left(y_{n+1} - p_{n+1}\right) \tag{7.56}$$

A expressão (7.56) é importante porque nos proporciona uma estimativa do erro total local a partir de dois valores calculado, P_{n+1} e y_{k+1}.

Algoritmo para o método de Adams-Moulton-Bashforth.

1. Definir a equação diferencial – $f(t, y)$;

2. Entrada. Atribuir valores a: A, B, Y0, Número de passos (N):

H = (B-A)/N. TRK[0] = A. YRK[0] = Y0.

F[0] = Fx(TRK[0], YRK[0]).

Para K = 1 até 3, faça:

TRK[K] = A + K * H.

```
        YRK[K] ← Y[K] ------(Método de RK04).
        F[K] = Fx(TRK[K], YRK[K]).
    Para K = 3 até N-1, faça:
        P = YRK[K] + (H/24) * (-9F[0] + 37F[1] –59F[2] + 55F[3]).
        POS = K +1.
        T(POS) = A + H * POS.
        F[4] = Fx(TRK[POS], P).
        YRK[POS] = YRK[K] + (H/24) * (F[1] –5F[2] + 19F[3] + 9F[4]).
        F[0] = F[1].
        F[1] = F[2].
        F[3] = Fx(TRK(POS), YRK(POS)).
    4. Saída (TRK[K], YRK[K]). K = 1..N;
    5. Fim.
```

Algoritmo 7.6: Procedimento de solução do método de Adams-Moulton-Bashforth.

Exemplo 7.12: Determine novamente pelo método de Adams-Moulton os valores aproximados da solução $\phi(t)$ em h = 0,5, do problema de valor inicial:

$$y' - 2y = t^2 e^{2t},\ y(0) = 1.$$

Solução: Os valores iniciais de y_2, y_3, y_4, podem ser determinados com o auxílio do método de Runge-Kutta de quarta ordem. Esses valores são mostrados na Tabela (7.9). A partir dos valores obtidos nessa Tabela, calculamos os valores correspondentes de $f(t, y)$.

Usando a fórmula do preditor Adams-Bashforth, expressão (7.52), determinamos o valor de P_5:

$$p_5 = y_4 + \frac{h}{24}(55 f_4 - 59 f_3 + 37 f_2 - 9 f_1)$$

$$p_5 = 2{,}2729967 + \left(\frac{0{,}1}{24}\right)(55 * 4{,}9020799 - 59 * 3{,}8409999 + 37 * 3{,}0514648$$

$$-9*2{,}4558282)$$

$$=2{,}8304848.$$

O valor exato da solução até sete algarismos significativos e, t = 0,5 é 2,83046. O erro produzido em módulo pelo preditor é 0,0010588.

A fórmula do corretor de Adams-Moulton (7.53) leva a expressão:

$$y_5 = y_4 + \frac{h}{24}\left(f_2 - 5f_3 + 19f_4 + 9f_5\right)$$

$$y_5 = 2{,}2729967 + \frac{0{,}1}{24}(3{,}0514648 - 5*3{,}8409999 + 19*4{,}9020799 + 9*6{,}3405401),$$

$$= 2{,}8315419.$$

Para p_5, o valor de $f(t_5, p_5)$ é 6,3405401. Logo, substituindo os valores para y_4, f_2, f_3, f_4 e f_5 encontramos que y_5 = 2,8315419, contém um erro em relação ao valor solução de 0,0000017.

A fórmula de Adams-Moulton fornece um cálculo mais preciso que a expressão de Adams-Bashforth, com um erro mais ou menos de 55 vezes menor.

7.10.1 Critério de Convergência

A seguir ,mostram-se critérios de convergência para determinar quão pequeno deve ser h no método de Milne-Simpson para o problema de valor inicial. Considere:

y_p = O valor de y_{n+1} fórmula predictor (7.43);

y_c = O valor de y_{n+1} fórmula predictor (7.44);

y_i = conjunto de valores y_{n+1} das sucessivas correções, isto é, $\{y_c, y_1, y_2, y_3 \ldots y_\infty\}$;

y_∞ = Valor que converge com a solução.

Dif = $y_c - y_p$

A variação de y_c na correção, é:

$$y_i - y_c = \left[y_n + \frac{h}{3}\left(y'_c + 4y'_n + y'_{n-1}\right) \right] - \left[y_n + \frac{h}{3}\left(y'_p + 4y'_n + y'_{n-1}\right) \right] \tag{7.57}$$

Os sub índices *c* e *p* na expressão (7.57), denotam o valor de *y* que está sendo utilizado para avaliar a derivada em $t = t_{n+1}$. Assim:

$$y'_c - y'_p = f\left(t_{n+1}, y_c\right) - f\left(t_{n+1}, y_p\right), \tag{7.58}$$

$$= \frac{f\left(t_{n+1}, y_c\right) - f\left(t_{n+1}, y_p\right)}{y_c - y_p}\left(y_c - y_p\right),$$

$$= f_y(\xi_1) Dif, \quad \xi_1 \varepsilon \left[y_c, y_p\right].$$

A expressão (7.58) representa a primeira correção. Na seguinte correção, temos:

$$y_{i+1} - y_i = \frac{h}{3}\left(y'_i - y'_c\right), \tag{7.59}$$

$$= \frac{h}{3} f_y(\xi_2)\left(y_i - y_c\right),$$

$$= \frac{h}{3} f_y(\xi_2)\left(\frac{h}{3}(Dif) f_y(\xi_1)\right),$$

$$= \left[\frac{h}{3}\right]^2 \left[f_y(\xi)\right]^2 Dif, \quad \xi_2 \varepsilon \left[y_c, y_i\right].$$

As restrições de continuidade na expressão (7.59) são $f(\xi_1)$ e $f(\xi_2)$ tem o mesmo sinal e ξ encontra-se nos extremos de y_p, y_c e y_i. Observa-se que as futuras correções terão uma expressão similar à equação (7.59). O valor de y_∞ representa o valor de y_p mais a soma de todas as correções feitas no processo:

$$y_\infty = y_p + \left(y_c - y_p\right) + \left(y_i - y_c\right) + \left(y_{i+1} - y_i\right) + \ldots$$

$$y_\infty = y_p + \text{Dif} + \frac{h}{3}\left[f_y(\xi)(\text{Dif}) \right] + \left[\frac{h}{3} f_y(\xi) \right]^2 (\text{Dif}) + \left[\frac{h}{3} f_y(\xi) \right]^3 (\text{Dif}) + \ldots$$

O incremento de y_p é uma série geométrica. Assim, se a taxa é menor que a unidade:

$$y_\infty = y_p + \frac{Dif}{1-r}, \quad r = \frac{h}{3} f_y(\xi), \quad \xi \varepsilon [y_p, y_\infty]$$

Como:

$$|r| = \frac{h|f_y(\xi)|}{3} = \frac{h f_y(t_n, y_n)}{3} < 1$$

Então, as sucessivas correções vão divergir. Assim, o primeiro critério de convergência é:

$$h < \frac{3}{|f_y(t_n, y_n)|} \tag{7.60}$$

Para colocar y_c e y_∞ dentro da n-ésima casa decimal, fazemos:

$$y_\infty - y_c = \left(y_p + \frac{Dif}{1-r} \right) - (y_p - Dif) = \frac{r(Dif)}{1-r} < 10^{-N}$$

A fração $\frac{r}{1-r} = r$ quando r<<1.

A seguir, será apresentado um segundo critério de convergência que assegura o primeiro valor corrigido adequado, ou seja, o valor não vai mudar na n-ésima casa decimal depois de fazer outra correção:

$$(Dif)10^N < \left\| \frac{1}{r} \right\| = \frac{3}{h|f_y(t_n, y_n)|} \tag{7.61}$$

Para o método de Milne-Simpson, mostramos dois critérios de convergência:

Critério de convergência → $(Dif)(h)10^N < \frac{3}{|f_y|}$.

Critério de precisão → $(Dif)10^N < 29$.

De igual forma, para o método de Adams-Moulton-Bashforth podem ser derivados dois critérios de convergência:

Critério de convergência → $(Dif)(h)10^N < \dfrac{24/9}{|f_y|}$.

Critério de precisão → $(Dif)10^N < 14$.

Esses critérios de convergência só são válidos para equações diferenciais de primeira ordem.

7.11. Aplicações das equações lineares de primeira ordem

Uma classe importante de equação diferencial de primeira ordem é aquela em que a variável independente não aparece de forma explícita e tem a forma:

$$\frac{dy}{dt} = f(t)$$

As aplicações mais importantes dessas equações diferenciais encontram-se no domínio da mecânica, na dinâmica de populacional, na química, na medicina, nas ciências sociais, etc.

Nos seguintes exemplos, iremos analisar problemas que envolvem o movimento de um corpo rígido sobre uma reta, o crescimento ou declínio da população de uma espécie, uma questão importante que vai da medicina à ecologia e na mistura de elementos químicos.

As equações diferenciais em problemas de valor inicial representam modelos de situações reais e dependendo do intervalo de análise, a solução é única. Um modo de observar esta situação é examinando as curvas soluções a partir do campo de inclinações. Um exemplo é mostrado na Figura (7.1). Assim, se soubermos a velocidade de um corpo em movimento poderemos prever em qualquer momento o estado de sua velocidade. Se soubermos o comportamento populacional de uma cidade, poderemos prever a futura população. Em outras palavras, se soubermos o estado inicial de uma grandeza e como varia seu comportamento, poderemos estimar seu futuro.

Aplicação na mecânica.

Vamos considerar um exemplo de queda livre de um corpo movendo-se ao longo de uma reta sobre a superfície da terra. No exemplo, supomos que exista resistência do ar e a única força que atua sobre o corpo é a gravidade . O objetivo é encontrar um modelo que nos estime a velocidade do foguete levando em conta a resistência do ar.

Por outro lado, devemos considerar no desenvolvimento do modelo a segunda lei de Newton. Se um objeto com massa está sujeito à uma força *F*, então ele adquire uma aceleração na qual satisfaz a seguinte equação:

$$F = ma$$

Exemplo 7.13: Velocidade de um foguete.

Descrição do problema. Lança-se ao espaço um foguete auxiliar transportando um satélite de observação. O foguete e o satélite têm massa *m* e estão sujeitos à resistência do ar, proporcional à velocidade *v* em um instante arbitrário *t*. A equação diferencial que serve de modelo para a velocidade do foguete e satélite, é:

$$m\frac{dv}{dt} = mg - Kv\,,$$

Onde *g* é a aceleração devida à gravidade ($9{,}8\text{m/s}^2$).

Utilize um método numérico para estimar a velocidade do foguete no final do primeiro segundo em $v(0) = v_0$, sendo $v_0 = 20$m/s. Considere $h = 0{,}1$ e a velocidade final do corpo igual a 30m/s:

Solução : Vamos traçar o eixo dos X na posição vertical (para baixo) com a origem na posição inicial do corpo (Figura 7.11).

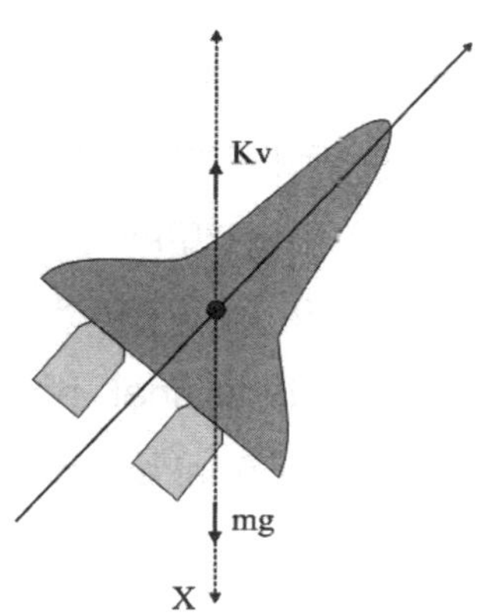

Figura 7.11: Corpo de massa *m* sujeito à resistência do ar.

O peso *mg* do corpo atua na direção para baixo, mais a resistência $K|v|$, onde *K* é uma constante positiva, atua em sentido contrário para impedir ou retardar o movimento do corpo. Quando a velocidade é positiva, a resistência está dirigida para cima (direção negativa) e é dada por $-Kv$. Quando a velocidade é negativa, a resistência atua para baixo e continua a ser dada por $K|v| = K(-v) = -Kv$. Assim, para todos os casos, o movimento do foguete e do satélite pode ser reescrito como:

$$\frac{dv}{dt} + \frac{k}{m}v = g$$

Essa equação diferencial é de primeira ordem linear e tem como fator de integração uma função exponencial ($e^{Kt/m}$). A solução geral da equação é:

$$v = \frac{mg}{k} + c_1 e^{-Kt/m}$$

A condição inicial $v(0) = 20$ impõe que $c_1 = (20 - mg/k)$, então:

$$v = \frac{mg}{k} + \left(20 - \frac{mg}{k}\right)e^{-Kt/m}$$

Assim, a velocidade dos corpos (foguete e satélite) em qualquer instante de tempo t, é dada pela equação obtida para v.

Note que:

$$\lim_{t \to \infty} v(t) = \frac{mg}{k}$$

O gráfico dessa função é mostrado na Figura (7.12). No inicio, os corpos caem lentamente, o que significa que a resistência do ar é pequena, e dessa forma, ao cair aceleram bastante. À medida que os corpos começam a cair mais rapidamente, a resistência do ar aumenta até equilibrar a força gravitacional. Neste ponto, os corpos atingem sua velocidade final, mg/k. Na verdade, os corpos nunca atingem a velocidade final, porque $e^{-kt/m}$ nunca será realmente nula. No entanto, a velocidade fica próxima do valor final após alguns segundos:

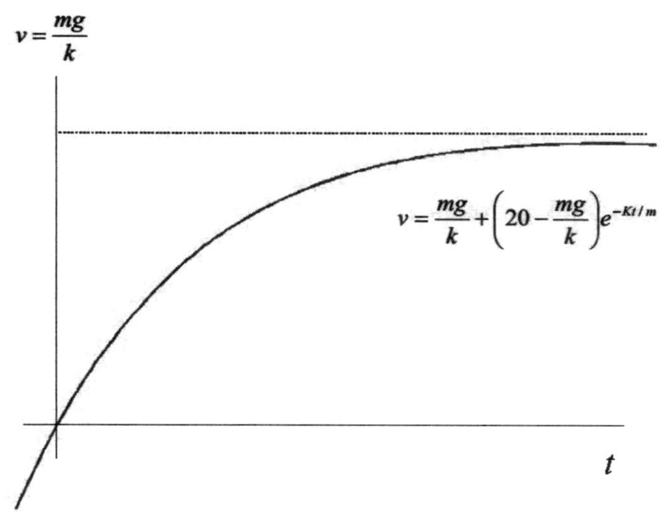

Figura 7.12: Velocidade de um corpo em função do tempo admitindo uma resistência do ar = *kv*.

A aplicação da expressão da velocidade (*v*) exige primeiramente, a determinação dos valores de *m, g* e *k*. A expressão da velocidade final pode ser obtida fazendo a equação diferencial, *dx/dt* = 30. Logo:

$$v = \frac{mg}{k}.$$

Segundo o problema, a velocidade final do corpo é igual a 30m/s. Então:

$$\frac{mg}{k} = 30$$

E como a aceleração da gravidade (*g*), é igual a 9,8m/s^2, temos:

$$\frac{m}{k}(9{,}8) = 30$$

Assim:

$$\frac{k}{m} = 0{,}32666.$$

Para calcular *v*, não precisamos calcular os valores de *k* e *m* separadamente, já que sabemos que:

$$v = 30 - 10e^{-0,32666t}.$$

Onde *t* é dado em segundos e *v* em m/s. Dessa forma, temos modelado a função velocidade *v* = *v(t)* em queda livre e ela pode ser obtida resolvendo o problema de valor inicial:

$$v' = 9,8 - 0,32666v, \quad v(0) = 20.$$

De acordo com os resultados da Tabela (7.11), vemos que para este problema, a fórmula de Runge-Kutta de quarta ordem é bem precisa na estimação do comportamento da velocidade do foguete com o satélite. Os resultados também mostram uma concordância entre os valores previstos e os reais, o que nos indica que nossa hipótese sobre a resistência do ar é razoável:

t_n	*Aprox. RK04*	*Solução exata*	*Erro*
	v_i	$v(t)$	$v(t) - v_i$
0,1	20,3214020	20,3213823	0,0000197
0,2	20,6324746	20,6324359	0,0000387
0,3	20,9335500	20,9334928	0,0000571
0,4	21,2249493	21,2248743	0,0000750
0,5	21,5069836	21,5068913	0,0000922
0,6	21,7799537	21,7798448	0,0001090
0,7	22,0441511	22,0440260	0,0001251
0,8	22,2998577	22,2997169	0,0001408
0,9	22,5473463	22,5471904	0,0001559
1,0	22,7868811	22,7867105	0,0001706

Tabela 7.11: Resultados da aplicação do método de RK04 para a solução numérica de $v' = 9,8 - 0,32666v$ em *v*(0) = 20 com *h* = 0,1.

O ponto de unicidade da equação diferencial se encontra no ponto *v*(0) = 20 e conforme se afasta do ponto inicial, o erro de truncamento local aumenta mais. Esse crescimento vai decrescendo à uma proporção de 50% aproximadamente. Assim, para reduzir o erro de truncamento local a um valor razoável no intervalo [0, 1], devemos escolher o valor do incremento *h* com base em uma análise realizada nas vizinhanças de *t* = 1.

Outras aplicações das equações diferenciais encontra-se na lei de Newton de aquecimento e resfriamento. Newton argumentou que a temperatura de um objeto quente diminui a uma taxa proporcional à diferença entre sua temperatura e a temperatura do ambiente. Da mesma forma, um objeto frio se aquece a uma taxa proporcional à diferença de temperatura entre o objeto e o ambiente.

Exemplo 7.14: Lei de aquecimento e resfriamento de Newton.

Descrição do problema. Suponha que a temperatura de uma xícara de café obedeca à lei de Newton de resfriamento. Se o café está à uma temperatura de 90°C, logo, depois de coado e um minuto depois a temperatura diminui para 85°C em uma cozinha que se encontra a 25°C. a) Determine o tempo que o café levará para chegar a uma temperatura de 65°C. b) Use um método numérico para obter a estimativa da temperatura depois de um minuto, sobre a curva solução da equação diferencial que passa pelo ponto $T(0) = 90$. Considere $h = 0{,}1$.

Solução: À medida que o café esfria, a taxa diminui, pois a diferença de temperatura entre o café e o ambiente da cozinha também diminui. A longo prazo, a taxa de resfriamento tende a zero e a temperatura do café aproxima da temperatura desse ambiente.

Assim, primeiramente vamos determinar a temperatura do café em função do tempo, utilizando a lei do resfriamento para estabelecer uma equação diferencial. Esta lei diz que a seguinte relação é valida.

(Taxa de variação da temperatura) / (Diferença de temperatura) = *k*,

onde *k* é uma constante.

Se *T* é a temperatura do café, então:

Diferença de temperatura = $T - 25$.

Logo:

$$\frac{dT}{dt} = k(T-25).$$

A constante *k* estabelece um valor positivo ou negativo à equação. Isto é, se a diferença de temperatura for positiva ($T > 25$), então *T* está diminuindo, portanto a taxa de variação é negativa. Logo, *k* deve ser negativa. Assim, temos:

$$\frac{dT}{dt} = -k(T - 25) \text{ para } k > 0.$$

Vamos admitir que no instante $t = 0$, a temperatura do café é T_0. Suponhamos também que depois de um determinado período de tempo (t_m), a temperatura do café seja T_m igual à temperatura de 25°C. Se admitirmos que a equação da taxa de variação da temperatura é valida para modelar esta situação, então podemos determinar t_m.

A solução da função da taxa de variação como a condição inicial $T(0) = T_0$, é:

$$T(t) = T + (T_0 - T)e^{-Kt}.$$

A constante k pode ser determinada a partir do segundo estado do café, isto é, depois de transcorrido um minuto (t_1), a temperatura do café é T_1 = 85°C. Assim, temos:

$$T_1 - T = (T_0 - T)e^{-Kt}$$

E daí:

$$k = -\frac{1}{t_1}\left(\frac{T_1 - T}{T_0 - T}\right).$$

Onde t_1, T_0, T_1 e T são constantes conhecidas.

Para determinar o valor de k, usamos o fato de que após um minuto ($t_1 = 1$) a temperatura é de 85°C. Logo:

$$k = -\left(\frac{1}{1}\right)\ln\left(\frac{85 - 25}{90 - 25}\right),$$

$$k \approx 0{,}08.$$

A função linear da temperatura é dada por:

$$T = 25 + 65e^{-0{,}08t}.$$

Portanto, a equação diferencial formada para o problema de valor inicial é:

$$T' = \frac{dT}{dt} = -0{,}08(T - 25)\,,\ T(0) = 90.$$

A Figura (7.13) mostra o gráfico da temperatura depois de substituir os valores de T e T_0 na equação da temperatura. A função resultante $T = 25 + 65e^{-0{,}08t}$ intercepta o eixo vertical (T°C) em T = 90. Conforme transcorre o tempo, a temperatura cai exponencialmente e forma uma assíntota à reta $T = 25$. Depois de um longo período de tempo $(t \to \infty)$, a temperatura tende a do ambiente da cozinha (25°C):

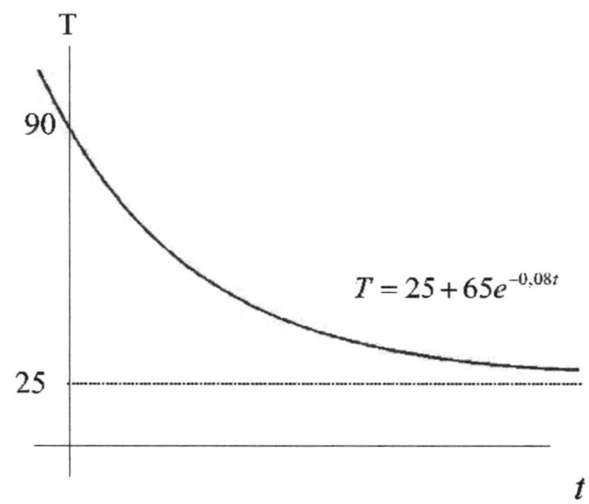

Figura 7.13: Curva da temperatura do café.

Finalmente, para determinar t_m fazemos $t = t_m$, $T_0 = 90$ e $T = T_m$ ($T = 85$) na expressão da temperatura e resolvemos para t_m:

$$t_m = -\left(\frac{1}{k}\right)\ln\left(\frac{T_m - T}{T_0 - T}\right)$$

Assim:

$$t_m = -\left(\frac{1}{0{,}08}\right)\ln\left(\frac{85 - 25}{90 - 25}\right),$$

$$t \approx 6{,}0\,.$$

Então, concluímos que a xícara de café atinge a temperatura de 85°C depois de 6 minutos.

b) Vamos usar o método de Runge-Kutta de quarta ordem para determinar valores aproximados da solução $T' = -0{,}08(T - 25)$ no ponto *T*(0) = 90. Para estimar esses valores, vamos utilizar incremento *h* = 0,1:

t_n	*Runge-Kutta04*	*Solução exata*	*Erro Estimado*
0,1	89,4820745	89,4820745	0,0000000
0,2	88,9682758	88,9682758	0,0000000
0,3	88,4585711	88,4585711	0,0000000
0,4	87,9529278	87,9529278	0,0000000
0,5	87,4513135	87,4513135	0,0000000
0,6	86,9536962	86,9536962	0,0000000
0,7	86,4600438	86,4600438	0,0000000
0,8	85,9703250	85,9703250	0,0000000
0,9	85,4845082	85,4845082	0,0000000
1,0	85,0025625	85,0025625	0,0000000

Tabela 7.12: Resultados da aplicação do método de RK04 para a solução numérica de $T' = -0{,}08(T - 25)$ em *T*(0) = 90.

Os resultados obtidos pelo método de Runge-Kutta de quarta ordem, são mostrados na Tabela (7.12) juntamente com os valores solução de *T* (com precisão de sete dígitos significativos), calculados a partir da equação $T = 25 + 65e^{-0{,}08t}$ que é a curva solução que passa pelo ponto $0 \le t \le 1$. O fato da curva ser côncava para cima significa que os valores aproximados de *T* estão no mesmo segmento de curva dos valores verdadeiros. Assim, esse método leva à resultados que estão em concordância com os valores solução. O erro percentual é nulo.

Crescimento populacional

Vejamos o caso da dinâmica populacional. Seja $\phi(t)$ a população de uma espécie num instante *t*. A hipótese mais simples sobre a variação da população é a taxa de variação de *P* ser proporcional à taxa da população, ou seja:

$$\frac{dP}{dt} = kP$$

Onde *k* é uma constante de proporcionalidade. A constante *k* é a taxa de crescimento (*k* > 0) ou de declínio (*k* < 0), dependendo de ser positiva ou negativa. A quantidade de $\left(\frac{\left(dP/_{dt}\right)}{P}\right)$ é chamada taxa de crescimento relativa e representa a taxa de crescimento absoluta como uma fração da população total.

O modelo matemático constituído de crescimento populacional mais simples supõe que a taxa de crescimento relativa é constante, ou seja:

$$\frac{1}{P}\left(\frac{dP}{dt}\right) = k$$

Onde *k* é uma constante de crescimento ou declínio contínuo. Isso equivale que a população cresce ou decresce exponencialmente:

$$P = P_0 e^{Kt}.$$

Em condições ideais, esses modelos formulados de forma simplista foram observados com bastante exatidão em períodos de tempo limitados. Mas, como essas condições ideais não podem subsistir eternamente pelas limitações da natureza (Por exemplo, recursos, espaço, guerra, etc.), a taxa de crescimento é limitada. Por outro lado, para pequenas populações, esse modelo exponencial muitas vezes é bastante preciso.

Os gráficos de curvas-solução para alguns $P_0 > 0$ e $P_0 < 0$, refletidos no eixo dos Y, estão representados na Figura (7.14):

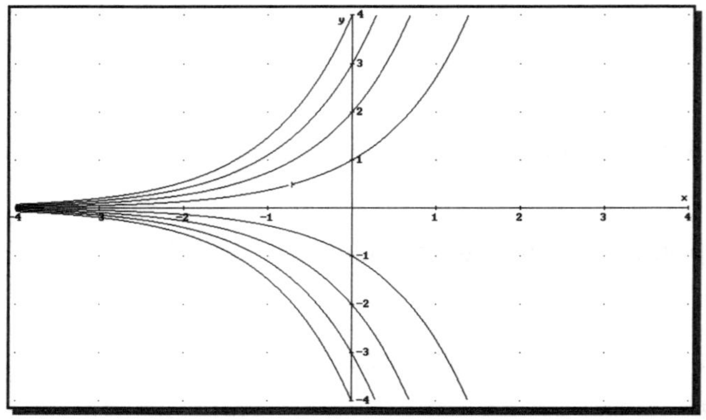

Figura 7.14: Gráficos da função crescimento ou decrescimento exponencial, $P = P_0 e^{Kt}$.

Exemplo 7.15: Seleção híbrida.

Descrição do problema. Uma pesquisa sobre uma população de formigas consiste em determinar quão rapidamente a característica *E* se transmite de uma geração para a próxima. No inicio da pesquisa (t = 0), constatou-se que metade da população tem característica E. Após três gerações (t = 3), 70% da população têm essa característica. O modelo de seleção híbrida genética está baseado na seguinte equação diferencial:

$$\frac{dy}{dt} = ky(1-y)(a-by),$$

Onde *y* representa a parcela da população que possui determinada característica e *t* representa o tempo (medido em gerações). As constantes *a* e *b* são valores que dependem das características genéticas do estudo.

Estime por meio do método numérico Adams-Moulton-Bashforth o percentual da população que terá a característica *E* em 4 gerações. Considere no modelo de seleção híbrida *a* = 3 e *b* = 1. Use *h* = 0,1.

Solução. A equação diferencial do modelo de seleção híbrida com *a* = 3 e *b* = 1, é:

$$\frac{dy}{dt} = ky(1-y)(3-y).$$

Resolvendo a equação e depois substituindo os valores de *a* e *b,* leva-nos à solução original:

$$\frac{y(3-y)}{(1-y)^2} = Ce^{3kt}.$$

Para determinar as constantes *C* e *k*, utilizamos as seguintes condições iniciais. Como *y* = 0,5 quando *t* = 0, obtemos *C* = 5. Análogamente, como *y* = 0,70 quando *t* = 3, temos:

$$\frac{(0{,}70(2{,}3)}{(0{,}3)^2} = 5e^{3(3)k},$$

De modo que $k \approx 0{,}141638$.

Assim, uma solução particular do problema de valor inicial ao modelo de seleção híbrida é:

$$\frac{y(3-y)}{(1-y)^2} = 5e^{0{,}424914t}$$

Ou:

$$y_1 = \frac{\left[40e^{0{,}424914t}+9\right]^{1/2} + 10e^{0{,}424914t} + 3}{2\left(5e^{0{,}424914t}+1\right)},$$

$$y_2 = -\frac{\left[40e^{0{,}424914t}+9\right]^{1/2} - 10e^{0{,}424914t} - 3}{2\left(5e^{0{,}424914t}+1\right)}.$$

A Figura (7.15) mostra o gráfico da função solução de seleção híbrida.

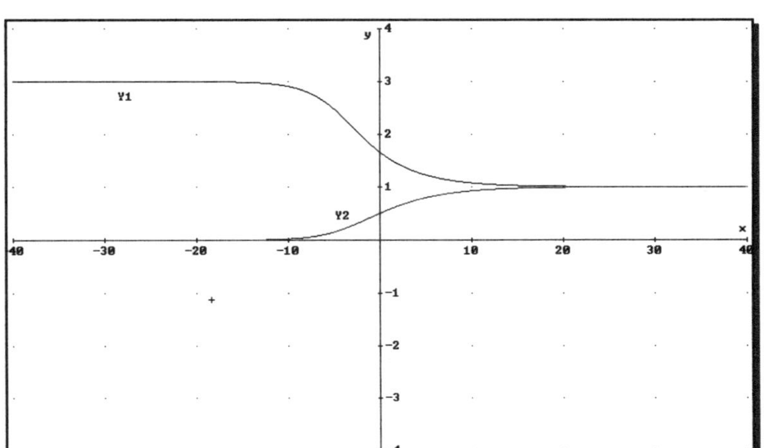

Figura 7.15: Solução $y' = 0{,}141638y(1-y)(3-y)$ **em *y*(0)= 0,5 e *y*(3) = 0,7.**

Assim, o percentual da característica *E* na população é obtido pela resolução do seguinte problema de valor inicial:

$$y' = 0{,}141638y(1-y)(3-y),\ y(0) = 0{,}5 \text{ e } y(3) = 0{,}7.$$

A Tabela (7.13) mostra os resultados para *t* = 4 no método de Adams-Moulton-Bashforth para a função de seleção híbrida (y_2) em *y(0)* = 0,5. Observe que para *t* = 4, as aproximações divergem lentamente, ou seja, quanto maior os valores de t menos precisas às aproximações se tornam. O erro de truncamento em *t* = 4 é 0,0335241:

t_n	*Runge-Kutta*	$f(t,y)$	*Método de A-M-B*	*Solução exata*	*Erro*
0,4	0,5351023	0,0868506	0,5351023	0,5751328	0,0400305
0,8	0,5693781	0,0844100	0,5693781	0,5952105	0,0258324
1,2	0,6025439	0,0813220	0,6025439	0,6160474	0,0135035
1,6			0,6343667	0,6372361	0,0028694
2,0			0,6646656	0,6584359	-0,0062297
2,4			0,6933110	0,6793693	-0,0139417
2,8			0,7202212	0,6998174	-0,0204037
3,2			0,7453566	0,7196132	-0,0257435
3,6			0,7687141	0,7386342	-0,0300799
4,0			0,7903203	0,7567961	-0,0335241

Tabela 7.13: Resultados da aplicação do método de Adams-Moulton-Bashforth para a solução numérica de $y' = 0{,}141638y(1-y)(3-y)$ em $y(0) = 0{,}5$.

Na Tabela (7.14) se apresentam os resultados dos valores aproximados à curva solução para *y*(3) = 0,70. Nesta situação, o erro de truncamento em *y*(4) é 0,0060743. Estas aproximações são mais exatas que no caso da curva em *y*(0) = 0,5:

t_n	*Runge-Kutta*	$f(t,y)$	*Método de A-M-B*	*Solução exata*	*Erro*
3,1	0,7067862	0,0673127	0,7067862	0,7147328	0,0079465
3,2	0,7134623	0,0662081	0,7134623	0,7196132	0,0061508
3,3	0,7200277	0,0650989	0,7200277	0,7244449	0,0044172
3,4			0,7264820	0,7292266	0,0027446

3,5	0,7328250	0,7339568	0,0011318
3,6	0,7390565	0,7386342	-0,0004223
3,7	0,7451766	0,7432578	-0,0019188
3,8	0,7511854	0,7478265	-0,0033589
3,9	0,7570833	0,7523396	-0,0047437
4,0	0,7628705	0,7567961	-0,0060743

Tabela 7.14: Resultados da aplicação do método de Adams-Moulton-Bashforth para a solução numérica de $y' = 0{,}141638y(1-y)(3-y)$, **$y(3) = 0{,}7$.**

Aplicação em química.

Muitos processos químicos podem ser modelados como um tanque que contém uma solução solúvel (digamos álcool). A solução, completamente misturada, flui do tanque à uma taxa conhecida e ao mesmo tempo uma solução solúvel com uma determinada concentração é acrescentada ao tanque à uma taxa conhecida que pode ou não diferir da taxa de vazão. À medida que o tempo passa, a solução varia no tanque e o objetivo consiste em determinar a concentração do agente químico num determinado instante no reservatório. Esse tipo de problema pode ser utilizado para modelar outros sistemas como a migração de espécies para dentro e fora de um ecossistema, a injeção e absorção de medicamentos nos seres vivos, por exemplo.

Exemplo 7.16: Mistura de elementos.

Descrição do problema. Um tanque contém 30 galões de uma solução composta de 75% de água e 20% de álcool. É Introduzido no reservatório, a razão de 3 galões por minuto, uma segunda solução contendo metade de água e metade de álcool. Simultaneamente, o tanque é drenado a razão de 3 galões por minuto. Supondo que a solução seja agitada constantemente, estime pelo método de Adams-Moulton-Bashforth a quantidade de álcool que restará no tanque após 1 minuto.

Solução: Seja *y(t)* a quantidade de álcool no tanque no instante *t*. É dado que y(0) = 6, e queremos determinar y(1). Primeiramente, vamos encontrar a equação diferencial que satisfaça y(t). Assim, sabemos que a taxa de variação (*dy/dt*) da quantidade de álcool no reservatório num instante *t* pode ser expressa da seguinte forma:

$$\frac{dy}{dt} = \text{taxa de entrada} - \text{taxa de saída.}$$

Onde a *taxa de entrada* é a quantidade de solução de álcool drenada no reservatório e a *taxa de saída* é aquela na qual o álcool sai do reservatório. Por outro lado, segundo às condições do problema, a porcentagem de álcool no tanque de 30 galões no instante arbitrário *t* é *y*/30. Além disso, 3 galões de álcool são drenados a cada minuto. Portanto, a equação do problema de mistura pode ser escrita como:

$$\frac{dy}{dt} = -3\left(\frac{y}{30}\right) + 1{,}5,$$

Onde 1,5 representa o número de galões que entram a cada minuto na solução de 50%. A equação obtida é uma equação diferencial linear de primeira ordem e como nos é dado $y(0) = 6$, a função $y(t)$ pode ser obtida resolvendo o problema de valor inicial:

$$y' + y/10 = 1{,}5, \quad y(0) = 6.$$

A solução geral dessa equação diferencial é;

$$y = 15 - 9e^{-0{,}1t}.$$

Na Tabela (7.15) mostram-se os resultados obtidos com o método de Runge-Kutta-Fehlberg de quinta ordem com h = 0,05. Esses resultados são bem próximos dos valores solução. O erro percentual em t = 1 é nulo:

t_n	*RK05*	*Solução exata*	*Erro Estimado*
0,00	6,0000000	6,0000000	0,0000000
0,05	6,0448877	6,0448877	0,0000000
0,10	6,0895515	6,0895515	0,0000000
0,15	6,1339925	6,1339925	0,0000000
0,30	6,2659902	6,2659902	0,0000000
----	---------	----------	-----------
0,80	6,6919529	6,6919529	0,0000000
0,85	6,7333894	6,7333894	0,0000000

0,90	6,7746193	6,7746193	0,0000000
0,95	6,8156436	6,8156436	0,0000000
1,00	6,8564632	6,8564632	0,0000000

Tabela 7.15: Resultados da aplicação do método de Runge-Kutta-Fehlberg para a solução numérica de $y' + y/10 = 1{,}5$, **y(0) = 6.**

Um caminho viável para não usar um número de passos maior do que o necessário e ao mesmo tempo ter um controle sobre a precisão da aproximação é manter o erro de truncamento local constante. Esta solução pode ser realizada da seguinte forma: o erro associado na determinação do valor real e estimado deve estar limitado por um fator tolerância. Mas, como cada método numérico tem um erro de truncamento local que é proporcional a *h*, o incremento deve ser multiplicado por esse fator, de forma que o erro estimado ou calculado pode aumentar ou diminuir até que se torne igual à tolerância. Assim, se o erro estimado associado à um método é 0,038 e se adotarmos uma tolerância de 0,015, por exemplo, devemos reduzir o incremento por um fator igual a $\sqrt{0{,}015/0{,}38} \cong 0{,}628$. Arredondando para baixo, escolhemos um novo incremento (*h* = 0,6). Essa estratégia foi utilizada na avaliação da equação diferencial linear de primeira ordem $y' + y/10 = 1{,}5$ em *y* (0) = 6.

7.12 Exercícios

Método de Euler.

Nos problemas 1 à 6, ache a solução exata do problema de valor inicial. Logo, aplique o método de Euler em *t* = 0,1, 0,2, 0,3, 0,4 e 0,5 para aproximar a solução (com cinco casas decimais) no intervalo [0; 0,5], primeiro com passo *h* = 0,1 e posteriormente, com *h* = 0,05. Em ambos casos, agrupe os resultados numa tabela:

1. $y' = y + 1, \quad y(0) = 1$.
2. $y' - 2y = 2 \quad y(0) = 1/2$.
3. $y' = t - y, \quad y(0) = 1$.
4. $y' = t + 2y, \quad y(0) = 1$.
5. $y' = 2t + 3y, \quad y(0) = 1/4$.
6. $y' = y^2 + 1, \quad y(0) = 1$.

Nos problemas de 7 à 12, ache a solução exata do problema de valor inicial dado. Logo, aplique o programa do método de Euler com passo *h* =0,3, 0,15 e 0,075 para aproximar até cinco casas decimais os valores da solução em 10 pontos igualmente espaçados no intervalo dado. Mostre os resultados numa forma tabelada com seus respectivos títulos:

7. $y' = t^2 + 3y, \quad y(0) = 0; \quad 0 \le t \le 1.$

8. $y' = 2y - t, \quad y(0) = 1; \quad 0 \le t \le 2.$

9. $y' = t + 3y, \quad y(0) = 0; \quad 0 \le t \le 2.$

10. $y' = t + y, \quad y(0) = 0; \quad 0 \le t \le 2.$

11. $y' = t + \sqrt{y}, \quad y(0) = 1; \quad 0 \le t \le 2.$

12. $y' = t - 3y, \quad y(0) = 1; \quad 0 \le t \le 2.$

Nos problemas 13 à 16, achar os valores aproximados para o problema de valor inicial, em $t = t_0 + 0{,}1$, $t_0 + 0{,}3$ e $t_0 + 0{,}5$:

- O método de Euler com *h* = 0,1;
- O método de Euler com *h* = 0,05.

13. $y' = (t^2 - y^2)\cos y, \quad y(0) = -1.$

14. $y' = t + e^{-ty}, \quad y(0) = 1.$

15. $y' = \sqrt{t + y^2}, \quad y(0) = 0.$

16. $y' = -t + 2y^2, \quad y(1) = 2.$

17. Considere o seguinte problema de valor inicial:

$$y' = \frac{t}{(1 + y^2)}, \quad y(1) = 2.$$

- Use a fórmula de Euler com *h* = 0,1 para aproximar valores da solução em *t* = 1,1, 1,2 e 1,5;
- Repita a parte (a) com *h* = 0,05;
- Compare os resultados obtidos em (a) e (b).

18. Dado $y' = t^2 y + 3ty, \quad y(0) = 1/4$, encontre *y*(4) usando o método de Euler com *h* = 0,5:

19. Resolva a equação diferencial:

$$y' = \frac{1+y^2}{(t+y)}, \quad y(0)=1.$$

No intervalo [1, 2] com *h* = 0,5 utilizando o método de Euler;

Método de Euler melhorado e método da série de Taylor.

20. Use o método de Euler melhorado e de Taylor para resolver o problema de valor inicial:

$$y' = \frac{y-2t}{3}, \quad y(0)=1, \text{ em } [0, 2].$$

Compare os resultados obtidos para 1/2, 1/4 e 1/8.

21. Considere $y' = 3y - t$ em [0, 4] para *y*(0) = 1. a) Aplique a fórmula de Euler melhorado para encontrar uma aproximação para *y*(4) usando passos de 1, 1/8 e 1/64; b) Determine o limite da parte (a) quando *h* tende a zero.

Nos problemas 22 à 27, utilize o método de Euler melhorado e o método da série de Taylor com três termos para aproximar, com cinco casas decimais, a solução no intervalo [0, 1] com passo *h* = 0,1. Encontre o erro de truncamento no cálculo dessas aproximações. Mostre seus resultados numa tabela para dez pontos separados igualmente:

22. $y' = t/y, \quad y(0)=1.$

23. $y' = t^2 y, \quad y(0)=1/4.$

24. $y' = e^t - y, \quad y(0)=-1/2.$

25. $y' = 2y - e^{2t}, \quad y(0)=1.$

26. $y' = 3y + t, \quad y(0)=1.$

27. $y' = 3y - t, \quad y(0)=1.$

28. Determine a solução exata do problema de valor inicial pelo método de Euler melhorado e compare seus resultados com o método da série de Taylor. $y' = 3yt, \quad y(0)=1$, em [0, 3]. Para *h* = 0,1, 0,05 e 0,025:

Nos problemas 29 à 33 use os programas de Euler simples e de Euler melhorado para encontrar uma aproximação à solução do problema de valor inicial. Num primeiro momento utilize um passo de 0,01 e logo *h* = 0,005. Represente seus resultados numa tabela mostrando seus valores aproximados e os verdadeiros com seus respectivos erros.

29. $y' = 2 - y, \quad y(0) = 1, \quad 0 \le t \le 1$.

30. $y' = 3t - y, \quad y(1) = 1, \quad 1 \le t \le 2$.

31. $y' = t + y, \quad y(0) = 1/4, \quad 0 \le t \le 1$

32. $y' = 2y - t/4, \quad y(0) = 1/4, \quad 0 \le t \le 1$.

33. $y' = y + 2t/3, \quad y(0) = 1, \quad 0 \le t \le 1$.

34. $y' = y/2 - y, \quad y(2) = 1, \quad 0 \le t \le 3$.

35. Determine que método (Euler melhorado ou Taylor) não falha para aproximar à solução $y(t) = t^{3/2}$ para o problema de valor inicial. $y' = f(t, y) = 1{,}5y^{1/3}, \quad y(0) = 0$. Justifique sua resposta.

Para cada uma das equações diferenciáveis nos exercícios 36-39, escreva a fórmula iterativa (para y_{n+1} em termos de y_n) para o método de Euler melhorado e da série de Taylor da ordem três.

36. $y' = 3t - y^2, \quad y(1) = 1$.

37. $y' = 3t^2 - y, \quad y(1) = 1$.

38. $y' = y + 2t/3, \quad y(0) = 1$.

39. $y' = 2y + t/3, \quad y(0) = 1$.

Métodos de Runge-Kutta.

Nos problemas 40 à 46, determine os valores aproximados da solução do problema de valor inicial dado em $t = t_0 + 0{,}1$, $t = t_0 + 0{,}2$:

(a) Use o método de RK04 com h = 0,1;

(b) Use o método de RK04 com h = 0,05;

(c) Use o método de RK05 com h = 0,1 e 0,05;

(d) Compare seus resultados obtidos em (a), (b) e (c);

(e) Use o método de Euler melhorado com h = 0,1 e 0,05.

40. $y' = 3y - 2t, \quad y(0) = 1$.

41. $y' = y^2 - t^3, \quad y(1) = 1$.

43. $y' = \sqrt{t} - \sqrt{y}, \quad y(1) = 3$.

44. $y' = y - 3t^2/4, \quad y(0) = 1$.

42. $y' = 5y^2 - 3t^3, \quad y(1) = 1.$

45. $y' = y^2 - e^{2t}, \quad y(0) = 1.$

Nos problemas 47 à 50, ache um valor aproximado da solução do problema de valor inicial dado em $t = t_0 + 0{,}1$, usando:

- O método de RK04 com $h = 0{,}2$;
- O método de RKF05 com $h = 0{,}2$.

47. $y' = 3\sqrt{t} + 5y, \quad y(0) = 3.$

49. $y' = 3t + 2y + 1, \quad y(0) = 2.$

48. $y' = \sqrt{t} - y^2, \quad y(0) = 1.$

50. $y' = -3t + y, \quad y(1) = 1.$

Nos exercícios 51 e 52, use o método de Runge-Kutta de quarta ordem para encontrar aproximações para o problema de valor inicial:

(a) Calcule $y_1, y_2, y_3, \ldots y_m$ para cada um dos seguintes casos:

- $h = 0.1$ e M= 2;
- $h = 0{,}05$ e M = 4.

(b) Compare seus resultados com a solução exata $y(0{,}2)$ com as duas aproximações de (a);

(c) O erro de truncamento global se comporta como esperado quando h é repartido igualmente?

(d) Use os procedimentos de computador elaborados nos Algoritmos (7.3 e 7.4) para realizar os respectivos cálculos.

51. (a) Resolver $y' = t^2 - y, \quad y(0) = 1$, em [0, 0,2].

Compare (b) e (c) com $y(t) = -e^{-t} + t^2 - 2t + 2$;

Use o intervalo [0, 2] com h = 0,1, 0,2 e 0,05.

52. Resolver $y' = -ty$ em [0, 0,2] com $y(0)$=1.

Compare (b) e (c) com $y = e^{-t^2/2}$;

Use o intervalo [0,2] com h = 0,1, 0,2 e 0,05.

Nos exercícios 53 e 54, use o método de RKF05 para encontrar uma aproximação para o problema de valor inicial:

(a) Calcule $y_1, y_2, y_3, \ldots y_m$ para cada um dos seguintes casos:

- h = 0.1 e M = 4;
- h = 0,05 e M = 8.

(b) Compare seus resultados com a solução exata y(0,4) com as duas aproximações de (a);

(c) O erro de truncamento global se comporta como esperado quando h é repartido igualmente?

(d) Use os programas de computador elaborados nas Figuras (10.11 e 10.12) para realizar os respectivos cálculos.

53. Resolver $y' = t/3 - 2y$ em [0, 0,4], com y(0) = 0,1:

Compare (b) e (c) com $y(t) = \dfrac{29}{27}e^{3t} - \dfrac{9t^2 + 6t + 2}{27}$

Use o intervalo [0, 2] com h = 0,1, 0,2 e 0,05.

54. Resolver $y' = t^2 + 3y$ em [0, 0,4] com y(0)=1:

Compare (b) e (c) com $y(t) = \dfrac{13}{12}e^{-2t} + \dfrac{2t-1}{12}$;

Use o intervalo [0, 2] com h = 0,1, 0,2 e 0,05.

Método Preditor-Corretor.

55. Considere o seguinte problema de valor inicial:

$$y' = \frac{3t^2}{(3y^2 - 4)}, \quad y(0) = 1.$$

(a) Usar a fórmula de Runge-Kutta com h = 0,1 a fim de aproximar valores da solução em t = 1,2, 1,4, 1,6 e 1,8;

(b) Repetir a parte (a) com h = 0,05;

(c) Comparar os resultados das partes (a) e (b). Observar que estão razoavelmente próximos em t = 1,2, 1,4 e 1,6, mas bastante afastados em t = 1,8. Notar também (pela equação diferencial) que a tangente à solução é paralela ao eixo dos Y, quando $y \pm 3\sqrt{3} \cong \pm 1{,}155$. Explicar como esta configuração pode provocar a diferença observada nos valores calculados:

56. Determinar os valores aproximados da solução do exemplo $y' = y - 2t + 1, \quad y(0) = 1$, em t 0,1, 0,2 e 0,3. Considere h = 0,1. Compare seus resultados com os do método do Euler melhorado e com os resultados exatos:

Nos exercícios 57 à 62:

(a) Use qualquer um dos métodos preditor ou corretor e inicie com três valores y_1, y_2 e y_3 para h = 0,1 para calcular o seguinte valor y_4 para o problema de valor inicial;

(b) Use o programa de computador elaborado para qualquer método preditor ou corretor e resolva o problema na parte (a) no intervalo [0, 2]. Os valores iniciais podem ser calculados pelo método RK04;

(c) Compare suas respostas com a verdadeira solução $\phi(t)$.

57. $y' = y - 2t^2, \quad y(0) = 1$, em [0, 1].

58. $3y' = y^2 - 3t^3, \quad y(1) = 1$, em [1, 2].

59. $y' = 5y - t^3, \quad y(1) = 1$, em [0, 2].

60. $y' = \sqrt{t}/2 - \sqrt{y}, \quad y(1) = 3$, em [1, 2].

61. $y' = y + 3t^2, \quad y(0) = 1$, em [2, 3].

62. $y' = y - e^{2t}, \quad y(0) = 1$, em [0, 1].

Nos exercícios 63 à 66, determine um valor aproximado da solução do problema de valor inicial dado em $t = t0 + 1$, usando o método especificado. Use o método de Runge-Kutta para determinar os valores iniciais. Compare os resultados dos diversos métodos entre si e com a solução exata (se ele for conhecida):

(a) Use o método de previsão e correção de quarta ordem com h = 0,1. Use a fórmula de correção uma vez em cada passo;

(b) Use o método de previsão e correção de quarta ordem com *h* = 0,05. Use a fórmula de correção uma vez em cada passo;

(c) Use o método de Adams-Moulton de quarta ordem com *h* = 0,1;

(d) Use o método de Adams-Moulton de quarta ordem com *h* = 0,05;

(e) Use o método de Adams-Bashforth de primeira ordem com *h* = 0,1;

(f) Use o método de Adams-Bashforth de primeira ordem com *h* = 0,05.

63. $y' = 5y/t, \quad y(1) = 1$.

64. $y' = y - t, \quad y(0) = 1$.

65. $y' = e^{2t} + y, \quad y(0) = 1$.

66. $y' = 2y + e^{t}, \quad y(0) = 1$.

67. Mostre que a equação de Adams-Moulton de terceira ordem é:

$$y_{n+1} = y_n + \frac{h}{12}\left(5f_{n+1} + 8f_n - f_{n-1}\right)$$

68. Mostre que a equação de Adams-Bashforth de terceira ordem é:

$$y_{n+1} = y_n + \frac{h}{12}\left(23f_n - 16f_{n-1} + 5f_{n-2}\right)$$

7.13 Aplicações

1. A capacidade limite do habitat de um rebanho de animais selvagens é 650. A taxa de crescimento dN/dt do rebanho é proporcional à oportunidade não-utilizada para crescimento, conforme a equação diferencial:

$$\frac{dN}{dt} k(650 - N)$$

A solução geral desta equação diferencial é $N = 650 - Ce^{-kt}$. Quando *t* = 0, a população do rebanho é 100. Após 2 anos, a população atingiu 160:

(a) Utilize um método numérico para estimar a população do rebanho após 4 anos;

(b) Determine o erro de truncamento da aproximação.

2. Um funcionário está trabalhando no Departamento de Marketing de uma companhia de Software. Sua equipe de vendas verifica que é possível vender em um ano o máximo de 30.000 unidades de um novo produto. O funcionário formula a seguinte hipótese de que a taxa de crescimento das vendas *x* seja proporcional à diferença entre a venda máxima e a venda atual, ou seja:

$$\frac{dX}{dt} = k(30.000 - x)$$

A solução geral desta equação diferencial é $x = 30.000 - Ce^{-kt}$, onde *t* é o tempo em anos. Durante o primeiro ano, são vendidas 2.000 unidades. Utilize o método de Runge-Kutta de quarta ordem para aproximar o número de unidades vendidas em anos subseqüentes (*t* = 2, 3, 4, 5 e 8).

Nos problemas 3 à 5, aplique a lei de Newton do resfriamento, cuja a taxa de variação da temperatura *T* de um objeto seja proporcional à diferença entre a temperatura *T* do objeto e a temperatura T_0 do meio ambiente. Esse fato é descrito pela equação diferencial:

$$\frac{dT}{dt} = k(T - T_0)$$

3. Um lingote de aço, cuja temperatura é de 1500°C, é colocado em compartimento de temperatura constante e igual a 90°C. Uma hora depois, a temperatura do lingote é de 1120°C. Utilize um método numérico para estimar a temperatura do lingote 5 horas após ter sido colocado no compartimento:

4. Um alimento à temperatura de 70°C é colocado em um congelador que esta a 0°C. Após 1 hora, a temperatura do alimento é 48°C. Utilize o método de Runge-Kutta-Fehlberg para estimar a temperatura do alimento, 6 horas após ter sido colocado no congelador e o tempo que será necessário para que o alimento atinja a temperatura de 10°C:

5. Um compartimento é mantido à temperatura constante de 70°C. Um objeto colocado ali, resfria de 350°C para 150°C em 45 minutos. Utilize um método numérico para estimar o tempo que será necessário para que o objeto atinja a temperatura de 80°C:

6. De acordo com o economista Vilfredo Pareto (1848-1923), a taxa de decréscimo do número de pessoas *y* em uma economia estável, com renda mínima de *x* dólares, é diretamente proporcional

ao número dessas pessoas e inversamente proporcional à sua renda *x*. O modelo correspondente é a equação diferencial:

$$\frac{dT}{dx} = -k\frac{y}{x}$$

Estime por meio do método numérico de Adams-Moulton-Bashforth, o número de pessoas que ganhavam mais de 10.000 dólares e mais de 50.000 dólares.

7. Uma firma de corretagem abre um novo plano de investimento, no qual os ganhos equivalem à composição contínua à taxa *r*. A firma estima que os depósitos dos investimentos criem um fluxo líquido de caixa de *Pt* dólares, onde t é o tempo em anos. A taxa de variação do investimento total *A* tem como modelo:

$$\frac{dA}{dt} = rA + Pt$$

Em *A*(0)=1. Utilize o método de Milne-Simpson para aproximar o investimento total ao cabo de 10 anos, dado que *P* = 300.000 e *r* = 9%:

8. Uma doença infecciosa se dissemina em uma grande população de acordo com o modelo:

$$y' = \frac{1-y}{4} \text{ em } y(0) = 1.$$

Onde *y* é a porcentagem da população exposta à doença e *t* o tempo em anos. Utilize o método de Runge-Kutta de quarta ordem para estimar o número de anos necessários para que a metade da população fique exposta à doença e o percentual da população exposta à doença ao cabo de 4 anos:

9. A pressão barométrica *y* (em polegadas de mercúrio) à uma altitude de *x* milhas acima do nível do mar diminui a uma taxa proporcional à pressão corrente de acordo com o modelo:

$$\frac{dy}{dx} = 0{,}2y$$

Onde *y* = 29,92 polegadas quando *x* = 0. Utilize um método numérico para aproximar a pressão barométrica no cume do Monte Piclio (aproximadamente 4.350mt):

10. Seja *A(t)* o montante de um fundo que rende juros à taxa anual de *r*, composta continuamente. Se um fluxo contínuo de caixa de *P* dólares por ano é sacado do fundo, então a taxa de decréscimo de *A* é dada pela equação diferencial:

$$\frac{dA}{dt} = rA - P$$

Onde $A = A_0$ quanto $t = 0$. Estime por meio do método Euler melhorado, o montante (*A*) quando A_0 = 2.000.000 dólares, r = 7% e P = 250.000 dólares e t = 5 anos:

11. Suponha que uma certa população tem uma taxa de aumento que varia com o tempo e que esta população satisfaça à equação diferencial:

$$\frac{dy}{dt} = (0{,}5 + \operatorname{sen} t)y / 5.$$

Se *y*(0) = 1, estime por meio do método Adams-Moulton-Bashforth o que acontece com a população depois de três anos.

12. Suponha que uma certa população satisfaça o problema de valor inicial:

$$\frac{dy}{dt} = r(t)y - k \text{ em y(0) = 1,}$$

Onde a taxa de crescimento da população *r(t)* é dada por *r(t) = (1 + sen(t))/5* e *k* representa o efeito dos predadores.

Suponha que *k* = 0,2. Use o método de Milne-Simpson para obter um estimado do valor da população depois de 2 anos.

13. Suponha que um corpo à temperatura de 30°C seja descoberto a media-noite e que a temperatura ambiente seja constante e igual a 20°C. O corpo é transportado rapidamente (suponha que o transporte seja instantâneo) para o necrotério, onde a temperatura ambiente é mantida em 5°C. Depois de uma hora, a temperatura do corpo é de 15°C. Use o método de Runge-Kutta de quinta ordem para estimar a temperatura do corpo sabendo que ele morreu às 23 horas:

14. Suponha que uma gota de chuva esférica evapora com uma rapidez proporcional à área superficial. O raio da gota é originalmente 3mm e meia hora depois diminui para 2 mm. Use o

método de Adams-Moulton-Bashforth para obter uma estimativa do raio da gota depois de uma hora:

Sugestão: a função raio da gota é r = 3-2t mm.

15. A água da chuva cai de um telhado para um barril cilíndrico. Quando pára de chover, a água vaza do barril a uma taxa proporcional à raiz quadrada da profundidade da água naquele instante. O nível de água cai de 90cm para 80cm em uma hora. Estime por meio do método de Runge-Kutta de quarta ordem, a quantidade de água vazada depois de 2 horas:

16. Suponha que se comece a fumar em uma sala de volume igual a $60m^3$, introduzindo na sala, dessa forma, ar que contém 5% de monóxido de carbono, à uma taxa de $0{,}003m^3$/minuto. (Isto significa que 5% do volume do ar que entra, sai monóxido de carbono). Suponha que o ar esfumaçado se misture imediatamente com o resto do ar e que a mistura deixa a sala na mesma taxa que entra. (a) Escreva a equação diferencial para C(t), a concentração de monóxido de carbono no instante *t*, dado em minutos. (b) Estime pelo método de Runge-Kutta de quinta ordem o valor de monóxido de carbono depois de três minutos na sala:

17. O dinheiro em uma conta bancária cresce continuamente à uma taxa anual *r* (5%). Suponha que R$1000,00 sejam depositados na conta em 1980. (a) Escreva a equação diferencial para *M* e a quantidade de dinheiro na conta no tempo *t*, medido em anos desde 1970. (b) Estime por meio do método de Runge-Kutta de quarta ordem a quantidade de dinheiro depois de três anos:

18. Um tanque retangular tem dimensões 30x10x10 em metros, portanto, ele tem um volume de 3000 metros cúbicos. O tanque contém inicialmente água pura e fresca. No inicio (t = 0minutos) é derramada no tanque, água que contém 10gramas/litro de sal à uma taxa de 60litros/minuto. A água salgada é instantânea e totalmente misturada com água fresca e o excesso da mistura é drenado no fundo do tanque na mesma taxa (60litros/minuto). Seja S(t) igual à massa de sal no tanque no instante *t*. (a) Escreva a equação diferencial para a quantidade de sal no tanque. (b) Estime por meio de um método numérico o que acontece depois de três minutos no tanque.

Sugestão: considere

Concentração = Quantidade de sal / volume de água.

E:

Taxa de variação da

quantidade de sal no reservatório. = Taxa na qual o sal entra. - Taxa na qual o sal sai.

19. A equação diferencial de Gompertz foi usada para modelar o crescimento de populações:

$$\frac{dy}{dt} = r\,y\ln\left(\frac{k}{y}\right) \text{ em } y(0) = 1.$$

Onde *r* e *k* são constantes positivas.

Os parâmetros da equação estimam-se como $r = 0{,}71$ por ano, $k = 80{,}5 \times 10^6$ Kg e $y_0 / k = 0{,}25$. Use um método numérico e estime o crescimento populacional dois anos depois $y(2)$.

Sugestão: A solução geral da equação diferencial, é:

$$y = ke^{\ln\left(\frac{y_0}{k}\right)e^{-rt}}$$

20. Suponha que às 13 horas de uma tarde de inverno haja uma falta de energia elétrica em sua casa em Passo Fundo e que seu aquecimento não funcione sem eletricidade. Quando a energia elétrica foi cortada, a temperatura de sua casa era de 20°C. Às 22 horas, a temperatura na casa é de 15°C e você observa que a temperatura é de –12°C do lado de fora. (a) Supondo que a temperatura em casa, obedeça à lei do resfriamento de Newton, escreva a equação diferencial obedecida por *T*. (b) Estime por meio de um método numérico a temperatura na casa ao se levantar às 7:00 h da manhã seguinte:

REFERÊNCIAS

[1] CHAPRA, Steven; CANALIE, Raymond., Numerical methods for engineers: with programming and software applications. 5º Edition, New York: Personal computer applications. McGraw-Hill, 2006.

[2] CHAPRA, Steven., Applied Numerical Methods with matlab for engineers and scientists, 2º Edition, New York: McGraw-Hill, 2006.

[2] KREYSZIG, Erwin., Advanced engineering mathematics. New York: John Wiley & Sons, 1999.

[3] GERALD, C.; WHEATLAY, P., Applied Numerical Analysis. New York: Addison – Wesley Publishing Company, 1992.

[4] KHOO, C. F.; SHARIFAH, S.A.; Zuraini, O., Numerical Methods. 2º Edition, New York: Pearson Prentice Hall, 2008.

[5] BURDEN, R. L.; FAIRES, D. J. Análise Numérica. 8º edição, São Paulo: Cengage Learning, 2008.

[6] ARENALES, S.; DAREZZO, A., Cálculo numérico: aprendizagem com apoio de software. São Paulo: Thomson, 2008.

[7] CLÁUDIO, D. M.; MARINS, J. M., Cálculo numérico computacional: teoria e prática. 3º edição. São Paulo: Atlas, 2000.

[8] GILAT, Amos. MATLAB com aplicações em engenharia. 2º edição. Porto Alegre: Bookman, 2006.

[9] GILAT, Amos; SUBRAMANIAM, Vish. Métodos Numéricos para Engenheiros e Cientistas – Uma introdução com aplicações usando o MATLAB. Porto Alegre: Bookman, 2008.

[10] BURIAN, Reinaldo; LIMA, Antônio Carlos de; HETEM JUNIOR, Annibal. Cálculo Numérico – Fundamentos de Informática. Rio de Janeiro: LTC, 2007.

[11] KINCAID, D. R.; CHENEY, E. W., Numerical analysis: mathematics of scientific computing, 3º edição. Pacific Grove: Brooks/Cole, 2002.

[12] AUER, T. D., Numerical analysis. 1º Edition. Boston: Addison-Wesley Longman Publishing, 2006.

[13] FRANCO, Neide Bertoldi., Cálculo numérico. São Paulo: Pearson Prentice Hall, 2006.

[14] BURIAN, Reinaldo; Lima, Antônio Carlos de. Cálculo Numérico – Fundamentos de Informática. Rio de Janeiro: Ed. LTC, 2011.

[15] XIE, W.C., Differential Equations for Engineers. New York: Cambridge University Press, 2010.

[16] O´NEAL, P.V., Advanced Engineering Mathematics. USA: Cengage Learning, 2012.

[17] ÇENGEL, Y. A.; PALM III, W. J., Equações Diferenciais. Porto Alegre: Bookman, 2014.

[18] NAGLE, K. R., SAFF, E., SNIDER, A, D. Equações diferenciais. 8º edição. São Paulo, Person, 2012.

[19] ZILL, D. G., Equações Diferenciais com aplicações em modelagem. 9º edição, São Paulo: Cengage Learning, 2011.

[20] ZILL, D. G.; CULLEN, M. R., Matemática Avançada para Engenharia Equações diferenciais elementares e transformada de Laplace, volume 2. Porto Alegre: Bookman, 2009.

[21] VUOLO, Jose Henrique, Fundamentos da teoria de erros. 2º edição. São Paulo: Ed. EDGARD BLUCHER, 1992.

[22] ABRÃO, A.M., "Tool Life And Work piece Surface Integrity Evaluations When Machining Hardened AISI H 13 and AISI E52100 Steels With Conventional Ceramic And PCBN tool Materials", Society Manufacturing Engineers, 1995.

Anotações

Anotações

Lançamento

Cálculo Avançado

(Primeira edição, 2016)

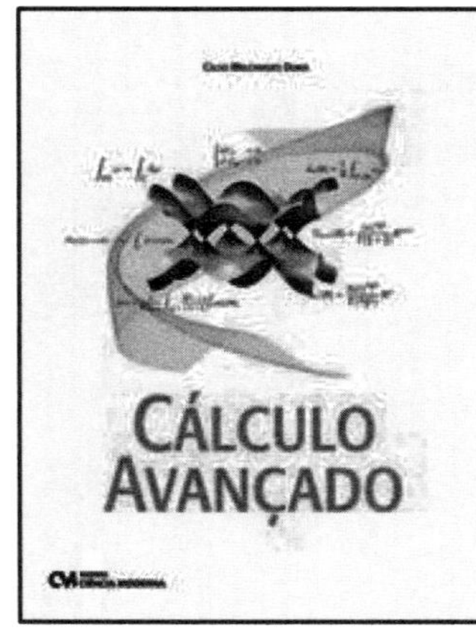

Autor: Celso Melchiades Doria

Número de páginas: 288 Peso: 417 gramas

Formato: 21 X 28 cm impressão offset pb

Lombada: 1,5 cm

Encadernação: Brochura

ISBN(versão impressa): 978-85-399-0823-3

ISBN(versão e-book): 978-85-399-0878-3

Código de barras: 9788539908233

Assunto: Matemática – Álgebra – Análise – Cálculo-Matemática

"Cálculo Avançado" desenvolve as técnicas necessárias para o estudo da Teoria de Diferenciação em Espaços de Banach e também para a demonstração do Teorema de Stokes. Na primeira parte, há uma introdução ao conteúdo de operadores lineares em espaços de Banach com exemplos clássicos de operadores compactos e de Fredholm, para definir a derivada de Fréchet e para construir exemplos de aplicações diferenciáveis entre espaços de Banach. O Teorema da Função Inversa compõe esta primeira parte.

Este livro apresenta os Campos Vetoriais e Fluxos, incluindo o Teorema de Frobenius. As Formas Diferenciais são introduzidas e aplicadas para provar o Teorema de Stokes e definir os grupos de Cohomologia de De Rham. No Capítulo 8, são feitas as aplicações do Teorema de Stokes à teoria das Funções Harmônicas e também uma abordagem geométrica das equações de Maxwell do Eletromagnetismo.

Sumario Resumido:

Impressão e acabamento
Gráfica da Editora Ciência Moderna Ltda.
Tel: (21) 2201 - 6662